KB124454

ESCAPING GRAVITY

중력을 넘어서

ESCAPING GRAVITY

중력을 넘어서

새로운 우주시대를 연 로리 가버의 혁신과 성공

로리 가버 지음 | 김지훈·조동연 옮김

LORI GARVER

다산사이언스

일러두기

1. 본문 하단의 각주는 독자의 이해를 돕기 위해 옮긴이가 덧붙인 내용입니다.
2. 신문 기사, 노래, 영화, 방송프로그램의 제목은 〈 〉로 묶었고 책의 제목은 『 』로 표기했습니다.

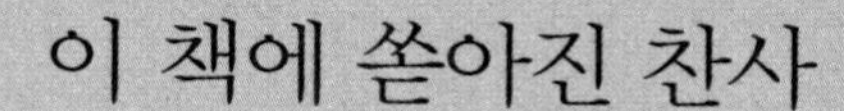

이 책에 쏟아진 찬사

"대부분의 사람들과 달리 인류의 미래를 진심으로 걱정하며 엄청난 반대에도 옳은 일을 한 사람들이 있다. 그중에서도 NASA에 로리 가버가 있었다는 건 정말 큰 행운이다. 그녀는 인류의 미래를 위해서 우주산업을 혁신했고 그녀 덕분에 우리는 결정적인 변화를 맞이했다."

- 일론 머스크_스페이스X·테슬라 CEO

"우리가 땅을 딛고 일어서 걸어 다니며 살아갈 수 있는 이유는 바로 중력 덕분이다. 만약 우주에 중력이 존재하지 않았다면 모두 뿔뿔이 흩어져 어두운 심연의 미아가 되었을 가능성이 높다. 반대로 그만큼 소중한 중력은 사실 우리를 우주 공간으로 뻗어나가지 못하게 만드는 제약 조건이기도 하다. 더 넓은 세상으로 향하기 위해 인류는 아주 오래전부터 중력을 벗어나려는 노력을 기울였고, 인류 최초의 로켓이 세상에 등장한 이후 많은 발전을 거쳐 우리는 드

디어 현재까지 알려진 지적 생명체 중에서 태어난 행성을 벗어난 유일한 존재가 되었다. 이제 더 이상 우주는 가보고 싶은 꿈의 이상향이 아니라 당연히 가야만 하는 미래 기업의 산업 공간이 되었다. 무엇이 우리를 여기까지 이끌었을까? 그 상세한 과정이 담긴 이 책은 중력이 아닌 시공간마저 훌쩍 뛰어넘어 우리에게 깊은 교훈과 깨달음을 전해줄 것이다."

- 궤도_과학 커뮤니케이터, 『과학이 필요한 시간』, 『궤도의 과학 허세』 저자

"팝콘을 준비하라! 우주를 놓고 벌어지는 국가와 억만장자들 사이에서 흥미진진한 싸움이 펼쳐진다. 어디에서도 볼 수 없는 우주 역사의 순간을 놓치지 말라."

- 닐 디그래스 타이슨_천체물리학자이자 〈코스모스〉의 진행자

"최근 우주산업의 발전은 결단력 있는 이들이 수십 년간 노력해서 만든 결과다. 절대 꿈을 포기하지 않은 몽상가인 로리 가버가 중력을 거슬러 새로운 우주 시대를 열기까지, 인류를 이롭게 만든 이 비하인드 스토리를 만나보라."

- 리처드 브랜슨_버진 갤럭틱 설립자

"로리 가버는 자칭 한 솔로처럼 모험을 즐기는 '우주해적'으로 NASA, 항공 우주산업 집단, 심지어 의회 의원들까지 상대하여 현대 상업 우주산업을 시작하도록 만든 인물이다. 그녀의 설득력 있는 이야기는 두려움을 극복하고 자신을 초월한 이야기를 우리에게 보여준다."

- 크리스찬 데이븐포트_「워싱턴 포스트」 우주 기자

"로리 가버는 알려지지 않은 새로운 우주 시대의 영웅이다. NASA의 부국장으로서 그녀는 오래된 우주 제도를 개선했다. 그 과정에서 많은 적을 만들었지만 더 쉽고 저렴하게 우주에 접근하겠다는 중요한 꿈을 지키기 위해 결국 전투에서 이겼다. 만일 로리 가버가 그 일을 하지 않았더라면, 우리는 일론 머스크가 지금 어디에 있는지 볼 수 없었을 것이다."

- 마일즈 오브라이언_CNN 저널리스트

"어떻게 하면 산을 옮길 수 있을까? 수십억 달러를 벌어들이는 보수적인 산업을 어떻게 변화시킬 수 있을까? 격렬한 비난과 반대에도 로리 가버는 관료주의에 저항하여 오늘날 우리가 알고 있는 역동적인 상업 우주 시대를 이끌었다. 1990년대 후반부터 민간 투자를 유치하기 위해 로리 가버와 함께 일한 이후로 우주산업의 변화를 지켜보는 건 내가 두 번의 우주 비행을 한 것만큼이나 큰 보람을 느끼게 했다. 『중력을 넘어서』는 모두가 접근할 수 있는 우주가 의미하는 것이 무엇인지 인식한 사람들에 대한 개인적이고 설득력 있는 이야기이며, 현상을 깨는데 헌신하는 팀에 대한 이야기이다. 이것은 우주 역사에서 가장 중요한 일 중 하나이며 리더십, 집념, 그리고 정치적 행동에 대한 특별한 교훈을 제공한다."

- 메리 엘렌 웨버_NASA 우주비행사

"변화는 쉽지 않다. 특히 우리 능력의 한계를 뛰어넘고 많은 이해관계가 얽혀 있으며 막대한 보상을 제공하는 분야에서는 더욱 그렇다. 그러나 진화를 위해서는 정부에서든 민간 부문에서든 변화를 수용해야 한다. 로리 가버의 흥미진진한 이야기는 다른 배경과 관점을 가진 여성이 어떻게 NASA와 우주산업 내에서 전통적인 장벽을 깨고 중력과 현 상태를 모두 극복했는지 보여준다."

- 메이 제미슨_NASA 우주비행사

"이 강렬한 책은 로리 가버가 반대했던 밀실 거래에 대해 자세히 설명하며 미국 항공우주국의 더 나은 미래에 대한 희망을 제공하는 동시에 추악한 면을 보여주는 통렬한 회고록이다."

- 커커스 리뷰

추천사

1950년대 말에 시작된 우주 시대를 배제하고는 설명하기 어려울 만큼 20세기는 중요한 사건들로 가득하다. 이때부터 지구 대기권 상공은 전 세계를 연결하고 지구와 우주에 대한 새로운 지식을 밝혀주는 위성과 우주선으로 채워졌다. 그리고 인류가 최초로 달에 발을 디디게 한 미국의 유인 우주 비행은 우리가 과거엔 불가능하다고 여겼던 목표를 달성할 수 있다는 사실을 전 세계에 보여주었다.

미국 루이지애나주 뉴올리언스에 있는 툴레인대학교Tulane University는 기술 역사 수업에서 무엇이 혁신을 일으키는지 알기 위해 다음과 같은 질문을 한다. '대규모 프로젝트를 수행할 여력이 있으나 속도가 느리고 경직된 체계를 가진 정부와 민첩하고 유연하지만 재정이 부족한 기업, 둘 중에 어느 쪽이 더 혁신을 일으키는 데 효과적인 조직인가?' 답은 모두가 예상할 수 있듯이 '이 두 조직 간의 공생적 협력관계symbiotic mix가 필요'하다는 것이다. 1940년 매사추세츠 공과대학교 공학 학장이자 레이시온Raytheon의 공동 창립자인 버니바 부시Vannevar Bush는 프랭클린 D. 루스벨트Franklin Delano Roosevelt 행정부의 국방 연구 위원회 위원장으로 임명된 이래 전반적인 정부 과학 프로그램을 감독했고 그 결과 원자폭탄과 전자 컴퓨터를 탄생시켰다. 그는 이때의 경험을 토대로 1945년에 「과학 - 그 끝없는 프론티어Science - The Endless Frontier」라는 제목의 논문을 작성해 학계, 기업 및 정부의 협력이 어떻게 혁신을 주도할 수 있었는지 자세히 설명했다.

최초의 전자 컴퓨터 에니악Electronic Numerical Integrator and Computer, ENIAC은 펜실베이니아 대학교가 미 육군의 예산을 지원받아 개발했다. 이는 세계 최초 상업용 컴퓨터인 유니박Universal Automatic Computer, UNIVAC 및 다른 전자 컴퓨터의 출발점이 되었다. 오늘날의 인터넷 역시 미국 국방고등연구계획국Defense Advanced Research Projects Agency, DARPA의 프로그램에서 그 계보를 찾을 수 있다. 생명공학 산업 역시 국립 보건원의 예산 지원으로 인간 유전체 염기서열 분석을 해냈다. 이처럼 최근 이루어지는 혁신은 정부와 기업, 두 조직 간의 협력에서 나타나고 있다.

로리 가버Lori Garver는 우주에서 정부와 민간기업의 협력을 통한 '혁신'을 이룰 수 있도록 최선을 다한 용감하고 효율적인 지도자였다. 특히 이러한 노력에는 그녀가 근무했던 미국 항공우주국National Aeronautics and Space Administration, NASA과 일론 머스크Elon Musk, 제프 베이조스Jeff Bezos, 리처드 브랜슨Richard Branson이 이끄는 민간기업 간의 협력 또한 포함한다.

스페이스X를 창업하고 1년 후 머스크는 "국방고등연구계획국이 인터넷의 초기 원동력 역할과 함께 인터넷 개발에 드는 많은 비용을 지원했듯이 NASA 역시 기초가 되는 기술을 개발하는 데 지원한다면 동일한 수준의 업적을 이뤄낼 수 있습니다. 일단 상업적이고 자유로운 기업이 참여할 수 있게 되면 인터넷 사례와 같은 극적인 가속화를 이룰 수 있을 것입니다"라고 언급하기도 했다.

이러한 측면에서 NASA와 민간기업 간의 협력을 만드는 그녀의 노력은 매우 긴요하다. 실제로 NASA가 달 착륙 경쟁에 성공한 이래 역대 대통령들은 달에 기지를 세워 화성으로 가는 경유지로 삼겠다는 선언을 수없이 해왔다. 하지만 이들이 제안한 프로그램은 하나같이 아폴로 계획과 같은 정당성 없이 엄청난 예산만을 요구하는 경우가 대부분이었다.

대규모로 중앙에 집중된 정부 주도 프로젝트는 임무를 수행하는 데 엄청난 제도적 비용이 필요했고 이 때문에 NASA는 지속적인 혁신과 비용 절감을 이루지 못했다. 정부 계약에만 의존해서 어떠한 결과도 만들지 못했던 우주왕복선 대체 프로그램이 대표적인 예이다.

2008년 여름, 가버가 대통령 후보인 버락 오바마Barack Obama에게 NASA에 대한 전반적인 상황을 검토해달라는 요청을 받았을 때 이미 NASA의 우주왕복선은 2년 후 퇴역할 예정이었다. 우주왕복선이 없어지면 미국은 우주에 가기 위해서 냉전 시대의 적이었던 러시아에 돈을 지불하는 방법밖에 없었다. 가버는 이 지난한 문제를 정부만으로는 해결할 수 없다고 여겼고 문제 해결 주체를 민간 부문으로 전환할 것을 권고했다. 하지만 기존 관행에 익숙했던 대다수 사람들, 항공우주산업 및 의회는 이 아이디어를 비판하기에 급급했다.

이제 우리는 민간 부문의 투자가 비용 절감과 우주 개척 능력 향상에 긍정적 영향을 미친다는 것을 잘 알고 있다. 기업가적 마인드를 견지한 새로운 민간 업체들은 전 세계를 능가하는 혁신을 거듭하고 있으며 이로 인하여 미국은 우주 분야에서 선도적인 위치를 되찾고 경제를 발전시키며 국가 안보를 증진할 수 있었다. 그 과정에서 스페이스X는 이미 이전의 모든 유인 우주 비행 임무에 들었던 예산에 비해 훨씬 더 저렴한 비용으로 우주비행사를 우주정거장으로 쏘아 올리고 있다. 이러한 성공을 견인할 수 있었던 정부 프로그램과 정책은 그냥 주어진 것이 절대 아니다.

가버와 그녀가 "우주해적space pirates"이라고 부르는 개척자들은 우주로 가는 비용을 줄이는 것이 사회가 우주의 이점을 최대한 활용하는 데 중요하다고 얘기한다. 적합한 인력, 기술, 정책 및 민간 자본이 합쳐져서 NASA의 유인 우주 비행 예산을 강력한 군사-산업 복합체로부터 해방시켰기 때문에 이러한 발전을 이룰 수 있었던 것이다.

머스크, 베이조스, 브랜슨은 비즈니스 경쟁자들이 흔히 말하듯이 서로 경쟁하며 함께 성장한다. 그리고 이러한 경쟁은 궁극적으로 NASA와 록히드 마틴Lockheed Martin과 같은 대기업 및 보잉Boeing의 벤처 기업인 유나이티드 론치 얼라이언스United Launch Alliance, ULA에도 큰 도움이 되고 있다. 결국 이들 간의 관계는 서로 도우며 함께하는 공생 관계이기 때문이다. 가장 위대한 기술 발전은 미래를 바라볼 줄 아는 정부의 자원과 위험을 감수하는 기업가들의 노력이 결합하면서 비롯된다.

근본적인 혁신을 모색하는 일은 많지만 실제로 달성되는 경우가 드문 것은 이러한 노력이 쉽지 않기 때문이다. 그렇기에 이 책에서 보여주는 혁신은 중요하다. 여러분은 가버의 경험을 통해서 몽상가, 관료, 억만장자가 어떻게 뉴스페이스 시대를 열 수 있었는지, 그 매혹적인 이야기를 볼 수 있을 것이다.

월터 아이작슨 Walter Isaacson

차례

PART 03 움직임

프롤로그

NASA가 발사한 우주 탐사선 '화성 과학 실험실Mars Science Laboratory, MSL'은 283일 동안 시속 1만 마일(약 1만 6,093km) 이상으로 항해해서 2012년 8월 5일 PDT(태평양 연안 표준시) 기준 오후 10시 30분에 착륙할 예정이었다. MSL이 받은 임무는 역사상 가장 크고 복잡하며 과학적으로 진보된 탐사 로버를 화성까지 무사히 운반하는 것이었는데, 큐리오시티Curiosity(호기심)라는 이름을 가진 로버를 통해서 지구 외에도 생명체가 살 수 있는지 조사하기 위함이었다. 우리는 이 프로젝트를 통해서 오래전부터 알고 싶었던 우주에서 인류의 위치를 밝히고자 했다.

이 임무에서 가장 중요한 단계는 화성 대기권으로 진입하는 것이다. 자동차 크기의 탐사 로버를 실은 우주선은 화씨 -455도(섭씨 약 -270도)의 낮은 온도로 우주를 여행하다가 화성의 대기에 진입하며

2,300도(1,260도)까지 급격히 치솟는 열을 견디고 점차 속도를 낮춰 마침내 화성에 착륙할 수 있어야 한다. 현재까지 화성으로 진입을 시도한 탐사선 중 절반 정도만이 착륙에 성공하여 신호를 송신할 수 있었다.

탐사선의 크기로 인하여 착륙은 새롭게 개발된 낙하산, 크레인, 로켓으로 구성된 시스템에 따라 정밀하게 설정된 자동 루틴으로 실행됐는데 화성의 대기에서부터 지면까지 약 7분 동안 극한의 상황 속에서 한 치의 착오도 없이 이루어져야 하기에 NASA는 이를 "공포의 7분seven minutes of terror"이라고 불렀다. 심지어 탐사선이 보내는 착륙 신호는 빛의 속도로 전송되지만 화성과 지구의 거리가 멀어서 지구에서 화성의 대기에 닿았다는 신호를 받을 때쯤이면 탐사선은 이미 화성 표면에 도착했거나 아니면 폭발했을 수 있다. NASA에서 근무하면서 화성 착륙 실패와 성공을 모두를 경험했지만 나는 유독 이 임무에 특별한 애착이 있다.

MSL이 발사되기 약 4년 전인 2008년 가을, 우주왕복선 제작 및 운용을 맡은 제트 추진 연구소Jet Propulsion Laboratory, JPL의 책임자인 찰스 엘라치Charles Elachi 박사는 나에게 MSL의 잠재적인 문제점들에 대해 간략히 설명해 주었다. 당시 나는 NASA에서 오바마 행정부의 전환 팀을 이끌고 있었고 이 임무는 이듬해 여름에 시작될 예정이었다. MSL은 이미 계획된 15억 달러 규모의 예산을 초과하여 총 4억 달러를 추가로 지출한 상태였다. 26개월마다 겨우 몇 주 동안만 화성에 우주선을 보낼 수 있기에 이번 기회를 놓친다면 전체 일정은 2011년으로 연기되고 예산 역시 25억 달러로 증가하여 전체 예산의

약 60%의 비용이 추가로 들어갈 가능성이 높은 상황이었다.

MSL은 몇 달 후 새 행정부가 인수하여 수행될 예정이었으므로 찰스 박사는 차기 대통령의 의중을 살피고자 워싱턴을 방문한 것이다. 당시 NASA에서 나의 역할은 자문뿐이어서 결정권은 없었지만 불구하고 찰스 박사는 나에게 차기 행정부가 우주 분야를 향후 어떻게 발전시키기 원하는지 물었다. 나는 그의 질문에 분명하게 대답했다. "만약 이 임무가 나에게 맡겨진다면 담당 팀을 압박하지 않을 것입니다" 최대한 필요한 시간과 자원을 투자하여 최대한 성공할 수 있는 가능성을 높여야 하기 때문이었다. 나의 시각에서는 25억 달러 규모의 우주선을 화성에 성공적으로 착륙시키는 것이 20억 달러 규모의 임무를 실패하는 것보다 훨씬 낫다고 생각했다.

⁂

조금 더 시간이 주어져 엔지니어링팀과 과학팀이 탐사선의 전반적인 측면을 살펴본 다음 마침내 2011년 11월 MSL이 발사대에 올랐다. 그 무렵 나는 NASA 부국장으로 임명되어 VIP와 함께 팀에 감사함을 표현했다. 큐리오시티를 탑재한 탐사선은 추수감사절 이틀 후 플로리다에 위치한 케네디 우주 센터에서 발사됐다. 성공적으로 발사를 해냈지만 이내 다음 게임이 나를 기다리고 있었다.

8개월 뒤 3억 5,000만 마일(5억 6,327만 400km)을 비행한 끝에 탐사선이 목적지에 접근하자 모든 활동은 미국 남부 캘리포니아에 있는 제트 추진 연구소의 우주 비행 작전 시설Space Flight Operations Facility,

SFOF에서 이루어졌다.

나는 당시 패서디나 컨벤션 센터Pasadena Convention Center에서 개최하는 플래닛페스트Planetfest라는 콘퍼런스에 참석했다. 플래닛페스트는 몇 년에 한 번씩 우주와 관련된 행사가 있는 시기에 맞춰 개최되었는데 칼 세이건을 비롯해 뛰어난 리더들이 모였던 자리다. 칼 세이건은 이 콘퍼런스에서 지구 너머에 있는 생명체를 발견하는 것이 인류에게 커다란 변혁을 가져올 것이라 말하며 권력에 진실로 맞서는 자신의 가치와 신념을 수백만 명에게 전수했다. 나는 1980년대 중반부터 회원으로 활동했고 칼 세이건을 포함해 다른 이들과 함께 프로젝트를 진행하곤 했다. 이날은 칼 세이건이 1980년에 설립한 플래너터리 소사이어티Planetary Society의 회장 빌 나이Bill Nye가 얼마 전에 세상을 떠난 샐리 라이드Sally Ride 박사를 기리는 일을 도와달라고 요청하여 연설을 하기로 되어 있었다.

슬픈 감정을 다독이면서 샐리가 얼마나 인류에 긍정적인 영향을 미친 인물이었는지를 알리고 노고를 기리는 연설을 마쳤을 때 내 비서인 엘리스 넬슨Elise Nelson이 경호원과 함께 무대 근처에 서 있는 걸 보았다. 나에게 질문을 하려는 사람들이 있었지만 경호원은 빨리 회의장을 나가야 한다고 말하며 나를 이끌었다. 이렇게 자리를 나서는 것이 무례한 것임을 알았지만 나는 시키는 대로 회의장을 빠져나왔다.

내 머릿속에 가장 먼저 떠오른 생각은 국제우주정거장International Space Station, ISS 또는 지상에 위치한 기반 시설에 발생한 사고였다. 그러다가 큐리오시티가 떠올랐다. 혹시 화성에 너무 가까이 갔다가 우주선을 잃은 것은 아닐까? 어디로 가는지 물었더니 경호원은 안전해지면 바로 알려주겠다고 말했다. 그의 말은 이해가 되지 않았다. 안전하지 않다는 말은 폭탄 위협이 있다는 뜻인데 나만 대피하고 있었기 때문이다.

경호원은 건물 밖이 아닌 건물 내 다른 회의실로 안내하며 필요하면 다시 오겠다고 했다. 엘리스와 나 단둘만이 방 안에 남겨졌는데 그때야 엘리스는 나에게 위협이 가해져 즉시 공공장소로부터 대피시키라는 지시를 받았다고 말했다. 워싱턴에 있는 NASA 보안 요원은 엘리스에게 내가 "안전해졌을 때secured" 그들에게 전화를 걸도록 지시했다. 전화를 거는 나는 손이 떨리며 상황이 심각해질 수도 있음을 깨닫기 시작했다.

NASA 보안팀은 흰 가루 물질이 든 협박 서신이 NASA 본부에 배송되었다고 설명했다. 우편실에서 봉투를 연 사람은 검사를 받는 동안 격리되어 있었다. 위협 수준이 평가될 때까지 봉쇄 상태를 유지해야 했다.

엘리스와 나는 평정심을 지키기 위해 최선을 다했다. 얼마 지나지 않아 휴대폰이 울렸고 검사 결과 탄저병이나 다른 독성 물질에 음성 결과가 나왔다는 말을 들었다. 노출된 우편실 직원에 아무런 문제가 없다는 사실에 안도했고 도대체 보안요원이 2,300마일(3,701km)이나 떨어진 곳에서 나를 보호해야 한다고 생각하게 만든 편지의 내용이 무엇인지 궁금해졌다.

초반 3년 동안 많은 적을 만들어 냈지만 물리적 위협이 발생한 것은 이번이 처음이었다. NASA 보안팀은 지도부의 안전을 중요하게 여겼고 나는 이것이 큰일이 아니길 간절히 바랐다. 그러나 얼마 지나지 않아 나는 좀 더 즉각적이고 흥미로운 주제로 관심을 돌렸다. 내가 주목해야 하는 건 이런 게 아니었으니까. 내가 지금 전념해야 하는 건 해프닝에 머문 사건이 아니라 탐사선이 내일 화성에 착륙한다는 사실이었다.

2012년 8월 5일, 나는 미션 컨트롤 관람석에서 제트 추진 연구소 팀을 바라보며 10년 넘게 이 임무를 위해 노력해 온 사람들을 떠올렸다. 이들의 성공은 인류의 가장 오래되고 심오한 질문에 대한 답을 찾아낼 수 있는 잠재력을 지니고 있었다. 오래도록 수행된 이들의 노력이 오늘 결실을 맺을 것이다. 그리고 이제부터 내 임무가 시작이 될 것이다. 큐리오시티 탐사선이 점차 대기권에 진입을 하자 나는 손끝에서 느껴지는 긴장감을 즐기며 앞을 보았다. 그리고 곧 있을 7분 동안 이어질 공포의 시간에 대비하기 시작했다.

PART 01

중력

정의. 자연계에 존재하는 네 가지 힘 가운데 하나로 어떤 공간상의 질량을 가진 두 물체 사이에 작용하는 힘 또는 지구가 물체를 잡아당기는 힘

| 케네디 우주센터에서 오바마 대통령과 악수하는 로리 가버. 왼쪽으로 닐 디그래스 타이슨

| NASA 본부에서 로리 가버와 이야기를 나누는 우주비행사 짐 로벨과 영화배우 톰 행크스

게임체인저

01

내가 버락 오바마Barack Obama와 처음으로 대화를 나눈 것은 2008년 6월, 그가 민주당 대통령 후보로 막 지명된 직후다. 당시 나는 클린턴 캠페인의 전 우주 정책 자문으로 소개되었는데 우주 정책이라는 말에 그가 즉각적인 관심을 보였던 것으로 기억한다. 오바마는 자신의 지인인 "넬슨Nelson이라는 사람이 오랫동안 우주왕복선Space Shuttle 프로그램을 연장하기 위해 로비를 하고 있다"고 운을 띄우면서 나에게 이러한 생각에 동의하는지 물었다. 당시 상원에는 넬슨이라는 이름을 가진 민주당원이 두 명 있었는데 한 명은 네브래스카 출신의 벤Ben, 그리고 다른 한 명은 플로리다 출신의 빌Bill이었다. 이에 나는 "의원님, 혹시 빌의 의견을 말씀하시는 거라면 저는 그의 의견에 동의하지 않습니다"라고 답했다. 막상 답을 하고 보니 너무 무례한 것은 아닌지 염려되었지만 다행히 답변을 들은 오바마가 특유의 미소를 지어 보여서 겨우 한숨을 돌렸던 기억이 난다.

오바마는 로비를 한 사람이 빌 넬슨이라는 것을 인정하면서 왜 프로그램을 연장하지 말아야 하는지 연이어 물었다. 이에 나는 우주왕복선이 NASA에서 가장 눈에 띄는 프로젝트임에는 분명하지만, 35여 년 전에 세운 발사 비용을 낮추고 우주여행을 정기적으로 하겠다는 목표를 단 한 번도 달성한 적이 없다고 말해 주었다. 그리고 두 명의 우주비행사가 순직한 사고로 인해 2010년에 사고조사위원회가 우주왕복선을 은퇴시킬 것을 권고한 사실과 우주왕복선이 40년도 더 된 기술로 만들어졌다는 점, 일 년에 40~50회를 비행하도록 설계되었음에도 27년 동안 평균 5회 비행에 그쳤다는 점, 심지어 그 비용이 천억 달러가 넘었다는 점 또한 설명했다. 나의 설명을 들은 오바마는 눈빛을 날카롭게 빛내며 "그렇다면 향후 어떻게 해야 한다고 생각하십니까?"라고 되물었다.

이제 나는 그가 납득할 만한 해결책을 제시해야 하는 순간이 왔음을 직감했다. 그리고 그간 구상해 왔던 생각들을 하나하나 설명하기 시작했다. NASA는 민간기업과 같은 일을 하며, 경쟁하기보다는 할 일을 나눠서 민간기업에 임무를 맡겨야 한다. 그러면 모든 걸 다 할 필요 없이 꼭 해야 하는 첨단 기술과 과학 프로그램에만 투자할 수 있어 예산과 인력을 합리적으로 쓸 수 있을 것이다. NASA는 하늘과 우주의 이점을 활용하여 국민에게 가치 있는 임무를 수행하는 것을 목적으로 설립되었음에도 실제 기후 변화와 같은 중요한 분야에는 겨우 10% 미만의 예산만이 할당되어 있다. 민간기업이 우주라는 새로운 시장을 개척할 수 있도록 여건을 허용한다면 비용을 절감할 뿐만 아니라 궁극적으로 보다 넓은 차원에서 경제 및 국가 안보에 도움 될 것이다. 당시 오바마와의 대화가 면접 같은 성격은 아니었지만 몇 주 후 그가 직접 전화해서 자신이 차기 대통령이 된다면 내가 NASA 전환 팀을 이끌어줬으면 좋겠다는 얘기를 했을 때 비로소 나는 일종의 시험에 합격했음을 깨닫게 되었다.

돌이켜 보면 나는 이러한 임무를 수행하기 위해 지난 25년 동안 직업적으로 다양한 경험과 훈련을 거친 것이 아닌가 하는 생각이 든다. 나의 경험과 배경은 역대 전임자들과는 사뭇 다른 면이 많지만 이러한 다름이 해가 되기보다 긍정적으로 작용할 수 있으리라 믿는다.

사실 나는 로켓을 만들고 싶다거나 우주비행사라는 직업에 끌린 적은 없었다. 대신 무한한 우주에서의 활동이 인류 문명에 가져다줄 끝없는 잠재력에 깊이 매료되었고 나에게 장차 다가올 가장 의미 있는 도전으로 여겼다. 이러한 생각은 남학생이 아니라는 이유만으로 과학 및 공학 분야에 지원하지 못하고 정치 경제학 및 국제 과학 기술 정책 학위를 딸 수밖에 없었던 일을 겪으면서 생긴 것이다. 이러한 상황을 변화시키겠다고 결심했던 나에게 우주 공간은 어떠한 제한도 없이 마치 가치와 끝없는 기회로 가득 채울 수 있는 빈 캔버스와 같았다.

전통적이지 않은 경험과 배경을 가진 나는 행성들이 가지런히 정렬되는 것과 같은 희박한 확률을 뚫고 결국 오바마 대통령의 NASA

전환 팀을 이끌게 되었다. 나의 임기는 우주 역사상 가장 중요한 시점과 맞물렸다고 해도 과언이 아니다. 그간 정부의 더딘 움직임에 좌절할 수밖에 없었던 민간기업들이 대담하고 혁신적인 기술 발전을 통해서 우주선과 우주 수송 분야에 결실을 거두기 시작했기 때문이다. 나는 이 상황에서 NASA가 우주 분야에 새롭게 진입한 기업들의 창의적인 생각을 접목하여 이들이 보다 쉽게 접근할 수 있도록 여건을 보장해야 한다고 보았다. 동시에 정부가 그동안 고수했던 기존의 패러다임을 바꾸고 더 큰 진전을 이룰 정책과 프로그램을 내놓을 기회와 의무가 생겼음을 자각했다.

나는 가장 먼저 팀을 구성하여 당시 NASA 활동에 대한 정보를 수집하기 시작했다. 대체할 수 있는 경로의 강점과 약점을 분석하면서 보다 의미 있는 프로그램을 발전시키기 위한 방안을 모색했다. 그 결과 최종보고서의 주요 내용은 나와 오바마 대통령이 나누었던 첫 대화의 방향과 일치했으며 동시에 과학과 혁신에 중점을 둔 차기 정부 정책과도 긴밀하게 연계되었다. 이는 우주 공간에 대한 진입 장벽을 낮추고 국민에게 이러한 투자의 혜택을 돌릴 수 있도록 구상하는 혁신적인 의제로 이어졌다.

그 결과 우리 팀이 제출한 보고서는 차기 행정부로부터 큰 호응을 얻을 수 있었고 취임 직후 오바마 대통령은 나를 NASA 부국장으로 지명하겠다는 의사를 표명했다. 그리고 몇 주 후 스티브 이사코위츠 Steve Isakowitz가 NASA 국장 후보로 연이어 지명되었는데 스티브는 내가 추천한 후보 명단 중 상위에 위치하고 있는 인물이었다. 오바마의 이러한 지명은 NASA에 대한 차기 행정부의 일관성 있는 비전을 보여주었다. 스티브는 MIT에서 항공우주 기술 관련 학위를 취득한 이래 항공우주산업 분야에서 20년간 차근차근 경력을 쌓아왔다. 그는 NASA, 관리예산실, CIA 및 에너지부에서 고위직을 역임했을 뿐만 아니라 공화당 및 민주당 행정부에서 모두 근무한 경험을 바탕으로 지역 사회에서 널리 존경을 받았다. NASA 국장으로서 그의 자격은 누구도 부인할 수 없을 정도로 완벽했다.

백악관은 우리 둘의 후보 지명을 동시에 제출했다. 심사 절차가 시작되었고 우리는 대담하면서도 지속 가능한 계획을 발전시킬 수 있는 방안에 대해 논의하기 시작했다. 나는 처음부터 오바마의 열렬한 지지자는 아니었지만 우주 활동을 재편하는 것이 그의 선거 캠페인인 "희망과 변화hope and change"라는 키워드를 슬로건 이상으로 발전시키는 데 도움이 될 수 있다는 점만은 잘 인식하고 있었다. 차기 행정부와 추구하는 점이 같다는 것을 깨닫자 50년 전 상상했던 우주 시대가 마침내 우리의 품 안으로 들어온 것만 같았다. 역대 대통령이 모두 꿈꾸기만 하고 끝내 이루지 못했던 변화를 2009년 2월 오바마 행정부의 NASA가 현실로 만들어 내는 게 그려졌다.

하지만 이러한 나의 기대와 달리 그 과정은 그리 순탄치만은 않았다. 첫 번째 난관은 빌 넬슨 상원의원이 우리와의 회의를 거부하면서 시작되었다. 그가 보좌관을 통해 전달한 이유는 매우 모호해서 의문을 자아냈는데 백악관 인사팀이 나중에 알려준 바에 따르면 사실 그가 추천하고자 했던 후보가 따로 있어서 몽니를 부린다고 했다. 솔직히 처음에는 이를 그리 심각하게 생각하지 않았다. 대통령의 영향력이 당내 상원의원 한 명의 저항을 견뎌내기에 충분하다고 믿었기 때문이다.

더구나 민주당이 60표로 상원을 장악했기 때문에 지명된 NASA 후보의 승인은 거의 확실시되는 상황이었다. 넬슨은 청문회 위원장도 아니었다. 웨스트버지니아 출신의 민주당원인 제이 록펠러Jay Rockefeller 상원의원이 위원장을 맡고 있었으며 그는 열린 마음을 가진 보기 드문 의원이었다. 그는 오바마 대통령이 제시한 NASA 팀의 공개 청문회 서류 역시 꼼꼼하게 검토했다.

백악관은 넬슨 상원의원을 지지하지 않고 물밑에서 록펠러 상원의원을 비롯한 청문회 위원들과의 회의 일정을 잡을 수도 있었다. 하지만 당시는 행정부 초기 단계였고 처음부터 잡음을 내면서까지 싸워야 할 필요를 느끼지 못했던 것 같다. 백악관 인사팀은 스티브에게 임시 임명을 고려하겠다고 전달했지만 넬슨 상원의원을 직접 대면하려는 대통령의 의지가 없었기에 스티브는 스스로 국장 후보에서 물러났다.

나는 당시에도, 지금도 의원 한 개인의 의견으로 대통령이 임명하고자 하는 우수한 후보를 배제할 수 있다는 사실이 믿기지 않는다. 그리고 이는 앞으로의 상황 역시 결코 녹록치 않음을 보여주는 징조와 같다는 것을 시간이 한참 흐른 후에야 깨달았다.

빌 넬슨은 현재의 상황과는 동떨어진 시대인 1986년, 세금으로 우주왕복선을 탔던 정치인으로 가장 잘 알려져 있다. 해당 선거구 내 NASA 시설이 위치하고 있는 여타 남부 주 의회 의원들과 마찬가지로 그의 관심사는 다소 편협해 보였다. 1년 전 오바마 후보로부터 넬슨이 우주왕복선 프로그램을 연장하기 위해 로비하고 있다는 말을 들었을 때 역시 그의 의제는 근시안적인 것으로 보였다.*

2003년 컬럼비아 우주왕복선 사고에 대해 사고조사위원회는 2010년 말까지 우주왕복선을 퇴역시킬 것을 권고했고 부시George W. Bush 대통령도 이에 동의하여 2004년에 관련 정책을 수립했다. 나는 우주왕복선이 한두 번 더 비행하는 것에는 동의했지만 퇴역 결정을 번복한다면 이는 수년, 수십억 달러가 들고 나아가 더 많은 우주비행사의 생명을 위험에 빠뜨리는 결과를 초래할 것이라 말했다. 그러나 2008년 정권 교체 시기 NASA 브리핑에서 우주왕복선은 결국 연장하는 것으로 공표되었다. 설상가상으로 컨스텔레이션Constellation(별자리)이라고 불리는 프로그램 역시 이미 기존 계획상의 일정과 많이 동떨어져 버렸다. 이 프로그램으로 인해 연간 30~40억 달러의 비용이 들었고 4년이 걸릴 것으로 예상했던 개발 기간은 이미 5년 차를 지나고 있었다.

컨스텔레이션 프로그램은 1980년대부터 NASA가 목표로 했던 것으로, 우주비행사를 다시 달로 돌려보내겠다는 장기적인 계획이었다.** 그런데 이 계획은 아폴로Apollo 프로그램 수준의 역대급 예산

* 그는 2021년 바이든 대통령에 의해 NASA 국장이 된다.

** 2004년에 NASA는 2020년까지 달에 우주인을 보내기 위해 컨스텔레이션 프로그램을 발표하였다. 이 프로그램의 목표는 지구에서 멀리 떨어진 우주 환경에서 중요한 운용 기술의 경험을 획득하고 우주개척을 위한 기술을 개발하며 기초 과학을 선도하는 것이다. 이를 위하여 NASA는 새로운 우주 비행체와 우주 발사체의 개발을 제안하였다. 우주 비행체는 아폴로 우주선과 유사한 오리온(Orion)과 행성 착륙선인 알테어(Altair) 그리고 지구 이륙단(Eearth Depature Stage, EDS) 등으로 구성되었다. 우주 발사체는 승무원 전용 발사체인 아레스-1(Ares I)과 화물 전용 발사체인 아레스-V(Ares V)를 개발할 계획이었다. 이를 위하여 2025년까지 총 2,300억 달러를 투자할 계획이었고 2009년까지 총 90억 달러의 예산을 투입한 바 있다.

이 필요했지만 이를 뒷받침할 만한 지정학적 또는 기타 타당한 국가적 수준의 목표나 이유가 없었다. 아폴로 프로그램처럼 새로운 기술을 발전시키는 대신 기존 기술을 그대로 쓰는 것으로 계획되었으며 우주왕복선 부품과 계약업체를 재편하는 수준에 그쳤다.

당시 계획한 달 탐사는 10년 이상 남았기 때문에 컨스텔레이션 프로그램은 우주정거장을 오가는 우주비행사를 수송하는 것이 활동의 전부였다. 그런데 분명 본 게임 전 초기 활동임에도 로켓 및 캡슐에 들어가는 필요 예산이 실제 책정된 예산 범위를 초과해 버렸다. 부시 행정부는 NASA의 5개년 계획을 통해 우주정거장 자체에 책정된 예산을 사용하여 부족한 자금을 보충하고자 했다.

하지만 문제는 여기서 끝이 아니었다. 지원을 중단하고 우주정거장이 조기에 퇴역하게 된다면 앞으로 발사될 로켓과 캡슐은 목적지를 잃고 우주를 떠돌게 된다. 반대로 퇴역하지 않으면 컨스텔레이션의 임무가 비행 준비를 마쳤을 때는 이미 우주정거장은 수명이 다하여 까맣게 탄 파편들로 변해 태평양 바닥에 흩어져 있게 될 것이 분명하다. 즉 지원을 해도 안 해도 문제인 상황에 처한 것이다. 게다가 그즈음이면 NASA는 장기 계획 부재로 인해 우주비행사를 수송할 수 있는 능력을 상실했을 뿐만 아니라 NASA와 국제 파트너의 모든 우주 비행 활동 역시 중단된 상황일 것이다.

더 큰 일은 드러나지 않은 NASA의 수많은 다른 계획들이 차기 행정부로 하여금 연간 수십억 달러를 기존의 셔틀, 컨스텔레이션 및 우주정거장 계약업체에 계속해서 흘러 들어가도록 함정에 빠뜨린다는 점이다. 이러한 업체들은 일반적으로 NASA가 유인 우주 탐사를 우선시했기 때문에 지구와 우주과학과 같은 다른 분야에 책정된 예산을 유인 탐사로 돌려 오버런*을 충당할 수 있다고 생각했다. 그러나 아무리 많은 예산을 쏟아부어도 우주 수송 격차를 줄일 순 없다. 왜냐하면 NASA는 셔틀이 퇴역한 이후 러시아 연방 우주국Roscosmos에 비용을 지불하고 우주정거장을 오가겠다는 계획을 세웠기 때문이다. 이는 이미 의회에도 잘 알려진 사실이었다. 유인 우주 비행은 이미 더 이상 지속 가능한 수준을 넘어섰고 새로운 방안이 나오지 않는 한 현실적인 경로를 계획할 수 있는 귀한 시간만 허비하고 있는 상황이었다.

바바라 미컬스키Barbara Mikulski 상원의원은 NASA 국장 선정 초기 그 기준에 대해 검토했던 의원 중 한 사람이다. 미컬스키 상원의원은 당시 NASA의 세출 소위원회 위원장을 맡고 있었기 때문에 NASA의 입장에서는 넬슨 상원의원 보다 그녀의 생각이 더 중요했다. 그녀는 나와의 첫 대면 회의에서 차기 대통령에게 "(이 상태로 가다간) 우주비행사도 없고 군인도 없습니다"라는 메세지를 전달해줄 것을 당부했다. 그녀의 말은 일리가 있었다. 나는 계속 메모하면서 다른 주제에 대해서도 논의를 이어갔고 토의가 끝나갈 무렵 그녀는 국장의 후보에 대해 "만약 NASA 국장을 우주비행사 중에서 선발한다면 반드시 샐리 라이드Sally Ride**여야 합니다"라고 당부했다. 내가 그녀의 의견을 백악관 인사팀에 전달했을 때 그들은 내가 샐리에게 그녀의 의중을 묻기를 원했다.

* 계획에서 예정한 한계를 넘는 것, 즉 초과를 말함.

** 미국 물리학자이자 NASA 최초의 여성 우주비행사.

나는 NASA에서 다양한 경험을 쌓아온 라이드 박사를 이미 잘 알고 있었다. 그녀의 전문성에는 의심할 여지가 없었지만 8년 전 클린턴Bill Clinton 대통령이 그녀를 채용하려고 시도한 이래 그녀가 더 이상 NASA에서 경력을 쌓고 싶어 할지에 대해서는 의구심이 들었다. 그녀와의 대화는 예상대로 진행되었다. 샐리는 지금 벌어지고 있는 판의 룰을 너무나 잘 이해하고 있었고 더는 그 게임에 참여하고 싶지 않았다. 그녀는 다른 방식으로 기꺼이 도와주겠다면서도 오바마 대통령이 연락한다면 거절하기 쉽지 않을 것 같으니 그가 직접 전화하는 일만 피해달라고 간청했다. 그녀와의 대화 이후 나는 샐리가 NASA를 훌륭하게 이끌어갈 것이라 확신했고 만약 그녀만 원한다면 넬슨 상원의원 역시 지지할 것이라 생각했다. 하지만 샐리가 이를 원치 않아 결국 우리는 다시금 원점으로 돌아왔다. 백악관은 잠재적 후보자를 찾는 노력을 지속했지만 결국 심사 과정을 거치지 못해 교착 상태가 이어졌다.

이러한 인사 지연으로 인하여 예산 책정이라는 중요한 일정마저 차질을 빚었다. 부국장으로의 임명을 앞두고 1월 20일에 전환 팀의 일을 그만두기 전까지 나는 경기부양책 중 NASA와 관련된 예산 책정 과정을 감독했다. 새 예산안에는 새롭게 추진하고자 하는 프로그램에 대한 예산이 상당 부분 반영되어 있었다. 그러나 내가 전환 팀을 떠난 후 대리 NASA 국장은 의회와 협력하여 새로운 프로그램에 할당한 대부분의 예산을 컨스텔레이션으로 이전해 버렸다. 이듬해 예산은 그해 봄까지 책정을 마무리해야 했지만 지속 가능한 유인 우주 비행을 위한 계획을 세우려는 NASA의 자체적인 의지는 부족했기에 새로운 행정부는 급히 해결책을 모색해야 했다.

진척이 없는 NASA 국장 선임 대신 우리는 유인 우주 비행 프로그램을 검토하고 보다 현실적인 진로를 마련하기 위해 대통령 위원회를 구성했다. 샐리 라이드 박사를 비롯한 10명의 기술 및 정책 전문가를 임명했으며 위원회 이름은 항공우주 대기업 록히드 마틴Lockheed Martin의 전 CEO였던 노름 오거스틴Norm Augustine의 이름을 따서 제2의 오거스틴 위원회로 명명했다.

오거스틴 위원회가 그해 5월에 공개되고 나서 몇 주 후 대통령은 NASA 국장 후보로 찰리 볼든Charlie Bolden을 발표했다. 찰리는 25년 전 빌 넬슨 하원의원과 함께 셔틀을 탄 해병대 장군이자 우주비행사였다. 나는 다시 부국장 후보로 지명되었지만 불행인지 다행인지 찰리에 비해 크게 주목받지는 않았다. 나는 그와 함께 심의 과정을 거친 후 드디어 7월에 상원의 승인을 받았다.

오거스틴 위원회의 조사 결과는 상원 승인이 확정된 이래 몇 달 만에 발표되었다. 보고서에는 "미국의 유인 우주 비행 프로그램은 지속 불가능한 궤도에 있는 것으로 보인다"는 엄격한 판단이 담겼는데, 이를 만든 원인으로 "NASA는 할당된 자원과 일치하지 않는 목표를 추구하는 위험한 관행을 지속하고 있다"고 밝혔다. 위원회는 이 문제의 해결책으로 급성장하는 상업 우주 부문을 활용하여 새로운 역량을 창출하고 잠재적으로 비용을 절감할 수 있는 신기술을 모색할 수 있는 잠재적인 방안을 설명했다.

이러한 오거스틴 위원회의 견해는 기존 전환 팀이 작성했던 보고서의 방향과 일치했다. 즉 NASA가 일상적인 운영을 위한 시스템을 개발하고 소유하던 관행에서 벗어나 민간 부문에 화물 및 우주비행사를 위한 우주 수송 서비스를 제공하도록 장려하겠다는 것이다. 이는 나아가 NASA가 더 많은 첨단 기술에 투자하고 획기적인 과학적 발전을 이룰 수 있도록 하겠다는 오바마 대통령의 제안을 뒷받침하기도 했다.

2010년 2월 1일 의회에 제출한 첫 예산안에서 오바마 행정부는 NASA에 총 190억 달러 규모의 예산을 할당했다. 이는 우주왕복선을 안전하게 발사하고 우주정거장을 확장하며 지구과학, 첨단 기술, 로켓 엔진 개발 및 인프라를 활성화할 수 있게 NASA의 예산을 늘리는 데 그 목적이 있었다. 더불어 상업 승무원 수송Commercial Crew이라는 프로그램을 통해 미국 산업계와 파트너십을 맺고 우주비행사를 우주정거장으로 수송하기 위한 예산도 포함되었다. 이러한 혁신적 의제는 그간 부진을 면치 못했던 컨스텔레이션 프로그램을 종료하는 등 NASA의 발전을 저해하는 제도적 부담을 해소할 수 있는 방향으로 설계되었다.

의회와 산업계의 기존 지지자들은 이 계획에 분노했다. 항공우주 산업계의 주된 관심사는 운영의 효율성과는 관계없이 경쟁력 있는 프로그램을 희생시키면서 주요 의회 선거구에 값비싼 인프라와 일자리를 유지하는 데 있었고 이를 위해 컨스텔레이션과 같은 프로그램을 늘리는 데 총력을 다했다. 수백억 달러 상당의 계약을 체결한 회사들은 반칙이라 외치며 로비 활동을 통해 이 계획에 반대했다. 수많은 정부 감사와 오거스틴 위원회의 공개 결과를 무시하고 전통적인 이해관계자들은 우리가 NASA에 영구적인 피해를 가져올 급진적인 변화를 제안했다고 주장했다. 나아가 그들은 우리가 한 제안이 너무나 한쪽으로 치우친 생각이라고 주장했다.

안타깝게도 NASA 국장은 이러한 예산안이 가져올 장점에 대해 제대로 설명하지 못했고 이는 간접적으로 그가 이러한 예산안을 발전시키는 데 기여하지 않았음을 보여주었다. 그리고 그 결과 내가 그 계획에 반대하는 세력의 표적이 되고 말았다. 나는 의회의 양당, 항공우주산업계 및 영웅으로 칭송받던 우주비행사로부터 자신들의 편협한 이익에 부합하지 않는 의제를 제안했다는 이유로 공격을 받기 시작했다. 의기양양하게 의미 있는 변화를 이끌어낼 수 있다는 행정부의 잠재력은 시작하기도 전부터 1조 달러 규모의 군산 복합체에 의해 위협받았고 그 가운데 나도 서 있었다.

루이지애나주 상원의원 데이비드 비터David Vitter는 내가 컨스텔레이션 프로그램 취소를 종용했다면서 "국장이 아닌 가버가 NASA를 운영하려 든다"고 비판했다. 〈옥토버 스카이October Sky〉의 작가이자 영화 〈로켓 보이즈Rocket Boys〉의 주인공이기도 한 호머 히캄Homer Hickam은 나를 "사임해야 할 잔소리꾼gadfly"이라고 불렀다. NASA 자금 지원을 담당하는 세출 소위원회 소속 공화당 상원의원 리처드 셸비Richard Shelby는 대통령이 제안한 NASA 예산안은 "미국 유인 우주비행의 미래를 없앨 죽음의 행진을 시작한다"며 "의회는 건전한 원칙과 입증된 실적, 성공을 향한 꾸준한 길, 유인 우주 비행 프로그램의 파괴를 가만히 앉아서 지켜볼 수 없으며 앞으로도 그러지 않을 것"이라고 말했다. 그는 상업 승무원 수송 프로그램에 대한 예산 요청과 관련하여 "오늘날 NASA와 계약을 맺은 민간기업은 우주정거장에서 배출된 쓰레기조차 수송할 수 없으며 인간을 안전하게 우주로 수송한다는 것은 언급할 가치도 없다"고 덧붙였다.

NASA의 운영을 승인하는 상원 소위원회 의장으로서 넬슨 상원의원은 달 탐사 계획을 삭감하는 대통령을 비판하고 이러한 움직임으로 인해 미국이 우주 탐사 분야에서 다른 국가, 특히 러시아와 중국에 뒤처질 수 있다고 밝혔다. 그는 예산 요청에서 우주정거장 확장과 같은 쓸만한 장점이 있긴 하지만 그래도 전체적으로 미국의 유인 우주 프로그램을 중단한다는 인식을 주기 때문에 받아들여지기 어렵다고 설명했다. 또 미국 상업 우주 역량에 대한 3월 소위원회 청문회에서 예산안에 포함된 상업 승무원 수송 프로그램에 관해 "의회가 향후 5년 동안 대통령이 제출한 60억 달러 규모의 상업 승무원 수송 프로그램 예산을 화성 프로그램을 위한 중량 리프트 발사체 개발에 사용하기로 결정한다면 어떻게 되겠습니까?"라고 질문했다.

넬슨 상원의원은 한발 더 나아가 행정부를 향해 리더십 부족을 경고하면서 이 때문에 대통령이 문제 있는 NASA 예산안을 허용한 것이 아닌지 반문했다. 넬슨 의원은 당시 의회에서 NASA에 가장 영향력 있는 민주당원으로 여겨졌기 때문에 대통령은 어쩔 수 없이 그의 요구를 받아들였다. 이후에도 넬슨은 제안의 가치를 인정하거나 제안에 담긴 실질적인 내용을 옹호하는 대신 공화당 지지자들과 함께 이에 대한 반대 의견을 조율했다.

NASA의 가장 중요한 위원회에서 지도자 직책을 맡았던 텍사스 공화당 상원의원 케이 베일리 허치슨Kay Bailey Hutchison은 청문회를 통해 다음과 같이 말하기도 했다. "의회는 NASA 예산 요청의 토대를 면밀히 검토해야 한다. 의회가 예산안을 그대로 받아들이고 지지한다면 우주 탐사 분야에서 미국의 리더십이 종식될 것이다. 적어도 유인 우주 비행 능력에 한해서는 확실히 그럴 것이라 생각한다." 그녀는 상업 승무원 수송 발사체 개발을 지원하기 위한 예산을 제공하겠다는 제안에 대해 "회의적이고 매우 실망했다"라고 말하면서 "60억 달러라는 규모의 예산을 검증되지 않은 초기 능력 개발에 쓰는 것은 적절하지 않으며 확실히 신뢰할 수도 없을 것"이라고도 말했다.

그러나 우리가 제안한 프로그램을 비판한 수많은 사람 중 그 누구도 자신들이 우주비행사를 우주정거장에 보내기 위해 로스코스모스* 에 수억 달러를 주는 예산안을 승인했다는 것을 말하지 않았다.

현존하는 미국의 가장 위대한 영웅이라 해도 과언이 아닌 두 명, 즉 최초이자 마지막 달 우주비행사인 닐 암스트롱Neil Armstrong과 진 서넌Gene Cernan은 의회에서 "현 행정부의 유인 우주 탐사 예산은 초점이 없으며 사실상 아무 데도 가지 못하는 임무를 위한 청사진"이라고 증언했다. 닐 암스트롱은 이 계획이 소수의 집단에 의해 비밀리에 고안되었을 가능성이 높다고 덧붙이며 대통령이 "제대로 조언받지 못했다"라고 날카롭게 말했다. 서넌은 더 나아가 이 제안이 전문가의 자문을 거의 받지 않고 자신의 의제만을 홍보하려는 사람들이 서둘러 작성했을 가능성이 높다고 말했다. 그는 "유인 우주 비행, 우주 탐사뿐 아니라 이 나라와 우리 아이들, 손주들의 미래도 위험에 처해 있다"고 비난했다. 그는 "지금이야말로 이 행정부의 공약을 철

* 러시아우주연방청.

회할 때이며 미국의 미래에 대담하고 혁신적이며 현명하게 투자해야 할 때"라고 증언을 마쳤다.

나는 진과 닐을 20년 전부터 알고 지냈고 다른 모든 사람들과 같이 그들의 영웅적 행보와 업적에 경외감을 느낀다. 그리고 초기 많은 우주비행사들처럼 정부가 아폴로 규모의 예산을 계속 지출하여 그들과 같은 우주비행사를 더 먼 우주로 보내기를 바라는 건 어쩌면 당연한 거라 생각한다. 그러나 진은 뒤에서 증언을 조율했으며 열렬한 공화당원이자 오바마 대통령에 대한 비평을 지속했던 인물이다. 그들은 자신들의 견해가 당파적이거나 개인적인 것이 아니라고 주장했지만 닐 암스트롱이 "전환 팀은 어떤 역할도 하지 않아야 한다. 이들이 경험이 풍부하고 열정적인 우주 프로그램 베테랑임에는 틀림없는 사실이지만 그들 역시 항공우주 엔지니어도, 프로그램을 관리하던 실무자도 아니었기에 기술 분야에 있어 결정을 내리기에는 충분한 지식이 없는 것도 사실이다"라고 밝혔을 때 이를 개인적 이야기로 받아들이지 않기는 어려웠다.

내가 (우주 전문가가 아니어서) 기술적인 결정을 내려서는 안 된다는 것에는 진심으로 동의하지만 그것은 전환 팀 내에서 나의 역할이 아니었고 NASA 대리인으로서의 역할도 아니었다. 내 역할은 신뢰할 수 있고 독립적인 기술 분석을 활용하여 정책 및 경영 조언을 대통령에게 제공하는 것이다. 예산안은 나 혼자만 바람이나 망상으로 만들어진 것이 아니라 선출된 지도부의 목표와 일치했기에 나오게 된 것이다. 나는 우주에 가본 적은 없었지만 정부의 역할과 국가의 이익을 위한 정책을 설계하는 방법을 연구해 왔다. 이는 우주비행사 교육 커리큘럼에는 없는 내용이다.

전통적인 우주 원로들은 NASA에 개혁이 필요하다고 믿는 신세대 우주 옹호자들에 맞서 치열하게 싸웠다. 원로 쪽은 항공우주기업, 로비스트, 우주비행사, 무역 협회, 이기적인 의회 대표단 및 대규모 이해관계자들로 구성되었고 반대편에는 솔직하게 말하는 소수의 우주 애호가와 관료, 억만장자 몇 명, 정치 지명자, 미국 대통령이 있었다.

나에 대한 비판과 위협이 절정에 달했을 때 마침 〈머니볼Moneyball〉이라는 영화가 개봉되었다. 여러 장면들 중 가장 기억에 남는 장면은 레드 삭스Red Sox의 구단주인 존 헨리John Henry가 오클랜드 애슬레틱스Oakland Athletics의 제너럴 매니저 빌리 빈Billy Bean에게 벽을 넘어서는 첫 번째 선수는 항상 피투성이라고 말하는 장면이다. 이 장면은 끊임없는 비판으로부터 받은 상처를 인정하고 받아들이는 데 큰 도움이 되었다.

"당신이 지금 너무나 힘든 건 잘 알지만, 첫 번째로 벽을 넘어서는 사람은 항상 피투성이가 되는 법입니다. 이는 단순히 일을 하는 방식을 위협할 뿐만 아니라 그들이 생각하기에 게임 자체를 위협하기 때문입니다. 정말 위협적인 것은 그들의 생계와 직업입니다. 그들이 일을 하는 방식을 위협하는 것입니다. 그리고 그런 일이 일어날 때마다 그것이 사업을 하는 방식이든 그 무엇이든 정부 또는 고삐를 쥐고 있는 사람들은 스위치를 손에 쥐고 미쳐버립니다."

〈머니볼〉

우리가 추진하던 혁신은 정확히 그 역할을 하고 있었다. 수천억 달러 규모의 비즈니스 운영 방식을 위협한다고 생각한 것이다. 그들의 대응은 비난하는 것뿐이었다. 대통령이나 NASA 국장의 지원 없이 나는 그들의 표적이 되었고 인간의 우주 탐사를 영원히 파괴하고 위협했다는 이유로 비난을 받았다. 1960년대부터 우주 프로그램을 통제하는 기관에서 고삐를 쥐고 있던 사람들은 미친 듯이 변했다.

더 접근하기 쉽고 지속 가능한 우주를 만들겠다는 내 노력은 결코 이들과의 전쟁을 일으키려는 의도가 아니었다. 미래를 훔치려는 것은 더더욱 아니었다. 오히려 구조를 하고자 함이었다. 나는 우리가 극복해야 할 것은 지구의 중력만이 아니라 우리에게 주어진 상황의 심각성이었음을 그제야 깨달았다.

✳ ✳ ✳

1958년 법률에 의해 설립된 NASA는 3년 내 달에 사람을 보내라는 임무를 받았다. 초기 NASA는 10년 내 머큐리Mercury, 제미니Gemini, 아폴로Apollo 프로그램을 연달아 성공적으로 완료했다. 머큐리 프로그램은 20번의 승무원 및 침팬지 시험 비행과 6번의 성공적인 우주비행사 비행을 수행했으며, 프로젝트 제미니는 10회의 성공적인 임무와 16명의 우주비행사를 우주로 보내는 일을 했다. 이어 아폴로 프로그램을 통해 11번의 승무원 임무를 수행했으며, 29명의 우주비행사를 우주로 보내면서 12명을 달에 무사히 착륙시키고 이후 모두 안전하게 지구로 귀환시켰다.

아폴로 프로그램이 한참 진행되고 있던 시점에 나는 겨우 열 살이었다. 당시 NASA의 미래 연구조사에 따르면 일반 시민들은 낮은 비용으로 우주로 여행하고 달에 식민지를 건설하며 1980년경 화성에 사람을 이주시킬 수 있을 것이라 기대했다. 거의 30년이 지난 후 내가 대통령 당선자에게 NASA 정책을 재편하는 최선의 방법에 대해 조언할 당시 미국은 350명 미만의 우주비행사를 우주로 보냈고 상공 400마일(약 64만 3,738km) 이상을 여행한 사람은 한 명도 없었다. 우주비행사 한 명당 지불해야 하는 평균 비용은 10억 달러가 넘었고 로봇 우주선과 인공위성을 개발하고 발사하는 데 드는 비용 역시 여전히 천문학적인 수준이었다.

인플레이션을 고려해서 상대적 기준으로 봤을 때 전반적으로 NASA의 총예산은 소련과의 경쟁이 치열했던 냉전 시대 시기, 가장 높았던 예산 규모의 절반 이상에 해당하는 수준을 유지해 왔다. 그럼에도 불구하고 전통적인 우주 전문가들은 더딘 발전의 원인을 항상 예산 부족으로 돌렸다. NASA의 리더는 일반적으로 기관 활동의 대중적 가치나 관련성에 의문을 제기하지 않는 우주비행사와 엔지니어 출신이었다. 실제로 기존 우주 커뮤니티(우주 전문가라고 하는 사람들) 내 많은 사람들은 우주로 날아가는 것은 정당화(국민을 설득시킬 이유)가 필요 없는 일종의 자격이나 특권으로 생각했다. 하물며 이러한 특권을 즐길 수 있고 돈까지 벌 수 있는 일을 민간 부문으로 옮기는 데에는 거의 관심이 없었다. 더불어 이러한 결정은 자신들만이 내릴 수 있는 것이라 믿었다.

나는 NASA가 잠재력을 최대한 발휘하고 우주 활동을 지속 가능하게 하려면 정부 프로그램과 정책을 재정비해야 한다고 생각했다. 이를 위해서는 인프라를 구축하고 운송 비용을 줄여 장기적으로 우주에 접근할 수 있는 능력을 확보해야 하며 지구(및 우주)를 거주 가능한 상태로 유지하는 데 도움이 되는 환경을 조성해야 한다. 그러나 다른 사람들에게 지속 가능성이란 기존 프로그램이 취소되지 않도록 주요 의회 선거구에 홍보를 확산시키는 것을 의미했다. 나는 그간의 다양한 경험을 기반으로 제3자의 관점에서 냉정하게 봤을 때, 기존 항공우주 커뮤니티가 새로운 아이디어를 받아들이기 어렵다는 것을 알고 있었지만 더 큰 대의를 위해 싸울 가치가 있다는 것 또한 깨달았다.

나는 NASA의 역사에 매료되어 자랐지만 동시에 과거의 업적만을 앞세운다면 결국 이것이 미래 우리의 발전을 가로막을 수 있다는 점을 인식하고 있었다. 우리는 그간 오래된 도전에만 초점을 맞춰왔다. NASA는 초기에 달 착륙이란 압도적인 성공을 거두면서 시야가 좁아졌고, 우주 프로그램은 계획한 속도로 발전하지 못했다. 우주 커뮤니티는 수십 년에 걸친 침체에 좌절했지만 문제의 근본적인 원인을 받아들이려 하지 않았다. 현재의 사업 방식을 보호하기 위해 투자하고 인센티브를 받는 이해관계자가 너무도 많았던 탓이다.

실제로 우주 개발을 발전시키려는 동기는 지구상의 인구수만큼이나 많다. 그게 핵심이다. 우주공간은 소수에게만 혜택을 주는 게 아니라 인류와 사회에 도움이 되도록 충분히 활용되어야 한다. 미래의 우주 활동은 우리의 번영뿐만 아니라 생존에도 도움이 될 수 있다. 우리가 우주라고 부르는 공간, 즉 지구 대기권 너머의 아주 미약한 활동은 글로벌 시장에서 거의 5조 달러에 달하는 경제적 가치를 창출하고 있다. 수학이나 과학을 전공하지 않았어도, 우주가 하나의 국가 또는 국경에만 국한되는 것은 인류를 훨씬 더 취약하게 만든다는 것을 이해할 수 있을 것이다.

우주는 지구의 대기나 바다처럼 독특한 특성을 가진 장소이다. 우리는 인류에게 적대적인 환경에서도 임무를 수행할 수 있는 능력을 오랫동안 개척해 왔다. 이를 통해서 인류는 해양과 하늘을 이용할 수 있는 항해와 비행 기술을 얻게 되었고 원래의 목적 외에도 새로 산업이 만들어져 교통, 통신, 과학 연구, 국가 안보, 관광 및 레크리에이션 등에 다양하고 중요한 쓰임새를 제공하고 있다.

우주 개발에 초점을 맞춘 산업 역시 다양하고 중요한 용도를 지원하기 위해 진화하고 있다. 우주에서 활동하면 음성, 데이터 및 비디오 정보를 전 세계로 즉시 전송할 수 있고, 시간과 위치를 정밀하게 측정하고, 우리 모두에게 영향을 미치는 대기, 땅, 얼음, 해양 간의 상호 작용을 측정하는 지구 관측을 할 수 있다. 우주 활동은 세계를 연결하고 그 너머에 도달하여 지식, 경제 및 국가 안보를 개선함으로써 더 큰 이익에 기여한다. 결정적으로 NASA의 유인 우주 비행 성공은 전 세계 사람들에게 불가능을 이룰 수 있다는 영감을 주었다.

자동차로 바다를 건널 수 없고 배로 하늘을 날 수 없는 것처럼 자연환경마다 안전하게 이동시켜 주는 자체 운송기가 있다. 이는 하나의 유형이 아니라 목적과 용도에 따라 (화물선과 군함, 여객선과 헬리콥터처럼) 다양한 형태로 존재한다. 우주도 마찬가지다. 우주 진출이 가능해지면 점점 이동의 안정성과 비용 효율성이 높아지고 그러면 우주 관점, 조건 및 자원을 더 잘 활용하는 다양한 우주선과 탐험, 연구 외 용도와 목적지가 정해질 것이다. 그런데 해운과 항공 분야와 달리 정부는 50년 이상 유인 우주 수송 분야를 독점했다. 이 고여 있는 시간 때문에 NASA의 발전을 막는 시스템 문제가 만연해졌다. 정부는 민간 부문의 기술을 발전시키고 진입 장벽을 낮추어 국제 경쟁력을 높이는 중요한 역할을 수행하기는커녕 산업이 도달한 위치보다 한참이나 뒤처져 버렸다.

라이트 형제Wright Brothers, 글렌 커티스Glenn Curtiss, 하워드 휴즈Howard Hughes, 벨 연구소Bell Labs, 스티브 잡스Steve Jobs, 빌 게이츠Bill Gates가 혁신과 투자를 통해 신기술을 만들어 정부의 영향력을 넘어 사회와 국익에 크게 기여한 것처럼 미국 역사를 통틀어 중요한 기술적 성과는 개인과 민간기업의 활동에 의해 만들어졌다. 우주산업에서 스페이스X SpaceX, 블루 오리진Blue Origin, 버진 갤럭틱Virgin Galactic 및 기타 수많은 민간기업이 성과를 이루거나 촉진하는 것에 다들 놀라지만 이는 단지 변화의 첫 단계에 불과하다. 이제 우리는 우주 영역을 완전히 활용하여 지구의 자원을 지속 가능한 방식으로 관리하고 계획할 수 있는 지식, 이해 및 역량을 키워야 한다. 우리가 성공한다면 인류는 언젠가 로봇과 함께 지구 밖으로 확장할 것이고 전에 만날 수 없는 무한한 가능성의 세상에서 살아갈 것이기 때문이다.

✳✳✳

나는 1960년대 미시간주에서 가정주부와 주식 중개인의 딸이자 농부의 손녀로 평범한 어린 시절을 보냈다. 당시 만해도 내가 NASA에서 일을 할 수 있을 거라고 그 누구도 예상할 수 없었을 것이다. 텔레비전을 통해 우주비행사가 달에 착륙하는 장면을 보았던 기억은 이미 희미하다. 어린 시절 나는 달에 도착한 우주비행사가 달 착륙선 옆에서 깃발을 들고 있는 모습을 그린 적이 있다. 어머니는 그 그림을 아직도 간직하고 계시지만 그런 그녀도 내가 우주비행사와 이렇게까지 가까워질 거라 상상도 못 하셨을 것이다. 여덟 살 어린 시절에서 우주와 관련된 뿌리 깊은 유대감을 찾아보려고 노력했지만 실제로는 대부분의 시간을 바비 인형을 가지고 놀았던 기억만 난다. 만약 부모님이 내 어린 시절 관심사를 직업적으로 키워 주려 노력하셨다면 아마도 나는 미용사가 됐을는지도 모른다. 나는 어린 시절 종종 인형의 머리를 자르곤 했기 때문이다.

남자 형제가 없다면 집 안에서 비행기, 로켓, 우주 장난감을 가지고 놀 기회가 별로 없다. 나 역시 남자 형제가 없었기 때문에 이런 장난감은 아예 볼 수조차 없었다. 잠깐이나마 항공우주 분야에 관심을 가졌던 것도 1970년대 유나이티드 항공 조종사였던 삼촌의 영향으로 스튜어디스가 되겠다는 정도였으니 그 수준을 짐작하고도 남는다. 내가 초등학교 5학년 때 브루스 삼촌이 근무하던 랜싱 공항Lansing airport으로 견학을 갈 기회가 있었다. 당시 처음으로 보잉 737 항공기의 조종석을 볼 수 있었는데, 견학이 끝나고 우리 반 남학생들은 "미래 항공조종사Future Pilot"라고 적힌 날개 핀을, 여학생들은 "어린 스튜어디스Junior Stewardess"라고 적힌 날개 핀을 각각 받았던 기억이 난다.

내가 열두 살이었을 때 가장 기억에 남는 순간은 교회 신도들 앞에서 목사님이 각자를 가장 잘 묘사하는 단어를 선택하여 발표했던 일이다. 남자아이들은 리더, 지성, 스포츠맨과 같은 단어, 여자아이들은 밝음, 우아함, 착함과 같은 단어가 선택됐다. 어린 나는 많은 사람 앞에서 목사님이 어떤 단어를 발표할지 초조한 마음으로 기다렸던 기억이 난다.

내 차례가 되자 목사님은 다른 여자아이들과는 확연히 다른 '단호한determined'이라는 단어를 발표했고 나는 터져 나오는 눈물을 온 힘을 다해 참을 수밖에 없었다. 단호함은 추후 내가 일을 하는 데 꼭 필요한 자질이었지만 1973년 당시 열두 살 소녀는 밝고, 우아하고, 착한 사람으로 알려지고 싶었다. 그러나 주변 친구들은 이미 이런 결과를 예상하고 있었다. 나보다 나를 더 잘 이해하고 있었던 것이다.

돌이켜보면 나는 말괄량이Tomboy라고 불렸던 것 같다. 이러한 별명은 남자아이의 전형적인 특성과 행동을 보이는 소녀들에게 붙이는 부정적인 꼬리표와도 같았다. 머리를 짧게 잘랐으며, 모든 종류의 운동경기를 좋아하고 항상 이겼다. 과학과 수학을 좋아했고, 또한 좋은 성적을 받았다. 그러나 동시에 발레를 연습하고 음악을 연주했으며, 치어리더 연습 또한 즐거웠다. 나는 이렇듯 다양한 분야를 모두 경험해 보길 원했고 1970년대 중반 미시간에서는 이 모든 일이 가능해 보였다.

시간이 흘러 나는 고등학생이 되어 모든 과목에서 우수한 성적을 거뒀다. 그리고 적성 검사를 통해 공학과 과학 분야에 소질이 있음을 알게 되었다. 당시 고등학교 3학년이 되기 전에 모든 수학 과목을 이수한 학생은 나를 포함하여 총 여섯 명이었다. 여름 방학을 마치고 학교로 돌아왔을 때 나는 나를 제외한 나머지 다섯 명(모두 남학생)이 지역 대학의 미적분학 수업에 등록했다는 것을 알게 되었다. 나는 그들과 함께 그 수업에 등록하라는 연락을 받지 못했는데, 이에 대해 부모님이 학교 관리자에게 묻자, 그는 여자아이가 미적분학을 듣고 싶어 할 거라는 생각은 하지 못했다고 답했다. 이 대답을 들은 어머니는 크게 화를 내셨지만 나는 수학 외 다른 과목을 선택할 수 있어 내심 기뻤고 나아가 괴짜 남학생들과 같이 수업을 듣지 않아도 된다는 사실에 안심했다. 그러나 이 선택으로 인해 대학 선택 시 문과로 진학할 수밖에 없어서 나중에 사회과학을 선택하게 되었다. 당시 나는 또래의 많은 소녀처럼 NASA가 여자 우주비행사를 우주로 보내기 전까지 우주에 대해 직접적인 관심을 갖기는 어려웠다.

나는 1983년 콜로라도 대학을 졸업 후 존 글렌John Glenn*의 대통령 선거 운동을 시작으로 본격적으로 일했다. 혹자는 가끔 내가 첫 직장을 선택한 이유로 존 글렌이 우주비행사였기 때문이라고 추측하기도 한다. 나도 이러한 추측이 우주 분야에서 일하는 데 도움이 된다는 사실을 잘 알고 있다. 그러나 내가 대학 졸업 후 첫 직장을 선택한 배경에는 보다 실질적인 이유가 있었다. 나는 당시 정치 지도부에 환멸을 느끼고 있었고 내가 조금 더 나은 사람이라고 생각하는 후보자가 당선되도록 돕고 싶었을 따름이다. 대통령 선거를 1년 이상 앞둔 시점에서 그리고 내가 졸업을 앞두고 진로에 대해 결정하는

* 미국인 최초로 우주 궤도를 돈 우주비행사, 후에 정치 활동을 했다.

시기에 존 글렌은 레이건Ronald Reagan 대통령을 앞선 유일한 민주당 후보였다.

정치는 우리 가족 대대로 내려오는 전통과도 같다. 공화당원인 할아버지와 삼촌은 농사를 짓는 동시에 미시간주 의회에서 약 40년간 근무했었고 나는 걷기도 전부터 선거 운동에 참여했었다. 어릴 적에는 여동생과 함께 캠페인 브로슈어에 실리는가 하면 할아버지의 품에 안겨 지역 퍼레이드에서 사람들과 악수하기도 했다. 이런 가족의 정치 활동은 나에게 잊을 수 없는 추억을 만들어 주었다. 주 의회가 회기 중이었을 때 학교에서 수업의 일환으로 국회의사당을 방문하자 할아버지가 나를 하원으로 초대해 함께 있었던 일이다. 이 경험은 여전히 소중하고 좋은 기억으로 남아있다. 이 배경 덕분에 성장하면서 나의 롤모델은 자연스럽게 이웃을 돕는 일에 헌신하는 공무원과 같은 것으로 점차 확고해졌으며 결국 이는 나의 야심 찬 목표가 되었다.

1983년까지 크고 작은 정치 캠페인에 참여했지만 전국 선거의 경험은 없던 탓에 글렌의 선거 운동은 나에게 큰 배움의 기회가 되었다. 나는 맡은 일에 최선을 다했고 넘쳐나는 재떨이와 끊임없이 울리는 전화기가 놓인 책상에서 많은 시간을 보냈다. 그즈음에 나는 선거 캠페인과 곧 남편이 될 데이브 브란트Dave Brandt과 사랑에 빠졌다. 브란트가 막 켄트 주립대를 졸업한 후 글렌의 언론 사무소에서 일하기 시작한 시점이었다.

존 글렌은 단독 우주 비행 후 2년이 채 되지 않은 시점에 NASA를 떠난 최초의 우주비행사였지만 의도적으로 우주 관련 위원회에서 활동하는 것은 피했다. 그는 궤도를 세 바퀴나 돈 것이나 5시간의 우주 비행보다 더 유명해지기를 원했다. 하지만 톰 울프Tom Wolfe*가 우주비행사에 관해 쓴 책을 바탕으로 〈필사의 도전The Right Stuff〉이란 영화가 캠페인 기간에 극장에 개봉되자 그는 자신의 우주 비행 경험을 차별화 요소로 활용하기로 결심했다. 그러나 상황은 그의 계획대로 진행되지 않았다. 〈필사의 도전〉에서 글렌은 다른 우주비행사들 사이에서 아웃사이더로 묘사되었고 이로 인해 이미지가 많이 안 좋아졌기 때문이다.

1984년 3월 슈퍼 화요일Super Tuesday**에 13개 주에서 선거 결과가 발표되었고 글렌 의원은 단 하나의 주에서도 승리하지 못했다. 다음 날 조간신문에는 게리 하트Gary Hart***가 "나는 새로워I'm New"라고 말하고, 월터 먼데일Walter Mondale****은 "나는 준비됐어I'm Ready"라고 말하고, 존 글렌은 "나는 역사야I'm History"라고 말하는 정치를 풍자하는 만화가 실렸다.

솔직히 나는 그를 잘 알지는 못했지만 괜찮은 정치인이라고 생각한다. 그는 전화를 걸거나 사무실을 방문할 때 항상 말단 직원인 나를 기억하는 척해 주었고 대체로 전통적인 정책적 견해를 반대하는 나와 생각이 같지 않았음에도 향후 내가 경력을 쌓아 NASA에서 일하고 다른 대통령 후보들에게 자문을 제공하는 데 긍정적인 토대를

* 미국의 기업인 출신 정치인.

** 슈퍼 화요일은 미국 대통령 선거에 출마한 후보자들이 소속 정당 경선에서 가장 많은 대의원을 확보할 수 있는 예비선거일을 칭한다.

*** 미국 민주당 상원의원.

**** 미국 정치인으로 대통령 후보로 나섰다가 낙선했다.

마련해 주었다.

선거가 끝난 후 캠페인 내 고위 직원들은 내가 국립우주연구소 National Space Institute, NSI라는 비영리 단체에 입사할 수 있도록 도와주었다. 이 단체의 창립자는 달 프로그램의 아버지로 알려진 베르너 폰 브라운Wernher von Braun*으로, 그는 아폴로 프로그램 이후 NASA에 대한 대중적, 정치적 지원이 부족하자 좌절감을 느껴 1974년에 항공우주산업에 자금을 지원하는 연구소를 설립했다. 폰 브라운은 1977년에 세상을 떠났지만 나의 새로운 상사인 글렌 윌슨Glen Wilson 박사는 린든 존슨Lyndon Johnson 상원의원의 입법부 서기로 경력을 쌓기 시작할 때부터 알고 있었다. 윌슨 박사는 곧 은퇴할 예정이었고 아침에는 신문을 읽고 오후에는 폰 브라운에 대한 기억과 NASA가 결성된 계기를 포함하여 우주 계획의 초창기에 대한 이야기를 나누며 시간을 보냈다.

윌슨 박사가 은퇴하면서 국립우주연구소는 또 다른 우주 관련 단체인 L5 소사이어티L5 Society와 합병하여 명칭을 국립우주협회 National Space Society, NSS로 변경했다. 협회의 이름은 프린스턴 대학교 Princeton University의 물리학 교수 제라드 오닐Gerard O'Neill이 우주 식민지를 건설할 위치로 제안한 지구-달 궤도의 라그랑주 점Lagrangian points**에서 아이디어를 가져와 지었다. L5 소사이어티는 국립우주연구소와 많은 부분이 달랐다. 국립우주연구소가 NASA의 우주 진

* 로켓공학자로 나치독일에서 V2 로켓을 개발했고 나치 패망 후 미국으로 와 머큐리, 아폴로 프로그램을 이끌었다.

** 두 천체의 중력이 0이 되어 균형을 이루는 지점을 말한다.

출 프로그램을 옹호하는 데 중점을 두었다면 L5 소사이어티는 제라드 오닐의 추종자가 세운 단체답게 우주에 가는 걸 넘어서 우주 식민지를 개척해 지속 가능한 형태로 발전시키고자 노력했다. 간단히 말하자면 국립우주연구소는 폰 브라운의 비전을 그대로 이어받아 우주에 간다는 대담한 도전을 위해 탐험을 하는 것이 목표였고, L5 소사이어티는 오닐 박사가 외친 경제 확장과 인간 정착을 위한 우주 진출이 목표라고 표현할 수 있겠다. 두 기관은 목표하는 바가 달랐을 뿐만 아니라 운영 방식도 달랐다. 국립우주연구소는 하향식의 전통적인 접근 방식을 취했고 L5는 미래를 향해 기꺼이 도전하려는 모험가와 같았다. 이렇게나 달랐던 점 때문에 L5의 합병은 협회에 큰 변화를 가져왔다. 나도 예외는 아니었다. L5는 내가 인생에 가장 큰 영향을 끼친 우주해적space pirates이라 부르는 사람들을 처음으로 알게 된 계기를 만들어 주었다.

우주해적이란 말이 생소하게 느껴지겠지만 사실 우리는 우주해적을 본 적 있다. 우리가 흔히 알고 있는 공해에서 활동하는 해적과 달리 우주해적은 각종 영화나 소설 등에서 악당 혹은 영웅으로 묘사된다. 1930년대에 연재된 만화 〈벅 로저스Buck Rogers〉*에 우주해적이라 불리는 악당이 등장하는데 초기 SF 작가들이 이 용어를 사용하여 소행성을 채굴하고 우주 무역로에서 현상금을 모으는 영웅으로 재창조했다. 우리에게 친숙한 스타워즈Star Wars의 한 솔로Han Solo와 앤디 위어Andy Weir가 쓴 〈마션The Martian〉의 마크 와트니Mark Watney가

* 미국의 사이언스 픽션 만화 시리즈.

대표적인 예다. 마크 와트니는 NASA의 허가 없이 화성에 주차된 우주선을 소유하여 화성에서 살아남은 최초의 우주해적이라 스스로 칭한다. 이외에도 2019년 테드 크루즈Ted Cruz 상원의원은 적극적으로 우주해적이란 단어를 활용해 트럼프 행정부가 우주군을 창설할 수 있도록 정당화했고, 일론 머스크도 해골 모양의 해적 깃발 사진을 X(예전 트위터)에 올리기도 했다.

우주해적들은 공통된 특징과 견해를 공유하는 독특한 개인들이 함께하는 집단이다. 이들 중 다수는 우주 문명을 건설하기 위해 수십 년 동안 엄청난 비용을 들여 노력해 왔다. 이들은 중요한 정책과 법안을 발전시켰고 미국이 우주 개발을 방해할 조약에 서명하지 못하도록 막았으며 새로운 회사와 조직을 설립하고 의회 의원들에게 로비를 했다. 하지만 발전을 저해하는 고위 항공우주산업 지도자들을 적대시한 탓에 기존 우주 공동체에 무시당하고 소외되었다. 이들은 나를 성장시켜 주었고 현재의 내가 존재할 수 있도록 해준 우주 가족과도 같은 존재다.

1972년에 우주왕복선 프로그램Space Shuttle program이 발표되었을 때 닉슨Richard Nixon 대통령은 이 프로그램이 "가까운 우주 공간으로 자유롭게 왕복할 수 있는 운송 혁명을 일으켜 우주 비행에 들어가는 천문학적인 비용을 크게 절감할 것이다"라고 발표했다. 하지만 NASA의 예상 개발 비용은 60억 달러로 4배 증가했으며 1980년대 중반에 이르러서는 우주 분야를 예의 주시한 사람이라면 모두가 알 만큼 NASA가 이 프로젝트를 성공할 수 없을 것이라는 게 분명해졌다.

우주해적들은 일찍부터 지금의 방식으로는 저렴하고 안정적으로 우주에 접근할 수 없다는 것을 깨달았다. 그들은 불가능한 목표를 위해 만들어진 우주왕복선이 진행을 방해하고 있다고 믿었다. 이 생각은 누군가에게는 우주해적을 영웅으로 만들었고 다른 사람들에게는 악당으로 만들었다. 이들이 목표를 달성하기 위해 찾은 방법 중 하나는 민간 부문에서 나온 혁신적인 장비와 서비스를 확보하거나 지원할 수 있도록 하는 '상업적 우주 발사 장려법Commercial Space Launch Incentives Act'을 1984년에 제정한 것이었다. 나는 이렇게 중요한 일을 NASA가 아니라 소규모 비영리 옹호 단체인 국립우주협회가 행했는지에 대한 의문을 제기하지 않은 채 단순히 이를 매우 논리적인 판단의 결과라고만 생각했다. 당시 나는 우주해적들이 이미 알고 있는 것을 아직 깨닫지 못했던 것이다. 전통적인 항공우주 커뮤니티가 지속 가능한 프로그램을 만들기 위해 비용을 낮추기보다 그들의 이익을 위해 규모를 늘리는 데만 급급했다는 점을 말이다. 그리고 그들은 여전히 NASA 예산의 큰 비중을 차지하고 있다.

많은 사람처럼 나도 여전히 NASA라는 조직의 역할 자체를 매우 중요하다고 여긴다. 국립우주협회 사무실은 NASA 워싱턴 본부 길 건너편에 위치한다. 나는 동료들과 함께 현지 술집을 자주 방문했고 거기서 우주비행사와 NASA 고위급 인사들을 자주 만나기도 했다. 나는 NASA와 접점이 있는 모든 것에 몰두했고 심지어 NASA의 소프트볼팀에서 뛰기도 했다. 셔틀 프로그램은 초기 대중의 흥미를 끄는 데 성공했고 군 출신의 백인이 아닌 다른 인종의 우주비행사들을 알게 되면서 새로운 우주 시대가 다가오고 있다는 것 또한 체감할 수 있었다. 국립우주협회는 당시 인기 있는 신형 우주선에 초점을 맞춘 멤버십 투어와 공교육 활동을 개발했고 나는 이러한 기회를 놓치지 않았다.

1986년 1월 12일 내가 우주 프로그램 투어를 이끌고 있을 때 우주왕복선 컬럼비아호가 발사됐다. 이번 발사는 지난 12월에 시도한 이래 네 번이나 연기되어 다섯 번째 시도였다. 기술 및 기상 문제가 지속적으로 말썽을 일으켜서 전체적으로 보면 5년이나 지났음에도 겨우 24번째 임무에 불과했다. 이러한 상황 때문인지 NASA는 호언장담했던 것을 증명하고 싶어 했고 특히 우주왕복선이 안전하고 일상적으로 운영될 수 있음을 입증하기 위해 전문적인 우주비행사가 아닌 일반인을 셔틀에 태우기 시작했다. 그 일환으로 빌 넬슨 의원이 이제 막 우주비행사가 된 찰리 볼든과 함께 탑승했다. 후에 알게 되었지만 그때까지만 해도 이 둘이 쌓은 유대감이 미래 우주 프로그램과 나의 경력에 어떤 영향을 미칠지는 상상도 하지 못했다.

NASA는 일반인 승무원을 태운 것만으로는 자신의 열의를 보여주기에 모자란다고 생각했는지 빌과 찰리가 탄 컬럼비아호가 발사되지도 않았는데 다음으로 발사될 챌린저호를 이미 인접한 발사대에 옮겨 놓기까지 했다. 챌린저는 컬럼비아호 발사 후 2주 뒤 1월 27일에 이륙할 예정이었다. 나는 챌린저 발사 때도 투어를 인솔했다. NASA와 셔틀 프로그램에 대한 질문에 대해 대답하면서 투어 그룹과 함께 4마일(약 6km) 떨어진 관측 장소에서 발사를 기다렸다. 당시 챌린저호는 해치를 닫는 역할을 맡은 기술자들이 우주왕복선의 입구로부터 손잡이를 분리하지 못해 긴급 수리 중이었는데 실수를 반복하고 있었다. 그들은 수동으로 손잡이를 풀 수 없어 전동 공구로

절단을 시도했으나 유지 보수 담당자가 드릴과 커팅 블레이드를 가지고 갠트리 꼭대기에 도착하고 나서야 배터리가 없는 것을 발견했다. 그래서 다시 쇠톱을 가지고 온 끝에 겨우 손잡이를 잘라냈다. 하지만 이미 시간은 지나버렸고 바람이 불기 시작하여 발사 임계값을 초과해 버렸다. 결국 발사가 취소되어 7명의 우주비행사는 우주왕복선 밖으로 나왔다.

NASA는 우주 프로그램에 대한 대중의 관심을 높이고 우주왕복선이 안전하고 일상적임을 증명하기 위해서 의회 의원들만 탑승시킨 것은 아니었다. NASA는 소위 우주 교사 프로그램Teacher in Space* 을 시작으로 일반 시민을 셔틀에 탑승시키는 프로그램을 기획했다. 우주 교사 프로그램의 첫 번째 대상으로 크리스타 맥콜리프Christa McAuliffe 선생이 챌린저호에 탑승한 상태였기 때문에 그날의 문제로 인해 NASA의 입장이 더욱 난감해졌다.

관측 장소를 떠나면서 버스에 배정된 NASA 자원봉사자에게 다음 날 발사가 예정되어 있는지 물었다. 20대 정도로 보이는 그 엔지니어는 일기 예보에 따르면 다음 날 아침 발사하기에는 너무 추울 것이라고 아무렇지도 않게 대답했고 그 대답을 들은 나는 당일 비행기를 타고 워싱턴으로 돌아왔다. 다음 날 나는 집에서 사무실로 향할 준비를 하고 있었는데 챌린저호 발사 카운트다운이 시작됐다는 것을 뒤늦게 알게 됐다.

간밤에 케이프 커내버럴Cape Canaveral 기지에 한랭전선이 몰아쳐서

* NASA의 우주 홍보 프로그램으로 우주 탐험에 대한 관심을 높이기 위해 교사를 우주에 데려가 보고 느낀 경험을 학생들과 공유하게 한다는 계획이다.

연료를 적재하는 내내 차량과 탱크에 얼음이 맺힌 것이 화면에 보였지만 이미 카운트다운을 진행하고 있으니 별문제는 아닐 것이라 생각했다. 그보다 현장에서 직접 눈으로 볼 수 있는 기회를 놓쳐 실망했다. 전날 기상 문제에 대한 정보로 잘못된 판단을 한 것 같아 약간 짜증까지 났다. 그러나 그러한 실망은 비행 73초 만에 셔틀의 콘트레일contrail*이 불덩어리로 폭발하면서 불신으로 바뀌었다.

챌린저호는 우주비행사의 가족과 사랑하는 친구들이 플로리다의 하늘을 바라보고 수백만 명의 학생들이 텔레비전으로 시청하는 가운데 산산이 흩어졌다. NASA가 그렇게 선전했던 안전하고 신뢰할 수 있는 그 우주왕복선에서 승무원은 손쓸 새도 없이 모두 사망했다.

샐리 라이드와 다른 전문가가 뜨거운 가스가 고체 로켓 모터에서 빠져나갔던 원인이 당일 영하의 추운 날씨였음을 밝히자 전 세계는 NASA의 관리자가 설계자와 몇몇 기술자의 격렬한 반대를 무시하고 정해진 기온에 대한 규칙을 지키지 않았다는 사실을 알게 되었다. 다른 많은 사람처럼 나 역시 너무나 깜짝 놀랐고 NASA와 항공우주업계 지도자들이라는 사람들이 승무원의 생명과 유인 우주 비행의 미래와 같은 국가의 소중한 자산에 대해 너무도 무모하게 결정한다는 사실에 크게 낙담했다.

챌린저호 사고는 우주 개발의 결정적인 사건이었다. 그동안 NASA는 우주 프로그램에 대한 정부의 대규모 투자를 정당화하기 위해 거의 모든 위성을 셔틀로 발사하도록 지시했고 이로 인해 경쟁은 사라

* 다른 말로 비행운, 비행하는 물체 뒤편에 꼬리 모양으로 생기는 구름을 말한다.

졌다. 하지만 7명의 우주비행사가 사망했을 뿐만 아니라 수십 개의 국가 안보, 민간 및 상업용 위성이 정지되는 사고로 인해 우주비행사의 출동이 필요한 임무에만 셔틀을 사용하도록 지시하는 새로운 정책이 도입되었고 정부는 기존 소모성 로켓의 소유권을 민간 부문으로 이전하기 시작했다. 거의 3년의 공백 끝에 셔틀은 좀 더 제한된 임무를 수행하는 경우에만 사용되었다.

그런데 1984년, 레이건 대통령은 프리덤 우주정거장Space Station Freedom* 프로그램을 공식 발표하면서 이를 두고 "다음으로 해야 할 논리적 단계The Next Logical Step"라고 불렀다. 우주로 셔틀을 보내도 착륙할 목적지가 없었기에 우주 비행은 일주일의 제한이 있을 수밖에 없었다. 우주정거장을 개발한다면 우주에서 더 오랜 기간 동안 생활하고 일하는 방법을 배울 수 있으므로 우주 개발의 다음 단계로 나아가기 위해 필요하다는 이유다. 그런데 이 계획으로 인해서 셔틀을 계속해서 운영할 수 있는 정당성이 만들어지게 되는데 이것은 결코 우연이 아니다. 우주정거장 프로그램이 없었다면 사고 위험성이 높은 셔틀 운영을 끝낼 것이었기 때문이다.

레이건 대통령은 연설을 통해 우주정거장의 목표는 과학적 발전과 상업에 있다고 설명하며 "우주정거장은 과학, 통신, 금속 및 우주에서만 제조될 수 있는 생명을 구하는 의약품 분야의 연구에서 비약적인 도약을 가능하게 할 것"이라고 덧붙였다. 그는 "바다가 쾌속 범선과 무역상에게 새로운 세계를 열어준 것처럼 오늘날 우주는 상업

* 지구 궤도를 도는 우주정거장을 건설하는 계획.

의 엄청난 잠재력을 지니고 있다"라고 말했다. 그러나 이 연설 이후 25년이 지나고 1,000억 달러 이상이 지원되었음에도 불구하고 내가 NASA에 복귀한 현시점까지도 이러한 목표를 달성하는 것은 여전히 어려운 일이다.

1986년 사고는 내 커리어에도 결정적인 영향을 미쳤다. 다른 이들과 마찬가지로 이 비극을 겪으며 NASA가 무엇을 위해 어떠한 활동을 하고 있는지 의문을 가지게 된 것이다. 당시 내가 속한 국립우주협회는 몇 안 되는 비정부 우주 관련 기관 중 하나였고 그로 인해 우리는 자문을 제공하고 인터뷰 요청을 자주 받았다. 나는 그날 저녁 워싱턴에 위치한 NPR 방송국에 게스트로 출연했고 이후 우주 공간에 대한 분석과 설명을 해달라는 요청을 지속해서 받게 되었다.

나는 NASA의 초기 투자가 어떻게 즉각적인 글로벌 통신, 전자 장치의 소형화, 항공 발전 및 지상에서는 얻을 수 없는 지구에 대한 지식을 촉진하는 데 도움이 되었는지 전반적으로 이해하고 있어서 막힘없이 정보를 전달할 수 있었고 우주 탐사를 통해 얻은 수많은 혁신 산업과 독특한 과학적 정보를 강조하는 것을 즐겼다. 그런데 아폴로 계획 이후 NASA가 해왔던 일에 대해 묻는 질문들을 받으면서 나는 정부가 왜 유인 우주 비행을 위해 막대한 지출을 하고 있는지에 대해 대중과 소통이 단절되었음을 깨달았다. 대중의 관심사는 우리가 소련을 물리치고 달에 이룬 성과와 그 대가를 치르느냐에 멈춰 있었다.

나는 국제적 명성과 영감이라는 일반적인 이론적 근거를 지지하면서 프로그램을 옹호하기 위해 최선을 다했지만 챌린저호 사고 이후 그러한 정당성은 약해질 수밖에 없었다. 나는 경험을 통해 언론 인터뷰에서 정부의 유인 우주 비행 예산 지원을 대변하려면 종종 지뢰를 능숙하게 피해야 한다는 것을 배웠다. 나는 주어진 질문에 대해 정직하고 의미 있는 답변을 할 수 있도록 노력했고 관련 문제에 대해 더 깊이 파고들었다.

NASA는 이러한 우주 프로그램을 정당화하기 위해 "스핀오프spin-offs"라고 불리는 파생 효과를 설명하곤 했는데 이는 그럴듯해 보였다. 하지만 정부가 메모리 폼이나 무선 전동 공구와 같은 우주 프로그램을 진행하며 만들어진 부가적인 기기로 혁신을 일으키고 싶다면 우주비행사를 우주로 보내는 데 수십억 달러의 세금을 쓰는 것보다 산업에 투자해서 육성하는 게 더 좋은 방법이다. 일자리에 직접적으로 자금을 지원하는 것도 새로운 시장을 자극하지 않으면 경제를 육성하기보다는 둔화시키기 때문에 경제적 주장 또한 기만적이라 볼 수 있다.

내 생각에 인류가 장기적으로 우주를 탐사해야 하는 이유는 간단하다. 인류가 계속해서 생존할 수 있는 유일한 기회는 지구 밖으로 확장하는 것이다. 이는 여러 세대에 걸친 목표이며 전적으로 NASA만의 책임은 아니다. 우주해적들은 이 사실을 잘 알고 있었기에 이미 지구 안에서든 밖에서든 사람들을 도울 수 있는 우주 자원을 활용할 방법을 강구하고 있었다.

그즈음 나는 프랭크 화이트Frank White가 쓴 『조망 효과The Overview Effect』라는 책에 매료되었다. 프랭크는 이 책에서 우주비행사들이 우주를 보고 난 이후 지구의 환경과 인류가 함께 생활하고 일할 수 있는 것에 대한 생각이 얼마나 크게 변하게 되는지 설명한다. 내가 만난 모든 우주비행사들은 대기의 얇은 선과 국경 없는 대지를 보는 것이 그들의 세계관을 어떻게 변화시켰는지 이야기하곤 했다. 이건 분명 특별한 일이었다. 하지만 이내 나는 미국인, 백인, 고학력자, 고소득자라는 것 외에도 다양한 배경을 가진 더 많은 사람들이 이러한 경험을 하기 전까지는 큰 변화를 가져오기 어려울 것이라는 점을 깨닫게 되었다.

나에게 유인 우주 비행의 가치는 인류와 사회를 변화시키는 능력에 있다. 내가 가장 좋아하는 이 힘의 예 하나는 아폴로 8호 우주비행사들이 달 뒤에서 찍은 〈지구돋이Earthrise〉라는 사진이다. 이 사진은 역사상 가장 유명한 사진 중 하나이며 이로 인하여 환경 운동이 시작된 것으로 널리 알려져 있다. 아폴로 8호 전에 이미 로봇 우주선이 우주에서 지구 사진을 찍었었지만 그 독특한 관점의 아름다움을 담지 못했다. 인류가 우주라는 공간에 직접 진출해서 이 광경을 눈으로 보았고 이를 처음으로 기록했다는 것까지, 이 사진이 가지는 의미는 깊고 다양하다.

나는 우주 프로그램에 대해 깊고 명확하게 전달하는 사람으로 명성을 얻었고 스스로 이 분야에서 중대한 역할을 할 수도 있다는 점을 깨닫기 시작했다. 그 즈음부터 미래 우주 활동이 사회에 긍정적인 영향을 미칠 수 있는 잠재력을 최대한 발휘하도록 하는 것이 나의 사명이 되었다. 나는 원래 MBA나 법학 학위를 받기 위해 대학원에 진학할 계획이었지만 새로이 찾은 목표와 열정에 더 직접적으로 부합하는 고급 학위를 취득하기로 결정했다.

조지 워싱턴 대학교George Washington University는 우주 정책에 중점을 둔 국제 과학 및 기술 정책 석사 프로그램을 제공했고 나는 풀타임으로 일하면서 야간 학교에 다녔다. 커리큘럼은 역사에 초점을 맞춰서 과거의 교훈을 조정하여 더 효과적인 정책을 발전시키고 우주의 이점을 활용할 수 있는지를 다루었는데, 나는 이러한 지식들을 배우는 것이 즐거웠다. 가끔 나를 우주 프로그램에 이끌었던 것이 항공우주 분야의 거의 모든 사람들을 매료시킨 요인과 다르다는 점에서 부족함을 많이 느끼곤 했다. 그러나 나는 최대한 둥근 구멍에 꽂힌 네모난 못처럼 스스로를 생각하는 대신 기어를 연결할 수 있는 방법을 궁리하고자 했다. 나는 퍼즐에서 빠진 조각을 채워 뛰어난 엔지니어와 과학자들이 우주의 수수께끼를 풀고 문명을 발전시킬 수 있도록 돕고 싶었다.

챌린저호 사고는 우주 커뮤니티 내의 모든 사람들의 인식을 근본적으로 뒤흔든 게임 체인저game-changer와도 같았다. NASA의 불운한 결정은 안전 및 엔지니어링 전문성을 무시하여 발생한 부실한 관리와 기술적 실패를 모두 드러냈다. 당시에는 그 추운 날이 어떻게 결국 민간 부문이 보다 중요한 방식으로 시장에 진입할 수 있는 정책으로 전환되기 시작했는지는 분명하지 않다. 내가 미적분학을 공부하고 공학을 배우지 못하게 된 것이 운명인지 또는 실패인지 알 수 없다. 그러나 정책과 경제학을 공부하면서 얻은 지식과 경험이 내게 35년 동안 경력을 뒷받침해 준 독특한 관점을 갖게 했다는 점만은 틀림없다.

할리우드로 간 NASA

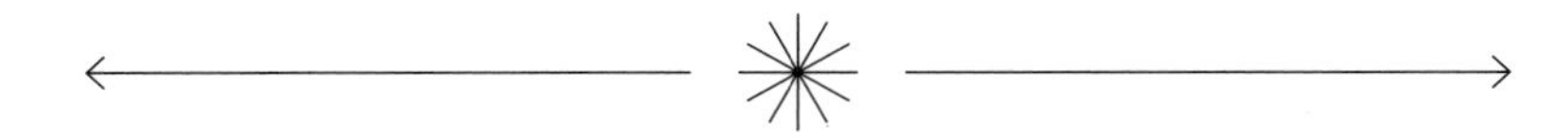

02

나는 1987년, 국립우주연구소와 L5 소사이어티가 합병된 지 약 1년 만에 국립우주협회의 전무이사로 승진했다. 급여를 지급하는 등 일상적인 협회 운영의 기틀을 잡는 일 외에 내가 초기에 세운 가장 큰 목표는 국립우주연구소와 L5 소사이어티를 결합하는 방법을 찾는 것이었다. 생각보다 두 기관은 유사하기보다는 차이가 컸다. 그들의 운영 방식, 역사 및 우주를 바라보는 시각은 거의 정반대와도 같았다.

그러던 중 내가 발견한 것은 이 두 기관이 서로 다른 뿌리를 가지고 있음에도 불구하고 NASA의 달 착륙과 같은 초기 성공과 SF의 비전을 같은 원천으로 삼고 있다는 것이었다. 1970년대에 국립우주

연구소를 설립한 폰 브라운은 우주비행사 앨런 셰퍼드Alan Shepard, 해리슨 슈미트Harrison Schmitt, 존 글렌John Glenn과 SF 작가 레이 브래드버리Ray Bradbury, 아이작 아시모프Issac Asimov, 진 로든베리Gene Roddenberry, 아서 C. 클라크Arthur C. Clarke 등 이 분야의 저명한 인물들로 구성된 이사회를 모집했다. 나는 국립우주협회를 발전시키는데 이러한 인적 자원을 최대한 활용하기로 마음먹었다. 그 당시 잘 알려진 텔레비전 기자인 휴 다운스Hugh Downs가 이미 이사회 의장을 맡기로 동의했기 때문에 나는 더 많은 대중에게 어필할 수 있는 회장과 의장을 영입하는 데 집중했다.

챌린저호 사고가 발생하기 전, NASA가 우주왕복선에 일반 기업인을 탑승시키기로 하면서 1984년부터 1985년까지 맥도넬 더글라스McDonnel Douglas* 직원인 찰리 워커Charlie Walker는 총 세 번에 걸쳐 우주왕복선에 탑승해 페이로드** 전문가로 임무를 수행했다. NASA에서도 흔치 않은, 매우 특별한 이력을 가졌기에 그는 우주해적들의 존경을 받았고 나는 그에게 협회의 회장이 되어 달라고 간청했다. 다행히 그는 내 제안을 흔쾌히 동의해 준데다 이후 나의 멘토가 되었다. 그가 협회에서 근무하는 동안 우리는 팔을 걷어붙이고 함께 일했다.

훌륭한 회장을 성공적으로 영입한 이후 나는 달에 착륙을 시도하는 마음으로 가능성은 희박하지만 협회 발전에 반드시 필요한 의장을 영입하는 데 집중했다. 내가 생각한 후보는 바로 버즈 올드린Buzz

* 미국의 항공 방위산업체이자 항공기 회사.

** 우주선에 실리는 중량.

Aldrin*이었다. 나는 1년 전 콘퍼런스에서 그와 만나 이야기를 나눌 기회가 있었는데, 그의 관점이 국립우주협회와 일치한다는 사실을 알게 되었다. 달에 두 번째로 발을 디뎠던 버즈는 상징적인 인물이자 영웅과도 같은 존재였다. 만약 그가 협회에 참여한다면 대중의 관심을 끌고 회원 수를 늘릴 수 있으리라 확신했다. 무엇보다 그는 과거가 아닌 미래에 집중했던 보기 드문 초기 우주비행사이기도 했다. 내가 유선으로 의장 직책을 제안하자 그는 놀랍게도 첫 통화에서 의장을 맡는 데 동의했다. 이후 그는 10년 이상 그 자리를 지켰다.

휴, 버즈 그리고 찰리의 영입은 다른 권위 있는 이사회 구성원들을 영입하는 데 도움이 되었다. 이로 인하여 협회는 다양한 기술 및 비기술 분야에서 큰 성공을 거둔 사람들로 구성된 조직으로 거듭났으며 보다 가치 있는 우주 프로그램을 만드는 데 공통의 관심을 모았다. 개개인을 알아가는 것도 흥미로웠지만 그보다 그들 사이의 역동성을 지켜볼 수 있다는 사실이 훨씬 더 매력적이었다. 제대로 된 이사회가 구성됐으니 이제 내가 할 일은 이들이 협회와 우주 프로그램을 지원할 수 있도록 구체적인 방법을 찾는 것이었다. 국립우주연구소와 L5 소사이어티가 재정적으로 안정성을 갖추지 못했던 탓에 결국 합병할 수밖에 없었던 점을 봤을 때 우선적으로 필요한 것은 안정적인 기반이었다. 그래서 나는 이사회를 기금 모금에 참여시키기로 했다.

〈스타트렉Star Trek: 오리지널 시리즈〉 방영이 끝났을 때 나는 고

* 닐 암스트롱과 함께 아폴로 11호에 탑승했던 우주비행사.

작 일곱 살이었지만 진 로든베리*가 만든 브랜드의 가치를 누구보다도 잘 이해하고 있었다. 그래서 그에게 무작정 전화를 걸어서 나와 협회에 대해 자세히 소개했다. 갑작스러운 연락에도 진은 불쾌해하지 않았고 오히려 나를 파라마운트 스튜디오에 초대해 직접 골프카트에 태우고 돌아다니며 〈스타트렉: 더 넥스트 제너레이션the Next Generation〉** 출연진을 만나게 해 주는 등 친절을 베풀었다. 그는 아직 우주 프로그램에 대해 생각을 가져본 적은 없지만 도움을 주고 싶다고 말했다. 진은 진정한 휴머니스트였다. 그는 우리가 전달하고자 하는 메시지가 영화와 같은 매체를 통해서 더 쉽게 받아들여질 것이라는 것을 잘 이해하고 있었고 이를 통해 우리를 도울 수 있으면 좋겠다고 했다. 어찌 보면 무모할 수 있는 시도였는데 그 역시도 우주 탐사가 인류에게 무엇을 제공할 수 있는지 초점을 맞추고 노력하는 우주해적 동료였음을 알게 된 뜻 깊은 만남이 되었다.

우리는 시작부터 의견이 잘 맞았다. 진은 스타트렉 세트장에서 국립우주협회를 위한 기금 모금 만찬을 주최하기로 동의했다. 게다가 그가 나서 준 덕분에 니셸 니콜스Nichelle Nichols와 다른 스타트렉 출연진들이 기금 모금 만찬을 위한 영상을 촬영하겠다고 서명했다. 또한 미국인 최초 우주비행사인 앨런 셰퍼드Alan Shepard의 비행 30주년을 기념하여 열린, 국립우주협회 기금 모금 행사에 〈스타트렉: 더 넥스트 제너레이션〉의 출연진을 초대했는데 거의 모든 이가 워싱턴에 와주어서 별을 바라보는 국립 천문대에 망원경이 필요 없는 '스타'들

* 스타트랙 시리즈의 작가.

** 스타트렉의 세 번째 드라마 시리즈.

로 가득해지기도 했다.

이 행사의 성공을 바탕으로 우리는 기금을 모으고 우주 활동의 가치에 대한 대중의 인식을 넓히기 위해 꽤 오랫동안 이런 기념행사를 추가로 계획했다. 버즈는 아폴로 11호 착륙 25주년을 기념하여 동부 및 서부 해안에서 열리는 만찬을 대대로 홍보했고 고어Al Gore 부통령과 칼 세이건 박사는 우리 협회에서 주최한 만찬에 참석하여 연설을 하기도 했다.

1987년에 시작된 〈스타트렉: 더 넥스트 제너레이션〉이 1994년에 이르러 끝났을 때 나는 둘째 아이 출산이 두 달도 채 남지 않은 시기임에도 그다지 멋지지 않은 임산부 정장을 챙겨 로스앤젤레스로 날아가 행사에 참석한 유명 배우와 우주비행사를 위한 레드 카펫을 준비했다. 당시에 영화 〈아폴로 13호〉가 여름 촬영을 준비하고 있었기 때문에 나는 유니버설 스튜디오에 전화를 걸어 진짜 아폴로 우주비행사들을 만날 수 있는 기회라며 영화 출연진과 제작진을 행사에 초대했다. 론 하워드Ron Howard*와 톰 행크스Tom Hanks에게 인류 최초로 달에 갔던 아폴로 13팀을 이끈 우주비행사 짐 러블Jim Lovell과 그의 승무원들을 만날 수 있을 거라고 설득했기에 나는 그들이 절대 거절하지 않을 것이라 판단했다. 실제로도 거부하기 힘든 기회이기도 했다.

러블은 행사 중 의회 우주 명예 훈장을 못 받았다는 사실에 약간의 실망감을 내비쳤다. 그는 같은 테이블에서 식사하던 사람들에게 그가

* 영화 〈아폴로 13〉의 감독.

이끌었던 아폴로 13호 임무는 실패*로 간주되었고 NASA는 이를 숨기기 위해 안간힘을 썼다고 지나치듯 설명했다. 그 순간 행크스와 나는 눈이 마주쳤고 우리 둘 다 그 말을 조용히 인정할 수밖에 없었다.

그날 저녁 몇몇 배우들과 이야기를 나눴지만 러블의 재치 있는 입담이 특히 기억에 남는다. 그는 아폴로 13호가 영화로 제작되고 있다는 이야기를 듣자마자 케빈 코스트너Kevin Costner가 자신을 연기해야 한다고 말했다. "둘 다 금발 머리에 파란 눈을 가졌고 아직 첫 아내와 결혼한 상태"였기 때문이다(참고로 코스트너와 그의 아내는 그해 말 이혼했다). 러블은 이어 〈19번째 남자Bull Durham〉, 〈로빈 훗Robin Hood〉, 〈꿈의 구장Field of Dreams〉 그리고 최근 아카데미상을 수상한 〈늑대와의 춤을Dances with Wolves〉과 같이 코스트너가 강한 남성을 연기한 여러 역할을 언급했다. 코스트너에 대한 이야기는 그 후로도 한참 계속되었고 러블은 청중 속의 론 하워드를 바라보며 이렇게 외쳤다. "정말요, 론? 톰 행크스가 제 역할을 맡았다고요? 그는 저랑 전혀 닮지 않았어요. 캡틴 러블 인형이 나온다는 건 알지만 저처럼 보이지는 않을 거예요." 그 순간 행크스는 웃음을 빵 터트렸다. 이것이 러블이 구사하는 유머 방식이었다. 그런 다음 러블은 행크스가 출현했던 작품 중 강한 남성과는 거리가 있는 〈바솜 버디스Bosom Buddies〉, 〈스플래쉬Splash〉 및 〈빅Big〉의 캐릭터에 대해 설명했다. 마침 영화 〈포레스트 검프Forrest Gump〉도 2주 전에 막 개봉했는데 러블은 이 기회를 놓

* 아폴로 13호는 달을 향하던 중 기기 이상으로 임무를 중지하고 지구로 귀환했다. 임무를 수행하지 못한 점에서 실패라고 할 수 있지만 지구에서 멀리 떨어진 우주 공간에서 큰 사고를 났음에도 불구하고 한 명의 사망자도 없이 무사히 돌아온 점에서 또 다른 성공으로 불린다.

치지 않고 자신의 가장 큰 관심사는 행크스가 연기 인생에서 언제든 지적 장애가 있는 캐릭터의 역할로 되돌아갈지도 모른다는 것이라 말했다. 러블이 이 말을 마쳤을 때 행크스는 그에게 푹 빠져버렸고 둘은 결국 시트콤 제목처럼 좋은 친구bosom buddies가 되었다.

행크스는 그날 저녁 늦게 나에게 와서 메달을 받지 못했다는 러블의 말을 다시 한번 언급했다. 그러면서 만약 내가 이를 실현시킬 수만 있다면 그는 기꺼이 워싱턴으로 오겠다고 덧붙였다. 행크스의 말을 듣자마자 나는 머릿속으로 이러한 기회를 러블은 물론 협회와 우주 프로그램에 도움이 되도록 어떻게 극대화할 수 있을지를 고민하기 시작했다.

마침 NASA의 우주정거장 프로그램Space Station program은 곤경에 처한 상황이었다. 몇몇 주에서는 여전히 항공우주 종사자들의 지지를 받고 있었지만 점점 늘어나는 예산에 과반수 표를 얻기에는 충분치 않았다. 수년에 걸친 지연과 비용 증가로 이 프로그램을 종료시키려는 의회의 노력은 1993년 단 한 표의 차이로 실패로 돌아갔다. 상황이 이렇다 보니 향후 더 넓은 지지층을 확보하는 것은 매우 중요해졌고 이를 위해 나는 톰 행크스의 높은 인기를 어떻게든 활용하고 싶었다.

둘째 아이를 출산하자마자 나는 또 다른 게임을 준비했다. 이번에는 지난번에 비해 훨씬 더 높은 판돈이 걸린 게임이었다. 나는 우선 행크스의 주변 사람들에게 백악관이 메달 시상식을 준비 중이라고 알렸고 행크스가 워싱턴에 있는 동안 메달 수여 행사에서 연설할 수 있는지 물었다. 톰 행크스는 이에 기꺼이 동의했다.

행크스의 동의를 받은 후 나는 그가 직접 참석하고 NASA가 지원할 예정이라는 말과 함께 백악관에 클린턴 대통령이 직접 러블에게 메달을 수여하는 방안을 제안했다. 내가 예상했던 대로 이는 누구도 놓칠 수 없는 기회였다. 몇 달 간의 조정 끝에 결국 행사가 결정되었다. NASA는 전날 밤 러블을 기리는 작은 만찬을 주최하기로 합의했고 당시 의회에서 NASA에게 있어 가장 중요한 예산을 담당하고 있던 바바라 미컬스키Babara Mikulski 상원의원을 초청했다.

그런데 만찬이 시작되기 겨우 몇 시간 전에 백악관으로부터 다음 날 메달 수여식은 연기해야 할 것 같다는 연락을 받았다. "오늘의 메시지와 맞지 않는다"라고 하는 다소 황당한 이유였다. 이 연락을 받은 상태로 만찬장에 도착하니 아무것도 모르는 많은 사람들이 보였다. 나는 큰 혼란에 빠지고 말았다. 심지어 행크스는 나처럼 미리 연락받았는지 다음 날 아침 비행기를 타는 걸로 일정을 변경했다. 난화가 나서 옆에 앉아있던 미컬스키 상원의원에게 메달 수여식이 취소된 걸 얘기했다. 우리는 이 진행 계획을 비공개로 유지했기 때문에 미컬스키 의원은 처음 듣는 이 소식에 적잖이 놀라면서도 좋은 기회를 놓쳤다며 안타까워해 줬다. 당시엔 너무 화가 나고 답답한 마음에 얘기를 했는데 이 대화 때문에 예상하지 못한 일이 벌어졌다.

저녁 식사 도중 미컬스키 상원의원이 중요한 전화가 왔다는 메시지를 받았다. 당시만 해도 휴대폰이 없던 시절이라 그녀는 그 전화를 받기 위해 만찬장을 빠져나갔다. 통화를 마치고 테이블로 돌아온 그녀는 자리를 비운 것에 대한 사과를 하며 클린턴 대통령으로부터 전화가 왔다고 말해 주었다. 그리고 몇 분 후 러블에게도 전화가 왔다는 소식에 그녀의 눈이 반짝거리는 걸 알아차렸다. 러블은 활짝 웃으며 테이블로 돌아왔고 메달 시상식이 다음 날 예정대로 진행된다는 소식을 들려주었다. 그 순간 톰 행크스는 나에게 엄지손가락을 치켜세우며 떠나지 않고 머무를 계획이라는 신호를 보냈다.

그날 늦은 저녁이 되어서야 나는 이 깜짝 반전의 전말을 알게 되었는데, 이 모든 일의 중심에 미컬스키 의원이 있었다. 그녀는 클린턴 대통령과 통화했을 때 악화되고 있는 보스니아 상황에 대해 이야기를 나누고 나서 끊기 전에 일부러 짐 러블과 톰 행크스가 다음 날 대통령을 만나지 못해 못내 아쉽다고 전했다. 이 말을 들은 클린턴은 그 행사에 대해 들은 바가 없었다고 말했는데, 그녀가 보기에는 이러한 계획된 행사나 변경 사항에 대해 전달받지 못해 조금 화가 난 듯 보였다고 했다. 이에 미컬스키 의원은 클린턴을 달래주며 뜻깊은 행사인 만큼 생각을 돌리도록 말을 건넸고 결국 원래 계획대로 메달 수여식을 할 수 있게 된 것이다. 나는 이 말에 놀라지 않을 수 없었다.

만찬이 끝나고 집에 도착했을 때 자동 응답기에는 백악관으로부터 온 메시지 한 통이 남겨져 있었다. 늦은 시간이기는 했지만 혹시나 하는 마음에 다시 백악관으로 전화를 걸었는데 잔뜩 화가 난 대통령 의전 담당자가 나를 기다리고 있었다. 그는 용건을 밝힌 후 "백악관 일은 이렇게 진행해서는 안 됩니다!"라고 소리지르며 전화를 끊었다. 그가 이렇게 화가 난 이유는 내가 백악관의 의전을 몇 단계나 뛰어넘고 행사를 추진했기 때문이었다. 하지만 나는 굳이 백악관 직원들에게 대통령이 행사에 참여하는 것을 취소한 상황에서 직접

호소하는 것 외에 다른 선택지가 없었다고 반박하지 않았다.

백악관 대통령 집무실을 방문한 것도, 클린턴 대통령을 만난 것도 모두 처음이었던 나는 메달 시상식 이후 소위 오벌 브레인Oval Brain이라고 불리는 후유증으로 한동안 멍했다. 오벌 브레인이란 처음 집무실에 들어간 이후 너무나 벅찬 마음에 그 안에서 무슨 일이 이었는지 기억하기가 어려워 붙여진 이름이다. 대통령과 악수를 하고 톰 행크스의 아들 콜린 옆에 서서 러블이 메달을 수여받는 모습을 지켜보는 나의 사진은 남아있지만 실제로 내 머릿속에 그 시간에 대한 기억은 거의 남아있지 않다. 그래서 나는 이 시상식 이후로 이와 같은 큰 행사가 있을 때마다 메모하는 습관을 들였다.

하지만 그날 톰 행크스가 한 연설만큼은 아직도 기억에 생생하다. 우주 프로그램과 우주정거장의 중요성에 대한 열정적이고 진심 어린 연설이었다. 이 연설은 당일 시상식에 참석한 국내 최고의 항공우주 전문가들과 의회 의원들을 포함한 많은 청중에게 전달되었다. 행크스의 연설은 내가 그간 들어왔던 우주정거장에 대한 연설들 중 가장 감동적이었다. 사실 나는 행크스의 주변 사람들에게 그가 연설하면서 꼭 언급했으면 하는 요점들을 정리해서 건넸다. 이를 나의 공로로 표출하고 싶은 작은 유혹도 받았지만 그의 연설은 내가 건넸던 메모에 비해 훨씬 더 설득력이 있었다.

이러한 활동들은 이사회와 기부자들에게 깊은 인상을 남겼지만 사실 협회만의 화제에 불과했다. 왜냐하면 NASA에 대한 대중의 지지가 낮아진 이유가 단지 메시지 전달에 있지 않았기 때문이다. 나는 이것이 유인 우주 비행 프로그램의 목적과 관련이 있다고 믿었다.

NASA가 과거에 일궈온 수많은 업적과 미래의 잠재적인 가능성을 다룬 영화들이 그간 대중의 상상력을 사로잡을 수 있었던 까닭은 인류가 우주로 진출하는 것에 대한 의미가 있었기 때문이다. 블록버스터 영화들은 그저 인간이 우주에 더 오래 생존할 수 있는지 알기 위해 지구 주위를 도는 것만 보여주지 않는다. 실제로 일반 시민을 대상으로 정부 프로그램 순위를 조사하는 여론조사에서 NASA는 해외 원조와 나란히 최하위에 머물렀다.

챌린저호 사고 이후 정부 기관이 현재 유인 우주 비행을 위해 무엇을 왜 하는지에 대해 아무도 명확하게 알고 있지 않다는 생각이 확산됐다. 때마침 우주 커뮤니티에서 국립우주협회의 명성이 높아짐에 따라 나는 이러한 의문을 채워주는, 우주 개발에 대한 장기적인 목적을 전달할 기회가 점점 많아졌다. 그런데 강연을 하면서 NASA가 일부 지역에서 일자리를 보존하는 데 급급한 소수의 의원들의 비위를 맞추고 있었다는 사실을 알게 됐다. 지구 너머에 우주 문명을 만들겠다는 협회의 비전과 현실은 너무나 대조적이었다. 나는 지금과 같은 행위만으로는 더더욱 우주와 대중이 멀어질 것이기에 지금 하는 것만으로는 충분하지 않다는 걸 알았다. 의회가 예산과 권력을 가지고 있지만 나는 대학원 수업을 통해 대통령이야말로 역사적으로 NASA의 정책 변화를 주도해 왔다는 것을 잘 이해하고 있었다. 따라서 긍정적인 변화를 만들 수 있는 가장 좋은 기회는 미래 행정부에 참여해 우주 정책에 영향을 미치는 것이라고 생각했다.

사실 나는 이러한 정치적 신념을 클린턴 대통령과의 일화 전부터 가지고 있었다. 나는 레이건의 뒤를 이을 대통령을 선출할 1988년 선거에서 마이클 듀카키스Michael Dukakis* 후보의 우주 정책 고문에 자원했다. 듀카키스는 결국 조지 H. W. 부시George H. W. Bush 부통령에게 밀렸지만 나는 그가 당선된다면 민주당 행정부가 우주 프로그램을 가치 있게 발전시킬 수 있도록 최선을 다하고 싶었다. 이를 통해 나는 1984년에 존 글렌의 캠페인에 참여한 이후 처음으로 정책을 입안하는 일에 다시 뛰어들었다.

우주 문제는 당시 선거 캠페인에서 과학 정책의 일부로 관리되어 워싱턴에서 열린 과학 정책 그룹 회의에 몇 번 참석할 기회가 있었다. 당시 NASA는 정책 논의의 중심이 아니었지만 텍사스주의 로이드 벤슨Lloyd Bentsen 상원의원이 부통령 후보가 되면서 보다 적극적으로 우주 관련 의제를 추진할 수 있는 기회가 마련됐다. 1988년 8월에 듀카키스 주지사는 새로운 러닝 메이트와 함께 휴스턴을 방문하여 내가 제안한 것을 토대로 "영구 유인 우주정거장"에 대한 지지를 발표하고 부대통령을 위원장으로 하는 행정부 차원의 국가 항공우주 위원회를 부활시키겠다고 약속했다. 당시 나는 이렇게나 중요한 공약을, 젊은 자원봉사자일 뿐인 내가 대통령 후보로부터 얻어낸 것에 적잖이 놀랐고, 실질적인 변화를 만들기 위해선 정치가 필수라는 교훈을 지금까지 결코 잊지 않고 있다.

1989년, 국립우주협회가 생긴 지 겨우 2년이 채 안 됐을 무렵임에도 우주해적들은 본디 잘 협력하지 않아서 이데올로기 스펙트럼의 양쪽 끝에 있는 사람들을 잃고 있었다. 우리의 비전이 개방적이라고

* 매사추세츠주 주지사로 민주당 대통령 후보로 나섰다.

여긴 몇몇은 보다 전통적인 협회에 가입하거나 단체를 설립했으며 혁신적인 접근 방식을 원하는 사람들은 더 급진적인 조직을 만들었다. 하지만 우리는 일찍부터 선량한 리더였고 우주 커뮤니티에서 선한 영향력을 행사해 왔다. 나는 정기적으로 국회 의사당에서 NASA의 예산에 대해 증언하도록 초대를 받았고 언론으로부터 자주 연락을 받아 우주 문제에 대한 논평을 해 주었다. 이러한 기회를 통해 협회는 힘을 잃지 않고 유인 우주 비행의 가치 있는 장기적 목적을 분명히 하고 우주 정책의 공백을 메울 수 있었다. 우리는 당시 원내 총무였던 뉴트 깅리치Newt Gingrich와 같은 목소리를 냈다. 하원의장으로서 논란이 불거지기 오래 전부터 그는 우주 정착을 지지한 것으로 유명했다. 더 중요한 것은 조지 H. W. 부시 대통령이 당선되고 행정부가 우리의 견해를 공유하고 있음이 분명해졌다는 점이었다.

✳ ✳ ✳

초대 부시 대통령이 취임할 당시까지 NASA는 여전히 챌린저호 사고로 인한 상처에서 헤어 나오지 못한 상태여서 우주왕복선은 퇴출될 뻔하다 겨우 비행에 복귀할 수 있었다. 하지만 문제는 여전히 해결되지 않았기에 부시 대통령은 듀카키스 후보가 약속했던 대로 부통령을 의장으로 한 국가우주위원회National Space Council를 부활시켰다. 대중에게는 영향력이 큰 인물로 알려지지 않았지만 퀘일Dan Quayle 부통령은 자신의 임무에 최선을 다했다. 그는 우주 또는 기술적 배경이 없었기에 전통적인 이익에 휘둘리지 않았고 더 나아가 위원회 직원들과 함께 NASA가 새로운 길을 개척할 수 있도록 결심한 것 같았다.

1989년 7월 20일 아폴로 20주년을 기념하여 부시 대통령은 인간을 달로 돌려보내고 화성으로 가는 프로그램인 우주 탐사 이니셔티브*Space Exploration Initiative, SEI를 발표했다. 대통령은 "우리는 미국인과 모든 국가의 국민이 우주에서 살고 일할 수 있는 미래를 위해 최선을 다해야 합니다"라고 언급했다. 그리고 이어서 "오늘날 미국은 지구상에서 가장 부유한 국가로 세계에서 가장 강력한 경제를 가지고 있습니다. 그리고 우리의 목표는 미국을 최고의 우주강국으로 만드는 것입니다."라고 말했다.

이는 내가 처음으로 직접 참석하여 볼 수 있었던 발표이자 역사적으로도 매우 의미 있는 순간이 아닐 수 없었다. 미국이 이제 우주 강국이 되겠다는 국가적 목표를 세운 순간이다. 나는 곧바로 대통령이 연설을 통해 우주 강국spacefaring이라는 표현을 썼음을 협회 회원들에게 알릴 준비를 하면서 이를 기회로 활용할 수 있도록 고민하기 시작했다. 이러한 노력의 핵심은 풀뿌리 네트워크grassroots network를 활성화하여 각 주 또는 지역 지도자와 긴밀히 소통하는 것이었으며 동시에 우리는 국가우주위원회 직원들과 협력하여 일했다.

국가우주위원회는 NASA로 하여금 새로운 우주 탐사 프로그램에 대해 약 90일 간에 걸쳐 연구하도록 요청하면서 동시에 이전과 같은 사업 방식은 원치 않는다는 점을 분명히 했다. 위원회는 심지어

* 일반적으로 이니셔티브란 주도권, 이끄는 권리 등을 뜻한다.

NASA가 현재 구상하고 있는 기본 계획인 프리덤 우주정거장 프로그램을 변경할 수도 있을 만큼 창의적인 접근 방식을 모색하기를 원했다. 그런데 NASA가 내놓을 계획에 대한 소문(위원회의 기대를 충족시키지 못할 거란 이야기)이 돌자 위원회는 대응책으로 에너지부 예하 로스앨러모스 국립 연구소의 한 팀에게 프로그램을 위한 자체 설계를 제안해 달라고 요청하기로 했다. 위원회는 분명 NASA가 유인 우주 비행에 진전을 이루지 못한 것에 대해 다소 실망과 좌절감을 함께 느끼고 있었던 것으로 보이며 이러한 경쟁을 통해 NASA에 영감을 주어 다르게 생각할 수 있기를 바랐다.

얼마 지나지 않아 부시 대통령은 전 우주비행사 리처드 트루Richard Truly 제독을 NASA 국장으로 임명했으나 부통령과 우주위원회 직원들은 그의 선택에 회의를 느끼는 것 같았다. 퀘일 부통령은 그의 자서전 『굳건히 서서Standing Firm』의 '로켓과 관료주의Rockets and Red Tape' 챕터에서 전혀 변화하지 않는 NASA의 대응에 대한 좌절감을 표현했다. 그는 책에 이렇게 썼다. "그간 방만해진 NASA 관료들이 직면한 문제는 백악관에서 우주 정책을 운영한다는 것이었습니다. 그들은 계속해서 우주 정책을 스스로 만들고 싶었습니다. 외부의 객관적인 시각에서 그들이 진행 중인 프로젝트가 창의력도 부족하고 너무 비싸고 너무 방대하며 너무 느리다고 판단해도 말입니다. NASA는 위원회가 미국 관리예산실Office of Management and Budget, OMB 및 의회와의 예산과 관련된 논의를 지원하는 것은 개의치 않았지만 스스로 예산 계획을 작성하기를 원했습니다."

1990년대 초 부통령과 국가우주위원회가 발견한 NASA의 문제와 그로부터 20년 후 내가 경험한 문제 사이에는 많은 유사점이 있다. 퀘일 부통령은 초기 NASA 지도부와의 회의에서 우주 비행 책임자가 우주정거장 프로그램의 최초 운영 날짜에 대해 의회에 거짓말을 했다는 사실을 밝히면서 기술적인 이유를 들어 적어도 4년이나 기한이 연기될 수 있도록 조작할 수 있다고 덧붙였다.

퀘일 부통령은 이 발언을 하자 회의에 참석했던 나머지 NASA 직원들은 발뺌했다고 회상했는데 이 또한 NASA의 일반적인 행동 패턴일 뿐이었다고 말했다. "그 오만함은 믿을 수 없을 정도였습니다." 라고 그는 회고했다. "그들은 그저 수치와 추정치를 이리저리 뒤적거리고 NASA의 오래된 업적에 의존하여 듣고 있는 사람을 현혹시키는데 익숙했습니다. 회의가 끝난 후 당시 관리예산실 다먼Richard Darman 국장은 마크 알브레히트Mark J. Albrecht 우주위원회 사무총장에게 NASA의 행동은 워터게이트Watergate*는 아무것도 아닌 것처럼 보일 정도라고 말했습니다."

로스앨러모스 국립 연구소의 에너지랩Energy Lab은 총 400억 달러 규모의 우주정거장, 달 및 화성 기지 건설을 위한 거주지 개발 등을 포함하는 제안서를 위원회에 제출했다. 그리고 몇 주 후 NASA는 5천억 달러 규모의 자체 제안서를 발표했다. 이 프로그램은 NASA의 기존 인프라와 사람을 중심으로 설계되었다. 우주비행사가 되겠다는 대통령의 명확한 목표를 위해 프로젝트를 재편하는 대신 더 많은 예산을 확보하기 위해 아폴로 계획을 재탕한 버전이었다. 이러한 계

* 미국 역사상 가장 큰 정치 스캔들로 권력형 비리 사건이다.

획은 곧바로 언론의 헤드라인을 장식했고 의회의 회의론자들과 우주위원회의 분노를 불러일으키기에 충분했다.

우주해적들은 합리적으로 바뀐 부시 대통령의 달 귀환 프로그램 발표에 감격했고 특히 이를 위한 보다 혁신적이고 지속 가능한 프로그램을 만들고자 하는 우주위원회의 관심에 감동했다. 우리는 연설과 의회에서의 청문회, 풀뿌리 로비 활동 등을 통한 다양한 방식을 통해 메시지를 전했다. 30여 년 전의 증언 녹취록을 읽어보면 우주해적들의 일관된 목적이 드러난다.

> 장기적으로 업무의 성과를 높이고 비용을 절감하는 가장 좋은 방법은 정부 지원 탐사, 정부 및 민간의 공동 연구와 개발 그리고 일상적인 임무에 한해 가능한 한 자유 시장 경쟁 환경에서 생산된 우주 상품 및 서비스를 민간으로부터 제공받는 것입니다.
>
> …정부가 주요 구매자인 경우에도 가능한 한 민간에서 창출한 상품과 서비스를 구매하는 고객으로서 역할을 수행해야 합니다. 연구 및 개발 비용은 상각되기amortize* 때문에 가격 경쟁력이 있는 기존 기술에 비해 시간이 지남에 따라 상당한 비용 절감을 약속할 수 있는 혁신적인 기술에 대해 보상하는 것을 목표로 할 수도 있습니다.

우리는 계속해서 "최소한 각각의 하드웨어별 계약과는 달리 우주 프로그램에서는 결과 지향적인 계약에 기반을 두게 될 것이며 정

* 보상이 되다.

부가 하나하나 세밀하게 관리하거나 세부 제품 사양을 포함시키는 것은 제한될 것"이라고 설명하면서 "이러한 관행은 비용을 부풀리고 기술 혁신을 저해할 소지가 있으며 NASA의 관점에서 볼 때 기술 인재를 최첨단 분야에 쓰기보다 계약을 감독하는 역할에 묶어두는 결과를 가져올 수 있습니다."라고 덧붙였다. 우리는 정부에 "장기 조달이 필요한 곳에서 더 신뢰할 수 있는 고객이 될 것"을 촉구했고, "NASA는 NASA가 가장 잘할 수 있는 첨단 기술 연구 및 개발에 집중하고 민간 부문은 시장이 제공하는 인센티브를 통해 기존 기술에 대한 비용을 낮추는 역할을 하도록 해야 한다"고 결론을 내렸다.

만약 오늘날 누군가 나에게 이 주제에 대해 동일하게 질문한다 하더라도 한 글자도 바꾸지 않고 그대로 답변할 것이다. 퀘일 부통령과 위원회는 당시에 메시지의 방향성이 명확했고 이러한 주장을 할 수 있는 단체가 존재한다는 점을 높이 평가하는 것 같았다. 그는 자신의 관저에서 주최한 "스타 파티star party"와 백악관에서 개최한 우주 콘퍼런스와 같은 행사에 우리를 포함시키기 시작했다. 그리고 자연스럽게 국립우주협회의 가시성과 영향력이 커짐에 따라 전통적인 항공우주 커뮤니티가 협회에 보다 더 많은 관심을 쏟기 시작했다.

기존 우주 커뮤니티에는 10개 회사로 구성된 항공우주산업협의회가 있었다. 이들은 우리에게 각각 연간 5만 달러를 기부했는데 이는 협회를 운영하는 데 필요한 총 예산에서 적지 않은 비율을 차지했다. 협의회의 위원 대표들은 분기별로 만나 세금 공제 가능한 기부금을 받는 대가로 행사에 초대되어 장부에 이름을 올렸다. 이러한 배경 속에도 국립우주협회의 우주 정책 방향은 산업협의회와는 의도적으로 구별되어 결정되었다. 협회는 NASA 예산 및 우주정거장 확대를 지속적으로 지지하기는 했으나 실제로 우리의 모든 대외 메시지는 새로운 우주 탐사 이니셔티브를 지원하는 데 초점을 맞추고 있었다.

NASA의 기존 프로그램에서 주요 역할을 해왔던 보잉의 수석관리자이자 당시 항공우주산업협의회 의장이었던 엘리엇 풀햄Elliot Pulham 대표는 나에게 대통령의 새로운 이니셔티브를 위협해 달라는 전화를 걸었다. 그는 국립우주협회가 우주 탐사 이니셔티브를 옹호하는 것을 멈추고 우주정거장 프리덤에 초점을 맞추지 않으면 재정 지원을 철회할 것이라고 말했다. 나는 협회의 정책 결정 과정에서 이들의 역할에 대해 오해를 일으킨 점에 대해 사과하고 새로운 이니셔티브를 지지한 이유를 설명했다. 그런 다음 세금 공제 대상 기업 기부금은 특정 프로그램 옹호와 연계되어서는 안 된다는 점을 분명히 하면서 이런 종류의 "영향력을 행사"하는 것은 비윤리적일 뿐만 아니라 국세청 규정에도 어긋난다는 점을 상기시켰다. 그의 입장에서 나의 대답은 예상치 못한 것이었다.

그때까지 산업협의회는 내가 협회의 전무이사직을 맡을 수 있도록 전폭적으로 지지해 주었다. 나는 그들의 신뢰에 감사하면서도 이제는 그들의 지지가 조건 없이 그냥 온 것은 아니었다는 점을 새삼 깨달았다. 동시에 나는 대통령에 맞서 노골적으로 드러낸 기업적 견해와 나의 행동을 통제할 수 있다고 믿었던 그들의 행동에 경악을 금치 못했다. 방향을 바꿀 생각이 없던 우리는 계속해서 풀뿌리 회원들과 긴밀히 소통하고 각 지역 지도자들과 의견을 공유하도록 독려했다. 국회 의사당 사무실에 편지가 넘쳐나고 있다는 케빈 켈리Kevin

Kelly에게서 전화를 받은 것도 이 시점이었다. 그는 영향력 있는 상원 세출 담당 직원이었다.

잔뜩 화가 난 그는 사무실로 걸려오는 수많은 전화와 편지들로 인해 혼란스럽고 업무조차 전혀 관리되지 않는다고 말했다. 그는 나에게 당장 그만두지 않으면 해당 프로그램에 대한 예산을 낮추겠다고 위협하기까지 했다. 이에 나는 그 요구를 기꺼이 받아들인다고 해도 전화는 멈추지 않을 것이라고 응수했다. 시민으로서의 당연한 권리를 행사하는 것으로 이는 우주 개발의 장기적 미래를 걱정하는 사람들의 견해를 대변한다고 덧붙였다. 그간 의회 직원들은 이와 같은 전술로 많은 기업 로비스트들을 통제하는 데 익숙했는데 이러한 나의 대응은 전혀 예상치 못했던 상황이었던 것 같다. 그러나 나에게도 이는 쉽지 않은 상황이었다.

나는 항공우주산업에 종사자뿐만 아니라 의회와도 긍정적인 관계를 구축하기 위해 노력했다. 내 평판은 단순히 개인의 커리어에 영향을 주는 것을 넘어 협회에 대한 지원도 줄어들 수 있다는 것을 깨달았기 때문이다. 이것은 로비스트, 관료, 의회를 상대하면서 배운 전통적인 전술이었다. 그리고 나는 건전한 정책과 원칙을 유지한다면 언젠가 반드시 빛을 발할 것이라고 믿으며 그 자체를 바꿀 수 없는 사실보다는 넘을 수 있는 장애물로 받아들이려고 노력했다.

우주위원회 사무총장 알브레히트는 이후 당시 NASA와 함께 일한 경험을 담은 책을 통해 자신이 사무총장으로서 느꼈던 좌절감에 대해 생생하게 설명했다. 그는 "민간 우주 프로그램은 산업, 의회, NASA 관료집단 및 학계 과학자로 구성된 강철 사각지대와도 같습니다. 결국 미국예외주의* 시대의 가장 중요한 가치는 이제 거의 남지 않았습니다"라고 언급했다. 우주위원회 역시 우주 탐사 이니셔티브에 대한 반대를 꾸준히 노력한다면 넘을 수 있는 장애물로 여겼지만 결국 전투에서 패배했다.

몇 년이 걸렸지만 나는 결국 엘리엇, 케빈과 긍정적인 업무 관계를 발전시킬 수 있었다. 반면 우주 탐사 이니셔티브는 뜻대로 순조롭게 진행되지 않았다. 대통령은 첫 해 의회에 2억 달러 규모의 예산을 요청했지만 의회는 이를 완강히 거부했다. 우주 탐사 이니셔티브는 미지근한 지원과 적은 예산으로 몇 년 더 절뚝거렸지만 끝끝내 개념적인 연구 수준을 넘어서지는 못했다. 현직 대통령이 현상 유지와 이기적인 업계 로비스트, 의회, NASA의 확고한 관료집단의 만만치 않은 조합을 극복하고 보다 혁신적이고 지속 가능한 우주 프로그램을 달성하지 못한 것은 이번이 마지막이 아닐 것이다. 그로부터 정확히 20년 후 나는 실제로 그 폭풍의 중심에 있었고 이에 더 잘 대비해야 했다.

부시 행정부는 겨우 계획한 수준의 절반 정도밖에 수행할 수 없게 되자 NASA 국장 트루리Dick Truly 제독을 해임하기로 결정했다. 퀘일 부통령에게 그 사실을 알리라는 임무가 주어졌지만 딕 트루리는 자신은 대통령을 위해 일했으니 그의 의견을 들어야 한다며 완강한 자세를 고수했다. 1992년 2월 12일 임명된 지 3년이 채 되지 않아 트루리 제독은 NASA 국장에서 해임되었고 그 직후 대통령은 부통령

* 미국이 다른 국가와 구별되는 특별한 나라라는 생각.

과 우주위원회 위원장에게 4월 1일까지 새로운 국장이 지명되기를 원한다고 말했다. 거의 불가능에 가까운 일이었다.

NASA 국장이 우아하게 떠나지 않았다는 소문이 퍼졌음에도 불구하고 트루리 제독의 해임은 당시 우주 커뮤니티에 꽤 많은 불화를 자아냈다. 대부분 항공우주 업계 동료들은 실망했고 언론조차도 대통령에 대항하여 제독의 편을 드는 것 같았다. 나는 오랫동안 지켜온 믿음 중 많은 부분이 깨지고 있다는 느낌과 함께 이러한 현실에 낙담했다. 지속 가능한 우주 개발에 대한 정부 지원에 매달리는 항공우주 업계, 대통령의 지시를 무시하는 지명자, 그리고 이러한 지명자를 해임하기 위해 2년 이상 기다리는 대통령 등의 조합은 내가 그동안 우주와 정치에 대해 가지고 있던 가치와 원칙을 훼손하기에 충분했다.

✳ ✳ ✳

모든 역경에도 불구하고 국가우주위원회는 부시 대통령의 지시를 충실히 이행했다. 그로 인해 1992년 4월 1일 다니엘 사울 골딘Daniel Saul Goldin*은 NASA 국장으로 취임할 수 있었다. 그는 똑똑하고 새로운 인물이었다. 댄(다니엘의 애칭)은 워싱턴주에 위치한 민간 우주 단체 사이에는 크게 잘 알려지지 않았고 대통령의 혁신적인 의제를 추진하기 위해 임명된 상황이었기 때문에 협회에 가입하는 것을 최우

* NASA의 아홉 번째 국장으로 가장 오랫동안 재직했다.

선 과제로 삼지 않았다. 그는 클리블랜드에 위치한 NASA의 전기 추진 관련 부서에서 경력을 쌓은 후 아폴로 프로그램의 달 착륙선 엔진을 개발한 것으로 잘 알려진 항공우주 회사 톰슨 라모 울드리지 Thompson Ramo Wooldridge, TRW에서 일했다. 댄이 기업에서 경험한 내용은 과장을 조금 보태서 NASA 보다 몇 광년 앞선 것이었기 때문에 국장이 되었을 때 그는 NASA의 동맥이 굳어지기 시작했다는 것을 깨달았다. 몇 년 후 댄은 나에게 아폴로 프로그램 때 일했던 직원들은 모두 훌륭했지만 정부 시스템은 혁신을 허용하지 않았고 특히 NASA의 관료주의는 숨이 막힐 정도였다고 말했다.

댄은 대통령 선거를 불과 8개월 앞둔 불안정한 시기에 정치적으로 임명되었기 때문에 직책을 유지할 수 있을지 혼란스러워 할 만도 했다. 하지만 그는 전혀 그런 내색 없이 긍정적인 변화를 위해 필요하다고 생각하는 일부터 하나하나 작업에 착수했고 국가우주위원회의 지원을 받아 초기의 많은 문제들을 해결했다. 그가 최우선 과제로 삼은 부분은 너무나 많은 계약체결 대상과 조직 내 심한 관료주의를 해결하는 것이었다.

1992년 선거 결과로 조지 H. W. 부시 대통령은 이듬해 1월부터 사무실을 정리하기 시작했다. 클린턴 대통령 당선자를 위한 NASA 전환 팀은 샐리 라이드 박사가 이끌었다. 댄은 직원들에게 그녀와 협력하여 새 팀을 구성하는 데 도움이 될 만한 자료를 수집하도록 지시했다. 클린턴 대통령이 라이드 박사가 NASA 국장이 되기를 원했다는 것은 공공연히 알려진 사실이었지만 문제는 그녀가 그 일을 원하지 않는다는 것 또한 분명했다는 데 있었다. 그렇게 시간이 흘러가

다 1월 중순, 놀랍게도 차기 대통령의 참모들이 샐리를 단념하고 댄에게 새 국장을 찾을 때까지 계속 임무를 수행할 의향이 있냐고 물었다. 이러한 변화는 샐리와 댄의 노력이 만든 결과였다. 3개월에 걸친 기간 동안 샐리 박사는 성실히 전환 팀을 이끌면서도 백악관이 자신을 국장으로 임명하고자 하는 노력을 무마하고자 힘썼다.

그사이 댄은 자신에게 주어진 시간을 최대한 활용했다. 일정상 계속되는 지연과 비용 증가로 인해 프리덤 우주정거장에 대한 의회의 지지는 줄어들고 있는 상황에서 그는 민주당 의회와 대통령 당선자의 지지를 받을 수 있는 방안을 모색했던 것이다. 러시아는 전 세계 그 어느 국가보다 유인 우주 비행과 우주정거장에 대한 경험이 많았지만 1991년 소련 해체 이후 경제가 파탄에 빠지면서 새 로켓 발사는커녕 "평화"라는 뜻을 담고 있는 자국의 미르Mir 우주정거장을 지속 운영하는 것만으로도 고군분투하고 있었다.

부시 행정부 시기 셔틀을 타고 미르우주정거장으로 향하는 러시아 우주비행사와 러시아 우주 캡슐인 소유즈Soyuz호를 타고 미르로 향하는 미국 우주비행사들 간에 교류가 시작했다. 댄은 러시아를 대상으로 소프트 파워* 외교를 제안했는데, 즉 페레스트로이카Perestroika**를 확대하여 재설계된 우주정거장의 완전한 파트너로서 러시아를 초대하는 것이었다. 이는 곧바로 백악관의 긍정적 반응을 이끌어냈고 댄과 우주정거장 모두 클린턴 새 행정부로부터 필요한 지원을 받을 수 있게 되었다.

* 무력이나 경제력이 아닌 과학, 문화 등을 통해 상대방의 행동을 바꾸는 힘.

** 소련 공산당의 서기장 미하일 고르바초프의 주도 하에 펼쳐진 개혁 · 개방 정책.

러시아와의 협력을 고려하여 프리덤 우주정거장이라는 명칭 역시 국제우주정거장International Space Station으로 변경되었고 이후 줄여서 ISS로 알려지게 되었다. 더 나아가 댄은 보다 간소화된 조직 구조를 구현하기 위해 NASA의 프로그램에서 지원 업무를 담당하던 계약직과 사무관 직책을 제거했다.

기존의 14개 우주정거장 파트너 기관들과 계약업체들은 이러한 프로그램 변경에 대해 당연히 화가 났으며 자신들의 의견이 충분히 고려되지 않았다고 불평했다. 그들은 러시아와 협력하려면 바이코누르Baikonur* 우주기지에서 발사할 수 있도록 우주정거장의 경사도를 더 높게 조정해야 하고 이러한 변경은 거의 8년에 걸친 기술개발 과정과 이미 개발된 400톤의 하드웨어가 폐기된다는 걸 의미한다고 말했다. 하지만 여기서 이 기관들이 간과했던 점은 러시아와의 협력 없이는 단순히 돈을 더 지원하는 걸 넘어 프로그램 자체가 지속될 수 없다는 점이었다.

클린턴 대통령의 적극적인 지지에도 불구하고 예산은 1993년 겨우 단 한 표 차이로 하원에서 겨우 통과되었다. 우주 프로그램을 재구성하고 여기에 러시아와 협업하려는 댄의 대담한 결정은 상당한 위험을 감수하는 선택이었지만 돌이켜 보면 우주정거장이 더 오래 운용될 수 있게 한 지정학적 목적을 띠게 된 결과를 낳았다. 10년 후 컬럼비아호 사고로 셔틀이 중단되었을 때에 러시아가 ISS에 접근할

* 카자흐스탄에 위치한 우주선 발사 기지로 인류 최초의 우주선인 스푸트니크와 처음으로 우주비행에 성공한 보스토크 1호 등이 발사된 곳이다. 소련 때 만들어졌고 카자흐스탄이 독립한 현재는 러시아가 빌려서 사용 중이다. 한국 최초 우주인인 이소연 박사도 이 기지를 통해서 우주로 갔다.

수 있게 되면서 프로그램은 말 그대로 살아남을 수 있었다.

유인 우주 비행 외에도 댄의 지휘 아래 여러 중요한 과학 및 기술 프로그램이 근본적으로 재구성되었다. 그가 국장으로 임명되었을 당시 NASA는 이미 당황스러운 실패를 여러 차례 겪고 있는 상황이었다. 특히 NASA의 화성 탐사선 마스 옵저버Mars Observer의 손실과 허블 우주 망원경의 흐릿한 시야가 대표적인 예다. 이로 인해 결과적으로 20억 달러 이상의 세금이 낭비되었다. 이는 예산의 상한 제한을 넘기려고 하는 경향을 높이는 동시에 크고 작은 임무의 악순환을 강화했기 때문에 더욱 눈에 띄고 조직 전체에 악영향을 미쳤다. 비용이 크게 상승하면 그만큼 혁신은 쇠퇴한다. 일생에 단 한 번 뿐인 수십억 달러 규모의 임무를 수행해야 하는 상황에서는 신기술 개발을 정당화하기가 어려웠기 때문이다.

그 즈음 부시의 우주위원회Bush Space Council는 "더 빠르고, 더 좋고, 더 저렴한" 임무로의 전환을 제안했고 이는 곧바로 댄의 모토가 되었다. 전반적인 개념은 비용을 낮추고 더 빈번하게 임무를 수행하여 보다 혁신적인 기술을 시험할 수 있도록 여건을 마련하는 것이었다. 댄은 크고 작은 수준의 상금을 걸고 과학 임무를 위한 대회를 개최하였는데 이는 오늘날에도 여전히 존재한다. 이러한 작은 변화조차도 기존 항공우주 업계에서 큰 반향을 일으켰다. 전통적인 프로그램은 주요 의회 선거구의 대학과 계약업체에만 더 많은 예산을 쏟아부었고 이를 돌이키기가 어려웠기 때문이다.

댄 골딘은 짐 러블이 명예 훈장을 수여받을 수 있도록 도움을 주었을 뿐만 아니라 그가 국장으로 재직한 기간 동안 나와 종종 업무적으로 마주칠 기회가 있었다. 그는 뼛속부터 우주해적이었고 나는 그간 협회를 통해 지속적으로 전달했던 메시지의 힘을 믿었다. 1994년 댄은 나를 NASA 자문 위원회의 일원으로 임명했다. NASA 자문위원회는 주로 나이가 많고 저명한 백인 남성들로 구성된 역사적으로 권위 있는 위원회였다. 하지만 그는 나에게 전화를 걸어 NASA의 전략을 발전시키는 일을 제안했고 나는 주저하지 않고 그러겠다고 답했다. 난 이미 12년 넘게 협회에서 일해 왔고 그간 보고 배운 것을 실천에 옮기고 싶었다.

NASA에서의 첫 해는 나에게 정말 큰 도전과도 같은 시기였다. 댄은 사람들이 편안한 곳에 있을 때 업무의 효율성이 높다고 믿는 관리자로 잘 알려져 있었다. 그럼에도 불구하고 나에게는 하루하루가 새로운 시험과도 같았다. 그의 리더십 팀은 전략을 세우기 위해 새로 합류하는 사람을 그다지 신경 쓰지 않았기 때문이다. 특히 나와 같이 군이나 공학 관련 배경이 없는 사람에게는 더욱 그렇다. 댄의 최고참모인 마이크 '미니' 모트Mike 'Mini' Mott와 잭 '조로' 데일리Jack 'Zorro' Dailey는 전직 해병대원이었는데 나에 대해 특히 적대적이었다. 미니와 조로는 국장에 비해 더 전통적인 시각을 가지고 있었고 내가 기존 체제에 반대 의견을 제시하도록 임명되었다는 점을 알았기 때문에 둘 다 내가 성공하지 못하도록 최선을 다했다. 급여가 거의 비슷한 수준을 유지하는 정부와 같은 조직에서 정보는 곧 힘이었다. 그들은 나에게 정보를 공유하지 않는다면 곧바로 내가 실패를 인정하고 그만두리라 생각했던 것 같았다.

당시 NASA의 몇 안 되는 고위 여성 중 한 명인 디드러 리Deidre Lee

는 조달 책임자였다. NASA에 근무하기 전에는 미국 국방부에서 정책을 담당했다. 그녀는 내가 NASA에서 일을 시작한 초기부터 친구이자 멘토가 되었다. 그녀는 NASA의 남자 동료들을 종종 컵보이cup boy라고 불렀는데 이는 미니, 조로, 드래곤Dragon, 팬더Panther 등 군의 호출부호가 표기된 머그컵을 보고 붙인 별명이었다. 이들의 공통적인 특징은 문제를 개선할 생각 없이 그저 안정만을 추구한다는 점이다. 그 이후로도 나는 많은 컵보이와 함께 일을 할 기회가 있었다. 그들은 대부분 새로운 생각을 가진 사람들을 반대하는 경향이 있었고 NASA의 사명에 어긋난다는 것을 알게 되었다.

재밌게도, 미니와 조로는 나의 날개를 자르기 위해 매일 주고받는 서신과 회의에서 나를 배제했지만 덕분에 나는 가장 중요한 전략 문제에 집중할 수 있었고, 그 결과 NASA의 정책 사무소를 운영하게 되었다. 의도한 결과는 아니었지만 역설적으로 나는 그들 덕분에 더 높이 날 수 있는 여건을 마련했다.

댄의 곁에서 나는 흔히 오른쪽에서 왼쪽으로 사고right-to-left thinking라고 하는 목표를 구상하고 거꾸로 생각하며 실행하는 방식을 배웠다. 이 업무 방식을 직접 가르쳐 준 것은 아니지만 그가 일상에서 실행하는 것을 관찰한 덕분에 배울 수 있었다. 많은 사람들이 전략적 사고와 태도에 대해 이야기하지만 그것을 일상생활에서 실천하는 사람은 찾아보기 힘들다. NASA와 같은 관료집단에서 일하는 사람들은 프로세스형 사고를 하는 경향이 있으므로 전략적 리더를 갖는 것이 중요하다. 많은 사람이 임무를 설계·개발하고 운영하는 과정에만 집중했고 프로젝트 개발 주기에서 비용이 올라가더라도 최종 목표의 범위는 줄어드는 비효율적인 경우를 자주 목격할 수 있었다. 이러한 악순환을 끊으려면 시스템에 근본적인 변화가 필요했지만 혁신적인 해결방안에 집중하는 지도자는 거의 없었다.

댄은 직책상 항상 최전방에 서 있을 수밖에 없었고 그 일을 성실히 해냈다. NASA에서 자주 볼 수 있었던 "더 빠르게, 더 좋게, 더 저렴하게"라는 문구는 댄이 실행한 혁신을 보여주는 것이라고 할 수 있다. 사실 민간 부문과의 협력을 가능케 한 것도 그의 리더십 덕분이다. 나는 NASA의 정책을 담당하면서 그리고 그간 협회에서 우주해적들에게서 배운 것을 바탕으로 이 조직이야말로 향후 내가 전념할 수 있는 가장 건설적인 장소라고 판단했다.

댄의 지도 아래 나는 프로그램 및 법률 고문 사무실의 사람들을 포함한 팀을 모집하고 우주 궤도상에서 직접 실험을 수행한 경험이 있는 우주비행사 메리 엘렌 웨버Mary Ellen Weber를 고용했다. 우리는 우주 상업 정책을 발전시킬 청사진을 그리기 위해 말 그대로 함께 밭을 갈고 씨앗을 심었다.

이렇게 새롭게 결성된 팀은 먼저 국제우주정거장의 초기 상업적 활용을 촉진하는 작업에 착수했다. NASA는 시설 개발에 수백억 달러를 투자했지만 사용을 위한 예산은 겨우 몇 억 달러 규모에 불과했다. 댄은 기존의 이러한 패러다임을 바꾸고 싶어 했다. 그는 대중에게 크게 환원될 수 있는 생물과학 분야를 획기적으로 발전시키고 민간 부문 투자를 촉진하기 위해 국립보건원National Institutes of Health, NIH과의 협력을 주도했으며 자신의 추진력을 활용하여 잠재적인 신규 사용자를 유치했다. 이러한 댄의 행보는 「뉴욕 타임스」에서 NASA가 왜 우주정거장에 민간 부문의 자금을 유치하는지에 대한 기사가 나올 정도로 세간의 이목을 끌었다. 이때 S. C. 존슨 왁스S. C. Johnson Wax 설립자의 증손자인 피스크 존슨Fisk Johnson*에 대한 기사도 같이 게재되었는데, 자신의 기사를 확인하다가 NASA의 새로운 시도를 알게 된 피스크가 큰 관심을 표명해서 우리 팀과 연결되게 된다.

피스크는 우주정거장에서 의미 있는 상업 과학 실험을 개발하고 자금을 지원하는 데 관심이 있었다. 그는 어릴 적부터 우주 프로그램에 큰 흥미가 있었으며 동시에 변화를 추구하는 모험가, 조종사, 기업가 및 환경운동가였다. 우리의 노력은 우주에서 간 및 신장 조직의 대사산물을 실험하기 위한 협력으로 이어졌고 피스크는 2001년 NASA에 수백만 달러를 지불하여 국제우주정거장에서 실험을 진행할 수 있었다.

이 프로젝트 자체는 NASA의 입장에서 매우 귀중한 기회였고 처음부터 이렇게 유능하고 의욕이 넘치며 자금지원이 가능한 협력 파트너를 찾은 건 큰 행운이었다. 그런데 이것이 결과로까지 잘 이어지진 않았다. NASA의 팀은 최고 수준이었지만 그럼에도 불구하고 모든 것이 예상보다 오래 걸렸다. 이 경험을 통해 우리는 민간기업이 일하는 방식을 배울 수 있었고 그로부터 약 10년 후 우주 운송비용을 낮추는 데 중요한 역할을 하게 된 독특한 파트너십 권한에 대해서도 알게 되었다.

* 세계적인 생활용품업체의 CEO로 글로벌 리더이자 21세기형 사업가로 불리는 미국 기업가.

안타깝게도 이 프로젝트는 연구원들 없이 우주에서 실험을 하는 게 얼마나 어려울 수 있는지 새삼 깨닫게 된 시간이었다. 우주비행사는 대사산물을 간세포에 주입할 때 중대한 실수를 저질렀고 이로 인해 예측했던 제대로 된 결괏값이 나오지 않았던 것이다. NASA는 비용을 받지 않고 재비행을 제안했고 STS-107 우주비행사들은 2년 후 실험을 다시 진행했다. 불행히도 그 결과는 2003년 2월 1일 지구로 복귀하던 컬럼비아호와 승무원들과 함께 사라졌다.

두 번째 우주왕복선 사고는 첫 번째 참사 때와 마찬가지로 유인 우주 비행의 미래에 큰 영향을 미쳤다. 챌린저호는 안전성에 대한 국민의 신뢰를 되찾기 위해 약 3년 동안 고통스럽고 많은 예산을 들여 엔지니어링 과정을 다시 거친 이후에야 전면 취소되는 상황을 간신히 피할 수 있었다. 컬럼비아호의 경우 외관이 완전히 찢어졌다. 우주왕복선 계획이 우주 운송에 드는 비용을 낮추고 안정성을 높이겠다는 기존의 목표에 부합하지 못할 것이라는 사실은 그 누구도 부인할 수 없었다.

첫 번째 셔틀 사고에 대응하여 정부는 록히드 마틴과 보잉에 예산을 지원하여 두 회사가 1960년대 군사용으로 개발했던 로켓을 보다 발전시키고자 했다. 정부 입장에서는 기존에 개발되었던 로켓을 지원함으로써 비용면에서 보다 경쟁력을 갖추고자 한 시도였지만 결국 기술개발에 드는 비용을 높게 책정할 수 있는 정부 계약에 집중시킴으로써 특정 기업의 수익성만 높아지는 결과를 가져왔다. 더욱이 시간이 지남에 따라 이러한 기업들은 수익성이 보장된 정부 계약에 의존하여 시장에서 경쟁을 할 유인책마저 사라졌다. EELV라고 불리는 보다 발전된 소모성발사체Evolved, Expendable Launch Vehicles를 이용한 발사는 셔틀에 비해 저렴했지만 다른 경쟁국가들이 책정한 비용에 비해 훨씬 높았으며 이로 인해 상업용 위성 시장은 프랑스, 중국 및 러시아가 이끌게 되었다.

상업 우주시장에서 경쟁력이 떨어지자 정부는 결국 우주왕복선과 EELV 시스템에 대한 비용을 전부 부담하게 되었고 이는 당연히 수십억 달러 규모의 세금으로 지불되었다. 이로 인한 영향은 여기에서 멈추지 않았다. 발사 비용의 지속적인 상승은 기술적으로 보다 혁신적이고 비용 면에서는 저렴한 인공위성을 개발하는 데 방해요소로 작용했다. 발사 비용에만 수억 달러가 드는 상황에서 더 새롭고 저렴한 인공위성 기술을 시험할 엄두가 나지 않는 것은 어쩌면 당연한 결과였다. 결과적으로 우주왕복선과 EELV 시스템에 드는 막대한 비용은 다른 기술 개발에 도전할 수 있는 기회, 혁신을 위한 유인책 그리고 건전한 경쟁을 제한하는 악순환만을 가져왔다.

몇 년 후 미국 정부의 발사수요만으로는 두 기업의 사업을 유지할 수 없게 되자 정부는 그간 운영해온 로켓 시스템 중 하나 또는 둘 다 단종될 수 있는 상황을 우려했다. 이에 정부는 두 기업을 단일 회사로 통합하는 것을 지원하여 일종의 정부가 승인한 독점구조를 만들어냈다. 합작 회사는 ULA United Launch Alliance로 명명되었으며 매년 상승하는 발사 비용에 더해 간접비로 연간 10억 달러 규모의 보조금을 확보했다.

ULA는 그 설립의 기원을 정부의 의지였다고 설명하고 있지만 이를 제대로 이해하기 위해서는 조금 더 복잡한 배경 설명이 필요하다.

기본적으로 항공우주 노동자들을 대변하는 의회 의원들은 종종 해당 지역의 일자리를 유지하거나 늘리기 위해 무엇이 필요한지 기업으로부터 의견을 청취한다. 그리고 정부가 이러한 기업의 의견을 따르면 업계는 정부의 정책에 따라 조치를 취하고 있다고 발표하곤 한다. 그렇기 때문에 만약 주요 의회 선거구에서 일자리와 인프라 관련 대규모 계약이 체결되면 이러한 계약을 바꾸는 것은 거의 불가능하다. 댄과 몇몇 이들은 이러한 시스템을 소위 거대한 자동 핥기 아이스크림콘과 같다고 표현했다.

국민의 재정적 부담 증가는 이러한 시스템으로 인해 발생하는 많은 부정적인 결과 중 하나일 뿐이다. 더 큰 문제는 이 시스템으로 인해 효율성과 혁신을 촉진하는 방법으로 검증된 경쟁이 저하된다는 점에 있다. 건전한 경쟁이 없다면 비용은 증가하고 인센티브 역시 낮아질 수밖에 없다. 자신들의 이익만을 위해 흡사 아이스크림콘과 같은 거대한 시스템을 구축한 의회 의원들과 기업들은 당연히 당도가 높은 아이스크림을 마음껏 즐긴다. 그러나 장기적인 시각에서 이는 해당 부문과 국가의 건강을 해치고 있다.

우주 프로그램이 본격화된 지도 벌써 40년이라는 시간이 지났지만 우주의 잠재력을 실현하는 데 가장 큰 걸림돌은 여전히 중력을 이기고 궤도에 오르는 비용이었다. 댄은 이 장벽을 영원히 풀지 못할 고르디안의 매듭Gordian Knot이라고 불렀는데 이는 지속 가능한 우주 개발의 열쇠이기도 하다. 예산은 정해졌지만 우주왕복선과 국제우주정거장에 드는 비용이 늘어나는 상황에서도 댄은 이러한 매듭을 풀기 위해 노력했다.

군과 마찬가지로 NASA의 일반적인 조달 체계는 획득하고자 하는 제품의 세부 정보(일련의 공식 요구사항)를 설정하고 고정 가격 또는 추가 비용 계약에 대한 입찰을 요청한다. 연방조달규정Federal Acquisition Regulation, FAR은 세부적인 제한 및 요구사항을 계약서상에 명시하도록 규정하고 있으며 동시에 계약자의 작업 및 그에 따른 지적 재산권에 대한 통제력을 정부에게 부여하고 있다.

NASA의 거의 모든 대규모 계약은 비용 증가로 이어진다. 왜냐하면 기업은 정부 프로그램과 관련된 예상치 못한 비용 증가의 위험을 감당하지 못하기 때문이다. NASA는 이를 통상적인 계약이라고 부르지만 일반적인 국민의 시각에서 이는 전혀 일반적이지 않다. 기업은 계약을 통해 협상된 비용과 수수료 그리고 프로젝트 개발 중 발생하는 새로운 요구사항이나 예상치 못한 문제를 해결하는 데 필요한 비용을 추가로 받을 수 있다. NASA의 예산은 매년 책정되기 때문에 초과 지출은 일정을 늦추면 해결되므로 계약자는 대부분 장기간에 걸쳐 더 많은 비용을 받는 경우가 허다하다.

FAR의 고정 가격 계약은 일반적으로 변수를 최소화하여 범위를 정확하게 지정할 수 있는 소규모 또는 엄격하게 정의된 획득 프로그램에 적용된다. 그러나 고정 가격 계약을 체결한 경우라도 기업은 여전히 계약 금액보다 더 많은 비용을 청구할 수 있다. 일이 계획대로 진행되지 않거나 고객, 즉 정부가 계약서상에 변화를 요구하는 경우에 가능한데 이러한 경우 정부가 선택할 수 있는 방안은 계약을 파기하거나 더 높은 비용과 더 긴 계약기간을 위해 재협상하는 것뿐이다.

기존의 조달체계는 저비용 우주 운송체계 및 서비스를 제공하기 위한 개발에 목표를 둔 프로그램에 적용하기에는 적합하지 않았다. 이에 댄은 변호사들에게 기존의 방식 외에 더 나은 방법을 찾을 것을 요청했고 변호사들은 협동 협약cooperative agreement을 체결할 것을 제안했다. 파트너십을 통해 제3자가 연구를 수행하고 특정 시스템을 개발할 수 있지만 정부가 솔루션을 지시할 수는 없다. 협력 계약은 FAR 외부에서 관리되며 일반적으로 정부가 부담해야 하는 예산을 낮출 수 있다는 장점이 있다. 이는 우리가 피스크 존슨의 우주정거장 연구 실험을 위해 협력한 방식과 동일한 구조이다.

1996년 댄은 재사용 우주 발사체Reusable Launch Vehicle, RLV 프로그램이라 불리는 정부-기업 간의 협력을 위한 대규모 경연대회를 개최했다. 이 중 가장 비중이 컸던 프로그램은 X-33 우주 발사체였다. 이 프로그램의 목적은 댄의 표현에 따르면 "개발하는 데 몇 달이 아니라 며칠이 걸리고 수천 명이 아닌 수십 명이 운용 가능하며 출시 비용은 현재의 10분의 1 수준에 불과한 우주 발사체를 만드는 것"이었다. 이러한 NASA의 투자는 1파운드의 페이로드를 궤도에 올리는 데 드는 비용을 10,000달러에서 1,000달러로 줄일 수 있는 재사용 가능한 상업용 발사체 개발을 장려하는 것이었다. 세 항공우주 회사가 프로그램의 1단계를 완료하고 2단계에서 시험 발사체를 개발하기 위한 자체 설계안을 제출했다. 2단계는 시연에 필요한 비용을 지원하기 위한 것이었으며 이를 완전히 상용화할 수 있는 비용 분담이 필요했다.

이러한 경연대회는 NASA가 최초로 재사용 가능한 우주 발사체 개발을 위해 기업과 협력을 시도한 사례였다. 그리고 이는 발사 비용 절감의 성배와도 같았다. 이 프로그램은 클린턴 행정부의 강력한 지원과 함께 많은 주요 항공우주 회사들의 관심에 힘입어 의회로부터도 초당적 지지를 받았다. 대부분의 우주해적들은 델타 클리퍼Delta Clipper 또는 DC-X로 알려진 맥도넬 더글라스McDonnell Douglas*의 제안**을 지지했지만 2단계 계약은 결국 1996년 록히드 마틴에게 돌아갔다. 록히드 마틴은 1999년까지는 소형 준궤도 비행체의 첫 비행을 그리고 2005년까지 벤처 스타Venture Star라고 불리는 발사체를 개발하는 것을 목표로 삼았다. 당시 나는 NASA의 정책실에서 완전히 상용화된 후속 발사체를 개발하는 데 도움이 될 수 있는 유인책을 평가하는 연구를 진행했다.

X-33 우주 발사체 프로그램 기업체 선정은 내가 NASA에서 일하기 2주 전에 이루어졌는데 나는 이 점을 분명히 짚고 싶었다. 왜냐하면 남편이 록히드 마틴의 해당 프로그램에 참여하게 되었기 때문이다. 데이브는 항공우주 기업에서 약 20년 이상 근무해 왔는데 놀랍게도 이것이 우리 사이에 스트레스가 된 경우는 거의 없었다. 우리 부부는 존 글렌의 캠페인에서 만났고 데이브의 우주에 대한 관심은 나와 비교하여 더 크면 컸지 결코 작지 않다. 우리는 달 착륙 기념일인 7월 20일인 우주의 날에 결혼했고 〈스타트렉〉을 제작한 사람의 이름을 따서 첫 아이의 이름을 지었다. 우리 아이들은 평생 우주와 관련된 대화에 푹 빠져 있다. 내가 NASA에서 일하기 시작했을 즈음

* 미국의 주요 항공우주 방위산업체.

** 델타 클리퍼 또는 DC-X는 재사용이 가능한 단일 궤도, 수직 이착륙 발사체를 말한다.

아이들은 고작 두 살과 다섯 살이었다. 내가 일을 시작하면서 아이들의 친구 엄마보다 집에 있는 횟수가 적어서 가능한 모든 방법을 동원하여 대처하고 보상하고자 애썼던 기억이 난다. 우리 막내는 내가 주말에 출장을 갈 때면 특히 화를 냈다. 9.11 이전에는 비행기가 이륙하기 전에 아이는 나와 함께 NASA 전용 비행기에 탑승하여 '엄마가 무엇을 하는지' 볼 수 있었다. 조종사는 미치Mitch에게 조종석을 보여주었고 그는 기내에서 크고 푹신한 좌석을 확인하고 팔걸이에 놓여있는 휴대폰을 가지고 놀았다. 조리실에 있는 간식들이 곧 그의 눈에 들어왔고 미니 냉장고를 열어 음료수가 가득 차 있는 것을 보곤 아이는 커다란 갈색 슬픈 눈으로 나를 바라보며 "일 같지 않아요"라고 말한 순간을 아직도 잊지 못한다.

데이브와 나는 일하는 내내 이해 상충 규칙을 준수하기 위해 주의를 기울였는데 이는 추후 내가 NASA에서 일하기 시작하면서 다소 복잡해졌다. 다행히도 RLV 프로그램에서 내가 속한 정책팀의 업무는 모든 협력 프로그램에 대한 잠재적인 유인책에 대한 내용이었기 때문에 NASA의 법률 고문은 이를 상충하지 않는 것으로 보았다.

우리 팀의 연구에 따르면 대출 보증 및 서비스 구매 계약 또는 일종의 "앵커 테넌시anchor tenancy"와 같은 유인책이 민간 파트너가 필요한 개발 비용을 조달하는 데 어떻게 도움이 될 수 있는지 알 수 있었다. 정부가 발사체 개발에 드는 비용을 직접 제공하지 않기 때문이다. 앵커 테넌시의 개념은 정부가 직접 체계를 구축하거나 운영하는 대신 상품과 서비스를 구매한다는 것이다. 1925년 켈리항공우편법Kelly Air Mail Act을 보면 정부가 항공사와 항공 우편 계약을 체결하여 초기 상용 항공시장을 활성화했다. 즉 신생 항공사들이 정부 자금을 기반으로 보다 합리적인 가격대의 민간 고객을 찾고 관련 분야 산업을 구축할 수 있게 한 것이다.

X-33 시험 프로그램을 위한 비용은 공공-민간 파트너십을 기반으로 정부가 일정 비용을 부담하고 그 외 초과하는 모든 비용은 기업이 부담했다. 록히드 마틴은 3억 5,000만 달러 이상을 투자했고 NASA는 4년 동안 9억 달러를 지출했다. 시험 발사체에 기술적인 문제가 발생하자 프로그램에 5,000만 달러에서 1억 달러 규모의 추가 금액을 지출하는 대신 시험을 중단했다. X-33/벤처 스타 프로그램은 발사 직전에 이르지 못했고 파트너십 접근 방식은 프로그램과 함께 폐기되었다. 그러나 이러한 초기 노력은 몇 년 후 상업 화물 및 승무원 프로그램의 발전과정에 크게 기여했다.

RLV 프로그램에는 X-33 외 X-34라는 소형 발사체도 포함되어 있었는데 이 모델은 기밀 우주 임무를 수행하기 위해 군용 우주 비행기로 발전했다. 얼터너티브 액세스 투 스페이스Alternative Access to Space, Alt Access란 이름의 파트너십을 맺어 대부분 우주해적들이 이끄는 신생 기업에 자금을 지원했다. 이러한 신생 기업들은 X-33 입찰에 참여했던 기업들이 자체 발사체 개발에 관심을 갖게 된 배경이었던 위성 시장이 성장할 전망에 영향을 받았다. 최초 네 개의 신생 기업이 액세스 투 스페이스 파트너십을 통해 초기 자금을 지원받았지만 이후 차기 NASA 국장에 의해 한 기업으로 축소되었다.

댄의 지속적인 운송 정책은 NASA 과학 임무를 위한 발사체 대신 발사 서비스를 조달하여 결과적으로 비용 절감을 이끌어내는 것이다. 발사 서비스를 구매하면 NASA가 지출해야 하는 비용이 절감되어 더 많은 과학 연구를 수행할 수 있는 자원을 확보할 수 있었다. 나아가 이를 통해 신생 기업들은 정부 이외의 민간 고객들을 유치할 수 있는 지속 가능한 사업을 개발할 수도 있었다. 고르디안의 매듭에 묶인 정책적 실마리가 느슨해지기 시작하는 순간이라고 할 수 있다.

댄이 발사 비용을 낮추기 위해 NASA의 자원을 투자하는 사이 우주해적들은 나름의 방식으로 진전을 이루고 있었다. 1996년 봄, 나의 우주해적 친구 중 한 명인 피터 디아만디스Peter Diamandis*는 자신이 만들고 있던 X-프라이즈X-Prize 재단**에 대한 지원이 필요했다. 승객을 태울 수 있는 완전히 재사용 가능한 우주선 개발에 박차를 가하기 위한 프로젝트를 위해서였다. 이는 1927년 찰스 린드버그Charles Lindbergh***가 오르테이그상Orteig Prize을 수상했던 개념을 기반으로 설계되었다. X-프라이즈는 승무원 한 명(이에 더해 두 명을 더 태울 수 있는 능력을 포함하여)을 우주로 태우고 2주 이내에 다시 해낼 수 있는 우주 수송 시스템을 만든 첫 번째 팀에게 수여된다. 피터는 나에게 유선으로 이 프로젝트가 NASA의 승인을 받도록 도와줄 수 있는지 물었다.

결과에 대한 보상을 제공하는 것보다 보상을 통해 결과를 이끌어내려고 하는 피터의 제안은 오른쪽에서 왼쪽으로 사고right-to-left

* 실리콘밸리의 대부로 불리는 미국의 엔지니어이자 의사, 기업가로 개인 우주 비행 사업을 이끌고 있다.

** 우주선 및 탐사 기술 개발 장려를 위해 세워진 재단.

*** 세계 최초 착륙 없이 대서양을 횡단한 미국 비행기 조종사. 그는 이 업적으로 오르테이그상을 받았다.

thinking, 즉 다양한 시각에서 생각하는 방식의 이점을 보여주는 탁월한 방법이었다. 이 개념은 역사적으로 꾸준히 증명되어왔고 나는 즉시 이 프로젝트를 지지하기로 결정했다. 그런데 이 프로젝트가 댄의 이데올로기와 일치한다는 건 알았지만 문제는 그의 주변인들을 설득하는 것이었다. 컵보이들은 이러한 프로젝트를 통해 사람이 죽을 수도 있다는 점을 감안하여 NASA가 이 프로젝트를 승인하는 데 드는 위험이 너무 크다고 생각했고 댄에게 이 프로젝트를 지지하지 말라고 권유했다.

NASA의 관료주의가 다시금 크게 작용했다. 이것이 바로 댄이 그토록 바꾸고 싶었던 NASA의 발전을 막는 동맥 경화다. 댄은 굴하지 않고 세인트루이스에서 개최하는 X-프라이즈 킥오프 행사에 참석하기로 했다. 이는 곧 NASA의 승인을 의미하는 것이었다. 댄이 X-프라이즈에 대해 지원을 결정하기까지는 많은 사람이 예상했던 것보다 시간이 조금 더 걸렸지만 그의 지원은 결과적으로 민간 우주 비행 발전에 중추적인 역할을 했다.

X-프라이즈는 5년 안에 우승자가 나올 것으로 예상했기 때문에 2000년이 되자 시간이 촉박했고 피터는 나에게 다시 연락을 취해 도움을 청했다. 댄은 프로젝트가 진척되지 않아 낙담했고 다시는 위험을 감수하고 싶지 않아했다. 나는 (댄의 직책에 비해 훨씬 덜 중요한) 나의 직책을 걸기로 했고 NASA 정책실 책임자의 직책을 활용하여 피터를 돕기 위해 최선을 다했다. 나는 피터와 함께 은행가들과 회의를 주최하여 NASA가 지속적으로 이 프로젝트를 지지하고 있음을 분명히 했고 이는 임시 자금을 확보하는 데 도움이 되었다. 이 기금을

통해 프로젝트는 지속될 수 있었고 2004년 아누셰 안사리Anousheh Ansari*가 기부를 통해 공식적으로 1,000만 달러 규모의 안사리 X-프라이즈Ansari X-Prize가 설립되었다.

우주해적과 협업하면서 X-프라이즈와 같은 프로젝트를 통해 유인 우주 비행에 드는 비용을 줄이는 방향으로 지속적으로 진전을 이루었다. NASA의 경영진은 댄이 떠난 후 심지어 컬럼비아 사고 이후에도 유인 우주 비행의 발사 비용을 낮추기 위해 민간과의 파트너십이나 재사용 가능성을 우선시하지 않았다. 8년 후 2008년 NASA로 돌아왔을 때 나는 댄이 경기장에 놓아둔 공을 그리 멀지 않은 곳에서 다시 집어 들었다.

댄은 약 10년이라는 기간 동안 세 번의 행정부가 바뀌는 상황에서도 현상 유지와 싸우고 혁신을 진전시키고 NASA를 21세기로 전환하기 위해 지칠 줄 모르고 노력했다. 나는 일하는 동안 기회를 주었던 많은 사람들에게 빚을 졌다. 그리고 댄은 그 가운데에서도 상위에 위치하고 있다. 우주해적들은 내가 우주를 바라보는 관점을 형성하는 데 도움을 주었다. 그러나 그 관점을 강철로 만들어준 데에는 댄의 역할이 크다.

* 미국의 아랍계 기술자로 막대한 재산을 가진 사업가다. 이란 최초 우주인이기도 하다.

성공으로 포장한 부끄러운 진실

03

내가 본격적으로 일을 시작한 시기는 첫 달 착륙으로부터 약 15년이 지난 시점이었다. 당시 우주 커뮤니티에서는 국민들의 서서히 지지를 잃고 있다는 인식이 팽배했다. 달 탐사 경쟁에서 우승한 NASA는 역사상 가장 유명하고 존경받는 조직 중 하나로 명성을 얻었다. 이러한 높은 위상은 1972년 마지막 우주비행사가 달에 착륙했을 때 NASA의 예산이 이후 NASA 전성기에서 쓴 예산의 절반 수준이라는 사실을 받아들이기 어렵게 했다. NASA는 과거와 같이 대담한 임무를 수행하기를 원했지만 그 비용을 정당화할 수 있는 새로운 국가적 명분이 부족한 상황이었다.

유인 우주 비행의 진전이 지연된 배경에는 전반적으로 정치적 의

지의 부족이 있었다. 그러나 아이러니하게도 이러한 상황은 그간 정치적 의지를 모을 수 있었던 이유, 즉 러시아와의 경쟁이라는 점이 간과되었다. 당시 미국 지도자들이 인식했던 가장 큰 위협을 해결하기 위해 유인 우주 비행이라는 대담한 목표를 설정하였고 NASA는 이러한 임무를 훌륭하게 완수했다. 달 착륙 후 미국에 맞설 상대가 없는 상황에서 공산주의에 맞서겠다는 정치적 의지가 다른 곳에 투자된 것은 어쩌면 당연한 수순이었고 이후 NASA는 더 이상 갈 곳이 없어 보였다. 아폴로 계획의 고유한 임무는 이렇듯 순전히 전략적이고 기술적인 판단에 의해 내려진 결심이었다. 운영비용 절감을 고려했다면 보다 지속 가능한 프로그램으로 이어졌을 수도 있었겠지만 당시에는 이러한 부분들이 전혀 고려되지 않았다.

아폴로에 대해 남아있는 대부분의 기억은 젊은 대통령의 대담한 꿈에 초점을 맞추거나 시대적 상황과 임무의 목적에 대해 낭만적으로 묘사되어 있다. "우리가 10년 안에 달에 착륙하기로 결정한 것은 이러한 임무가 쉽기 때문이 아니라 어렵기 때문입니다"*라는 표현은 오늘날에도 NASA의 예산 증가를 정당화고자 반복되는 문구다. 물론 이 말을 통해 위대한 성공을 해내기는 했지만 이제는 그저 프로젝트를 영속시키기 위한 의도로 역사가들과 기관들에 의해 여전히 널리 퍼져 있다. 우리 모두는 미국이 순수하고 선해 보였던 시대를 재현하고 싶어 한다. 신화는 잘 팔리기 마련이니까.

일차원적인 시대와 신화적 인물들은 메시지를 전달하기 위해 의

* 1962년 휴스턴의 라이스대학에서 케네디 대통령이 한 연설 일부.

도적으로 만들어지지만 실제 이야기와 인물은 거룩한 동기와 거룩하지 않은 동기가 결합되어 다차원적인 경우가 많다. 케네디John F. Kennedy 대통령의 우주 관점을 담은 최근 개봉 영상은 보다 복잡한 이야기를 담고 있다. 우리가 기억하는 그의 열정적인 대중 연설과 달리 영상 속 그는 우주 임무를 제안한 지 1년 만에 그 가치에 의문을 제기했다. 1962년 11월 케네디 대통령이 NASA 국장 제임스 웹James Webb에게 "러시아를 이길 수 없다면 분명히 해야 합니다. 그렇지 않으면 우주에 그다지 관심이 없기 때문에 이렇게 많은 돈을 쓰지 말아야 합니다"라고 말한 기록은 거의 인정되지 않는다. 정치 지도자들이 공개 연설에서 의사 결정에 대한 동기를 사적인 대화와 다르게 전달한다는 것은 널리 알려져 있는 사실이다. 그럼에도 불구하고 케네디 대통령이 NASA 국장에게 우주에 대해 신경 쓰지 않는다고 말하는 녹음을 듣는 것은 우리가 잘 알고 있는 카멜롯의 신화를 고려할 때 거슬리지 않을 수 없다.

비용 상승을 우려한 케네디 대통령은 비용을 절감하기 위해 당시 소련 지도자 니키타 흐루쇼프Nikita Khrushchev에게 달 우주 비행을 포함한 몇 가지 협력 방안을 제안했다. 돌이켜보면 아폴로 신화가 케네디 대통령이 1963년 UN 연설에서 러시아와 협력적인 달 프로그램을 제안한 것을 비롯한 공개 발언조차 모호하게 만든 게 아닌가 싶다.

케네디 대통령은 연설 중에 청중에게 "인류가 최초로 달에 가는 우주 비행을 왜 국가 간 경쟁의 문제로 보아야 할까요?"라고 물었다. 이어 케네디는 미국과 소련 양국 간의 적대감에 대해 "구름이 조금

걷혔습니다. 소련과 미국은 동맹국들과 함께 추가적인 합의를 이룰 수 있으며 이 협정은 상호 파괴를 피하려는 상호 이익에서 비롯됩니다"라고 덧붙였다.

이 무렵 피그만 침공과 쿠바 미사일 위기가 닥쳤다. 1961년 4월 케네디 대통령은 국가우주위원회를 이끌던 존슨 부통령에게 "내가 이길 수 있는 목표를 제시해 달라"고 요청했다. 오래 전부터 우주비행사를 달에 보내는 것을 목표로 삼았던 사람들에게는 반가운 소식이었고 이보다 더 좋은 기회는 없었다.

1961년 4월 4일 케네디 대통령은 비밀리에 쿠바에 대한 군사 침공을 승인했고 이 침공은 10일 후에 실행되었다. 하지만 피그만 침공에 실패하고 케네디 행정부는 소련에 대해 보다 강한 힘과 리더십을 보여야 할 필요성이 커졌다. 이러한 상황에서 4월 12일 러시아의 유리 가가린Yuri Gagarin은 인류 최초로 우주 비행에 성공했다. 최초의 인공위성 발사와 유인 우주 비행 경쟁에서 패한 NASA는 미래 미국이 할 수 있는 원대한 목표를 제공해야만 했다. NASA 국장은 당시 최고의 로켓 과학자이자 전 나치 장교인 베르너 폰 브라운 박사에게 조언을 구했고 그는 유인 달 착륙을 추천했다.

유인 달 착륙이야말로 당시 젊은 대통령에게 필요했던 목표, 즉 대담한 반공주의anti-communist 비전이었다. 케네디 대통령은 한 달도 채 지나지 않아 1961년 5월 25일 의회에서 아폴로 프로그램을 발표하는 역사적인 연설을 했다. 내가 태어난 즈음 미국은 역사상 20분간의 유인 우주 비행 경험을 가지고 있었다. 이제는 과거 경쟁에서 졌어도 상관없다. 새로운 경기가 막 시작되었기 때문이다.

케네디의 결정은 러시아가 약 3년 반 전 스푸트니크를 발사한 이래 정해진 수순과도 같았다. 「워싱턴 포스트」의 릴리언 커닝햄Lillian Cunningham은 아폴로 50주년을 맞아 자신의 획기적인 팟캐스트를 통해 최근 발표된 녹취록을 공개했다. 이 녹취록은 NASA라는 기관과 냉전과의 연관성이 어떻게 이해관계자들에 의해 의도적으로 강화되었는지를 잘 보여준다. 폰 브라운의 리더십 아래 많은 사람이 우주 탐사와 국가 안보를 연계하고자 했고 이를 통해 관련 우주 프로젝트 예산을 늘릴 기회를 활용했던 것이다.

마가렛 미드Margaret Mead*가 수행한 연구는 스푸트니크 이후 몇 주 동안 보인 대중의 반응이 당시 미국 전반을 관통하던 시대정신 zeitgeist과는 다소 차이가 있음을 보여준다. 발사 직후에 실시한 설문 조사에서 미드는 많은 미국인이 겨우 비치볼만한 크기의 위성에 대해 그다지 큰 관심을 가지고 있지 않았고 히스테리적이지도 않았다는 사실을 발견했다. 스푸트니크에 대한 대중의 미지근한 초기 반응은 대중이 겁에 질렸을 때 수혜를 얻을 군산복합체, 정치인 및 언론에 의해 순식간에 편집증으로 휩싸였다.

아이젠하워Dwight D. Eisenhower 대통령은 러시아 위성에 대한 소식을 접할 당시 캠프 데이비드**에 있었다. 그러나 그는 곧바로 워싱턴으로 돌아갈 생각조차 하지 않았는데 왜냐하면 이는 예상된 일이었기 때문이다. 그로부터 60년 후인 2017년 미국 중앙정보국Central Intelligence Agency, CIA이 공개한 내부 문건에는 "미국 정보기관, 군 및

* 문화평론가로도 활동했던 미국의 문화인류학자.

** 미국 메릴랜드주에 있는 대통령 전용 휴양지(별장).

아이젠하워 행정부는 소련의 위성 발사 계획에 대해 인지하고 있었을 뿐만 아니라 소련 위성이 늦어도 1957년 말 이전 궤도에 진입할 것이라는 사실까지 알고 있었다"라고 명시하고 있다. 대통령은 소련에 축전을 보냈고 첫 번째가 아닌 것에 대해 개인적으로 안도하기도 했다. 대통령과 그의 주변인들은 이러한 발사가 "우주의 자유freedom of space" 원칙을 확립하는 데 도움을 줄 것이라며 환영했다. 이는 우주공간은 모든 사람이 함께 소유함으로써 다른 국가의 상공에서 위성 비행을 할 수 있음을 전제로 한다는 것을 의미했다.

아이젠하워 대통령의 스푸트니크에 대한 미온적 반응은 상대적으로 미국을 우주 경쟁으로 몰아넣으려는 사람들에게 힘을 실어주는 결과를 낳았다. 핵전쟁을 막기 위해 헌신한 아이젠하워 대통령은 우주 곡예에 예산을 지원한다면 상대적으로 국가안보에 훨씬 더 중요한 대륙 간 탄도 미사일Inter-Continental Ballistic Missiles, ICBM에 대한 예산 지원이 줄어들 수 있는 상황을 우려했다. 하지만 민주당으로부터 더 큰 반응을 이끌어내고자했던 편파적이고 당파적인 이해관계로 얽힌 많은 사람은 그를 수동적이고 무관심한 사람으로 묘사하였다. 폰 브라운을 비롯한 관련 이해관계자들은 당시 상원의원이었던 린든 존슨이 이러한 기회를 적극 활용하도록 자극했다. 존슨은 상원 군사위 소위원회 위원장으로서 "위성 및 미사일 프로그램에 대한 조사"를 하라는 요청을 받았다. 1957년 11월 말 수개월에 걸친 청문회가 시작되었고 여기에는 우주 활동 확대를 지지하는 73명의 증언 역시 포함되었다.

과학자, 관료, SF 작가들(그중 몇몇은 미래에 내 동료가 되었다)은 자신들이 상상했던 미래를 창조하고자 하는 열망으로 우주 탐사에 대한 기대를 기발하고 비현실적으로 증언해 주었다. 그들은 과장하기 좋아하는 린든 존슨의 성향을 이용하여 그를 설득하는 것을 목표로 삼았다. 그 결과 그는 청문회 폐회 성명에서 "우주 공간을 통제한다는 것은 곧 전 세계를 통제할 수 있음을 의미합니다. 우주를 정복한 국가는 지구의 날씨를 제어하고 가뭄과 홍수를 일으키며 조수를 변화시키고 해수면 상승을 일으키고 기후를 바꿀 수 있는 힘을 갖게 될 것입니다"라고 말했다. 역사가들은 이 청문회가 이후 항공우주국 창설에 대한 지지를 얻는 데 있어서 매우 중요했다는 것에 대부분 동의한다.

미국의 첫 번째 위성 발사 시도가 실패로 돌아가자 다음 날 각 신문 헤드라인은 이러한 상황을 비꼬는 말들로 가득했다. 민주당은 당시 행정부에 비판을 퍼부었다. 우주 경쟁에 패배하고 있는 상황에서 아이젠하워는 우주를 대중화하고 정치화한 주요 인물 중 한 명인 베르너 폰 브라운 박사에게 의존하여 전반적인 흐름을 바꾸려고 할 수밖에 없었다.

1958년 1월 마지막 날 익스플로러 1호Explorer One*의 성공적인 발사 후 폰 브라운은 국가적 영웅이 되었고 그와 그의 지지자들은 새로운 우주 기관 창설을 위해 로비 활동을 지속했다. 아이젠하워는 결국 대안적인 독립 기관을 생각할 수밖에 없어지고 국가항공자문위원회National Advisory Committee for Aeronautics를 기반으로 이를 발전시

* 1958년 미국이 최초로 발사한 인공위성.

켰다. 아이젠하워 대통령은 의회와 몇 달 간 협상 끝에 1958년 7월에 NASA우주법NASA Space Act에 서명했고 이는 10월 1일부로 발효되었다.

우주와 관련하여 아이젠하워의 명성을 훼손했던 가장 큰 요인은 방위산업과 연관된 정부의 잠재적인 권력 남용과 밀접한 관련이 있다. 이러한 생각을 한 지도자는 아이젠하워만이 아니었다. 1958년부터 1963년까지 제너럴 일렉트릭General Electric*의 CEO를 지낸 기업가 랄프 코디너Ralph Cordiner는 1961년 다음과 같은 글을 남겼다.

> 우리는 이러한 정부 기관이 적절한 안전장치를 마련하지 않는 한 우주 프로그램에 대한 외부의 압력으로 인해 과도하게 확장될 수 있다는 점을 인식해야 합니다. 우리가 우주 개척지에서 활동을 강화함에 따라 많은 기업, 대학 및 일반 국민들은 연방 정부의 정치적 변덕과 필요에 점점 더 의존하게 될 것입니다. 그리고 이러한 추세가 견제 없이 계속된다면 미국은 자신이 맞서 싸우고 있는 바로 그 사회, 즉 국민과 기관이 중앙 정부에 의해 지배되는 정권이 될 수 있습니다.

1961년 퇴임한 아이젠하워는 그의 마지막 백악관 연설을 군산복합체의 커져가는 영향력에 초점을 맞추기로 했다.

> 의회는 우리가 원하든 원하지 않든 군산복합체가 부당한 영향력을 행사

* 토머스 에디슨이 설립한 회사로 세계 최대 규모의 복합 기업이다.

하는 것을 방지해야 합니다. 잘못 배치된 권력이 부상할 가능성은 항상 존재하며 앞으로도 계속될 것입니다. 우리는 이러한 조합의 무게가 우리의 자유나 민주적 절차를 위태롭게 하지 않도록 해야 합니다. 우리는 아무것도 당연하게 여기지 말아야 합니다. 오직 기민하고 지식이 풍부한 시민만이 거대한 산업 및 군 조직을 평화적 방법과 목표에 적절히 결합시켜 안보와 자유가 함께 번영하도록 만들 수 있습니다.

군과 정부에서 46년 동안 복무한 아이젠하워는 방위산업이 이미 영구적으로 굳건히 자리 잡았음을 잘 인식하고 있었다. 점점 커져가는 위협으로부터 항공우주국을 분리시키려는 그의 노력은 이러한 문제를 인식한 결과였지만 지금와서 보면 일부분만 성공했을 뿐이다. 2차 세계대전 이후 소련의 지배 위협이 퍼지고 사리사욕에 눈먼 산업에 의해 더욱 증폭되었으며 이는 한국 전쟁과 베트남 전쟁에 대한 미국의 실패로 이어졌다. 반면 이것이 민간 우주 프로그램에 활력을 불어넣기도 했다.

민주주의 체제의 우월성을 입증하려는 미국의 소프트파워 노력은 공산주의를 물리치기 위한 일종의 공식이 되었다. 이 이론적 근거에 힘입어 NASA의 연간 예산은 1960년 20억 달러에서 1966년 340억 달러로 기록적으로 증가했고 그 결과 우리는 달에 착륙했다. 달로 향한 경주에서 승리하기 위해 거대한 프로그램을 만들고 성공했지만 부정적인 결과도 낳았으며, 이는 역사가들에 의해 입증되었다.

우주 역사가들은 일반적으로 NASA의 설립과 유인 우주 비행에 대한 정당성이 냉전과 관련이 깊다는 점에는 동의하지만 이러한 연관성이 타당한지에 대해서는 의문을 제기하지 않는다. 1969년 러시아를 제치고 달에 착륙한 것은 놀라운 성과였지만 냉전을 종식시키지는 못했다. 20년은 더 걸렸다. 저명한 냉전 역사가인 아치 브라운Archie Brown에 따르면 러시아를 달로 몰아넣은 것과 소련의 몰락 사이에 직접적인 연관성은 찾을 수 없었다. 미국이 우주에서 거둔 성과로 러시아와 긴밀한 협력을 고려하던 몇몇 국가가 잠시 보류할 가능성은 있지만 미국의 달 착륙 이후 소련과의 관계를 포기한 국가는 없었다.

역사가 나오미 오레스케스Naomi Oreskes와 에릭 M. 콘웨이Eric M. Conway는 『의혹을 파는 사람들Merchant of Doubt』에서 소수의 '우익 이데올로기'가 어떻게 수십 년 동안 미국 정책을 (잘못) 형성하여 담배와 간접흡연에서부터 산성비, 기후 변화에 이르기까지 삶과 죽음의 문제에 대한 정부의 조치를 지연시켰는지 기록하고 있다. 나는 이 책에서 눈에 띄게 등장하는 네 명의 과학자 중 폰 브라운이 국립우주연구소(국립우주협회의 전신) 이사회에 영입한 로버트 자스트로Robert Jastrow, 프레드릭 자이츠Frederick Seitz, 프레드 싱어Fred Singer 등 총 세 명의 과학자와 함께 일을 했다. 이들은 린든 존슨과 그 뒤를 이은 케네디와 아이젠하워에게 냉전 이야기를 이끌어낸 핵심 인물이었다. 그들의 노력은 소련 총리와 미국 대통령 모두 우주 지배가 냉전 시대에 초강대국을 평가하는 가장 의미 있는 척도라고 설득하는 데 크게 기여했다. 사리사욕을 채우기 급급한 정당들은 오늘날 우리가 이미 이겼다는 현실을 무시하고 중국을 상대로 똑같이 달 탐사 경쟁에 대해 비슷한 주장을 펼치고 있다. 역사의 완전한 척도는 시간이 지나야만 이해할 수 있다. 그러나 그때조차 그것을 말하는 사람들에 의해 형성된다.

로켓, NASA 및 유인 우주 비행 개발에서 베르너 폰 브라운 박사의 역할은 잘 기록되었으며 전 세계적으로 찬사를 받았다. 나는 우주 프로그램에 대한 대중의 지지를 높이기 위해 그가 설립한 조직에서 12년 동안 일했다. 나는 사무실에 있는 그의 예전 책상에 앉아 있었고 사무실 벽에는 그의 크고 멋진 사진이 걸려 있었다. 나는 그의 초상화 아래 앉아 있을 때마다 다소 복잡한 마음이 들었다. 그는 우주 프로그램의 훌륭한 아버지였지만 동시에 비난 받아 마땅한 나치 슈츠슈타펠 장교이기도 했다.

베르너 폰 브라운 박사의 이야기는 아마도 가장 세심하게 만들어진 신화 중 하나가 아닐까 싶다. 그는 나치당의 지도자였을 뿐만 아니라 V-2 로켓을 만들어 2만 명 이상의 사망자를 냈는데 그 중 9,000명은 공격으로, 1만2,000명은 노동자와 수용소 수감자로 사망했다. V-2는 처음 폭탄을 운반하기 위해 개발되지는 않았다. 폰 브라운은 인간을 우주, 즉 달로 데려가기를 원했다. 추후 한 인터뷰에서 이 문제에 대해 그는 "로켓은 잘못된 행성에 착륙한 것 외에는 완벽하게 작동했다"라고 밝혔다. 로켓을 개발하기 위한 자원을 받을지 아니면 살해당할지 두 가지 갈림길에서 선택해야만 했다는 것이 그가 제시한 이유였지만 그러한 변명조차 노예가 된 유태인이나 희생자들의 생명을 고려하진 않았다.

음악가 톰 레러Tom Lehrer는 1965년 그의 음악을 통해 2차 세계대전 당시 폰 브라운의 역할에 대한 대중의 인식을 패러디했다.

일단 로켓이 올라가면 어디로 떨어지든 누가 신경 쓰나요?

베르너 폰 브라운은 "그건 우리의 일이 아니야"라고 말합니다.

그 당시 베르너 폰 브라운 박사는 미국에서 가장 들어가기 어려운 집단 중 하나인 NASA의 존경받는 회원이었다. 폰 브라운이 미국 우주산업의 궤도를 바꾼 훌륭한 인물이라는 데 동의하지 않는 사람은 거의 없을 것이다. 하지만 그 이야기의 완전한 진실은 너무나 잘 숨겨졌다. 우리는 목적이 수단을 정당화하는 경우를 자주 목격하는데 베르너 폰 브라운 박사의 경우가 가장 대표적이다. 베르너 폰 브라운 박사를 우상화하는 노력은 말할 것도 없고 그의 목숨이 위태로울 당시 그가 선택했던, 무고한 사람들을 죽이는 역할을 덮어버리기로 결정한 사례는 NASA에 있는 몇몇 사람들의 우월감과 독단적인 태도를 잘 보여준다.

방위산업이 쇠퇴해서 새로운 적인 공산주의에 초점을 맞췄을 때 폰 브라운의 존재는 자신들의 이익을 달성하는 데 있어 중요한 동맹이었다. 폰 브라운은 미국에 항복한 지 15년 만에 NASA의 대부분을 이끌며 정치 지도자들에게 자문을 제공했다. 세계무역센터에 대한 공격으로 많은 민간인이 죽은 사건으로부터 20년이 지난 오늘날 미국 정부가 민간인 학살에 연루된 인물이 미국의 기술 관련 프로그램에서 중심적인 역할을 하거나 국가 지도자와 협력하도록 허용했으리라고는 상상하기 어렵다. 비록 그가 공격에 가담하도록 강요된 상황이었다 하더라도 말이다. 파란 눈과 금발 머리를 가진 대담한 백인으로서 폰 브라운의 페르소나가 미국, NASA 및 워싱턴의 권력의 전당에 빠르게 흡수되는 데 기여했다는 것은 의심의 여지가 없다.

초기 '유인' 우주 프로그램에 대한 향수는 이 프로그램을 모두에게 스릴 넘치고 멋진 기간으로 묘사한다. 실제로는 이러한 묘사는 앵글로색슨 백인 남성의 경우에만 해당한다. 나는 남편의 허락 없이 투표할 권리, 컨트리클럽에 가입할 권리, 신용카드를 받을 권리가 없었던 시절을 갈망하는 여성이나 소수 민족에 대해서는 잘 알지 못한다. 나는 〈조강지처 클럽First Wives Club〉과 〈매드맨Mad Men〉과 같은 드라마의 패션과 헤어스타일을 그 누구보다도 좋아하지만 모든 직업군에서 남성이 지배적이었고 여성이 비서가 되는 것을 성공했다고 보는 시대로 돌아가고 싶지는 않다.

1960년대 민간 항공 우주국인 NASA는 냉전의 도구로서 본질적으로 군사적 목표를 달성하는 임무를 맡았다. 이러한 임무를 바탕으로 NASA의 예산은 엄청나게 늘어났다. 그러나 신생 우주국의 문화는 기술 혁신과 과학 연구에 대한 보다 보편적인 투자에서 벗어나 자체 대규모 엔지니어링 프로젝트를 발전시키고 운영하는 방향으로 나아갔다. 아폴로 프로그램을 위해 개발된 막대한 제도적 관료주의와 업계의 이해관계를 유지하기 위해서는 엄청난 고정 비용이 필요했다. 일단 자리를 잡았을 때 기존 관심사는 자연스럽게 동일한 인프라와 비슷한 동기를 가진 인력을 사용할 수 있는 사명과 목표를 추구하는 조건으로 설정되었다. 이러한 측면에서 우주산업은 성공의 희생자가 되었다.

죽음으로 향하는 로켓

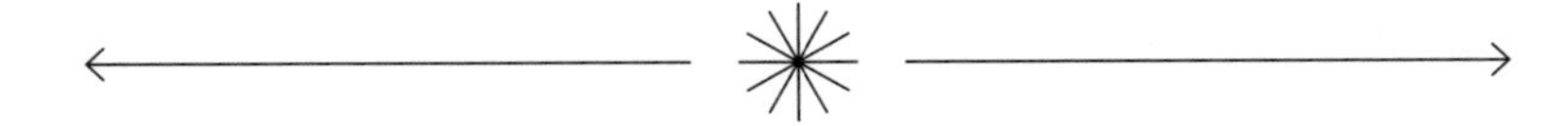

04

1991년 말 마침내 냉전이 종식되었을 때 NASA는 민첩하고 기회주의적인 태도를 보였다. 이는 일반적으로 NASA가 지니고 있던 관료주의적 문화와 사뭇 다른 특성이다. 나는 어떻게 NASA라는 기관이 우주 민간기업을 수용할 정도로 발전할 수 있는지에 대해 묻는 질문에 냉전 시기 NASA의 예를 자주 인용하곤 한다. NASA는 이미 소련이라는 과거의 치명적인 적을 수용한 경험이 있기 때문이다.

소련이 붕괴되면서 다른 분야들과 마찬가지로 그들의 우주 프로그램은 큰 타격을 입었다. 즉시 기회를 감지한 미국 우주 정책 지도자들은 우주 분야에 있어 양국 간의 평화적 협력을 지원하는 것으로 재빨리 방향을 틀었다. 당시 미국의 목표는 군 이외 분야에서 첨단 기술 관련 일자리를 유지하는 것이었다. 소위 최첨단 칼을 쟁기로 바꾸는 것이다. 페레스트로이카 이후 우주왕복선과 미르우주정거장의 양국 우주비행사 간 협력에 대한 논의가 1992년 말 부시 대통령에 의해 시작되었고 이어 클린턴 행정부 시기까지 이어졌다. 댄 골딘이 NASA 국장으로 재임하던 1995년부터 1998년까지 총 11개의 임무를 수행했는데 그는 이 경험을 바탕으로 NASA가 계획하고 있던 우주정거장 프로그램에 러시아를 파트너 국가로 초청할 것을 제안했다.

러시아가 경쟁 국가의 우주 프로그램을 검토하기 위해 철의 장막Iron Curtain*을 철회한다는 것은 미국 정부와 NASA의 입장에서 큰 관심을 끌었다. 그렇지만 최초부터 이러한 이니셔티브가 전적으로 호의적으로만 받아들여진 것은 아니다. 우주정거장 프리덤 프로그램은 첫 10년 동안 이미 100억 달러 이상의 예산을 지원받았지만 공개를 앞둔 상황은 아니었다. 그렇지만 NASA는 러시아로부터 우주 프로그램에 대한 경험, 지식 그리고 반드시 필요한 하드웨어를 얻기를 바랐고 구소련은 엄청난 역량을 가지고 있었지만 서구 통화의 유입이 절실했다. 이로 인해 두 국가 간의 거래가 성사된 것은 누구나 잘 아는 사실이다.

역사적으로 아이러니하게도 러시아 우주국Russian Space Agency, RSA은 우주 프로그램에 필요한 예산을 마련하기 위해 자본주의에 눈을 돌렸고 미르우주정거장 여행을 위한 소유즈 관광객 좌석을 판매하

* 2차 세계 대전부터 냉전 종식까지 공산주의 국가들이 띤 폐쇄성을 자유주의 진영에서 비유했던 말.

기 시작했다. NASA는 그 존재를 있게 한 과거의 적대국과 협력했고 러시아인들은 자국의 우주 프로그램의 신뢰성을 저하시키기 위해 만들어진 이데올로기를 채택했다. 한편 NASA는 여전히 중앙 집중식 계획에 기반한 시스템에 갇혀 있었다.

러시아의 상업 우주 활동은 당시 겨우 몇 해 전에 시작되었는데 이는 월트 앤더슨Walt Anderson*과 제프 맨버Jeff Manber**를 비롯한 몇몇 초기 우주해적들에 의해 장려되고 촉진되었다. 1999년 월트와 제프는 미르코어MirCorp라는 회사를 설립하여 러시아 우주정거장을 민영화에 기여했다. 이 회사는 부호와 기업들에게 미르우주정거장을 방문할 수 있도록 기회를 제공했다. 최초의 우주 관광객인 데니스 티토Dennis Tito는 스페이스 어드벤처스Space Adventures라는 또 다른 초기 우주 관광 회사를 통해 2001년 4월 소유즈를 타고 국제우주정거장으로 여행했다. 이때 그가 러시아에 지불한 금액은 약 2,000만 달러 규모로 알려졌다.

내가 클린턴 행정부 말기에 NASA를 떠나 항공우주 컨설팅 회사에서 일하고 있을 무렵인 2001년 여름에 이제 막 시작된 러시아 우주 관광 사업을 엿볼 수 있는 기회가 찾아왔다. NASA에서 함께 일했던 S. C. 존슨의 후계자인 피스크 존슨이 나에게 본인이 직접 우주정거장을 직접 방문할 수 있도록 도와달라고 부탁했던 것이다. 조종사, 과학자, 그리고 40대 초반의 기업가로서 좌석을 구매할 수 있

* 통신 위성 포착 및 수리 기술을 가진 개발하는 민간우주서비스 기업 오비털 리커버리 코퍼레이션의 경영자.

** 국제우주정거장에 하드웨어를 판매하는 민간우주서비스 기업 나노랙스의 경영자.

는 능력이 충분했던 그는 정말이지 우주여행을 하기에 이상적인 후보이자 고객이 아닐 수 없었다. 그러나 그가 우주여행에 관심을 갖게 된 것은 단순히 흥미나 즐거움 때문이 아니었다. 그와 그의 팀이 지난 5년 동안 개발한 과학 실험을 수행하기 위해서였다.

나는 1년 전에 소유즈 발사를 위해 댄 골딘과 함께 러시아를 여행하면서 러시아 우주국의 많은 주요 인사들을 만날 수 있었다. 당시 미르코어의 리더 또한 개인적으로 친분이 있던 터라 피스크 존슨이 국제우주정거장을 방문하는 세 번째 우주여행자가 될 수 있도록 낮은 가격을 협상할 수 있었다. 나는 그해 여름 피스크와 그의 팀과 함께 의료 인증을 받기위해 러시아로 향했다.

러시아 생의학문제 연구소Institute for Biological and Physical Problems, IBMP는 모스크바에 위치한 한 시설에서 우주비행사 의료 인증을 실시했다. 다른 문제가 없다면 인증 절차 말미에는 우주비행사 훈련 센터 등이 위치한 스타 시티Star City에서 몇 가지 테스트를 더 진행했다. 피스크는 다행히 의료 인증을 무사히 마쳤고 단 몇 주 만에 모든 테스트를 높은 점수로 완료했다. 팀은 미르코어의 전폭적인 지원을 받아 소유즈 비행에 대한 세부 사항을 마무리했다. 우리는 열흘간 머무는 조건으로 2002년 가을에 발사하는 것으로 협상을 매듭지었다. 계약상 총 6개월의 훈련이 필요했는데 이를 위해 준비 기간은 이듬해까지 연장되었다.

우리는 납치된 비행기가 뉴욕의 쌍둥이 빌딩과 워싱턴의 국방부 청사를 강타했던 2001년 9월 11일 이전 모두 미국으로 돌아왔다. 소식을 처음 접할 당시 나는 백악관 길 건너편 꼭대기 층 사무실에 있었고 우리 중 몇몇은 직접 그 장면을 볼 수 있는 옥상으로 향했다. 백악관으로부터 많은 사람이 서둘러 뛰쳐나왔고 국방부 청사 방향에서 연기가 피어올라 하늘 전체가 어두워졌다. 훈련이 아니라는 것을 직감한 우리는 계단을 내려가 백악관에서 멀리 떨어진 코네티컷 애비뉴를 따라 달리고 있는 수많은 사람들과 합류했다. 백악관이 연이은 공격의 대상이 될까 봐 두려워했던 것이다. 당시 힐을 신고 있었던 나는 멀리 가지도 못했는데 그때 마침 네 번째 비행기가 펜실베이니아에서 추락했다는 소식을 들었다. 근처에 사는 친구에게서 테니스 신발 한 켤레를 빌려 걸어서 집으로 향했다. 차가 한 대도 없는 키 브리지를 건너면서 바라본 연기 자욱한 국방부 청사의 모습은 내 기억에 오랜 시간 새겨져 있을 것이다.

9.11 테러는 그 후 정말 많은 것을 바꾸어 놓았다. 피스크는 다음 해 예정되어 있던 6개월간의 훈련을 받기 어려운 상황이 되었다. 다른 사람들과 마찬가지로 그도 그의 사업에 집중해야 했기 때문이다. 내가 미르코어의 제프 맨버에게 이러한 소식을 전했을 때 그는 혹시 내가 비용을 지불할 만한 다른 사람을 알고 있는지 물었다. 러시아인들이 ISS에 대한 약속을 이행할 수 있는 능력은 관광 항공편에서 서방 달러를 받는 데 달려 있었다.

나는 피스크와 함께 러시아를 방문하면서 러시아가 경제적으로 피폐한 상황임을 여실히 느낄 수 있었다. 소유즈의 생산을 안정적으로 유지하는 것이 어려운 상황임이 분명해 보였다. 정기적인 자금 투입 없이는 유인 우주 비행의 미래가 좌절되는 것 같았다. 더욱이 내가 소개한 의뢰인이 취소한 상황이라 어느 정도 책임감도 느껴졌다.

그래서 이전에 우주왕복선 비행에 관심을 보인 자산가 몇 명에게 좌석 구매에 관심이 있는지 물었다. 제임스 카메론James Cameron은 소유즈에 비해 키가 너무 컸고, 톰 행크스는 아이들이 좀 더 크기를 기다리고 있었고, 레오나르도 디카프리오Leonardo DiCaprio는 너무 바빴다. 내가 보다 창의적인 방안을 고려하는 동안 후보 계획으로 유럽 우주국European Space Agency의 우주비행사를 태우는 방안도 함께 검토되었다. 하지만 유럽 우주국은 피스크 계약 건보다 훨씬 적은 금액을 제시했다.

몇 해 전 내가 NASA 정책실에서 일할 당시 유인 우주 비행과 관련하여 민간 부문 마케팅에 상당한 관심을 보인 브랜딩에 대한 연구를 감독했다. 이 연구를 통해 나이키와 디즈니와 같은 소비자 브랜드가 우주 프로그램에 참여하기 위해 기꺼이 비용을 지불할 의향이 있음을 알 수 있었지만 정부 기관으로서 NASA와 NASA의 직원, 즉 우주비행사가 상용 제품을 선전할 수는 없었다. 나는 연구를 수행한 회사에 연락하여 소유즈를 타고 국제우주정거장으로 여행하는데 드는 비용에 대해 후원을 받는 것이 가능한지 물었다. 그들은 그렇다고 대답하면서 동시에 그 후보자가 이상적으로는 엄마였으면 좋겠다고 제안했다. 이러한 방식으로 우주를 여행한 사람이 여성이라면 미디어의 관심을 얻을 가능성이 높고 미국 가정의 구매결정권은 약 70%가 어머니에게 있다는 사실은 후원자들의 결정에 긍정적으로 작용할 것이라는 것이 그들의 의견이었다.

나는 이러한 특별한 기회를 놓치고 싶지 않았다. 그래서 내가 직접 비행을 하는 것을 제안하고 곧바로 에이전트와 계약을 맺었다. 당시 나의 목표는 유인 우주 비행의 가치에 대한 대중의 인식을 높이고 국제우주정거장을 활용하여 생명을 구할 수 있는 의약품을 설계할 잠재력이 있는 피스크 존슨의 실험을 수행하는 데 있었다. 나아가 상업 우주여행의 가능성을 검증하고 러시아가 NASA와의 약속을 이행할 수 있도록 자금을 지원하는 것 또한 포함되었다. 내가 걸어온 우주 관련 경력의 목표는 개인적으로 우주를 비행하는 것이 아니라 기본적으로 우주를 누구에게나 개방하는 것이었다. 개인적으로 우주로 갈 수 있다면 평생 우주와 관련된 일을 해온 나에게 그보다 좋은 일은 없을 것이다. 물론 이러한 시도가 위험하지 않은 것은 결코 아니었다. 그러나 나는 소유즈가 우주로 가는 가장 안전한 방법이라는 것을 잘 알고 있었고 가족들 역시 나를 적극 지지해 주었다. 나의 컨설팅 회사 역시 계약을 맺고 프로젝트 설계를 지원했다. 우리는 프로젝트명을 아스트로맘Astromom이라 명명하고 미르코어에 연락하여 새로운 협상을 시작했다.

그 후 8개월은 협상, 계획 수립, 후원자 모집, 언론 인터뷰, 러시아어 배우기, 모스크바에서 의료 자격증 취득 등 정말 치열하고 초현실적인 스케줄의 연속이었다. 러시아와의 초기 협상을 통해 우리는 1,200만 달러면 좌석을 확보할 수 있겠다는 판단이 들었고, 초기 후원자 모집은 그 규모의 금액을 모금할 수 있는 것으로 나타났다.

우리는 디스커버리 채널을 프로젝트의 미디어 파트너로 선택했고 그들은 훈련, 비행 및 귀환에 초점을 맞춘 세 편의 TV 에피소드에 대한 독점권을 위해 50만 달러를 지불하기로 합의했다. 협상은 거쳤지만 아직 이행되지 않은 이 계약을 바탕으로 팀은 디즈니, 수다페드

Sudafed, 메이저 리그 베이스볼MLB, 라디오섁RadioShack을 포함한 백만 달러 이하 범위의 관심 있는 후원기업 포트폴리오를 구축했다.

대부분의 후원기업들은 우주에서 제품이나 서비스를 사용하는 광고를 촬영하고 싶어 했다. 디즈니는 착륙장에서 내가 "로리 가버, 방금 우주에 다녀왔는데 다음에는 어디로 가고 싶니?"라는 질문에 답하는 영상을 원했다. 수다페드는 우주비행사들이 수년 동안 비강을 청소하는 데 사용된 것을 마침내 홍보할 수 있는 기회가 생겼다. 메이저 리그 베이스볼은 내가 우주에서 첫 번째로 공을 던지길 바랐다. MLB와의 계약을 실제로 마무리되지는 않았지만 내가 아이 둘 모두 축구 대신 야구 클럽에 등록시킬 정도로 진지하게 협상을 진행시켰던 기억이 난다(이로 인해 두 아이 중 한 명은 아직도 나를 용서하지 못한다).

300만 달러에서 500만 달러 범위에 선정된 주요 후원사도 협상을 진행했는데 비자 또는 마스터카드가 될 예정이었다. 소유즈가 11월 착륙할 예정이었기 때문에 우주에서 최초로 신용카드로 아이들에게 크리스마스 선물을 사주는 것이 콘셉트였다. 라디오섁은 나에게 기념품을 파는 매장에 있기를 원했다. 또 하나의 탐나는 후원 기회였다.

솔트레이크시티에서 개최된 동계 올림픽은 잠재적인 후원자를 만날 수 있는 기회였고 에이전트는 사진 찍기 좋은 나의 열 살과 여덟 살 아이들을 포함하여 온 가족을 초대했다. 투데이 쇼The Today Show, 굿모닝 아메리카Good Morning America, 전국 야간 뉴스 프로그램에 출연했다. 데일리 쇼The Daily Show에서 존 스튜어트Jon Stewart*는 나의

* 미국의 코미디언.

아들들이 나오는 짧은 동영상을 선보이기도 했다. 이것도 재미있는 경험이었다.

디스커버리 채널과 라디오섁 후원 외에 다른 계약들은 마무리하기가 어려웠다. 가장 큰 걸림돌은 치명적인 사고가 발생할 경우 회사에 미치는 위험이었다. 카자흐스탄 대초원에서 까맣게 타버릴 수도 있는 비행복에 회사 로고를 새기고 싶어 하는 사람은 아무도 없었다. 그러나 모든 회사들이 그렇게 단정 짓지는 않았다. 다만 내가 무사히 돌아올 때까지 후원 홍보를 연기하는 등의 해결 방법을 찾고 있었기 때문에 나는 우선 의료 인증을 시작하기로 결정했다. 모든 논의는 내가 우주 비행 자격을 획득하기에 달렸고 타이밍이 매우 중요한 시점이었다.

불과 몇 달 전에 피스크가 의료 인증을 통과하는 것을 지켜볼 수 있었기에 러시아 생의학문제 연구소와 스타 시티에서 무엇을 해야 할지에 대해서는 어렴풋이 알고 있었다. 나는 원래 차나 스키를 타고 언덕을 빠르게 내려오는 것을 즐기는 약간 무모한 성향이었지만 검증은 다른 문제였다. 나는 신체적으로 기능이 뛰어난 선수는 아니었지만 그간 잘 지켜온 건강과 정신력으로 이겨내려고 노력했다. 동시에 근사한 호텔에 묵었던 이전 고객과는 달리 나는 우주비행사를 위한 단출한 기숙사 같은 시설에 머물렀고 주말에는 통역사와 그녀의 어머니가 살고 있는 작은 아파트에 머물렀다. 전형적인 주부의 근성으로 예산에 맞춰 이루어진 훈련 과정이었다.

2002년 3월 내가 한참 모스크바에서 건강 검진을 받던 시기에 한 TV쇼에서 보이 밴드 엔싱크NSYNC의 멤버인 랜스 배스Lance Bass가 그해 가을 러시아 우주선를 타고 우주로 여행할 것이라고 발표했다. 미르코어도 심지어 러시아 우주국도 그가 소유즈를 타고 비행할 것이라는 소식을 전혀 듣지 못한 상황이었다. 소식과 상관없이 나는 훈련에 매진하려고 노력했고 만약 이것이 사실이라면 함께 동행할 수 있음을 즐겨야겠다고 결심했다.

대기, 압력, 심폐지구력, 고지대, 정신 및 생리학 등을 포함한 많은 테스트를 통과했다. 각 테스트마다 몸 전체에 펄스 포인트가 부착된 양극 스티커를 통해 전선을 연결했고 의사들은 내가 다양한 환경에서 발생할 수 있는 스트레스를 어떻게 통제하는지 모니터링하곤 했다. 나에게 가장 어려웠던 검사는 전정 훈련vestibular training이었는데 쉽게 말하자면 회전하는 의자에 앉아 어떤 자세나 움직임이 어지럼을 악화시키는지를 평가하는 훈련이다. 피스크가 한 번에 통과하는 것을 지켜봤기 때문에 나는 큰 부담 없이 시도했다. 하지만 내 생각과 달리 심장 박동 수가 올라가고 땀이 나기 시작하자 의사들은 내가 곧 구토를 할 것이라고 말해주었다. 그 후 나는 의자에서 끌어내려졌다. 결국 첫 테스트는 충분히 오래 진행되지 못했고 기회는 한 번만 더 주어질 예정이었다.

진정제나 마취 없이 전신 엑스레이, 위 내시경, 대장내시경 등 다른 의료 시술을 진행했다. 의사의 합격 소견을 받아야 할 뿐만 아니라 극심한 불편함 속에서도 스스로를 관리할 수 있다는 것을 보여줘야 했다. 나에게는 신체적 불편뿐만 아니라 감정적인 불편함이 컸다. 엑스레이, 초음파 검사 또는 부인과 검사 중에는 가운이나 시트를 덮을 수 없었다. 긴 부인과 검사 중간에 남자 의사는 통역사에게 내가 통증을 느끼는지 물었다. 내가 아니라고 대답하자 그는 갑자기 입가에 미소를 띠며 영어로 "기분이 좋나요Does it feel good?"라고 물었다.

나는 전정 훈련이 걱정된 나머지 전략을 연구하기 시작했다. 심지어 바이오피드백biofeedback과 관련하여 직접 우주비행사와 함께 일했던 전직 NASA 동료들에게 자문을 구하기도 했다. 그러던 중 검사를 진행했던 러시아 의사 중 한 명이 내가 꼭 성공하기를 바라는 마음에서 가장 즐거웠던 기억을 검사 중에 떠올린다면 도움이 될 것이라고 조언했다. 순간 가장 행복했던 때를 떠올려 보니 아이들을 재울 때 부르던 노래들이 생각났다. 그래서 검사 중에 노래를 불러도 되는지 허락을 구했고 의사들은 노래를 부르지 못할 이유가 없으니 편하게 검사를 받으라고 답했다. 그래서 나는 검사 중에 존 덴버John Denver, 로저스Rodgers, 해머스타인Hammerstein의 노래를 연이어 부르며 편안하게 전정 검사를 통과할 수 있었다.

그러나 난관은 여기서 끝이 아니었다. 초음파 검사에서 담석이 발견된 것이다. 이는 신체 인증을 완료하기 전에 반드시 제거해야 했다. 마지막 테스트는 원심분리기centrifuge였고 담석이 있는 상태로 테스트를 받을 수는 없었다. 러시아의 열악한 의료 시스템을 경험했기 때문에 나는 미국으로 돌아가 치료를 받기로 결정했다. 몇 주 후에 다시 돌아와 테스트를 완료하고 훈련을 시작할 계획이었다.

담석 제거를 위해 미국으로 돌아올 즈음 언론에서는 랜스 배스와 내가 우주 비행을 두고 경쟁하고 있다고 보도하기 시작했다. 이에 랜스는 평화의 증표로 워싱턴에서 열리는 엔씽크 콘서트의 앞줄 티켓 4장과 장미 열두 송이를 나에게 보내주었고 나는 화답으로 국립항공우주박물관National Air and Space Museum의 개인 투어를 준비했다. 몇 주 후 우리 둘 다 모스크바로 향했고 랜스는 의료 검사를 시작했으며 나는 원심분리기 검사를 마쳤다.

나는 랜스를 지원하기 위해 최선을 다했다. 그가 우주로 갈 수 있다면 러시아 우주 프로그램에 절실히 필요한 자금을 제공하고 대중의 인식을 높이는 등 내가 세웠던 목표들 중 많은 부분을 달성할 수 있기 때문이다. 그러나 동시에 그가 러시아 우주 관광 사업에서 여행 값으로 매긴 2,000만 달러를 지불할 수 있다면 내가 더 이상 그와 경쟁할 방법이 없다는 것 또한 알았다. 나는 그에게 미르코어를 소개해 주면서도 이미 지불한 의료 검증은 끝까지 마무리 짓고 싶었다.

내가 러시아 생의학문제 연구소 기숙사 내 유아용 침대에 누워 삶은 계란, 정어리, 비트를 먹고 있는 동안 랜스와 그의 팀은 모스크바의 최신식 호텔에 묵었다. 나는 이상하게도 이러한 대비가 자랑스러웠다. 우리가 모스크바에 머무는 동안 그의 팀은 크고 작은 모임에 나를 초대해 주었고 나는 내가 이미 거친 수많은 테스트를 치러야할 랜스를 놀리면서 함께 즐거운 시간을 보냈다. 한번은 우주비행사 몇 명이 시골에 위치한 오두막집에서 하루 종일 사격 연습을 하자고 우리를 초청했는데 하필 그 전날 술을 마셨다. 숙취에 시달리며 트랩 사격 연습을 했는데 내 걱정과 달리 다행히 아무도 다치지 않았다. 당시 나에게는 그게 정말 걱정거리였다. 이 일은 나에게 또 하나의 놀라운 인생 경험이 되었다. 이후 미시시피에서 자라난 랜스에게는 그저 평범한 하루였다고 들었다.

당시 스타 시티에는 NASA에서 파견 보낸 우주비행사 담당자가 있었는데 랜스는 나에게 그를 소개해 줄 수 있는지 물었다. 마침 밥 카바나Bob Cabana와 아는 사이였고 점심식사를 주선하기로 했다. 밥은 식사 초반에 랜스에게 학교에서 무엇을 전공했는지 물었고 이에 랜스가 밴드에 합류하려고 학교를 그만뒀다고 설명했다. 그러자 밥은 그럼 대학을 자퇴하기 전에 무엇을 공부했는지 연이어 물었는데 랜스는 대학이 아닌 고등학교를 중퇴했다고 말했다. 이에 밥은 충격을 받지 않은 척을 하려고 최선을 다했지만 이후 둘 간의 대화는 어색해졌고 이 과정에서 나는 엉뚱하게도 어쩌면 내 경력이 더 좋아 보일 수도 있겠다고 생각했다.

마지막 테스트인 원심분리기는 스타 시티에서 진행되었는데 랜스와 나는 같은 날 테스트를 치를 예정이었다. 테스트 간 펄스 포인트와 헤드기어에 수많은 아날로그 센서를 장착하여 모든 신체 기능과 뇌파를 분석할 수 있었다. 목표는 중력을 증가시켜도 심박 수와 땀을 최대한 낮게 유지하는 것이었다. 또한 계기판을 따라 일련의 불빛에 반응하여 스위치를 눌러 응답 시간을 측정해야 했다. 땀이나 맥박이 너무 높거나 반응 시간이 느려지면 테스트가 종료되었다.

랜스의 테스트가 먼저 시작되었고 나는 위쪽 갤러리에서 그를 감싸고 있는 원심분리기가 회전하는 것을 지켜보았다. 나는 테스트를 진행하는 사람들과 의사들 쪽에서 있었기 때문에 캡슐에 장착된 카메라를 통해 그의 얼굴도 볼 수 있었다. 의사들은 기기를 통해 측정값을 클립보드에 메모했고 그중 한 명은 마이크를 통해 G 레벨을 높이도록 지시했다. 중력가속도가 7G에 다다를 무렵에 그들은 화면에 비친 그의 얼굴을 가리키며 웃었다. 그의 입술과 볼이 펄럭이고 있었기 때문이다. 목표는 8G였고 랜스는 속도를 낮추기 전에 테스트를 통과했다.

그가 활짝 웃는 얼굴로 캡슐에서 나오자 나는 더욱 초조해졌다. 내가 가장 좋아하는 의사가 이 검사를 통과하기 위한 팁을 많이 알려주었고 나는 그 조언에 따르려고 노력했다. 그러면서도 머리 한 편에서는 랜스와 다른 사람들이 펄럭이는 나의 얼굴을 보고 웃을 거라는 걸 잘 알고 있었다. 7G에 이르렀을 때 나는 온 힘을 다해 집중했지만 순간 주변 시야가 어두워지기 시작했다. 머리에 혈액이 충분하지 않다는 신호였고 곧 기절할지도 모르는 상황이었다. 하지만 근력 강화 운동과 바이오피드백을 이용해 계기판의 깜박이는 불빛을 8G까지 겨우 따라잡을 수 있었다. 랜스는 내가 기구에서 내려올 때까지 기다리고 있었다. 그는 나를 꼭 안아 주었는데 우리 둘 다 독특한 경험을 공유했다는 사실에 미소와 웃음을 멈출 수 없었다.

각 검사가 끝나면 의사와 함께 검사 결과에 대해 논의했다. 회의 중에는 하루 중 언제라도 술과 과자를 곁들였다. 랜스와 나는 원심분리기 검사 후 코냑 한 모금과 쿠키를 먹으면서 의사가 설명해주는 결과를 살펴보았다. 반응 시간은 비슷했지만 나의 심장 박동 수가 훨씬 낮았는데 이는 내가 테스토스테론으로 가득 찬 스물세 살의 남성이 아닌 마흔 살의 여성이기 때문일 가능성이 컸다. 나는 그 결과에 감격해 마지않으면서 의사에게 유리 가가린이 시험을 잘 치른 것이 그가 우주 비행에 선발되는 데 도움이 되었는지 물었다. 그녀는 나를 보고 고개를 저으며 "아니요, 그는 가장 잘 웃는 사람이었어요."라고 영어로 답했다. 이에 나는 랜스를 쳐다보며 그의 아름다운 미소가 그를 저 위로 날게 할 가능성이 더 높다는 사실을 새삼 실감했다.

러시아에서 좋은 기억도 많았지만 항상 그런 것은 아니었다. 내가 러시아 의사들의 행동에 가장 분노했던 순간은 나를 벌거벗은 채로 서게 하고 내 전신 엑스레이를 보면서 해부학적 구조에 대해 토론했던 일이었다. 그들은 내가 허리 통증이 없다고 하자 당황했는데 아마도 척추 아래쪽이 휘어 있어서 그런 것 같았다. 원인을 차지하고서라도 벌거벗은 나를 앞에 두고 끊임없이 이야기하는 걸 무작정 기다리는 것은 참기 힘들었다. 통역가는 온 힘을 다해 우주 비행에 문제가 없음을 논의하는 것이라고 설명하려 애썼다. 긴 논의 끝에 그들은 나에게 다시는 테니스를 치거나 스키를 타지 말라는 이상한 권고를 전했지만 나는 이를 무시했다. 같은 날 랜스 역시 마지막 테스트를 완료했고 우리는 공식적으로 의료 인증을 받은 날을 보드카와 함께 러시아식으로 축하했다.

내 예상대로 랜스가 처음 모스크바에 도착했을 때 러시아인들은 이를 돈 벌 수 있는 기회로 보았다. 소유즈 좌석 가격은 최대 2,000만 달러까지 치솟았다. 랜스는 처음에 우주여행 비용을 지불해야 한다는 이야기를 듣지 못했기 때문에 자신의 돈을 쓸 계획이 전혀 없었다. 랜스와 무관한 한 에이전트가 나의 후원 모델에 대해 알게 되었고 팬 채팅방에서 랜스가 어렸을 때 우주비행사가 되는 것에 관심을 가졌다는 글을 읽은 후 에이전트는 이를 그에게 맞게 수정하기로 결정했다. 나의 방식으로도 충분히 효과는 있겠지만 랜스와 같이 이미 유명한 사람이라면 충분히 후원을 받을 수 있을 것이라고 확신한 에이전트는 랜스에게 팩스를 보내 우주로 가도록 '초대'했다. 러시아와 협상을 시작하거나 실제로 후원자를 찾기 전이었음에도 불구하고 말이다. MTV가 그의 미디어 파트너로 나서며 계약했지만 후원금은 아직 전달되기 전이었다. 라디오섁은 2002년 5월 모스크바에서 열린 기자 회견에서 우리 두 사람을 위한 초기 교육에만 후원하는 것으로 방향을 전환했다.

랜스의 팀은 처음에 나를 백업으로 훈련시키는 데 드는 비용을 지불하겠다고 제안했지만 실제로 그러진 않았다. 게다가 며칠 지나지 않아 미르코어와 러시아 연방 우주국은 랜스가 자신의 교육 비용과 나의 교육 비용을 지불하지 않았다고 불평하기 시작했다. 언론은 그와 그의 측근들이 더 저렴한 가격의 숙박 시설로 가기 전에 호텔 숙박 요금을 지불하지 않았다고 보도했다. 교육 비용은 수십만 달러가 될 예정이었는데 여론이 나빠지고 후원이 쪼개지며 시간이 부족했다. 그래서 현실을 받아들이고 집으로 돌아왔다. 아쉬웠지만 일생에 한 번뿐인 모험이었고 러시아 우주 프로그램에서 얻은 통찰력, 우주비행을 위한 상업적 후원을 모금한 경험, 신체적으로나 정신적으로 자신을 밀어붙이면서 얻은 개인적인 만족감은 오늘날 나에게 남아 있는 보상이었다.

만약 랜스가 러시아 우주국과의 계약을 깨뜨리지 않았다면 내가 2002년 10월 30일 카자흐스탄 바이코누르에서 발사된 소유즈에 탑승했을지는 결코 알 수 없다. 만약 내가 우주선을 탔다면 그 경험은 삶을 변화시켰을 것이고 미래 목표 중 적어도 몇 가지는 달라졌을 것이다. 하지만 아무리 짧은 훈련이었다 하더라도 러시아의 경험을 통해 내가 아무리 노력해도 결코 훌륭한 우주비행사가 되지는 못했을 거라는 점만은 분명히 알 수 있었다. 다행히도 훌륭한 정책 분석가가 되기 위해 체력과 우주 비행 적성을 반드시 갖추어야 하는 것은 아니다. 그 반대의 경우 틀린 말은 아니지만 실제로는 거의 고려되지 않는다.

✳✳✳

아스트로맘으로 잠시 일한 후 나는 아바센트 그룹Avascent Group*의 컨설턴트로 곧바로 돌아와 스스로 의제를 정하고 이에 따라 인센티브를 조정할 수 있는 상황을 즐길 수 있었다. 나는 아스트로맘의 경험을 바탕으로 우주여행을 위한 두 건의 컨설팅 계약을 체결할 수 있었다. 그러나 그 기회는 2003년 초 우주왕복선 컬럼비아호가 텍사스주 상공에서 폭발하면서 사라지고 말았다. 이로 인해 미국 정부는 우주정거장에 가기 위해 좌석당 5,000만 달러 이상의 소유즈 좌석을 구매해야 했다.

컬럼비아호 폭발은 조지 W. 부시 대통령이 댄 골딘을 대신해 숀 오키프Sean O'Keefe를 NASA 국장으로 임명한 지 약 1년이 조금 넘은 시점에 발생했다. 그 즈음 한 고객사로부터 NASA가 나를 해고하지 않는 한 협력하지 않을 것이라고 했다는 소식을 전해 들었고 그때부터 나는 새로운 국장을 피하려고 안간힘을 다했다. 그 당시에는 오키프를 만난 적도 없었기 때문에 그가 나를 소외시키려는 시도는 정치

* 항공우주, 국방 등을 대상으로 한 경영 컨설팅 회사.

적이거나 아니면 전 NASA 국장인 댄 골딘과 일한 경험이 있기 때문이었을 것이라 추측했다. 그의 동기가 무엇이든 그건 분명히 비윤리적인 행동이었지만 그럼에도 불구하고 나는 그가 NASA 국장으로 재임하는 기간 동안 내 고객 명단을 숨길 수밖에 없었다.

오키프가 NASA를 이끌었던 3년 동안 업적은 크게 알려지지 않았지만 이 책을 통해 내가 전하고자 하는 바는 그게 아니다. 실제로 우리는 겨우 몇 번 만났을 뿐이고 그때마다 그는 항상 친절했다. 오키프는 부시 행정부의 첫 집권 마지막 6개월간 해군 장관을 지냈으며 그전에는 딕 체니Dick Cheney* 밑에서 국방부 감사관 직책을 맡았다. 오키프는 역사 및 행정학 학위를 가지고 있었으며 민간 또는 상업 우주 분야에 대한 배경이나 경험은 전무했다. 그럼에도 불구하고 그는 NASA로부터 환영을 받았다.

우주왕복선 컬럼비아호는 2년 동안 18번 지연된 끝에 2003년 1월 16일에 이륙했다. 113번째 임무였다. 점검 단계에서 카메라는 큰 단열재 조각이 연료 탱크에서 떨어져 나와 비행 82초 만에 궤도선 날개의 앞쪽 가장자리에 부딪히는 영상을 촬영했다. 이 문제를 추적한 NASA 팀은 다음 날 영상을 검토하면서 우려의 목소리를 냈다. 우주왕복선 프로그램을 맡은 한 엔지니어는 이메일을 통해 이 위험이 LOCVLoss Of the Crew and Vehicle, 즉 승무원 및 차량 손실로 이어질 수 있다고 경고했다.

궤도선의 잠재적 손상을 평가한 NASA의 엔지니어링 브리핑에서

* 조지 W. 부시 대통령 임기 시절 부통령을 역임한 인물.

는 정찰위성 사진이 필요하다는 결론을 내리고 고위 관리자에게 이를 요청했다. 하지만 요청한 사진을 받지 못하자 팀원 중 한 명은 후속 이메일에 사진을 찍어달라고 '구걸'하는 편지를 보내기도 했다. 며칠 후 보잉은 컬럼비아호 패널에 심각한 손상이 있더라도 안전하게 돌아올 수 있다고 결론지었고 NASA 지도부는 결국 사진을 찾아보려는 노력도 하지 않은 채 그 분석 결과를 그대로 받아들였다.

NASA 지도부가 엔지니어들의 요청에 대해 후속 조치를 취하지 않은 이유는 그로부터 한 달 반 후에 시작될 미국의 이라크 침공에 대비하여 국방부 자원이 필요하다는 우려에서부터 만약 정찰위성에서 볼 수 있을 만큼 피해가 심각하다면 NASA가 할 수 있는 일은 많지 않다는 믿음에 이르기까지 다양하다. 이유가 어찌 되었던 국방부로부터 지원을 구하지 말라고 지시를 내린 사람은 결코 정상적인 판단을 내린 것이라 볼 수 없다.

2월 1일 컬럼비아호가 텍사스주 상공에서 평소와 다름 없이 착륙하기 위해 준비하고 있을 때 미션 컨트롤Mission Control*에서 평소와 다른 비정상적인 측정값을 발견했다. 캡콤Capsule Communication, Capcom으로 알려진 NASA 통신 책임자는 비공개 채널을 통해 컬럼비아호에 전화를 걸어 이와 같은 문제를 논의하고자 했다. 당시 콜럼비아호 사령관 릭 허즈번드Rick Husband는 "로저Roger"라고 답했지만 그 후 그가 무슨 말을 하려 했던 것인지는 알 수 없었다. 몇 분 후 미션 컨트롤은 댈러스 텔레비전 방송국에서 컬럼비아호가 하늘에서

* 우주 비행 통제 센터.

폭발하는 영상을 방송하고 있다는 전화를 받았다. 비행 책임자는 문을 잠그고 컴퓨터 데이터를 저장하라고 명령했다. 그날 밤 수색 및 구조대는 폭발로 인해 컬럼비아호 우주비행사가 전원 사망했음을 확인했다.

수년 전 챌린저호 조사 위원회가 독립적으로 설립된 반면 숀 오키프는 내부적으로 컬럼비아호 사고 조사위원회Columbia Accident Investigation Board, CAIB를 설치할 수 있었다. 조사위원회는 해군 대장 해럴드 게먼Harold Gehman을 위원장으로 삼아 조사를 진행했고 챌린저호 사고 때와 마찬가지로 NASA 고위 지도부가 기술적 안전 문제를 무시했다는 사실을 발견했다. NASA는 외부 탱크의 단열재가 발사 중 떨어져 종종 궤도선에 부딪친다는 사실을 인지했지만 문제를 해결하기보다 이를 일반적인 문제로 치부했다. 과거 문제를 일으킨 적이 없었기 때문에 그들은 이를 사소한 일이라고 무시했다.

참사를 일으킨 원인에는 기술적 요인 외 조직적 문제도 있었다. 조사위원회는 NASA가 관료주의와 관리상의 오류에 빠져 사진을 요청하지 않았다고 결론지었다. 이사회는 NASA에 우주왕복선이 "실험적experimental"이라기보다는 "작동 중operational"이라는 일반적인 태도를 가졌고 이러한 태도로 인해 관리자들은 "발사해도 안전하다는 것을 증명하라"라는 사고방식보다는 "발사해도 안전하지 않다는 것을 증명하라"라는 사고방식으로 의사 결정을 내렸음을 발견했다.

NASA에서의 내 첫 근무는 두 번의 셔틀 사고 사이였고, 나는 컬럼비아호 폭발 후 6년 만에 NASA로 돌아왔다. 10년 이상 NASA의 고위급 직원으로서 근무하는 동안 8번은 셔틀이 정기적으로 운항

하는 기간이었다. 나는 두 사고를 둘러싼 경영진의 행동에 대해 많은 생각을 했다. 내가 배운 교훈은 정부 시스템 내에서의 관리가 기술적 안전 및 성공에 대한 인센티브와 종종 어긋난다는 믿음에 확신을 주었다. 두 우주선 사고 모두에서 NASA의 지도자들은 안전과 무관한 여러 요인 간에 균형을 맞추느라 결국 치명적인 결정을 내리고 말았다.

NASA가 의회와 대통령으로부터 받은, 셔틀이 경제적이고 신뢰할 수 있다는 것을 보여줘야 한다는 압박은 영하의 온도에서 챌린저호 발사를 취소하지 않은 결정에 결정적으로 기여했다. 같은 압박으로 인해 NASA는 컬럼비아호 사고를 일으킨 단열재 사건을 무시했다. 다른 정부 기관의 지원 요청과 관련된 정치적 갈등도 우주비행사에게 최소한 생존 기회를 줄 수 있는 외부 자원을 찾지 않기로 결정하는 데 기여했을 수 있다.

우주왕복선의 개발 과정에서 내린 기본적인 결정조차도 안전보다는 정치적 이익에 더 부합했다. NASA는 즉각적으로 비용을 낮추고 주요 지역구에서 의회의 지지를 얻어야 한다는 압박으로 인해 유인 우주 비행에는 안전하지 않다고 간주됐던 고체 로켓 모터를 사용하는 등 설계 절충안을 마련했다. 궤도선을 로켓 상부가 아닌 측면에 위치시키는 것은 우주비행사들을 말 그대로 사지로 몰아넣는 결정이었다.

기업에서는 주주 및 투자자에게 답변하는 것이 '기업의 명분을 거는bet the company' 위험한 결정에 대한 안전장치 역할을 한다. 기업이 안전에 대한 우려 없이 일정 한계선을 넘는 일을 대부분 잘못된 것이라고 생각하기 때문이다. 예를 들어 미국의 민간 항공사는 매년 9억 명의 승객을 태운다. 이 책이 쓰인 시점을 기준으로 지난 10년 동안 해당 항공사에서는 90억 명의 승객 중 2명의 기내 사망자가 발생했다. 대기가 낮은 환경에서 비행하는 것은 우주를 오가는 비행보다 훨씬 덜 역동적인 노력이 필요하지만 비전투 항공 관련 사망자에 대한 정부의 안전 기록은 민간 항공사의 기록에 비해 극히 열악하다.

매년 12명 이상의 군인 사망자가 항공 사고로 인해 발생하는데 이는 민간 항공기에 탑승 인원수를 고려하면 엄청난 차이이다. 2018년에는 150만 명의 현역 군인 및 예비군 중 39명이 비전투 항공 관련 사고로 사망했다. 지난 10년간 사망자수는 전투 사망자수를 훨씬 넘어섰다. 만약 미국 항공사들의 사고율도 비슷하다면 매년 수천 명이 사망하는 것과 같다. 정부가 객관적으로 스스로를 점검하기는 어렵다는 것이 역사에 의해 입증되었다.

컬럼비아호 사고 조사의 잠재적 이해 상충 영역으로 정부가 지정한 사고 검토 위원회에 독립성 부족 문제가 제기되었다. 의회가 이러한 우려를 표명하자 NASA 감찰관은 이사회가 NASA의 '과도한 영향'을 받지 않고 독립적으로 활동한다고 결론을 내렸다는 내용의 서한을 의회에 제출했다. 안타깝게도 NASA 감찰관이 임무를 맡은 기관을 방어하기 위해 최선을 다한 것은 이번이 처음이 아니다.

1978년 감찰관법은 정부 기관 감찰관의 목적을 범죄, 사기, 낭비, 남용 및 잘못된 관리에 대처하기 위한 독립적인 감사 및 조사 기능을 제공하는 것으로 정의한다. NASA의 감찰관은 오키프가 NASA에 임용된 지 3개월 만에 로버트 무스 콥Robert Moose Cobb으로 교체되었다. 로버트 무스 콥은 새 행정부가 임용한 것으로 알려져 있었는데 이는 그와 백악관의 관계로 인해 허용된 비정형적인 관행이었을 것이다. 콥은 오키프와의 긴밀한 관계 및 기타 부적절한 행동으로 인하여 재임 기간 동안 수많은 조사를 받기도 했다.

2006년 조사에 따르면 "콥은 당시 NASA 국장인 숀 오키프와 함께 식사를 하고 술을 마시고 골프를 치고 여행을 갔으며 이메일로 자신의 독립성에 대한 우려를 제기하는 조사에 대해 NASA 고위 관리들과 자주 상의했다"라고 전한다. 2009년 민주당 의원 두 명과 공화당 의원 한 명 등 의원 세 명은 오바마 대통령에게 콥을 축출할 것을 촉구하면서 감찰관은 "조사를 억압하고 내부 고발자에 대한 보상과 적절한 감독보다 NASA 고위 관리들과의 사회적 관계를 우선시했다는 비난을 반복해서 받고 있다"라고 전했다. 콥은 결국 2009년 강제로 사임했고 내가 NASA로 돌아온 지 몇 달 만에 명망 있고 신뢰할 수 있는 감찰관으로 교체되었다.

항공우주 분야에서 일을 시작한 첫 25년 동안 나는 비영리, 정부 및 민간 부문에서 일해 왔다. 일을 하는 동안 내가 가깝게 지낸 동료들은 대부분 NASA, 항공우주 기업, 의회, 민주당 및 공화당 행정부 직원이었다. 물론 우주해적, 영웅적인 우주비행사, 할리우드 스타, 팝스타, 러시아인과도 함께 일했다. 이러한 경험과 동료들을 통해 우주 정책뿐만 아니라 관련 분야 전반의 거버넌스 및 관행에 대한 나의 관점이 형성되었다고 해도 과언이 아니다.

우주에서 우리가 이룬 성과에 대한 더 깊은 이해를 얻게 되면서 정부 안팎에서 내가 이기적이고 보기 흉하다고 여겼던 행동들이 드러나기도 했다. 적어도 내 시각에서 NASA는 중력에 굴복하며 좌초하고 있었다. 정부의 느린 진전에 좌절한 많은 우주해적들은 독자적으로 첨단 기술과 민간 주도의 이니셔티브를 개발해 나가고 있었다. 나는 그들이 올바른 길을 가고 있다고 믿었고 앞으로 NASA가 보다 긍정적이고 협력적인 역할을 맡을 수 있도록 나의 기술, 지식 및 경험을 활용하기로 결심했다.

PART 02

힘

정의. 행사하거나 감당하게 하는 에너지. 강압 또는 강박.
다른 사람이 자신의 의지에 반하는 일을 하도록 하는 것

| NASA 국장 찰스 볼든과 함께 인준 청문회에서 증언하고 있는 로리 가버 부국장

| 교육포럼에서 학생들과 이야기를 나누고 있는 로리 가버

내부로의 침투

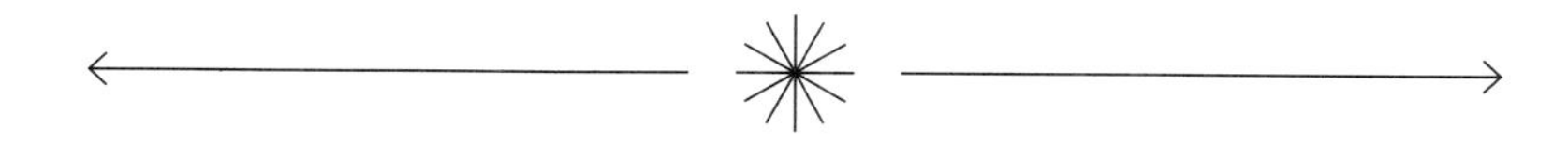

05

2008년 대통령 선거운동이 진행되고 있을 때, 나는 개인적으로 선거 운동에 참여하기로 결심했다. 빌 리처드슨Bill Richardson이라는 우주 상업화의 가치를 일찍부터 믿었던 인물을 위해 기금 모금 행사를 공동 주최했는데, 그의 선거운동이 더 이상 인기를 얻지 못하게 되자, 나는 그것을 확대해 버락 오바마와 힐러리 클린턴Hillary Clinton을 위한 행사에 참여했다. 짧았지만 결정적인 만남이었다. 나는 이때 두 명 모두에게 NASA의 미래에 대해 어떤 시각을 가지고 있는지에 관해서 질문했다. 오바마 후보는 "더 적은 일들을 더 잘하고 싶다"라고 대답했었다. 이는 정당한 답변이었지만, 힐러리는 더욱 충분한 답변을 주고 토론까지 하여 그녀가 매우 인상에 남았다.

결국 나는 2007년 5월부터 힐러리 선거운동에 자원봉사를 시작했다. 우주 관련 문제에 관한 책임자로서 내 역할은 정책 문서를 작성하고, 연설에 대한 의견을 제공하고, 그녀의 우주 대변인으로 활동하는 것이었으며, 우주 관련한 대리 토론을 대변하기도 했다. 나는 아이오와주에서 힐러리 후보를 위해 두 차례의 전당 대회를 진행했는데, 예전에 미시간에서 강추위를 겪으며 몇 주 동안 집마다 문을 두드리면서 선거운동을 하던 시절을 떠올리게 했다. 그런데 이 모든 노력에도 힐러리가 아이오와에서 3위를 하며 결국 버락 오바마에게 밀려 지명되지 못하자 나는 큰 충격을 받고 무너졌다. 워싱턴DC의 연금 빌딩에서 그녀가 사퇴 연설을 마치고 걸어 나올 때도 나는 그 즉시 오바마에게 돌아설 준비가 되어 있지 않았다. 초창기 토론 중 그의 "오, 힐러리 당신은 충분히 괜찮은 편입니다."라고 했던 말 한마디가 여전히 거슬렸기 때문이다.

민주 진영 대선 후보로 지명된 이후 오바마 캠페인에서 힐러리의 전 자원봉사자들에게 연락을 해 왔다. 나도 예외는 아니어서 전화를 받았는데, 특별히 오바마를 직접 만나 얘기를 나눌 수 있게 되었다. 나는 이때 처음으로 그와 우주에 대한 긴 대화를 나누게 되었는데, 오랜 시간 깊은 얘기를 나누면서 전에 가졌던 생각과 달리 즉각적으로 공감대를 형성하게 되었다. 오바마와 나는 중서부 지역의 감성을 공유했으며, 둘 다 공공서비스에 대한 이상주의적 시각을 갖고 자랐다. 우리는 같은 해에 태어났기에 NASA의 영광스러운 시기에 자랐는데, 그 덕분에 정부 역할에 대한 비슷한 이데올로기를 가지고 있었고 둘 다 아폴로 이후의 NASA 발전 상황에 만족하지 못해서 이 기관을 부활시키자는 목표를 공유했다.

나는 원래 오바마 상원의원을 그다지 좋아하지는 않았기 때문에, 클린턴과 있을 때처럼 긴장하지 않았다. 그런데 이는 결국 매우 값진 결과를 만들어냈다. 그가 나에게 빌 넬슨의 우주왕복선 연장에 관한 의견에 동의하냐고 질문했을 때, 자유롭게 동의하지 않는다고 말할 수 있었던 것이다. 동의하지 않으면 대신 무엇을 하겠냐고 물었을 때 나는 주저하지 않고 의견을 피력했다. 몇 주 후 NASA의 전환 팀을 이끌어보지 않겠냐는 전화를 받자 나는 기꺼이 도와주고 싶어졌다. 타의 추종을 불허하는 그의 의사소통 능력과 어떤 어려움도 초월할 듯한 그의 능력이 표를 얻기에 충분하다고 생각했다.

오바마가 당선된 이후 인수인계 중에 우주왕복선의 퇴역이 가까워지자 전환 팀은 컨스텔레이션 프로그램 검토를 최우선으로 삼았다. 2006년 NASA 국장 마이크 그리핀Mike Griffin에 의해 시작된 컨스텔레이션 프로그램은 정부가 완전히 소유한 유인 우주 비행 프로그램으로 설계되어, 우주왕복선을 대체하는 동시에 우주인을 다시 달로 보내는 임무를 해야 했다. 이 사업에는 여러 가지 요소가 계획되어 있었지만, 승무원 발사 시스템인 아레스 I, 승무원 캡슐 오리온 및 지상 시스템만이 NASA의 5개년 예산 책정에서 자금 지원을 받았다. 2015년으로 예정된 우주정거장의 궤도 이탈 때까지는 지원 가능한 자금이 없었기에 훨씬 큰 규모의 로켓인 아레스 5, 알테어라고 하는 달 착륙선, 우주복, 달 탐사차량 및 기타 달 미션의 주요 요구사항들은 그림의 떡일 뿐이었다.

2009년 컨스텔레이션 프로그램의 문제 때문에 첫 두 가지 요소인,

아레스 I 및 오리온 발사가 우주정거장의 예정된 궤도 이탈 이후인 2016년으로 일찍이 연기되었다는 사실은 별로 놀라운 일이 아니었다. 왕복선이나 정거장과 마찬가지로 컨스텔레이션 프로그램은 아폴로 프로그램을 위해 구축된 과거의 인프라 및 인력을 활용하도록 설계되었다. 정치적 이익을 얻기 위해 50년이나 된 기존의 값비싼 설비들을 운용하도록 설계된 대규모 프로그램은 결코 효율적이지 못했다. 수십 년 된 설비를 유지하는 것은 인프라뿐만 아니라 인건비도 많이 필요하다. 마이크 그리핀과 다른 사람들은 이것을 프로그램의 긍정적인 부분으로 여겼는데, 예산이 필요한 합당한 이유로 작용해 국회의원들이 확실히 자금 지원을 해줄 것으로 생각했기 때문이다.

기존 NASA의 관리자들은 컨스텔레이션 프로그램의 규모와 NASA의 미래에 미칠 영향력의 중요성을 고려해, 전환 팀의 질문 중 상당 부분이 이 프로그램에 집중될 것으로 예상했다. 그리고 2008년 11월 우리가 본부에 도착했을 때, NASA와 계약업체 관리자들은 최대한 프로그램에 대한 정보를 숨겼다. 브리핑은 주로 복잡한 아티스트 렌더링과 고화질 영상을 중심으로 이루어졌지만, 우리 질문 대부분에 대한 실질적인 세부 정보나 답변은 부족했다. 우리를 계속 막막한 상태로 놔두려는 태도가 프로그램 관리 전반에 걸쳐 만연했다. 복도에서 이전 동료와 우연히 만나는 행위도 NASA 고위 관리들은 의심의 눈초리로 보았다. 심지어 우리와 대화하는 것이 보이면 '커리어 제약'이 있을 것이라는 경고도 돌고 있다고 전해 듣기까지 했다.

전환 팀을 방해하려는 이러한 상황을 알리려 했던 사람 중 한 명이 샐리 라이드였다. 샐리는 최근 NASA의 요청에 따라 아레스 I 로켓을 검토한 에어로스페이스 코퍼레이션Aerospace Corporation 이사회 소속이었다. 그녀는 초기 결과에 대한 브리핑을 받고 우리가 결과를 봐야 한다고 생각했다. 에어로스페이스 코퍼레이션은 1954년 공군 및 기타 항공우주 관련 기관에 자문을 제공하기 위해 설립된 연방지원 연구개발 회사이다. 그들의 우수성과 독립성에 대한 명성이 유명했기 때문에 우리는 그들의 사무실에서 브리핑을 열었다.

프레젠테이션의 처음 몇 개 슬라이드에는 이 기관에 대한 간략한 정보가 포함되어 있었다. 에어로스페이스 코퍼레이션 팀은 빠른 속도로 발표를 진행했다. 별다른 정보 없는 다섯 번째 슬라이드에 이르렀을 때, 그들은 브리핑을 끝내고 있는 것처럼 보였다. 내가 이게 준비해 온 전부냐고 물었더니 그들은 마지못해 그것이 프레젠테이션의 전부라고 인정했다. 믿을 수 없는 일이었다. 그들은 분명히 검토 내용을 우리와 공유하지 말라는 지시를 받았고, 그 메시지는 최고위층에서 왔을 가능성이 높았다. 우리 넷은 15분 후에 밖으로 나갔고 동료로부터 나중에 NASA의 지침이 실제로 전달되었음을 확인했다.

전환 기간 3개월 동안 있었던 몇 안 되는 대면 토론 중 하나에서 마이크 그리핀은 우리 팀이 컨스텔레이션 프로그램의 "덮개 밑을 들춰보고 있었음"에 모욕감을 느꼈다고 말했다. 나는 전환 팀의 역할을 설명하려고 노력했고, 그가 구체적인 내용을 우리와 직접 공유하지 않았기 때문에 다른 출처를 찾을 수밖에 없었음을 알려주려고 했다. 하지만 마이크는 NASA를 주시하고 있는 오바마 전환 팀의 최고위층 인사와 이야기를 나누고 싶다고 답했고 나는 그에게 운이 좋은 날이라고 말했다. 그는 바로 그 고위층(나)과 대화하고 있었기 때문이다.

마이크는 우주 커뮤니티에서 잘 알려진 기술 분야 리더였고, 나와는 거의 20년 동안 알고 지낸 사람이다. 그보다는 경력이 부족하지만 나 역시도 불과 몇 달 전에 NASA가 러시아와 중요한 전략적 관계를 유지할 수 있게 오바마의 지지를 이끌어내서 수출 문제를 해결한 전문인이다. 나는 샐리 라이드가 차기 클린턴 행정부의 인수 팀 책임자였을 때 겪었던 댄 골딘과의 협력 관계를 기억하고 있어서 마이크와 나 사이도 비슷한 협력 관계를 만들 수 있기를 기대했다.

하지만 마이크 국장은 첫 회의에서 나의 노력에는 관심이 없음을 분명히 했다. 나는 정기적인 회의를 주선하겠다고 제안했지만 그는 거절했다. 마이크의 반응은 실망스러웠으나 우리 팀은 최선을 다해 그 건을 유보했다. 그런데 시간이 흐르면서 우리가 컨스텔레이션 프로그램에 관해 한 질문에 대해 그가 왜 그렇게 예민하게 행동했는지 충분한 이유가 있음을 알게 되었다.

샤나 데일Shana Dale NASA 부국장은 큰 방해를 하지 않아서 전환 기간 동안 그녀와 생산적인 관계를 맺을 수 있었지만, NASA에서 세 번째로 높은 직급의 행정관이자 가장 고위 공무원이었던 크리스 스콜리스Chris Scolese 부국장은 마이크 국장과 태도가 비슷해서 큰 도움을 얻지 못했다. 그는 우리와 함께 일하는 것에 국장보다도 훨씬 더 관심이 없는 것 같았지만, 새 대통령이 취임하면 부디 그의 견해가 바뀌기를 희망했다.

전환 팀 초반에 있었던 또 다른 주목할 만한 일대일 회의는 로버트 콥과의 만남이었다. 그의 부적절한 행동에 대한 조사 결과는 이미 공개되었지만, NASA 감찰관Inspector General, IG 직책의 독특한 특성 때문에 그는 그 시점에서도 자리를 여전히 유지될 수 있었다. 일명 '무스Moose'로 알려진 그는 외형적으로는 매력적이었지만 그와는 맞지 않는 독특한 발언을 했다. 그는 자신이 경영진과 함께 일하는 것을 좋아하는 IG라고 말했고 나와 함께 일하기를 기대한다고 말했다. NASA에 있는 모든 사람 중에서 그는 나에게 그렇게 말하면 안 되는 몇 사람 중 하나였다. 그로부터 그런 말을 듣다니, 그것은 다소 부적절했다.

선거가 끝나고 몇 주 후, 마이크 그리핀의 아내 레베카는 전직 우주비행사들과 함께 항공우주 커뮤니티에 청원서와 메시지를 배포하여 나를 해임하고 마이크를 국장으로 유지할 것을 요청했다. 이는 제프리 클루거Jeffrey Kluger*가 《타임》에 기고한 기사를 포함하여 주류 언론의 관심을 끌었다. 제프리 클루거는 《타임》 지면에서 내가 임명된 것에 대해 NASA가 긴장하는 것이 옳다고 했다. 처음에 그는 기사에서 나를 인사 담당자라고 불렀고, 다음에는 "러시아 로켓을 탈 기회를 두고 보이 밴드 가수와 경쟁한" 전직 NASA 홍보 담당관이라고 묘사했다. 뉴스 전문 케이블 채널 MSNBC의 논평가 레이첼 매도우Rachel Maddow와 다른 대중매체는 이 이야기를 더 정확하게 보도했지만, 나는 '노 드라마 오바마'* 철학을 고수하는 데 실패할까 걱정되어 대중에 언급하는 것을 피했다. 다행스럽게도 언론을 이용한 이

* 《타임》의 선임 작가.

먼지떨이는 결국 전환 팀 고위 간부들에게 나를 좀 더 알려지게만 하고 나를 끌어내리려는 그들의 의도는 이루지 못했다.

마이크의 친구와 가족들이 대외적으로 국장을 유지해 달라는 캠페인을 시작하기 전에도 마이크가 우주국에서 계속 근무하기를 희망한다는 것은 분명했다. 그는 의회와 업계에서 많은 지지를 받았다. 나는 적어도 새 국장이 확정되기 전까지는 그가 계속 남아있는 것에 대해 그렇게 반대하지 않으려고 했다. 내가 좌지우지할 문제도 아니었고 그것이 차기 대통령의 계획이 아니라는 것을 일찍 알게 되었기 때문이다.

나는 선거 이전에 신속한 보안 허가를 받았는데 FBI에서 지문 채취를 기다리다가 우연히 존 포데스타John Podesta** 옆에 줄을 서게 되었다. 나는 그에게 NASA 전환 팀장이라고 소개했고, 서로의 관심사에 대해 이야기를 나눴다. 그는 당시 마이크 국장에 대해 '진짜 엉뚱한 사람' 같았다는 견해를 밝혔다. 왜 그런 인상을 받았는지 물었더니 그는 최근 NPR 방송국에서 마이크 국장이 기후 변화에 대해 인터뷰한 내용을 말해줬다.

> 이것을 문제라고 생각하면 오늘날 지구의 기상 상태가 앞으로 펼쳐질 나날 중에 가장 최적의 기후이며 우리는 더 나빠지지 않도록 조치를 취해야 한다는 것입니다. 저는 그렇게 생각하지 않습니다. 첫 번째로, 제가 기후가 변하지 않는다고 확신하는 것은 수백만 년의 역사가 보여주었듯이

* 가십거리를 만들지 않는다는 오바마의 의지를 말함.

** 빌 클린턴 대통령 시기 비서실장이었고 오바마 대통령 때 보좌관을 역임한 인물.

기후를 바꾸는 원동력이 인간의 힘 안에 있다고 생각하지 않기 때문입니다. 그리고 두 번째로, 오늘날 우리가 살고 있는 이 특정한 기후가 가장 적합한 기후라고 결정하는 특권을 과연 어떤 인간에게 부여할 것인지 묻고 싶습니다. 저는 그것이 다소 오만한 입장이라고 생각합니다.

마이크가 한 활동은 도움이 되지 않았다. 기관 경영진에 대한 인사 결정은 NASA 전환 팀의 권한에 포함되어 있지 않았지만, 설령 내가 그를 남기는 것을 추천했다 하더라도 그것이 수락될 가능성은 없었다. 이런 이야기를 마이크와 직접 나누었으면 좋았을 텐데, 우리는 현 정치 지도층과 임기에 대한 논의를 하지 말라는 요청을 특별히 받았다. 차기 대통령이 누군가의 임기 연장을 원하면 인사팀에서 그 사람에게 직접 연락을 취하겠지만, 그렇지 않은 경우 전반적으로 1월 20일 정오에 임기가 끝나는 것이라고 가정했다. 나는 이러한 신호를 개인적인 경로를 통해 마이크에게 주도록 시도했지만, 그는 여전히 마지막 순간까지 '연락이 오기를' 기대했고, 결국 떨어지자 나를 비난했다.

내가 맡은 직접적인 임무는 아니었지만, 나의 목표는 취임식 전에 국장을 선출하고 가능하면 승인까지 받도록 하는 것이었다. 새로운 인선이야말로 우주 커뮤니티에 새 정부가 NASA와 우주에 대해서 어떤 생각을 가지고 있는지 잘 보여줄 수 있는 좋은 수단이라고 생각했기 때문이다. 이런 내 행동이 좋게 보였는지 인수위는 정권 이양 기간 동안 나에게 추천할 사람이 있는가에 대한 것뿐만 아니라 행정부에서 직책을 맡아 일하는 걸 어떻게 생각하는지에 대해서도 물어봤다. 내가 가장 추구하는 바는 NASA 참모장이 되는 것이었지만, 원하는 것보다 한 단계 더 높은 직책을 찾으라는 아버지의 조언을 받아들여 부국장이 되고 싶다고 말했다. 또한 동시에 매우 훌륭한 7명의 국장 후보자 명단을 제출했는데, 이들은 모두 부국장이 될 수 있는 강력한 후보자(경쟁자)들이기도 했다.

1월 초에 오바마 대통령의 인사 책임자 돈 깁스Don Gips가 나에게 와서 NASA 국장으로 스콧 그래션Scott Gration*이 어떤지 물었다. 나는 스콧은 자격에 부합하지 않으며 그가 그 일에 관심이 없을 것 같다고 말했다. 그리고 돈에게 누가 그를 추천했는지 물었는데 오바마가 직접 했다고 말해 주었다. 나는 대답을 바꾸어 그가 훌륭할 것 같다고 말했다. 단순히 오바마에게 잘 보이려고 말을 바꾼 건 아니었다. 당선인이 직접 임명한 것엔 그에 맞는 이유가 있으리라는 생각과 NASA 국장이 성공적으로 임무를 수행할 수 있게 하는 중요한 요소 중 하나가 대통령과의 긴밀한 관계임을 오랫동안 믿어왔기 때문이다.

스콧 그래션은 몇 년 전 아프리카를 여행할 때 당시 오바마 상원의원을 만났다. 그곳에서 그는 수십 년 전 백악관 펠로우로 임명되어 NASA에서 일했던 것에 대해 오바마와 얘기를 나누었는데 이때 일로 오바마가 그를 마음에 두게 된 것 같았다. 선거 기간 동안 그래션은 오바마를 지지하는 60명의 장군으로 구성된 영향력 있는 그룹을 형성했고, 이는 예비선거에서 힐러리 클린턴을 이길 수 있었던 원동

* 미국의 공군 장교로 오바마 대통령의 정책 고문으로 일했다.

력으로 널리 인정을 받았다.

스콧이 국방부에서 전환 팀 중 하나를 이끌고 있었을 때, 내가 전화를 걸자 그는 이 의미를 즉시 이해했다. 그는 1980년대 NASA에서 1년 동안 근무한 이야기와 아프리카에서 오바마 대통령 당선인과 나누었던 짧은 대화를 말하며 웃었다. 스콧은 자신이 NASA가 가야 할 최선의 길에 대한 통찰력이나 어떤 추천 사항이 없음을 인정한다고 얘기했는데 나는 그 대화로 인해서 스콧이 NASA를 이끌 역할에 지명될 수도 있다는 것을 전혀 예상치 못했음을 분명히 알 수 있었다.

어찌 됐든 언론은 내가 돈과 대화를 나눈 후 며칠 되지 않아 그래션의 후보 지명 가능성을 보도했다. 그러자 넬슨 상원의원이 그래션 장군은 NASA 국장이 되기에 적절한 자격을 갖추었다고 생각하지 않는다는 발언을 공개적으로 표명했는데 여론이 넬슨에 기울어져 백악관은 침묵에 빠지게 되었다. 결국 정치 인사팀이 다른 후보자들을 살펴볼 수밖에 없어졌고 취임식 전에 NASA 국장을 임명하는 건 수포가 됐다.

NASA 전환 팀은 국장 공석을 대행할 사람을 물색해 달라는 상원의 요청을 받았고, 곧 정식 상임 국장이 생길 것이라는 가정하에 임시 국장을 크리스 스콜리스로 정했다. 그리고 대통령 취임식 몇 주 후, 오바마가 스티브 이사코위츠를 NASA의 정식 국장으로 선출한다는 발표를 했을 때 나는 비로소 변화가 시작되었다는 생각에 경이로운 감정을 느꼈다. 하지만 이번에도 역시 넬슨 상원의원이 반대해서 대통령이 이의를 제기할 수밖에 없는 상황이 벌어지는 것에 놀라고 낙담했다.

정부의 공직은 고용 안정이라는 강력한 강점으로 인해 종종 평생 직업으로 삼는 이들이 있다. 임명에 관해서 단 하나의 문제도 없이 임시 국장이 된 크리스 스콜리스는 이에 해당하는 인물로 많은 NASA 지도자와 마찬가지로 거의 모든 경력을 공직에서 쌓았으며, 이로 인해 과거에 묶인 해묵은 견해를 가지고 있었다. NASA에는 이런 인물이 아니라 새로운 정신을 가진 이가 필요하다. "진짜 현실 세계에서 일한 이"가 공직으로 들어오거나 복귀할 때의 장점 중 하나는, 정체되어 버린 우주국에 신선한 외부의 관점을 도입할 수 있다는 것이다.

닷컴 버블의 붕괴는 2000년대 초 전통적인 통신 위성 산업의 성장을 둔화시켰고 발사 비용을 낮추기 위해 노력하던 많은 초기 투자자의 참여 추세를 종식시켰다. 그러나 그 이후로 항공우주 판도가 크게 변하고 돈 많은 신세대 투자자가 이 분야에 뛰어들게 된다.

2008년에 접어들면서 기술 발전으로 컴퓨터와 휴대용 장치의 크기가 줄어들자 우주산업에 큰 변화가 일어났다. 인공위성 크기가 축소되어 개발 시간이 단축되고 비용이 절감되자 사용자 수가 늘어나면서 상업적으로 성공한 기업이 나오게 된 것이다. 혁신적인 기업 정신을 가지고 먼저 우주산업계에 뛰어들었던 회사의 성공은 다른 기업에 다양한 우주 민영화 및 상업화 프로젝트를 추진하도록 영감을 주었다. 이에 따라 지오포지셔닝, 내비게이션, 타이밍 및 우주 원격 탐지 등 처음엔 정부 활동으로 시작되었던 것들이 점차 규모가 크고 수익성이 높은 상업 산업으로 발전하기 시작했다.

성장의 선순환이 마련됨이 따라 시작된 우주산업의 파격적인 변화는 우주 수송기기의 새로운 개발을 강화시켰다. 이로 인해 근미래엔 위성 산업이 큰 호황을 누리게 될 것으로 전망되는데 프랑스와 중국 및 러시아에 거의 모든 상업용 발사 시장을 빼앗긴 상황에서 신뢰성을 갖춘 저렴한 발사 서비스를 제공할 수 있는 미국 회사가 있다면 분명 엄청난 이익을 거둘 것이다.

오바마 후보에게 말했듯이, 나는 이러한 연유에서 정부가 계속해서 로켓을 설계, 제작하고 소유하는 것은 실수라고 생각한다. 민간 발사 시장은 이미 성장 태세를 갖추었을 뿐만 아니라, 업계에서는 이미 왕복선이 필요 없는 페이로드를 발사하고 있었다. 1990년대에 X-33과 얼터너티브 엑세스 프로그램을 지원하던 상업 정책은 정부가 민간 부문의 역량을 효율적으로 활성화할 수 있다는 가능성을 제시했기에 마음만 먹는다면 경직되고 낭비가 심한 현 체제의 문제를 단번에 해결하고 빠른 우주기술 개발을 할 수 있을 것이다. 또한 스페이스X를 비롯한 민간업체가 새로운 발사체 개발에 뛰어들 준비를 하며 서로 경쟁하고 있기 때문에, 정부가 이들이 만드는 로켓의 신뢰성을 입증할 방법만 마련해 준다면 많은 사람이 이용할 수 있는 차기 발사체도 나올 수 있게 된다. 하지만 이런 많은 이유에도 그들의 단단히 굳어진 식견은 꿈쩍도 하지 않았다.

2004년 부시 행정부는 기존 우주왕복선 운용을 중단하고 대신 새로운 우주탐사 계획을 발표했다. 그러면서 NASA에 “국제우주정거장과 지구 저궤도 너머의 탐사 임무를 지원하는 운송 및 기타 서비스를 제공하기 위한 상업적 기회를 추구”하도록 지시했다. 정부 관리 및 예산 부처에서는 이를 수행할 프로그램을 세우고 NASA는 재원에 1억 달러를 투자하게 됐다. 2004년 NASA는 재사용 발사체 개발을 위해 얼터너티브 엑세스 프로그램을 통해 초기 자금을 지원받은 민간기업 중 하나인 키슬러 에어로스페이스Kistler Aerospace*에 2억 달러를 추가로 지원하려 했다. 그런데 스페이스X가 여기에 문제를 제기했다. 키슬러 에어로스페이스를 선정할 때 경쟁 입찰을 하지 않았기 때문이다. 정부와 NASA는 이 기업을 선택한 정당한 이유를 대지 못했고 정부 감시 기관인 정부책임사무국Government Accountability Office, GAO이 NASA에 소송에서 이길 수 없을 것이라고 말하자 NASA는 이 수주 결과를 철회하고 새로 계획을 세워야 했다.

NASA가 이 항의(및 백악관 지침)에 대응하여 결국 설계한 프로그램은 상용 궤도 운송 서비스Commercial Orbital Transportation Services, COTS라는 것이었다. 10년 전 RLV 프로그램과 마찬가지로 COTS는 FAR을 통해 조달받는 것 대신 파트너십 계약(구체적으로 우주법 계약이라고 함)을 사용했다. 클린턴 정부 때 우리가 RLV 프로그램에 권장했던 추가 계획 중 하나는 1925년 켈리항공우편법**에 근거한 앵커 테넌시***라는 개념이었는데 이 프로그램에서 핵심적인 두 번째 요소였다. 대부분 경우가 그렇듯이, 이 정책을 성공적으로 실현하기 위해서는 헌신적이고 재능 있는 인력이 필요했다. 이런 초기 개척자 중 한 명이 앨런 린덴모이어Alan Lindenmoyer였는데, 그는 2005년부터 존슨

* 미국의 발사체 회사. 2006년부터 재정적 문제를 겪다가 NASA의 지원을 받지 못하자 파산했다.
** 미국 정부가 민간 회사와 계약을 맺고 우편물을 보내는 걸 허용한 법.
*** 정부가 민간기업을 지원 및 협업해서 산업 기반을 만드는 것.

우주 센터에서 이 프로그램을 관리했다. 앨런과 이 정책 아이디어들을 창의적으로 수행했던 많은 이가 없었다면, 이 책은 전혀 다른 내용을 담았을 것이다.

NASA는 2006년 우주법 합의 파트너십 협정에 따라 NASA가 자금을 지원하기로 선정했던 회사인 키슬러 에어로스페이스에 COTS 개발 계약을 주었다. 하지만 키슬러는 초기 재무 관련 마일스톤* 중 하나를 달성하지 못하여 2007년 오비탈 사이언스 코퍼레이션Orbital Sciences Corporation(현 노스롭 그루먼)으로 교체되었다. NASA는 파트너사에 COTS-D라는 승무원 수송 솔루션을 제공할 수 있는 옵션도 포함했지만 스페이스X만이 이 항목에 입찰했다. 하지만 3억 달러가 조금 넘는 그들의 제안은 기각됐다. 마이크 그리핀은 대신 NASA가 스스로 우주인 수송을 할 수 있는 상태가 될 때까지 러시아에 돈을 지불하는 것이 좋겠다고 밝혔다. 그는 이 부분에 대해 민간 부문 파트너십을 확대할 계획이 없음을 분명히 했는데 더 놀라운 건 의회가 이 계획을 승인했다는 점이다.

2008년 전환 기간에 여러 측면에서 타이밍이 우리에게 불리하게 작용했지만, 그럼에도 우리 팀의 결과물은 "경기부양책"으로 알려진 미국 회복 및 재투자법과 잘 부합했다. 퇴임 행정부 및 차기 행정부 모두의 지지를 받으며 이 법안은 극심한 경기 침체 동안 경제를 활성화할 방법을 제시했다. 기관 검토 팀은 경기부양책을 통해 자금을 조달할 수 있는 "즉시 사용 가능한" 프로젝트를 제안해 달라는 요청

* 프로젝트를 성공하기 위해 반드시 거쳐 가야 하는 지점.

을 받았다. 우리는 NASA 프로그램 부서를 샅샅이 뒤져 즉시 빠르게 실행시킬 수 있는 프로젝트를 찾았고 30억 달러 상당의 프로그램들을 식별했다. 여기에는 스페이스X가 입찰한, 3억 달러가 조금 넘는 COTS-D(승무원을 수송할 수 있는 버전) 화물 캡슐을 개발하는 프로그램도 포함되었다.

새 행정부는 웹Webb 망원경, 지구 과학, 친환경 항공 분야를 지원하기 위한 10억 달러, 그리고 ISS에 우주인을 수송하는 새로운 업계 경쟁을 만들기 위한 1억 5,000만 달러를 요청했다. 정규 예산 과정에 비해서 절차가 간소화되었지만, 자금지원 활성 패키지는 여전히 힐*을 거쳐야 했다. 그런데 당시 NASA 국장 대행이었던 크리스 스콜리스는 계약자를 대표하는 상원 의원들과 협력해 컨스텔레이션 프로그램에 대한 자금의 절반 이상을 재편성했다. 이 자금은 부분적으로 상업용 승무원 자금 지출에 대한 것으로, 결국 9,000만 달러를 받았다. 나는 행정부가 COTS-D에 3억 달러를 지원하는 데 합의하지 않았고, 1억 5,000만 달러 요청을 지키기 위한 많은 조치가 취해지지 않은 사실에 실망했다. 그러나 초기의 공개적인 전투적인 자세가 의회를 화나게 해서 모든 요청을 무효화시켰을 가능성이 있다. 이것과 관련된 다른 가능성은 추측만 할 뿐이다.

전환 팀에서 내가 가졌던 또 다른 목표는 차기 행정부가 국가우주위원회를 복원하는 것이었다. 나는 이 제안을 일찍이 승인받았으므로 성공적으로 만들어지기를 바랐다. 내가 바이든Joe Biden 부통령 당

* 미국 의회의 별칭.

선인에게 부통령으로서 위원회 회장을 맡을 의향이 있는지 물었을 때 그의 사무실로부터 빠른 답변이 돌아왔는데, 단호하게 '아니요'라는 회신이었다. 나는 포기하고 싶지 않아서 추후 고려할 수 있는 위원회 리더십에 대한 다른 개념을 제시했다. 하지만 정부를 간소하게 만든다는 점을 대중에 알리기 위한 노력의 일환으로 대통령 당선인은 백악관 직원은 15% 감축하겠다는 목표를 발표했고, 나에게 새로운 집행위원회 등은 생기지 않을 것이라고 전달했다.

크리스 스콜리스는 3개월간의 인수 기간 내내 나를 피했지만, 취임식 하루 전 2009년 1월 19일 내 집 앞에 나타나 부시 대통령 때 임명한 최고재무책임자CFO인 론 스포헬Ron Spoehel만은 남게 해달라고 부탁했다. NASA는 상원에서 인정한 세 가지 직책인 국장, 부국장, 최고재무책임자를 보유하고 있다. 따라서 이 부탁은 엄청난 것이었고 이렇게 늦게 요청을 받은 것은 안타까운 일이었다. 그와 더 나은 관계를 맺기 위한 바람으로 나는 내가 할 수 있는 일을 찾아보겠다고 말하고 차기 백악관 인사부에 전화를 걸었다. 예상대로 그들은 늦은 요청에 동요했다. 나는 재차 이 요청 사항을 말했고 인사부는 마지못해 한 가지 주의사항을 주며 동의했다. 행정부는 그 해당 직책들을 정상적인 절차를 통해 채울 것이니, CFO 또는 국장 대행은 어떤 상황에서도 이 임기 연장이 영구적일 것이라고 믿지 말라는 것이었다. 나는 이 내용을 크리스에게 전달했고 이러한 일시적 조치를 받아들이도록 했다. 그는 상황을 이해하고 호의를 베푸는 나의 의지에 감사해하는 듯했다.

찰리 볼든, 크리스, 그리고 나는 몇 달 후 직책 후보에 오른 다음 함께 점심을 먹었는데, 이때 크리스가 찰리에게 "현 CFO를 계속 유지해야 할 것 같다"라고 말하는 걸 듣고 충격을 받았다. 나는 그에게 전달했던 주의사항을 상기시키고 찰리에게는 론의 직책 기한 연장이 정해진 일이 아님을 설명했다. 하지만 몇 번이고 그랬듯이 크리스는 나를 무시하며 내가 무슨 이야기를 하는지 모르는 척했다. 나는 그토록 중요한 일에 관해 눈앞에서 뻔뻔스럽게 거짓말을 하는 그의 능력에 정말 어이가 없었다. 나는 당시 백악관 인사부와 CFO 직책을 채우는 작업을 함께 하고 있었는데, 그때 심사를 받고 있었던 유력한 여성 후보자가 있었다.

나는 찰리에게 상황에 대해 설명하려고 했지만, 그는 두 '후보자'를 모두 인터뷰하고 스스로 선택하기를 원했다. 그리고 각 후보자와 대화를 나눈 후 그는 론을 선택했다. 나는 다시 한번 이 같은 결정을 백악관 팀에서 받아들이기 힘들 것이라는 점을 설명하려 했지만, 그는 듣고 싶지 않아 했다. 예상한 대로 대통령실 고위 참모들로부터 안 된다는 답이 왔다. 찰리는 기각당한 것에 화가 난 것 같았고, 백악관 팀도 그가 그런 질문을 제기했다는 것 자체에 똑같이 화가 난 것처럼 보였다.

넬슨 상원의원이 대통령이 처음 임명한 후보자를 지지하지 않으려 하며, 2월에 대의원으로 선출된 후 몇 달 동안 이어진 불확실성 때문에 인수팀을 이끄는 것은 몹시 힘들게 진행됐다. 그래도 5월 말에 공식 발표를 할 무렵에 나는 찰리 밑에서 일할 수 있기를 진심으로 고대했다. 서로를 잘 알지 못했고 관점이나 보유한 기술, 성향이 달랐지만 긍정적인 결과를 얻을 수 있는 잠재력이 있다고 믿었다.

사우스캐롤라이나 고등학교 교사이자 축구 코치의 아들인 찰리 볼든은 성장해서 해병대 장군, 네 번의 우주비행사, 아프리카계 미국인 최초로 NASA를 이끌며 국가를 위해 봉사했다. 그는 TV쇼 〈맨 오브 아나폴리스〉를 보고 군에 지원하기로 결심했다. 7학년, 혹은 8학년 때 보았는데, "거기에서는 멋진 교복과 모두 예쁜 여자애들만 있는 듯한 점에 반했다"라고 말했다. 미 해군사관학교에서 몇 안 되는 흑인 장교 중 한 명이었던 그는 학급회장으로 선출되어, 해상 비행사이자 시험 조종사가 되었고 베트남 북부 및 남부, 라오스, 캄보디아로 100회 이상 출격했다. 그는 몇 년 동안 해병대 신병 모집관으로 복무한 후, 파투센트강에 있는 해군 시험 조종사 학교에 합격하게 되는데, 그가 그곳에 있었을 때 NASA에서 처음으로 3명의 흑인 남성을 우주인 명단에 뽑게 된다. 그리고 2년 후 NASA에서 다음 우주비행사 명단을 발표했을 때 한 명의 아프리카계 미국인, 바로 찰리 볼든이 포함되어 있었다.

찰리는 전형적인 우주비행사 후보였다. 100명 이상의 미래 우주비행사가 팍스강에서 처음 훈련을 받았고, 50명 이상이 해군사관학교를 졸업했다. 1968년에 내가 바비 인형을 가지고 놀며 스튜어디스가 되는 꿈을 꾸고 있을 때, 미래 우주인 후보 세 명은 아나폴리스를 졸업하고 팍스강에서 고된 훈련을 받았다. 찰리, 마이크 코츠Mike Coats, 브라이언 오코너Bryan O'Connor는 NASA 고위 관리직으로 승진하기 전 총 9회의 왕복선 비행을 했다. 마이크와 브라이언은 2009년에도 여전히 항공우주 관련 직책을 맡고 있었으며 둘 다 새 행정부와 내가 추진하고 있던 개혁에 반대하여 찰리에게 상당한 영향력을 행사했다.

찰리는 화려한 군인 경력과 은퇴한 국가 영웅으로 보이기에 증명할 것도, 바꿀 것도 없어 보였다. 나는 그보다 15년 아래로, NASA 정책, 상업 항공우주 및 비영리 우주 옹호 분야에서 경력을 쌓은 두 번째로 젊은 부국장이었다. 나는 공공서비스에서 일하는 것을 특권으로 여기고 NASA를 더 효과적인 기관으로 탈바꿈하기로 결심했다. 1990년대 NASA 본부에서 보냈던 첫 5년은 내 커리어 중 가장 보람있는 시간이었다. 찰리는 40년 동안의 정부 근무 기간 중 8개월을 1990년대의 NASA 본부에서 근무했다. 그는 워싱턴 사람들에 대한 경멸을 공공연히 표명했고, 당시 일했던 세월이 자신에게는 가장 보람 없던 시기였음을 분명히 했다.

찰리는 2004년 한 인터뷰에서 워싱턴에서 보냈던 시간이 얼마나 마음에 안 들었는지를 설명하며, 그의 커리어에서 제일 좋았던 기억과 힘들었던 기억에 관한 질문에 대해 이렇게 답변했다. "아, NASA에서 근무한 14년 동안 중 가장 힘들었던 것은 의심할 여지 없이 비행기를 타고 다시 워싱턴으로 돌아가는 것이었죠. 집으로 돌아올 때마다 다시 워싱턴에 일하러 돌아가는 것이 점점 더 힘들게 느껴졌어요. 정말로 그때 제 인생은 실패였습니다. 그렇게 일이 싫었던 적이 없었어요. 그 직업이 정말 싫었던 겁니다." 그는 이어서 이렇게 설명했다. "그냥 제가 아니었어요. 당신이 워싱턴을 좋아할 수도, 아닐 수도 있습니다. 권력을 가진 사람들을 위한 곳이기에, 만약 당신이 거기서 권력자들과 함께 어울리고 적어도 권력을 휘두르는 척하는 것을 좋아한다면, 그곳은 좋은 곳이죠. 반면에 당신이 권력을 좋아하는 사람이 아니라면 좋아하지 않을 거예요. 저는 좋지 않았어요."

찰리의 친근하고 겸손한 태도는 그를 대중으로부터 사랑받는 유명인으로 만들었다. 함께 일하면서 그의 긍정적인 평판이 그럴 만하다는 것을 확인할 수 있었다. 그러나 찰리의 유쾌한 태도로 인해 진정한 의도를 분별하는 것이 매우 어려웠다. 또 시간이 지나면서 찰리의 말이 종종 그의 신념이나 행동과 일치하지 않음을 알게 되었다. 나는 때때로 NASA 부국장 때 어떤 후회를 했는지, 다시 돌아간다면 무엇을 바꿀 것인지 질문을 받는다. 그럴 때마다 나는 찰리와 신뢰가 더 깊은 관계로 발전시킬 방법을 찾지 않았다는 점을 첫 번째로 떠올린다.

우리는 공식적으로 NASA 국장과 부국장에 지명된 후 상원 전체 인준 청문회에 앞서 상원 의원들과 회의를 진행하던 중, 단둘이 함께 첫 저녁 식사를 했다. 나는 찰리에게 우리 상황에서 자연스럽다고 여긴 질문을 던졌다. "NASA에서 무엇을 하고 싶으신가요?" 그는 잠시 고민한 후 이렇게 대답했다. "아, 모르겠어요. 당신은 어떤가요?" 나는 잠시 생각한 후, 내가 생각하는 가장 큰 도전과 기회라고 여기는 것들에 대해 설명했다. 찰리는 내가 생각하고 있는 것들에 대해 지지하는 것처럼, 고개를 끄덕이고 모두 좋은 의견이라고 '말'로만 답했다.

✳✳✳

찰리 볼든과 나는 상무위원회에서 25명의 상원의원과 개별 회의를 마친 후 2009년 7월 8일 확인 청문회에 참석할 예정이었다. 어머니, 여동생, 삼촌이 미시간에서 비행기를 타고 오고 남편과 두 아들이 함께 청문회실로 들어갔다. 찰리를 지지하기 위해 사우스캐롤라이나에서 버스를 타고 온 많은 지지자를 수용하느라 회의실이 넘쳐났다. 영웅적인 프리덤 라이더Freedom Rider*인 조지아주 하원의원 존 루이스John Lewis는 십여 명의 상원의원이 있는 자리에서 찰리를 대신하여 감동적인 연설을 했다. 넬슨 상원의원과 허치슨 상원의원이 찰리를 수려한 말로 환영하는 긴 성명을 발표했다. 고맙게도 이때 허치슨 상원의원 뒤에 앉아 있는 한 직원이 귀에 대고 속삭이며 나에게도 환영한다고 덧붙여 주었다. 미시간주 상원의원 데비 스태버나우Debbie Stabenow가 나의 후보 지명을 공식화하고 나를 대신해 연설했다.

나는 청문회에 대한 모든 것을 기억한다. 웨스트버지니아주 상원의원인 제이 록펠러Jay Rockefeller 의장은 위원회로부터 몇 가지 질문을 받기 전에 우리 각자가 준비한 공식 성명서를 발표하도록 했다. 예상대로 대부분의 질문은 찰리에게로 갔고 나는 필요할 때 중간중간 답변하고는 했다. 청문회는 논란의 여지가 없었고 공식절차는 한 시간도 채 안 되어 끝났다. 우리는 이후 넬슨 상원의원 방으로 자리를 옮겼는데 거기서 넬슨 의원과 다른 사람들이 찰리에 대한 연설을 하며, 가끔 나를 향해 찰리에게 예의 바르게 대하라고 언급했다.

위원회는 익명으로 우리에 대해 투표했고, 며칠 만에 무기명 만장

* 버스와 같은 공공 운송수단에서 인종에 따라 자리를 나누는 차별에서 시작된 운동으로 모든 시설에서 분리를 금지하는 것을 외친 활동가를 말함.

일치로 승인안이 상정되었다. 하루 뒤인 7월 16일에 우리는 NASA 본부 사무실 밖 대기실에서 소박한 형식으로 취임 선서를 했다. 이런 일들은 때로는 더 큰 기념식으로 치뤄지기도 하지만(나의 전임자는 백악관 인디언 조약실을 빌리고 딕 체니 앞에서 선서식을 했다), 찰리와 나는 바로 일에 뛰어들 준비를 했다.

우리가 취임한 주간은 최초의 달 착륙 40주년이 되는 날이었고, 아폴로 11호의 승무원은 여러 기념식에 참석할 예정이었다. 케네디 센터에서 저녁 콘서트가 있었는데, 그곳에서 우리는 대통령과 동석했고, 우주비행사들과 함께 대통령 집무실을 방문하여 오바마 대통령과 이야기를 나눴다. 나는 1999년에 닐, 버즈, 마이크와 함께 대통령 집무실에 가서 클린턴 대통령을 만났었지만, 10년 후에 내가 이렇게 중책을 맡아서 다시 방문하게 되리라는 것은 상상도 못 했다. 가구와 장식은 달라졌지만, 의정서와 토론 주제들은 비슷했다.

달 표면을 걸었던 우주비행사들은 사람들의 많은 관심을 끌었고, 웨스트 윙*에서도 사인을 받으려는 사람이 몇 명 있었다. 국가안보부 직원 중 한 명이 특히 버즈와의 관계를 과시하고 싶어 해서, 우리 다섯 명을 즉석에서 국가안보보좌관과 앉게 했다. 제임스 존스 장군은 해병대 4성 장군이고 찰리를 잘 알았기 때문에 대화는 편안하고 친근했다. 존스는 자신의 사무실에서 진행 중인 정책 검토에 대해 언급했는데, 이는 협의 중 유일하게 실질적인 부분이었다.

찰리와 나는 다음 날 NASA 직원과 전체 회의를 가졌다. 준비할

* 백악관 서쪽 별관을 지칭하는 말로 비서실장과 최측근 보좌관 등이 근무하는 곳이다.

시간이 별로 없었지만 찰리와 나는 둘 다 즉흥적으로 편안하게 발표했다. 우리는 각자 개회사를 하고 본부와 모든 센터에서 원격으로 질문을 받았다. 나는 찰리가 먼저 더 오래 말할 수 있도록 신경을 썼는데 그의 서민적인 의사소통 방식 덕분에 별로 어렵지 않았다. 대본이 없는 긴 토론 때문이었을까, 찰리는 내가 생각하기에 부적절한 종교 등 주제 몇 가지를 언급했다. 그는 감정에 휩싸여 몇 번 눈물을 흘렸다. 처음에는 예상 밖이었지만, 나중에는 평범하게 일어나는 일이 되었다. 우리는 서로 스타일이 달랐는데, 이런 그의 스타일은 그에게 잘 맞는 듯했다. 찰리는 우리가 전날 대통령을 만났다고 언급하면서 국가안보보좌관과 정책 검토에 대해 이야기를 나눴다고 언급했다. 그 순간 나는 움찔하며 대화를 다른 방향으로 진행하려고 노력했지만 때는 이미 늦어버렸다.

찰리가 언급한 국가안전보장회의 정책 정보는 대중에게 공개된 것이 아니었다. 정보기관의 고위층에서는 난리가 났을 것으로 추정된다. 백악관과 NASA 커뮤니케이션 담당 직원들은 찰리의 모든 언론 인터뷰를 무기한 철회하라는 지시를 받았다. 나는 인터뷰 재개 소식을 듣기 전까지는 취소 불가능한 다른 것으로 대체해 달라는 요청을 받았다. 찰리는 한동안 기꺼이 조용히 지낼 의향이 있었지만, 정부 기관의 새 관료가 언론에 노출되지 않는 것은 비현실적이고 비합리적인 일이었다.

NASA 국장실과 부국장실 문은 붙어있는 형태라 처음 몇 달 동안 그 문은 거의 닫혀 있지 않았고, 우리는 매일 아침 친근한 포옹으로 서로를 맞이했다. 찰리는 내가 따로 별도의 영역을 주관하는 식으로 분리하는 업무형식은 원하지 않는다고 분명히 말했다. 그는 나를 업무 전반에 걸친 부국장으로 여긴다고 했다. 나는 그의 회의에 자유롭게 참석해 달라는 초대를 받았고, 그는 고위 직원의 절반 정도가 나에게 보고하도록 지정했다. 찰리는 그의 리더십 팀에게 그의 부재중에는 내가 대행 역할을 할 것이라고 말했다.

찰리는 주요한 의회와 관계된 것은 본인이 주도하겠다고 했다. 나는 신입직원을 상대로 NASA의 가치 등에 대해 브리핑하는 데 집중했고 그 회의들을 정말 즐기며 했다. 나는 일반 직원과 스태프 양쪽에서 모두와 긍정적인 관계를 유지했지만, 해야 할 일이 너무 많았고 중대한 일은 찰리에게 맡길 수 있어서 좋았다. 나는 하원과 상원의 책정 담당 직원과의 몇 개 의사소통 창구를 유지했지만 특별히 초대를 받지 않는 한 힐에 올라가지는 않았다.

유인 우주 비행은 NASA에서 가장 비용이 많이 들면서도 눈에 띄는 활동이다. 그런데 우리가 합류했을 때 이미 초기 계획에서 많이 벗어난 상태였다. 찰리는 우주비행사 출신으로 이 프로그램을 평가하고 해결책을 만들기 위한 리더십을 발휘할 수 있는 독보적 능력이 있는 적임자였다. 전환 팀 조사 결과 및 경기부양책 예산 요청은 브리핑 북에 포함되어 있었고 청문회 준비 과정에서 철저하게 논의되었다. 미국 유인 우주 비행 프로그램에 대한 행정부의 우려를 해소하고 앞으로 나아갈 방향을 알리기 위해 미래 미국 유인 우주 비행 프로그램 위원회는 우리가 직무를 시작했을 때 검토를 절반 이상 마친 상태였다.

전환 팀에 신고됐던 아레스 I 및 오리온의 심각한 기술적 결함이 위원회에서도 확인되었다. 그들은 우리가 확인한 지 한 달 후, 찰리와 나, 다른 행정 고위층뿐만 아니라 오바마 대통령의 과학 고문이자 과학 기술 정책부의 책임자인 존 홀드렌John Holdren 박사에게 그들이 낸 결론을 발표했다. 브리핑은 위원회 전체가 참석한 가운데 백악관 단지에서 열렸다. 보고서에는 컨스텔레이션 프로그램을 계속 사용하는 것을 포함한 다섯 가지 옵션이 요약되어 있었다. 이 옵션을 선택하면 연간 30억에서 50억 달러가 추가로 필요했고, 그렇게 하더라도 이 프로그램은 지속 불가능하며 이것을 통해 우리가 달에 다시 갈 수는 없을 것이라고 위원회는 말했다.

위원회는 이 프로그램이 예산 절차를 통해 요청한 모든 금액을 지원받았지만, 점점 더 뒤처지고 있다고 지적했다. 그들은 우주왕복선과 우주정거장 프로그램을 괴롭혔던 것과 동일한 근본적인 문제점을 발견했다. NASA는 기존 인프라를 채울 수 있도록 가장 큰 로켓과 캡슐을 설계했으며, 이것이 정치적 지지를 얻을 수 있는 가장 좋은 방법이라고 믿었다. 기존 인력과 시설을 최대한 활용하는 것이 이 프로그램의 주요 목표가 되었던 것이다.

위원회 위원장인 전 록히드 마틴 CEO 놈 오거스틴Norm Augustine은 그해 말 MIT에서 열린 공개 포럼에서 아레스 I의 일정 지연에 대해 언급하며 문제를 간결하게 설명했다. "아레스 I 프로그램은 4년 동안 진행되었는데, 그 4년 동안 여러 차례 일정 지연이 생겼습니다. 물론 이는 전체 프로그램에 큰 영향을 미칩니다. 아레스 I의 단기 목표는 국제우주정거장을 지원하는 것이었습니다. 문제는, 현재 예산 편성으로는 아레스 I이 준비되기 2년 전에 국제우주정거장은 수명을 다해 남태평양으로 떨어져 있을 거란 사실입니다."

그는 이렇게 덧붙였다. "아레스 I과 오리온을 개발하기 위해 돈을 모두 투자해서 오늘날 달에 입지를 구축하는 데 들어갈 수 있는 자금은 전혀 없습니다. 그래서 우리는 이제 딜레마에 빠졌죠. 마치 파티에 가려고 옷을 입었는데 갈 수 있는 파티가 없는 것이죠. 아레스 I과 관련된 문제의 핵심은 '만들 수 있는가'보다는 '만들어야 하는가'입니다."

우주인을 지구 저궤도LEO로 수송하는 민간 산업에 대한 위원회의 지원은 보고서와 우리의 브리핑에도 잘 설명되어 있었다. 이것은 클린턴 행정부 때로 올라가 정책을 확인하는 것이었기 때문에 그다지 놀라운 일은 아니었다. 하지만 놈 오거스틴, 샐리 라이드, 그리고 전문지식을 잘 갖춘 다른 전문가 패널리스트의 검증을 받을 수 있어서 좋았다.

위원회는 우주인에 관해 고려했던 다양한 방향성을 서술했는데, 주로 '유연한 경로'라 부르는 옵션에 집중했다. 그들은 선출된 지도자에 따라 바뀌는 비현실적인 예산과 스케줄로 인해서 몇 번이나 NASA의 경로가 달라졌는지 다루었다. 위원회의 전략은 더 많은 시간과 비용이 소요될 것이라는 점을 강조해서 초기에 프로그램을 이끌 수 있는 충분한 동의를 얻는 것이었고 결과적으로 성공해서 유연한 경로 옵션을 통해 미래의 심우주(달 밖의 우주) 목적지에 필요한 비용과 기간을 줄일 수 있는 첨단 기술에 투자할 수 있었다. 나에게는 이것이 완전히 논리적으로 보였다.

나는 깊은 만족감을 느끼며 브리핑에서 나왔다. 이 10명의 뛰어난 독립 전문가를 통해 기존 프로그램에 대해 내가 우려했던 사항들을 확인할 수 있었고 이들은 앞으로 추구해야 할 몇 가지 길을 제시해 주었다. 나는 전환 팀이 발견한 것에 대해 자신이 있었고 이는 우리가 배운 것을 입증하는 중요한 증거였다. 나는 찰리와 함께 NASA 본부로 돌아가 보고서에 대해 그가 어떻게 생각하는지 물었다. 그는 매우 인상 깊었다고만 했다. 다섯 가지 옵션 중 우리가 어떤 것을 추구해야 할지 물었을 때, 그는 어떤 것이라도 할 수 있다고 대답했다.

✳ ✳ ✳

연간 연방 예산 요청은 전통적으로 2월 첫째 주에 행정부에 의해 국회 의사당에 전달된다. 기관에서는 적어도 6개월 전에는 예산 작업이 시작된다. 관리예산사무국은 프로세스와 내용을 주도하여 문서를 절차에 올리고 대통령 행정실Executive Office of the President, EOP과 연방 기관 간에 막힌 것이 있으면 뚫는 역할을 한다. 일반적으로 기관에서는 전년도 예산을 기반으로 해서 관리예산사무국의 분야별 전문가와 협의하여 예산을 작성한다. 기관들은 가을에 공식적으로 관리예산사무국에 예산요청서를 제출한다. 그런 다음 사무국은 전체 예산을 검토하여 구체적인 질문을 전달하고 각 기관의 답변을 보통 12월에 최종 제출물에 통합한다. NASA의 2011년 예산 주기 절차는 유인 우주 비행을 제외한 모든 프로그램에 대해 평소와 같이 진행되었다.

예산 심사관으로 활동하는 대통령실 직원은 여러 대통령 및 정치 팀을 위해 일하며 NASA 예산사무국 팀은 전문적이고 지식과 경험이 풍부했다. 그 팀의 리더인 폴 쇼크로스Paul Shawcross는 NASA의 예산에 대해 누구보다도 잘 알고 있었다. 그는 좋은 목적으로 일한다면 돕기 위해 최선을 다하지만, 그렇지 않다면 문제를 바로잡기 위해 모든 일을 할 사람이다. 우리가 추구하는 모든 정책 아이디어나 변화가 살아남으려면 그와 그의 지휘 체계를 거쳐야 한다. 의회는 지갑을 열 권한을 가지고 있지만 정말로 돈이 나오게 하는 건 예산사무국의 심사라고 할 수 있다.

9월에 오거스틴 위원회 보고서가 제출되면서 NASA의 유인 우주비행 예산 요청을 결정할 시점이 도래했다. 대통령 행정실 내에서 메모들이 돌았고, 존 홀드렌이 주관하는 책임자 회의가 10월에 열렸다. 찰리와 나는 NASA 대표로 관리예산사무국과 국가 경제 심의회의 책임자 및 부책임자들과 더불어 참석했다. 브리핑 자료에는 컨스텔레이션 프로그램을 완전히 취소하고 기술 개발, 인프라 활성화 및 상업적 승무원 프로그램 계획을 위한 자금을 확보하는 옵션이 포함되어 있었다. 다른 옵션으로는 오리온을 유지하고 중대형 로켓 개발을 가속화하는 것이 있었다. 회의에서 제시된 모든 시나리오에는 상업용 승무원 프로그램이 포함되어 있었고 아레스 I에 대한 지속적인 자금지원 내용은 없었다. 찰리가 선호하는 옵션이 있거나 다른 새로운 것을 추가하고 싶었다면 이때가 바로 자신의 주장을 펼칠 때였지만 그는 방망이를 휘두르지 않고 그냥 회의를 떠났다. 관심 있는 사람들에게는 스트라이크 원이었다.

우리는 행정부로부터 상업 승무원 프로그램을 시작하라는 명확한 지침을 받았지만 NASA 내부 팀이 개발한 것은 그것이 아니었다. 백악관 정책을 따르라는, 국장으로부터의 분명한 메시지가 없었기 때문에 관료집단은 방향을 바꿀 이유가 없다고 생각했다. 대신 찰리는 컨스텔레이션 프로그램 자체를 변동 없이 유지하는 예산을 편성했다. NASA는 아레스 I 프로그램을 상용 승무원 프로그램으로 대체하고 나머지 컨스텔레이션을 재구성할 기회가 있었다. 우리 중 몇몇은 찰리에게 창의력을 발휘해 양쪽을 다 만족시킬 정도의 중간 옵션을 제시해야 할 때라고 제안했다. 그러나 행정부 지침을 따르는 것의 중요성을 전달하려는 나의 시도는 무시받았다. 나는 두 열차가 같은 선로를 따라 반대 방향에서 출발해 서로에게 돌진하는 걸 보았고, NASA가 다른 프로그램을 내놓지 않으면 분명 대참사가 일어날 것이라는 걸 알았다.

역사적으로 정부가 바뀔 때 새로운 관리자들은 필요한 경우 리더십 팀의 주요 구성원을 조정해서, 효율성을 극대화하며 선출된 행정부와 뜻을 같이하도록 한다. 고위 경영진 변경에 관한 정부 규정은 새 국장 임명 후 120일의 수습 기간을 두었는데, 이 기간에 기존 관리자는 최근 선출된 경영진의 정책에 적응하고 자신을 증명할 기회를 얻게 된다.

120일간의 기간이 끝나갈 무렵, 나는 찰리와 회의를 열어 그가 고려해야 한다고 생각하는 몇 가지 주요 인사 변경 사항에 대해 논의했다. 찰리는 나의 목록을 보고 어떤 변경도 필요하지 않다고 말했다. 나는 문제를 제기하며, 왜 내가 행정부 뜻을 같이하고 협력할 팀을 구성하는 것이 도움 되는지를 설명했다. 제기하기에는 좀 까다로운 주제였지만, 최선이라고 생각하는 충언을 그와 직접 나누는 것이 나의 책임이라고 생각했다. 찰리가 상충하는 견해를 해결하기 위해 고군분투하는 모습을 지켜본 후, 나는 일관되고 신뢰할 수 있는 팀을 구성하는 것이 NASA를 정상궤도로 되돌리는 데 매우 중요할 것이라는 걸 깨달았다. 하지만 어떤 인사 변동이나 예산 계획 수정에 대한 지시는 없었다. 찰리의 변함없는 때문이든 명백한 지시 때문이든 NASA의 유인 우주 비행 예산은 어떤 측변으로도 대통령에게 받아들여지지 않을 게 뻔했다.

11월 21일, 관리예산사무국 국장 피터 오재그Peter Orszag, 존 홀드렌, 백악관 입법부 책임자 롭 네이버스Rob Nabors는 찰리의 요청에 따라 NASA를 방문했다. 나는 그가 회의 요점을 잡아 준비할 수 있도록 돕기 위해 팀을 꾸리자고 제안했지만, 그는 도움이 필요 없다고 했고 자신의 의제도 공유하지 않았다. 그 후 찰리는 회의가 순조롭게 진행되었다고 보고했다. 책임자들과 함께 참석한 백악관 직원은 그가 회의 중에 아무것도 요구하지 않았다고 전했다. 내가 말할 수 있는 선에서 우리는 노선에 확실히 충돌이 있었고 그는 새 선로로 바꾸려는 노력을 전혀 하지 않았다. 피터 오재그와 롭 네이버스는 아무것도 결정되지 않는 회의에 참석하는 데 특별히 관심이 없었기 때문에 이것은 두 번째 스트라이크였다.

이 일이 있고 얼마 안 돼서 찰리는 대통령에게 직접 NASA가 제시한 계획을 옹호하거나, 수정을 권고할 수 있는 기회가 한 번 더 생겼다. 회의는 12월 16일 대통령 집무실에서 열릴 예정이었다. 이번에도 우리는 그의 회의 준비를 돕겠다고 제안했고 그는 또 아무것도 필요 없다고 말했다. 그는 자신이 무슨 말을 할지 정확히 알고 있다고 말했다.

백악관 참모진은 찰리의 회의에 맞춰 대통령을 위해 옵션을 요약한 최종 결정 메모를 작성 중이었다. 나는 대통령이 국장을 만나기 전까지 절대 최종 결정을 내리지 않을 것이라고 확신했다. 메모에는 네 가지 옵션이 요약되어 있었는데, 모두 190억 달러에 가까운 금액과 5년간 60억 달러 규모의 증가를 포함하고 있었다. 모든 옵션에는 이전 책임자 회의에서 제공된 지침이 포함되었으며, 각 시나리오에서 아레스 I을 대체하는 상업 승무원이라는 새로운 프로그램을 포함하고 있었다. 옵션 1은 가장 파격적이었는데 컨스틸레이션을 모두 취소하는 내용이 담겨 있었다. NASA가 관리예산실에 제출한 예산안은 대통령이 고려 중인 옵션과 확실히 거리가 멀었다.

메모에는 설명된 시나리오 중 어느 것도 의회, 특히 컨스텔레이션 계약자를 보유한 주 의원들에게 정치적으로 전혀 인기가 없을 것이라는 점을 인정했다. 이는 옵션 1이 의회의 지지를 얻기 위해서는 가장 중요한 정치적 자본이 필요하다는 사실을 의미했다. 나는 결국 대통령의 서명과 여백에 손으로 쓴 내용이 있는 메모 사본을 보게 됐지만, 이미 한참 지난 후라서 당시에 아무 도움을 줄 수 없었다.

집무실에서 돌아온 찰리는 활기가 넘쳤다. 그는 회의가 순조롭게 진행되었으며 대통령이 이 문제에 대해 관여하고 있다고 말했다. 찰리는 대통령과 VASIMR(가변 특정 임펄스 마그네토플라즈마 로켓)과 같은 첨단 기술에 관해 이야기했다고 말했다. 그가 핵 로켓에 대해 언급할 때 내가 긴장하는 것을 보고 찰리는 "걱정하지 마세요. 대통령은 그

걸 아주 좋아했어요."라고 말했다. 컨스텔레이션에 대해 논의했는지 물었을 때, 그는 대통령이 컨스텔레이션 프로그램을 하고 싶어 하지 않음을 인정했다. 찰리의 관점은 그것을 '계속 진행'하는 것 같았지만, 그는 방망이도 전혀 휘두르지 않고 삼진 아웃으로 물러난 것과 다름 없었다.

사무실로 돌아왔을 때 백악관 직원으로부터 한 통의 메시지를 받았다. NASA 국장이라는 사람이 왜 대통령에게 무작정 핵무기라는 새 로켓 주제를 던지고 있냐고 묻는 메시지였다. VASIMR은 로봇 심우주 탐사에 필요한 시간을 단축시킬 수 있는 전열 추진기의 개념이다. 이것은 근본적으로 개발 중인 것이 아니라 아주 초기 연구 단계에 있는 핵 로켓이다.

책임자들과 함께 회의에 참석했던 백악관 직원이 나중에 내게 설명해 주었다. 그들은 오거스틴 위원회의 조사 결과에 대한 포괄적 합의가 있었으며, 이로 인해 피터 오재그는 옵션 1에 대한 지지내용을 개략적으로 설명하게 됐다. 그는 신기술에 대한 자금지원을 통해 어떻게 더 짧은 기간과 더 적은 비용으로 현대화와 미래 프로그램을 수행할 수 있는지 설명했다. 찰리는 '더 짧은 기간' 부분에 대해, 화성에 도착하는 시간을 8개월에서 6주로 줄일 수 있는 방법이 있다고 언급했다. 대통령은 그런 프로그램에 대해 들어 본 적은 없지만 그런 것이 정확하게 NASA가 해야 하는 일이라고 생각한다고 답변했다. 아이러니하게도 찰리는 기술 개발을 두 배로 늘리려는 대통령의 의향을 강화한 것 같았다.

찰리는 대통령과의 만남에 대해 아는 사람들에게 이메일을 보내

회담이 순조롭게 진행되었으며 휴일을 맞아 몇 주 동안 휴가를 간다고 말했다. 그는 우리에게도 똑같이 하자고 제안했다. NASA의 2011년 예산은 연방 예산에서 마지막으로 확정되었고, 우리는 자신 외에는 누구도 탓할 수 없었다. 대통령의 지침을 따르지 않음으로써 우리는 그 프로세스를 벗어나 버렸다. 이제 열차 사고는 불가피하게 된 것이다.

조지 화이트사이드George Whitesides는 2008년에 내가 처음으로 NASA 전환 팀에 합류하도록 영입한 사람이었다. 조지는 당시 국립우주협회NSS 사무국장이었는데, 나는 그를 잘 알지 못했지만 NSS와 기타 내가 존경하는 모든 사람이 그가 영리하다고 말했다. 그는 전환 팀 이후에 NASA 정규직으로 옮기게 됐고, 나는 그가 확인 절차를 코디네이팅하는 역할을 포함해 초반에 찰리와 연락을 취하도록 했다. 확인 절차가 모두 끝나고 나는 그가 훌륭한 참모장이 될 것 같다고 추천했고, 새 국장도 이에 동의했다. 조지는 찰리를 위해 지칠 줄 모르도록 일했으며, 동시에 백악관 과학기술정책실Office of Science and Technology Policy, OSTP과 관리예산사무국에서 가장 신뢰받고 유능한 NASA 리더 중 한 명이 되었다.

찰리와 대통령의 면담이 있고 일주일 후, 어느 늦은 오후에 조지 화이트와 내가 사무실에 있을 때였다. 백악관 직원 중 한 명이 우리만 들으라며 한 소식을 전했다. 오바마 대통령은 옵션 1을 선택했다는 것이다. 컨스텔레이션을 완전히 취소하는 것이었다. 나는 대통령이 정치적으로 가장 어려운 선택일 수 있을 테지만 가장 큰 진전을 이룰 수 있는 이 옵션을 선택하기로 결정했다는 사실에 깊은 인상을 받았다.

이 소식에 대한 조지의 반응은 더욱 차분했다. 그는 옵션 1이 우주 개발에 가장 적합한 시나리오라는 데 동의했다. 그의 우려는 컨스텔레이션 전체를 한꺼번에 취소하려 할 경우 이에 대한 반발이 우리 일의 우선순위 진행을 방해할 수 있다는 것이었다. 나는 획기적으로 변화된 예산을 제시하면 NASA가 백악관으로부터 높은 수준의 지원을 받게 될 것이라고 생각했다. 행정부의 결정을 통해 나는 대통령이 대담하고 혁신적인 계획을 밀어줄 의향이 있다는 것을 확인했기 때문이다.

나는 이 추가된 무게가 중요할 것이라는 걸 알았다. 이 결정으로 우리는 새로운 차원의 궤도에 올라섰고, 또 다른 열차가 바로 우리를 향하고 있었으니, 그것은 바로 의회였다.

베스 로빈슨Beth Robinson은 상원에서 인준한 새 CFO였다. 내가 인수팀에 있을 때 스티브 이사코위츠가 추천해 준 베스는 이전에 관리예산사무국에서 최고선임 직원으로 일했었다. 그녀는 NASA에서 누구보다도 예산 절차 및 관련된 사람들을 잘 알고 있는 인물이었다. 베스와 그녀의 팀은 연휴도 마다하고 관리예산사무국 및 과학기술정책실의 백악관 직원들과 협력하여 질문에 답하고 의회가 예산안과 함께 제출하기를 기대하는 의회 정당화를 위한 초안을 작성하기 시작했다.

NASA는 그때 백악관에서 사전 결정한 예산 정보를 전략적으로 유출한 것으로 잘 알려져 있었다. 우리는 이미 행정부의 지침을 따르지 않고 고집을 부렸기 때문에 신뢰가 많이 떨어져 있었다. 대통령의 결정은 1월 초에 확정되었고, 조지와 나는 대체로 어떤 결과가 나올지는 알고 있었지만 국장의 브리핑이 끝나기 전까지는 자세한 내용을 알 수 없었다.

찰리는 예산 공식 발표 일주일 전인 1월 말에 예산에 대한 브리핑을 받았다. 이때 발표된 커다란 결정으로 인해 찰리는 큰 타격을 받은 것 같았다. 그는 누가 내장을 발로 차버린 것 같은 느낌이라고 표현했다. 나는 그에게 이전 책임자 회의에서 나왔던 도표를 보여주면서, 그가 다소 오해했던 이전 지침과 결정들을 설명해 주었다. 그는 자신이 그 과정에 참여는 했었지만 자신의 역할을 완전히 이해하지는 못한 것을 인정했다. 나는 적어도 부분적으로는 유죄였다. 내가 초반에 했던 조언과 권고가 무시된 후, 나는 그와 공유를 많이 하지 않았기 때문이다.

백악관에서 열린 예산 브리핑에서 보여준 찰리의 태도는 행정부 전략을 대변하고 의사소통하는 그의 능력에 대해 경종을 울렸다. 이러한 우려로 인해 그는 공식 예산 발표에서 좀 더 각본에 입각해 역할을 하게끔 하는 결정이 내려졌다. 그 계획이 마음에 드는 사람은 아무도 없었다. 하지만 백악관은 예산안 발표 첫날에 메시지가 누락되는 위험을 감수하고 싶지 않았다. 찰리의 말에 따르면, 이 절차는 비서가 개요를 준비하고 세부 사항은 다른 사람들에게 맡기는 대규모 내각 기관의 업무 방식과 크게 다르지 않다고 했다. 이 위험한 대안은 프로세스를 이야기로 만들고 제안의 내용을 분산시키는 것이었다.

그리고 정말 그렇게 일이 벌어졌다. 연방 예산안이 대중에게 공개된 날, 찰리는 프레스 콜에서 준비된 성명서를 읽은 다음 '다른 회의'를 위해 떠나야 한다고 말했다. 그는 언론에 상세한 정책 질문과 답변은 그의 대리인과 과학기술정책실 참모장인 짐 콜런버거가 할 것이라고 말했다. 질의응답이 끝난 후 베스는 내가 홀드렌 박사와 더불어 다른 과학기관 수장들과 함께 미국 과학 진흥 협회에 NASA 예산을 발표하기 위해 마을 건너편으로 가는 동안 자세한 수치를 요약 발표하고 질문을 받았다. 나는 본부에서 주요 언론 관계자들과 함께 라운드 로빈 프레스 이벤트를 주최하면서 하루를 마감했다.

오바마 행정부가 NASA에 지원하고자 하는 190억 달러는 전년도 대비 3억 달러 인상된 금액에 원래 계획된 5년간 60억 달러를 추가로 받는 걸 합친 금액이었다. 여기에 컨스텔레이션 취소를 제안했고, 이를 통해 추가 왕복선 비행을 위한 자금을 확보하고 2015년부터 최소 2020년까지 ISS를 연장하기로 되어 있었다. 또한 지구 과학 연구, 첨단 기술과 로켓 엔진 개발, 인프라 활성화와 우주인을 ISS로 수송하기 위한 새로운 자금 계획도 들어가 있는데, 이 계획이란 경기부양책에서 나온 산업 파트너십 구축, 즉 민간기업과 협업을 하는 프로그램이었다.

기존에 이루어지던 수십억 달러 상당의 계약 해지를 제안했으니 예산에 대한 부정적인 반응이 놀라운 일은 아니었다. 의회 위원회 배정은 위원들의 선호도에 따라 하게 되는데, 이를 통해 관심사 중심으로 위원회 리더십을 영속시키게 된다. NASA는 수십 년 동안 큰 규모의 국가 의제에 참여하지 않았기 때문에 자체 선출 상원의원과 해당 지구의 기존 계약자들 또는 직장을 가진 하원의원이 표준 집단에 포함되어 있었고, 이들은 주로 현상 유지하는 것에 관심이 있는 편이었다.

연방 예산 절차를 거쳐 공식 발표되기 전까지는 의회와의 협의나 정보 공유를 배제하지만, 이 항공우주 분야 위원회 집단은 이런 파격적인 변경이 사전 언질 없이 제안되고 있다는 사실은 큰 충격이라고 주장했다. 그런데 어떻게 발표되었든 수백억 달러 상당의 계약을 취소한다는 것은 결코 환영받을 일이 아니고, 어떤 사전 통지를 했더라도 마음을 바꿀 수는 없었을 것이다. 예산이 비밀리에 세워졌다는 비난이 편파적 이해관계로 인해 촉발되었다. NASA 내부의 컨스텔레이션 프로그램 관련 팀은 백악관 지침을 무시하면 충분히 원래 자신이 가고자 했던 길을 갈 수 있다고 생각했지만 최종 결정이 났다는 것을 알고 나서는 분노하며 답답해했다.

요청된 예산은 프로그램을 검토하고 향후 예산을 제안하기 위해 구성된 오거스틴 위원회에서 공개적으로 권고했던 내용과 근접하게 일치했다. 그들의 조사 결과에서 컨스텔레이션 프로그램에 대해 해결할 수 없는 문제점들이 대중에게 방송됐고, 업계 언론은 NASA 프로그램에 중대한 변화가 일어날 수 있다고 수개월간 추측해 왔다. 아무도 행정부가 사전 결정된 사항을 그대로 유지하는 전통적인 규칙을 깨뜨리고, 반대가 예상되는 사람들에게 추가로 계획할 시간을 줄 것이라고는 예상하지 못했다. 그러나 이 예산 요청에서 가장 문제는 계획이 아니라 자신들의 바람과 상관 없이 프로젝트를 취소한 과정이라고 여기는 분위기가 만연했다.

의회 청문회 일정이 빠르게 잡혔고 팀은 찰리가 준비하도록 도왔다. 예산안이 나왔을 때 나는 대통령과 부통령에게 지도부에 있는 민주당원들에게 몇 차례 전화를 걸어 줄 것을 요청했지만, 그들에게는 의료 및 다른 우선순위 프로그램에 대한 표를 확보하는 것이 먼저였다. 의회 민주당 지도자들을 대상으로 개인적인 통화가 이 계획에 반대하는 것을 막기에 충분했을지 여부는 알 수 없지만, 이렇게 된 과정과 결정에 어떤 식으로든 대통령이 관여하지 않았다는 주장을 누그러뜨릴 수는 있었을 것이다.

나는 계획이 발표되는 날 넬슨 상원의원과 이야기를 나누면서 그 계획의 근거에 대해 설명했는데 그때 그가 지지해 줄 수도 있겠다는 첫 느낌을 받았다. 하지만 시간이 흐르면서 그는 본인이 전략 수립 과정에 관여하지 못했던 점에 다소 기분이 상한 것처럼 보였다. 다른 많은 사람과 마찬가지로 넬슨 의원도 이 새 계획을 받아들이려면 자신이 감독도 하고 공개적으로 지지했던 프로그램이 목적지 없이 가고 있었던 것을 인정해야 했다.

넬슨 의원의 개인실에서 불편한 일대일 면담을 했을 때 그의 격렬한 분노가 나를 향했다. 일론 머스크의 스페이스X가 NASA의 기존 프로그램을 개선할 수 있다고 공개적으로 한 발언에 대한 응답으로 빌 넬슨은 나에게 "네 아들보고 일론한테 줄 서라 해!"라고 소리쳤다. 플로리다 연안 지역이 이 제안의 인프라 투자와 민간 발사 산업의 개발로 많은 이익을 얻어갈 수 있음을 고려할 때 그가 지지하지 않는 것은 특히 실망스러웠다.

찰리는 예산의 내용과 편성에서 자신의 역할을 제대로 전달하는 데 어려움을 겪었고, 이로 인해 NASA 지도부조차도 그 과정에서 그의 권위가 약화되었다고 믿었다. NASA의 고위 직원들은 의회에 제출된 계획을 NASA에서 개발하지 않았다고 의회에 재빨리 전달하고 계획에 기술적 세부 사항이 부족하다는 점을 내세우며 아직 본격적으로 시행할 준비가 전혀 안 되어 있다고 주장했다. 그들은 결정 과정이나 컨스텔레이션 프로그램을 제외하게 된 이유가 자신들이 백악관의 지침을 따르지 않으려 해서 일어난 일임을 결코 인정하지 않았다.

의사전달은 잘되지 않고, 더구나 이들을 설득하기 위해서 전달하는 의견은 도무지 그 꽉 막힌 사람들에게 먹히지가 않았다. 찰리는 이 변화가 인력상황에 미칠 영향이 걱정되어 컨스텔레이션을 비판하고 싶어 하지 않았다. 나는 문제가 구조적 결정에서 비롯된 것이지 인력에 대한 반영이 아니라는 점을 인정하면서 프로그램이 계획 대비 얼마나 많이 벗어나 있는지 솔직하게 말해야 한다고 생각했다. 우리는 다른 접근 방식으로 인해 서로 설득도 못하고 의사 전달도 제대로 되지 않았다.

찰리는 내가 예산에 불만을 가졌다는 비난에 대해 "예산 과정에 많은 사람이 관여했다"라고 대답했다. 그는 이 제안이 기관으로 하여금 더 의미 있는 목적을 달성하게 하고 더 경제적 이익을 창출할 수 있다는 점에 집중하는 대신 단순히 누군가를 비난하고 싶은 거라면 자신을 비난하라고 말했다. 이것이 그의 의도였든 아니든, 그의 반응은 이 예산안이 자신이나 대통령이 알지 못하는 사이에 만들어졌다는 인상을 누그러뜨리는 데 아무런 도움이 되지 않았다.

대규모 정부 프로그램에서 중대한 변화를 주도하는 방법에 대해 조금이라도 아는 사람이라면 누구나 최고 명령권자의 최종 승인과 지지층 이해관계가 있는 고위 공무원들 사이에 만장일치가 필요하다는 것을 알고 있을 것이다. 사실 그 절차는 말도 안 되는 방법이었고 우리가 제안한 정책과 프로그램은 예상치 못한 것도, 그렇게 급진적인 것도 아니었다. 유인 우주 비행을 반대하는 의제를 추진했다는 이유로 정쟁에 휘말린 나와 내가 이끄는 하급 관료들을 작당모의당으로 표현하며 비난하는 전술이 기존 프로그램을 유지하려고 하는 이기적 집단에 의해 만들어졌는데, 그 집단은 바로 찰리 편에 선 컵보이들이었다. 그들은 혼돈을 만드는 교묘한 심리전에 능숙했다. 이 내용은 컨스텔레이션 프로그램의 문제에 대한 책임이 있는, 따라서 가장 잃을 것이 많은 커뮤니티에 의해 만들어졌다.

이 제안의 배경 아이디어는 나로부터 시작됐지만, 결국에는 오바마 대통령, 그의 과학 자문가, 관리예산사무국 국장, 국가경제협회, 오거스틴 위원회와 공유되었다. 나는 전환 팀에서 근무한 이후로 유인 우주 비행에 대한 대통령의 목표에 대해 대통령과 직접 이야기를 나눈 적이 없었다. 대통령의 직원에게서 들은 내용, 찰리가 공유했던 회의 내용을 듣고 보니 나는 오바마의 견해가 2008년에 우리가 논의했던 내용과 일치함을 믿게 되었다. 작당모의당 묘사는 어찌 보면 내가 해병대 장군이이며 우주인 출신 국장뿐만 아니라 미국 대통령을 능가했다는 아첨하는 말로도 들렸다.

예산안이 발표된 지 한 달 만에, 언론은 찰리의 명령에 따라 NASA의 최대 센터인 휴스턴 존슨우주센터JSC의 수장이 대통령의 계획을 대체할 대안 마련에 착수했다는 소식을 알게 되었다. 마이크 코츠는 찰리의 아나폴리스 동기 중 한 명으로 역시 우주비행사가 된 사람이었다. 그는 록히드 마틴에서 일할 때 왕복선 비행과 NASA 관리직 업무를 했다. 마이크는 정부가 유인 우주 비행 프로그램에 대한 접근을 왜 자신이 일했던 곳 같은 기존 계약업체가 아닌 어떤 다른 평범한 회사를 믿으려고 하는지 이해 못 하는 그런 컵보이였다.

《스페이스 뉴스Space News》는 마이크가 2010년 3월 4일에 받은 이메일에서 볼든 국장이 자신에게 유인 우주 비행 프로그램을 책임지고 있던 다른 센터의 디렉터와 NASA 본부의 주요 리더를 전부 다 모아서 후에 우주 발사 시스템Space Launch System, SLS이라고 부르게 된 프로그램 개발을 하라는 메시지를 받았다고 보도했다. NASA 지도자들의 목표는 업계 및 의회 주요 인사들과 협력해 컨스텔레이션 프로그램과 관련된 계약을 그대로 유지하는 것이었다. 이메일에서는 그 개발 중인 대안을 '플랜 B'라고 했다.

플랜 B에 대해 찰리가 얼마나 의도적으로 많은 부분을 지시했는지, 아니면 컵보이들에게 그가 '아니요'라고 말하지 않고 과묵하게 있었던 결과인지는 분명해 보이지 않았다. 그러나 어느 쪽이든 그는 예산이 뒤집히더라도 개의치 않는다는 메시지로 들렸다. NASA는 찰리가 플랜 B와 거리가 멀다는 뜻의 성명을 냈지만, 이미 마이크가 찰리에게 쓴 이메일은 8명의 NASA 지도자에게 복사되어 널리 유포된 상태였다.

몇 년 후, 마이크 코츠는 NASA의 역사 인터뷰에서 대통령 예산에 반대하고 자신만의 계획을 수립했던 찰리의 역할에 대한 본인의 견해를 말했다. 마이크는 찰리가 예산안 발표 며칠 전 백악관이 컨스텔레이션 프로그램을 취소할 것이라는 사실을 알았다면서 "제 생각에는 아마도 로리 가버가 알려준 것 같지만 잘 모르겠어요. 제가 들은 바에 따르면, 찰리는 주말에 백악관 직원과 논쟁을 벌였습니다. 아마도 참모장이었을 겁니다. '그냥 취소하지 말고 컨스텔레이션 프로그램을 재구성할 기회를 주시면 어떻겠습니까?'"라고 말했다. 마이크와 다른 사람들은 본인들의 이익을 위해 이 이야기를 널리 퍼뜨리고 대세가 되도록 확고히 했다.

플랜 B는 매우 잘 먹혔고, 그로 인해 만들어진 SLS 발사체는 종종 론치 시스템 상원의원*으로 인정받았다. 비록 그것이 기관, 업계 및 의회의 이기적 이해관계자들이 힘을 합쳐 만들어진 것임에도 말이다. 임기가 끝나갈 무렵, 찰리는 자신의 SLS를 지지하는 어젠다를 공개하며 내가 상용 승무원 프로그램을 지지한다고 공개적으로 비난했다. 2016년 말 한 인터뷰에서 그는 자신과 내가 대통령 우선순위를 다르게 해석했다고 말했다. 그는 NASA의 유인 우주 비행 프로그램에 관련되어 있었던 고위층과 내가 SLS/오리온보다 상용 승무원 프로그램을 선호하는 "NASA, 관리예산사무국, 백악관 과학기술정책국의 정치적 동맹" 편에 서서, SLS/오리온에 호의적이던 의회에 맞선 것을 비난했다.

7년 넘게 상용 승무원 프로그램에 대한 지지를 공개적으로 표명했다가 갑자기 돌아선 그는 내가 이 프로그램을 뒷받침했다고 혹평했다. 그의 주장은 내가 그와는 다르게 의회 대신 대통령 행정부 사

* Space Launch System 의 Space를 별명 Senate으로 바꾼 것.

무실과 발맞춰 "대통령의 우선순위를 해석"했다는 것이 잘못되었다고 몰아가는 것이었다. 찰리는 마침내 자신이 반대편이라는 것을 인정하며, 정책 우선순위에 대한 차이가 단순히 그와 나 개인 사이에만 있었던 것이 아니라, 자신과 그의 편에 선 집단 사이에 있었던 것이라고 밝혔다.

날지 못하는 우주선

06

상업 승무원 프로그램의 목표는 상업 화물선 프로그램과 마찬가지로 우주를 오가는 수송비를 줄이는 것이다. 발사 비용을 줄이면 지구과학 미션을 포함한 NASA의 거의 모든 측면에 있어 도움이 될 것이다. 새로운 프로그램은 비행 여부에 관계없이 연간 30억에서 40억 달러에 이르는 아레스와 오리온을 상대로 경쟁을 했기 때문에 비판받는 쪽이었다. 상업 승무원 프로그램의 이점과 함께 기존 프로그램에 대한 문제와 현상 유지에 들어가는 엄청난 비용 등은 내가 우주 커뮤니티를 넘어 모두에게 강조되어야 한다고 생각했던 내용이었다. 하지만 백악관 입법 담당자들은 다른 우선 과제 계획에 집중하고 있었고 NASA 문제에 관여하기를 꺼리는 것처럼 보였다.

나는 NASA의 직원, 계약업체, 언론 및 항공우주 협회와 상용 승무원 프로그램의 강점과 장기적으로 얻을 수 있는 이점에 대해 의견을 나누려고 노력했다. 그런데 긍정적인 효과는 거의 없어 보였다. 백악관이 전면에 나서지 않았고 우리는 컨스텔레이션이 취소된 이유에 입을 닫고 있어야 했으므로 스스로 구덩이를 파고 있던 셈이다. 컨스텔레이션 관련 업체와 의회 관계자는 물속에서 스미는 피 냄새를 맡고 힘을 합쳐 우리에게 대항했다. 반복되는 청문회 속에서, 행정부와 이 프로그램은 질책을 받았고 우리는 설득력 있는 변론을 전혀 내놓지 못했다.

2010년 4월 초, 분노한 상원의원들의 부정적인 코멘트와 전화가 늘어나자 마침내 백악관이 다루기 시작했다. 넬슨 상원의원의 환심을 사기 위한 노력의 일환으로 대통령은 플로리다의 케네디 우주 센터를 방문해 NASA에 대한 지지를 표명하기로 결정했다. 정체된 일을 뚫기 위해 행정부는 우리의 최우선 과제인 상업 승무원, 웹 망원경, 기술 및 지구 과학 프로그램들을 확보할 수 있으면 다른 걸 양보할 수 있다는 의지를 표명했다. 이 연설은 예산안에서 제안한 계획을 개인적으로 설명하고 수용하면서 우주 커뮤니티에 화해의 손길을 내밀기 위해 고안된 것이었다.

아레스 I 로켓은 증가된 비용, 위험 및 일정 지연은 컨스텔레이션 프로그램의 가장 취약한 요소였다. 계약은 유타주에 본사를 두고 우주왕복선에 들어가던 것과 사실상 같은 고체 로켓 모터를 공급하는 업체 ATK 우주 시스템즈ATK Space Systems가 독점하는 것으로 되어 있었다. 아레스 I은 ATK에서 근무한 후 NASA로 돌아왔을 때 이 로켓을 설계했던 전 우주인 스콧 호로비츠Scott Horowitz의 이름을 따서 "스코티 로켓"으로 알려졌는데, 이런 계약에 대해 공정한 감사관이 있었다면 조사가 들어갔을 일이었다. 아레스 I은 원래 NASA, 산업계 및 의회에서 정말 만들고 싶어 했던 더 큰 로켓인 아레스 V의 전신 역할을 하기로 했던 것이다.

업계의 지지를 얻기 위해 행정부가 내놓은 첫 번째 타협안은 아레스 I 없이 간소화된 오리온 캡슐을 유지하는 것이었다. 록히드 마틴은 적어도 오리온 계약을 따내기 위해 경쟁했었고, 프로그램 초기 단계였기 때문에 기존의 진화형 소모성 발사체EELV로 발사하여 우주정거장에서 우주인들의 구명정으로 사용할 수 있도록 캡슐을 개조할 수 있었을 것이다. 아레스 I 로켓을 취소하면 상업 승무원 프로그램에 필요한 자금이 공급되고 정부가 민간 부문과 직접 경쟁하는 것을 막을 수 있었다.

백악관이 기꺼이 내놓은 두 번째 타협안은 우주인들을 위해 다음 심우주 목적지를 정하는 것이었다. 우주인의 목적지는 종종 목표와 혼동된다. 현상 유지에 대해 우리가 했던 주된 비판은 우주인이 지구 저궤도를 벗어날 수 있는 시간대나 '목표'를 설정하지 않았다는 것이었다. 부시 대통령은 2020년까지 우주인이 달에 돌아갈 것이라고 선언했지만, 그의 아버지가 1989년에 선언한 것처럼 그 말을 실현할 수 있는 NASA 프로그램으로 이어지지는 못했다.

아폴로 이후 NASA의 인간 우주 비행 전략은 이유가 아니라 무엇을, 언제, 어떻게 하느냐에 따라 결정되었다. NASA가 더 짧은 시간에 더 저렴한 비용으로 국가 목표를 달성할 수 있는 다양한 임무를 수행할 수 있도록 하는 것은 가치 있는 목표였지만, 그 이유가 의회 선거구에서 일자리를 창출하고 확보하는 것이었다면 효과가 없었다. 우리가 제안한 유연성 있는 방향은 미래에 지구 저궤도를 넘어서게 하는 로봇 및 인간 탐사에 필요한 비용과 시간을 줄이는 모든 기술에 투자하는 것이다. 이 계획은 민간 부문이 정부 경쟁 없이 자체 역량을 개발하고 미래의 대통령이 새로운 혁신 기술을 활용하며 긴급한 국가 및 글로벌 고려 사항에 부합하는 목적지를 선택할 수 있는 유연성을 제공하기 위해 고안되었다. 즉, 오바마 대통령은 실질적인 진전을 이루고 싶어 했다.

대통령은 2025년까지 예산 범위 내에서 우주인을 보낼 다음 장소가 현실적으로 달성할 수 있는 의미 있는 목적지인 경우에만 동의하려고 했다. 달에 보낼 착륙선은 돈이 많이 들었다. 화성은 훨씬 더 비싸고 오래 걸리는 것이었다. 심우주 내 어떤 임의의 지점으로 가는 것도 선택사항이었지만, 별로 흥미롭지 않고 그렇게 가치 있다고 여겨지지 않았다. 하지만 소행성 임무는 이룰 수 있어 보였다. 왜냐하면 소행성의 저중력 환경 때문에 비싼 착륙선이 필요하지 않았고, 이미 개발 중인 우주기술 시스템을 사용하는 것이었으며, 오리온 프로그램으로 지원받을 수 있었기 때문이었다.

소행성은 과학 연구 분야에서 매우 중요한 연구 대상이다. 생명의 근원을 담고 있을 수도 있고 장기적인 우주 개발에 있어서 소행성은 미래에 정거장이나 우주선을 건설하는 데 필요한 채굴 자원을 제공한다. 또한 가장 중요한 부분으로, 지구에 충돌해 인류를 소멸시킬 잠재 가능성도 가지고 있기 때문에 미리 대비하기 위해서 꼭 연구를 해야 한다. 이런 분명한 이론적 근거로 인해 소행성은 대중에게 설득력이 있고 종종 할리우드 관심을 끌었다. 심지어 어디를 갈 것인가 선정하는 과정조차도 우리의 소행성 탐지 및 특성 분석 능력의 개선을 요구할 것이므로 가치가 있다. 마지막으로, 이 임무는 심우주에서 신체 반응을 알기 위한 귀중한 연구 결과를 제공할 것이다. 인간이 화성 등 지구 궤도 밖으로 확장을 시도하려면 뛰어난 수송선만큼이나 신체에 일어날 여러 반응을 알아야 하는 게 중요한 과제이기 때문이다.

대통령은 플로리다에 있는 케네디 우주 센터를 방문하는 동안 단 한 번의 견학과 사진 촬영만 할 시간이 있었고, 이 대통령 방문에 관여한 우리들은 근본적으로 스페이스X 발사대에 가볼 것을 추천했다. 찰리는 연설이나 방문 계획에 참여하지 않았었고, 따라서 오바마 대통령이 기존 왕복선 시설 견학을 하지 않을 것이라고 들었을 때 그다지 놀라지 않은 듯했다. 나는 이번 방문에서 메시지의 초점은 과거가 아닌 미래에 맞춰져 있는 것이라고 거듭 강조하면서 그 결정을 옹호했고, 대통령은 방문 장소를 바꾸지 않았다.

2010년 4월 15일, 케네디 우주 센터에서 오바마 대통령은 미국이 2025년까지 우주인을 소행성으로 보내고 오리온 캡슐 복원할 것이라고 발표했다. 오리온 캡슐은 단순화해서 국제우주정거장의 우주인들을 위한 구명정으로 사용될 예정이었다. 최초의 제안에 대해서 눈에 띄게 조정된 이 두 가지는 NASA 계획의 다른 중요한 요소를 추진할 수 있게 하는 절충안을 찾기 위한 진지한 시도였다.

오바마 대통령은 발언을 마치고 무대에서 내려와 나와 악수를 했다. 관중들은 여전히 환호하고 있었고, 나는 닐 디그래스 타이슨, 빌 나이, 우주인 에드 루Ed Lu 등 잘되기를 바라는 사람들로 둘러싸여 있었다. 오바마는 내 어깨를 토닥이고 웃으며, "이게 도움이 될 것 같나요?"라고 물었다. 나는 솔직하게 이게 도움이 안 되면 아무것도 안 될 것이라고 대답했다.

안타깝게도 나의 말이 맞았다. 아무것도 도움이 안 되었다. 어떤 제안도 반대파를 달래지 못했다. 목적지가 없다는 비판은 그들이 원하는 목적지가 아니라는 비난으로 대체되었다. 소행성을 연구하는 기존 지지층은 예산에 영향을 주기에는 턱없이 적었고, 항공우주산업 기반은 의회와 어떠한 컨스텔레이션 계약 취소든 맞서기로 약속을 맺어서, 오리온을 기존 발사체에 실어서 발사하는 것은 실현 불가능이었다.

백악관 입법부 직원이 의회 민주당 및 록히드 사람들과 협력하여 계획 조정에 동참하고 있다고 말했지만, 내가 플로리다를 떠날 무렵 상황은 그와 반대라는 것이 분명해졌다. 나는 넬슨 상원의원, 록히드 마틴 CEO, 찰리와 이야기를 나눴지만, 어느 누구도 대통령의 말로 바뀔 것은 없다고 생각하고 있었다. 넬슨 상원의원은 여전히 대형 발사체를 위한 로비 활동을 계획하고 있었고, 록히드 마틴의 CEO인 밥 스티븐스Bob Stevens는 오리온을 바꿀 생각이 없었으며, 찰리는 우주인을 화성에 보낼 것이라고 했다.

롭 네이버스는 백악관의 의회 연락 담당자이자 우리 행정부의 주요 인맥 중 한 명이었다. 롭을 볼 때마다 그는 나에게 넬슨 상원의원이 자기에게 계속 전화한다고 말하며 전화 좀 그만하라고 말을 전해

달라고 했다. 나는 일관적으로 대통령의 결정은 남부 의회 대표단의 지지를 받지 못할 것이 분명하며 아무것도 바꾸지 못할 것이라고 여겼다. 하지만 대통령 또는 부통령이 전화 한 통화만 넬슨 상원 의원에게 하면 아마도 그 계획을 지지하도록 설득할 수 있으리라 봤다. 그러나 이들은 한 번도 전화하지 않았고 오히려 넬슨 상원의원이 계속 전화하고 있었다.

우리가 케네디 센터를 떠날 때 롭은 내가 한 번도 본 적 없을 정도로 화가 난 상태였다. 그는 나에게 제 정신을 차리려면 항공우주 분야에서 떠나야 한다고 말했다. 그는 "이 사람들 중에서 실제 우주 프로그램에 관심 있는 자는 한 명도 없습니다. 그들은 독사이고 NASA는 독사 구덩이에요"라고 말했다. 나는 수년간 독을 흡수하면서 면역이 생겨 버틸 수 있었지만 그의 답답함을 이해했다.

수정된 NASA 계획에 백악관 직원들이 며칠 동안 들인 관심은 거의 전적으로 대통령의 케네디 우주센터 방문에 집중되었다. 커뮤니케이션 및 홍보 팀의 목표는 대통령의 시간을 너무 많이 들이지 않으면서 메시지를 전달하고 긍정적 언론 보도를 이끌어내는 것이었다. 조지와 과학기술정책실 직원, 그리고 나는 우주 커뮤니티에 대통령의 리더십을 보여줄 기회를 최대한 활용하기 위해 달리는 기차에서 최선을 다해 일했다. 오리온 타협안, 소행성 목적지, 스페이스X 방문은 대통령의 고위 보좌관들의 지원을 받아 우리의 권고에 따라 이루어졌지만, 에어 포스 원이 왕복선 착륙장에서 바퀴를 떼고 뜨자마자 그 메시지를 전달해야 하는 숙제가 다시 우리 앞에 주어졌다.

오바마의 예산안에 반론한 아폴로 우주인들 말고도, 현역 우주인들이 상업 승무원 개념 및 최근 발표된 소행성 목적지를 공개적으로 조롱했다. 나는 휴스턴 존슨우주센터에 방문했을 때 현직 우주인을 만나기로 되어 있었다. 그러나 그들이 별 관심이 없는 것을 보고 실망했다. 만나기로 한 우주인들은 행정부의 계획과 나 개인을 상대로 공개적인 적대적 모습을 보였다.

그들의 친구 및 컨스텔레이션 계약업체로 일하는 전 우주인 동료는 프로그램 진척도를 잘못 전하고 달과 화성에 가기 위한 스케줄이 계획대로 가고 있다고 거짓으로 전달했다. 우주인 중 일부는 의심할 여지 없이 미래에 다시 같은 회사에 고용되거나 달 위를 직접 걷으리란 희망을 품고 있었다. 우주인은 또 러시아 모스크바에 우주인 훈련센터가 있는 도시인 스타시티Start City에서 만남을 즐겼는데, 이는 형제애 같은 문화 속에서 우주인끼리 알아가는 모임이었다. 이들 우주인은 일론 머스크가 새롭게 만든 수송선에 실려서 발사되는 것을 꺼리지 않았다. 하지만 자신들의 우주인 형제 NASA 국장을 비난하고 싶지 않아서, 나의 꿈들, 나의 생계, 그리고 어쩌면 생명까지도 위협하며 나를 비난하는 것을 쉽게 여겼다.

NASA의 정신은, 다른 모든 이와 마찬가지로, 우주인에 대해 공손한 태도를 취하는 것이지만, 나는 진실을 말하고 더 나은 미래를 위해 노력을 기울인 대가로 충분한 경멸을 받았다. 나는 그들에게 미국 우주 계획의 진정한 이해관계자는 미국 납세자이지 그들이나 공무원인 우리 중 누구도 아니라는 점을 상기시켰다. 나는 대통령이 이 기관을 변화시키려는 계획이 우주에서의 지속적 발전을 이끌도록 고안된 것이지, 결국 우리를 아무 데도 못 가게 한 원인이 아니라고 설명했다. 나의 호언장담이 나를 먹여 살렸던 것 같지만 시간이 가면서 이 현실은 가라앉기 시작했다.

우주인이 민간기업과 협업한다는 개념인 상용 승무원 수송 프로그램을 위한 나의 노력은 오거스틴 보고서의 발표와 함께 시작되었다. 2009년 10월, 나는 러시아 우주국 관계자와 함께 소유즈호를 타고 6개월간 ISS에서의 생활을 마치고 돌아온 귀국 우주인 마이클 바라트Michael Barratt를 맞이하기 위해 러시아를 방문했다. 스타시티에 주둔한 우주인의 수는 내가 아스트로맘 시절 이후로 늘어났다. 컬럼비아호 사고 이후 소유즈호가 우주로 가는 유일한 티켓이었기 때문이다.

네이비 씰 출신으로 국제우주정거장의 관리자였던 빌 셰퍼드Bill Shepherd가 스타시티에서 훈련을 받을 때 머물렀던 집은 우주인의 사회 활동 중심지였다. 셰프스 바Shep's Bar로 알려진 그의 집 지하에 있는 바는 전설적인 곳이었다. 나는 그곳에 여러 우주인과 함께 성공적인 착륙을 축하하는 자리에 초대되어 기뻤다. 여기에는 마이클 포일Michael Foale, 트레이시 콜드웰 다이슨Tracy Caldwell Dyson, 수니타 윌리엄스Sunita Williams, 마크 폴란스키Mark Polansky, 마이클 로페즈-알레그리아Michael Lopez-Alegria가 포함되어 있었다. 내가 아레스 I을 민간 개발 발사 시스템으로 교체하는 것에 지지한 걸로 명성이 잘 알려져 있었기에 나는 분명 그들의 관심거리였다.

내가 도착했을 때 우주인들이 우선 자신의 계획에 대해 솔직하게 말해 주었는데, 알아듣기 어려웠다. 술에 너무 취해서 데리고 나가야 할 사람이 있을 정도로 분위기가 뜨거웠기 때문이다. 그들은 이 분위기를 계속 이어가고 싶어 했다. 나는 술을 많이 마시는 편이 아닌데, 러시아어를 공부한 나의 고등학교 3학년짜리 큰아들 웨스가 (개인 경비로) 동행했기 때문에 더더욱 마실 생각이 없었다. 웨스는 바에 피아노가 있는 것을 알게 되자 신청곡을 받기 시작했고, 트레이시와 수니가 함께 피아노 벤치에 앉아서 〈로켓맨Rocket Man〉을 부르며 몰래 그에게 마가리타를 살짝 주곤 했다.

민간에서 개발한 우주 운송수단의 가치에 대한 논쟁이 몇 시간 동안 이어졌고, 사람들은 라이어스 다이스Liars Dice 게임도 많이 하고, 마가리타도 많이 마셨다. 다음 날 회의에서 느낀 바로 판단하면, 내가 혼자 힘으로 밖으로 나갈 수 있었던 것이 운이 좋았다는 점이다.

라이어스 다이스에서는 졌지만, 몇 년 후 내가 논쟁에서 이겼다는 것은 분명해졌다. 마이크 로페즈-알레그리아는 상업 우주비행 연맹 회장, 마크 폴란스키는 상용 우주 문제에 대한 컨설턴트, 수니 윌리엄스는 스타라이너Starliner라 부르는 보잉의 상용 승무원 발사체를 이용한 최초의 운영 승무원으로 선정되었다. 그들의 지지를 더 일찍 이용할 수도 있었지만, 더 큰 목적을 위해 혼자 힘들게 싸워 승리를 만들었다. 팀에 우주인을 포함시키는 것은 매우 중요했고, 더 많은 우주인을 끌어들이려는 시도가 성과를 거두기 시작했다.

최근에 돌아온 우주인은 찰리와 나에게 그들 임무에서 가져온 깃발이 달린 서명된 몽타주를 정기적으로 가져왔다. 공식적인 프레젠테이션이 끝난 후 우리는 모두 앉아서 그들 비행의 하이라이트에 대해 이야기했다. 이러한 모임의 대부분이 사교적 활동의 일부라는 것을 분명히 알게 되었고, 나는 유인 우주 비행의 미래에 대한 설명을 하기 위해 별도 모임을 요청했다. 모든 우주인이 그들의 바쁜 비행 후 일정에 내가 참여하게 된 것을 높이 평가하지는 않았지만, 나중에 몇몇 우주인은 우리 논의가 그들의 생각과 이후 커리어에 결정적인 영향을 주었다고 말했다.

2010년 7월, 전직 우주인 24명이 우주왕복선을 대체할 시스템에 대한 민간 부문 개발을 지원한다는 서한에 서명했다. 이러한 노력은 상업 우주비행 연맹의 협조를 받았는데, 이 연맹의 직원들은 나의 든든한 조수 역할을 해주었다. 이들의 지지는 중요한 마일스톤이었음이 입증되었고 입법자들의 지지를 얻는 데 도움이 되었다.

✳ ✳ ✳

NASA에서는 우주인 다음으로 추진기관 엔지니어 또는 "로켓 과학자"(더 일반적인 별명)가 가장 많은 비중을 차지한다. 망치가 못을 찾듯이 로켓 과학자는 로켓을 만들 기회를 찾는다. 우주인이 목적지를 바라보는 관점과 마찬가지로, 그들은 대형 로켓, 특히 우주인을 태울 수 있게 설계된 로켓을 만드는 것 자체를 최종 목표로 여긴다. 내 관점에서는, 정부에서 대형 로켓을 만드는 것은 많은 비용이 들고 불필요할 뿐만 아니라, 부당하게 민간 부문과 경쟁하는 일이라고 생각했다.

우주왕복선 이후 대중이 NASA가 자체 대형 로켓을 제작하고 운영하기 위한 비용을 지불해야 하는지에 대한 건전한 논쟁이 한 번도 없었기 때문에, 시스템의 기본 목적에 대한 합의가 이루어지지 않았다. 그래서 목표는 이들에게 스스로 핥아먹고 싶은 거대한 아이스크림콘처럼 보이게 하는 것이었다. 일론 머스크와 제프 베이조스는 NASA가 상업 승무원이나 화물선을 믿고 맡겨준다면 더 빨리 개발할 수 있을 것이라고 나에게 말했다. 정부가 미국 산업에 직접적인 경쟁자가 되는 대신(사실 정책에서는 정부가 민간의 경쟁자가 되는 것을 허용하지 않는다) 일론과 제프 등의 민간기업으로 비용을 절감하면 수십억 달러의 납세자 자금을 더 가치 있는 임무에 투자할 수 있을 것이다.

아레스 I을 희생시켜서 더 크고 더 비싼 로켓을 개발하는 아이디어는 우리 반대파에게 치명적인 것이었고 값을 치르게 했다. 계약이 취소될까 두려워진 상원 직원, 컨스텔레이션 계약자의 로비스트, 업계 관계자 및 NASA의 플랜 B 팀은 국가가 대형 로켓을 즉시 제작하고 이를 위해 기존 왕복선 및 컨스텔레이션 계약을 그대로 사용하는 것을 목표로 하는 법안 초안을 작성했다.

찰리와 내가 우연히 롭 네이버스의 차 뒷좌석에 앉아있었는데 롭이 전화로 행정부가 점점 늘어나는 타협안 목록에서 대형 로켓 제작을 추가하는 데 합의했다고 말했다. 내 관점에서는 조건부 항복보다 더 나빴다. 새로운 대형 로켓을 예정보다 5년 일찍 만들도록 원래 우선순위와 함께 예산에 넣는 것은 매우 비현실적이었다. 찰리는 안도하는 것 같았지만, 그가 협상에 관여한 것 같지는 않았다. 늘 그렇듯, 백악관은 나에게 이 합의를 '승리한 것처럼 보이게' 해달라고 요청했다. 나는 그게 가능할지는 몰랐지만 최선을 다하겠다고 약속했다.

전환 팀에 기간 내내 그리고 내가 부국장으로서 첫해 동안 파트너로 함께 일했던 조지 화이트사이드는 그해 봄에 리처드 브랜슨의 버진 갤럭틱 CEO 제안을 받아들이기 위해 직장을 그만뒀었다. 그의 전략적 사고가 그리워 조언을 구하기 위해 전화를 했다. 나는 조지에게 우리가 컨스텔레이션을 기본적으로 되돌리는 계약을 체결했다는 사실을 알리고 어떻게 하면 우주해적을 계속 태울 수 있겠는지 물었다. 그는 내가 요청한다면 그들이 이 계획을 계속 지지할 것이라고 생각한다고 답했다. 나는 나의 노력이 너무 짧았음을 생각하며 눈물이 났다. 대통령의 지지조차도 NASA 국장으로부터의 반대 의견을 없애버리지 못했다.

10분 정도 통화하는데 조지 쪽에서 바스락거리는 소리를 듣고 나는 통화하기 좋은 시간인지 그에게 묻지 않고 갑자기 전화한 것을 깨달았다. 그제야 그는 몇 시간 전에 첫 아이가 태어나서 함께 병원에 있다는 사실을 인정했다. 나는 그에게 축하한다고 전하고 그가 왜 전화를 받았는지 궁금해하며 크게 사과했다. 그는 괜찮다고 답했다. 내가 전화했을 때 로레타와 아기 조지는 자고 있었고 막 깨어나고 있었다. 내가 아는 세계 최고의 두 사람이 합쳐진 생명이 새로운 삶을 출발한 것에 대한 경외감과 경이로움은 나의 문제를 바라보게 했고 앞으로 다가올 도전에 대비할 수 있게 됐다.

백악관 통신은 우리가 원하는 것의 핵심을 얻었다는 것을 보여주기 위해 거래를 성사시키라는 지침을 내리며 12개의 언론 인터뷰를 진행했다. 행정부 언론 담당자 닉 샤피로Nick Shapiro가 NASA에 배치되었는데, 그는 전형적인 옛날 스타일의 언론인이였다. 그는 보도에서 제외된 기자들에게 전화를 걸기 시작했는데, 상황을 설명하면서 욕설을 퍼붓고는 했다. 그렇게 한 후 그는 나를 소개하면서 질문에 답하라고 했다. 우리는 좋은 팀워크로 일했고, 그날 오후에 전화통화로 보낸 시간이 결실을 맺었다. 의회는 자기들 나름대로 작업해서 이것이 확고한 타협에 관한 신호이거나 합의에 대한 정의가 부족하다면서 본인들이 이겼다고 주장했다. 우주해적들은 조지가 예측한 대로 타협안을 지지하기 위해 모였다.

나는 이번 합의로 인해 NASA의 유인 우주 비행, 기술 및 과학 분야의 우선순위 프로그램에 대한 진행이 느려질까 봐 걱정되었다. 의회는 자금 지원 수준에 대한 최종 결정을 내릴 텐데, 하원에서는 이 제안에 대해 설명조차 받지 않은 상태였다. 상용 승무원 수송이나 기술 및 과학 프로그램에 대해 약속한 지원이 제공될 것이라는 보장은 없었다. NASA의 예산에는 우리가 지원하기로 서명한 모든 우선 과제를 충당하기에 충분한 자금이 없었고, 이 법안은 대형 발사체 개발과 관련된 여러 가지 불가능한 명령을 명시하고 있었다. 국장이 비슷한 우려를 표명하지 않은 상태에서는 행정부로 하여금 이 문제에 집중하도록 할 수 없었다. 하원이 상원의 의견에 동의하자 오바마 대통령은 울며 겨자 먹는 심정으로 10월에 법안에 서명했다.

이 법안을 통해 우리는 초기 상용 승무원 수송 프로그램을 진행할 수 있게 되었다. NASA 지도부 대부분이 반대파에 속해있었다는 점을 감안할 때, 이는 결코 작은 성과가 아니었다.

이 협정은 정부와 민간 부문, 즉 공룡과 털북숭이 포유류 사이의 경쟁을 촉발했다. 포유류들은 공룡의 잔해로부터 살아남으면 자기들끼리 경쟁해야 할 것이었다. 결국 성공할 거라는 건 알았지만, 진화하는 시간처럼 오래 걸리지 않기를 희망했다.

법안에 서명이 끝나자 각 당사자는 무엇보다도 중요한 문제인 어떤 로켓을 만들지 결정하는 전략을 세우기 위해 각자의 위치로 돌아갔다. 우리는 정부가 소유하고 운영하는 시스템을 구축하는데 동의했지만, 백악관에 있는 많은 사람을 포함하여 우리 중 일부는 여전히 어떤 로켓이든 컨스텔레이션보다는 더 지속 가능하도록 설계되기를 원했다.

이 법안은 NASA가 우주인 수송뿐만 아니라 우주정거장에도 가고 달 궤도에도 가도록 초기에는 70메가톤으로 시작해서 진화하여 130메가톤을 발사할 수 있는 로켓을 설계 제작하도록 명시했다. 70메가톤 버전 오리온은 2016년까지 115억 달러를 들여 발사하게 되어 있었다. 나의 대답은 하늘이 보라색이라는 법을 제정할 수 있지만 그렇게 되지는 않는다는 것이었다. 이 법안에는 기존 계약들을 "가능한, 최대한 실용적으로" 사용해야 한다는 요건이 포함되어 있었다. 실용적이라는 말은 "할 수 있다는 것"을 의미하는 예술 용어인데, NASA에 요청했던 것은 분명 이루어질 수 없는 일이었다. 마지막으로 이 책을 쓰면서 확인한 것은, 하늘은 보라색이 아니었고 로켓은 아직 날지 않은 상태였지만, 의회, 계약자 및 대부분의 NASA 관계자는 현실에 흔들리지 않는 것처럼 보였다.

NASA 승인 문구로 불가능을 입법화하는 것은 새로운 현상이 아니었다. 지난 수십 년 동안 통과된 법안은 NASA가 요청했거나 책정자가 승인한 것보다 수십억 달러를 더 많이 허락했다. 이 법안은 쉽게 무시되는 프로그램과 연구과제의 위시리스트가 되어버렸다. 1988년 국립우주협회는 NASA가 우주 정책을 지원하기 위해 어떤 일을 하고 있는지 2년마다 보고하도록 요구하는 승인 문구를 마련하기 위해 노력했지만 보고서는 제출된 적이 없었고 의회나 다른 어떤 곳에서도 아무런 관심을 기울이지 않았다.

2010년 승인된 법안은 승인자와 책정자가 전략적으로 협력했기 때문에 그 중요성이 매우 컸다. 이는 영악한 권력의 움직임이었는데, 책정자들이 법안을 제시간에 완료할 가능성은 거의 없었다. 받아들이기 위해 필요한 것은 단지 약간의 마법 같은 생각뿐이었는데, 값비싼 프로그램의 기존 부분을 활용하고 이들을 조합해 저렴한 가격으로 만들어낼 수 있다는 믿음이 그것이었다.

1985년 개정된 NASA 우주법은 NASA로 하여금 "최대한 상업적 우주 사용을 추구하고 장려하도록" 지시했다. 의회는 이 원칙을 무시하고 자신들이 기존 계약을 연장하라고 내린 방향에 따라 발생할 수 있는 비용 및 일정 증가를 무시했다. 기존 계약을 활용하는 것은 "실행 가능"의 정의에 맞지 않았다. 내 생각은 NASA는 법적 권한을 활용할 때 실제로 실현 가능한 물리 법칙 내에서 법률을 시행해야 한다는 것이었다.

이 법안은 NASA에 로켓 설계를 결정하고 90일 이내에 보고하도록 지시했다. 이것은 정부가 더 저렴하고 지속 가능한 성능을 내는 대형 로켓 발사체 개발에 대해 투자하는 것이라고 보장할 수 있는 마지막 기회였다. 베스와 나는 정직과 진실만이 이 세상을 이끌 수 있다고 믿음으로, 관리예산사무국과 협력하여 90일 보고서에 집어넣을 독립적인 비용 평가를 의뢰했다. 하지만 우리가 틀렸다.

로켓을 설계하고 의회에 제출할 보고서를 작성하는 NASA 사람들은 최소한의 시간과 최소한의 비용으로 무거운 페이로드를 발사한다는 목표에 초점을 맞추는 대신, 업계가 원하는 답을 얻기 위한 필요한 법안에서 추출된 세 단어, 즉 "기존 계약 활용"을 따랐다.

안정적이고 지속 가능한 로켓을 만들겠다는 최종 목표를 향해 가는 것이 아니라, 트위스터 게임을 하듯 시스템을 설계했다. 왼발은 유타에서 솔리드 로켓 부스터를, 오른손은 앨라배마에서 핵심 스테이지를, 왼손은 미시시피에서 탱크 및 엔진 테스트를 하도록… 그렇다, 똑바로 서 있는 것만으로도 게임에서 승리한 것이다. 그 이상 만들어낼 성과가 무엇이 있겠는가.

유타에 소재한 회사는 자신들이 대형 고체 모터를 생산하는 미국에서 유일한 곳이라는 점을 내세워, 왕복선과 컨스텔레이션 양쪽에 단독 공급 계약을 체결한 ATK를 재고하려는 시도에 대해 특히 우려를 표명했다. 그들은 법안 문구에 따라 '기존 계약을 연장해야 한다'고 생각했고, 그것을 따르지 않으면 '법을 어기는 것'이라고 믿었다. 내 관점에서는 가장 효율적이며 효과적인 로켓 개발로 이어질 수 있는 대안을 고려하는 것이 '실행 가능한' 솔루션을 달성하는 유일한 길이라고 생각했다.

유타 대표단은 찰리와 나에게 이 문제에 대해 논의할 청중을 요청했다. 일곱 명의 남자와 나는 상원 의원실의 커다란 회의용 탁자 주위에 앉았다. 고체 로켓 모터를 만드는 한 회사 외에 다른 회사를 고려한 것에 대해 꾸짖음을 받는 자리였다. 그들의 메시지는 직접적으로 나를 향한 것이었지만, 그들은 찰리와 나에게 각각 "법을 따르고" 고체 로켓 모터를 사용할 것인지 확인해 달라고 부탁했다. 나는 법을 따르겠다고 약속했지만 그 말 외에는 어떤 약속도 하지 않았다.

회의실을 떠나기 전에 오린 해치Orrin Hatch 상원의원이 나를 따로 불러 나의 얼굴에 손가락을 흔들며 이렇게 말했다. "당신이 문제라는 걸 알고 있소. 내가 지켜보고 있으니 앞으로 조심하는 게 좋을 겁니다." 다음 날 아침, 유타주 신문에는 대표단 구성원들이 NASA 지도부를 꾸짖고 우리가 "고체 모터를 사용하고 법을 따르겠다"라는 확신을 받았다는 내용의 인용문이 가득했다. 그들은 결코 그 항목들이 같은 것을 가리키지 않는다는 점을 인정하지 않았다. 해치 상원의원의 미디어 라인은 "NASA가 최근 법을 우회할 가능성에 관한 관심을 표명했기 때문에" 회의가 열렸음을 주장했다. 그 회의에 관한 몇몇 보고서에서는 고체 로켓 모터가 없는 로켓을 개발하는 것이 더 "실행 가능한" 것이라면 사실상 이는 합법적이라고 강조한 반면, 다른 보고서들에서는 "실제적"이라고 잘못 표기하며 대부분 옳다고 강조했다.

이 모든 비실제적이고 실행 불가능한 요구사항을 충족하기 위해 NASA는 해결하는 데 90일 이상이 걸렸고, 나와 베스가 이 보고서를 개인적으로 유보하고 있다는 소문이 돌았다. 우리에게 씌여진 그 혐의는 완전히 가짜였다. 그럼에도, 2011년 7월, 최종 보고서가 없는 상태에서 상원은 나와 베스, 찰리에게 우주 발사 시스템과 관련된 이메일에 대한 소환장을 보냈다.

백악관 법률 고문실의 변호사가 전화를 걸어 행정부가 행정 특권을 행사해야 하는지 물었고 나는 어떤 것도 대통령에게는 문제 되지 않을 것이라고 답했다. 보고서에 내가 유일하게 추가한 의미 있는 내용은 재사용 가능한 부스터에 대한 향후 경쟁을 확고히 하는 것이었다(하지만 블루 오리진이 매우 경쟁적인 파트너십 계약에 입찰했을 때에도 NASA는 ATK와의 계약을 고수했다).

소환장을 받았다는 헤드라인이 쏟아진 후, 불법 행위의 증거가 발견되지 않자 언론은 침묵했다. 나는 가끔 토론 그룹에서 의회로부터 소환장을 받았다는 것이 내가 불법적이거나 비윤리적인 일을 했다는 '증거'로 언급되는 것을 보았다. 그것이 사실이었다면 대중에게 헤드라인으로 공개되었을 것이라는 사실을 인식하지 못한 채 말이다. 내 경험에 의하면, 소환장이 송달됐다고 해서 송달받은 사람이 부적절하게 행동했다는 것을 증명하는 것은 아니다. 심지어는 그 반대가 될 수 있다.

NASA의 차세대 대형 로켓이 어떤 모습일지 두고 치열한 전투를 벌이는 동안, NASA의 가장 최근의 대형 로켓이 마지막 항해를 마쳤다. 마지막 우주왕복선 STS-135의 미션은 그해 여름 아틀란티스Atlantis와 4명의 우주인에 의해 수행되었다. 지난 9번의 우주왕복선 발사를 안전하게 완료하는 것은 내가 중요하게 여겼던 책임이었고, 그 임무를 수행한 팀을 나는 엄청나게 존경한다. 결국에, 역사는 장기 프로그램이 끝나는 동안 많은 실수가 일어나는 것을 보여준다. 성공하기 위해서는 마지막 순간까지 신중함과 집중을 유지해야 했고 NASA 산업팀이 이를 달성했다.

왕복선 퇴역 후 처분하는 방법에 대한 NASA의 계획은 우리 전환팀이 작업을 시작했을 때에는 계획되지 않았지만, 기관의 개발과 직접적으로 관련이 있는 기관 센터에 전시하는 것으로 결정이 내려졌다. 각 우주선을 '박물관 전시상태로 준비'되도록 하는데 드는 예상 비용은 운송 비용을 제외하고 2,000만 달러였다.

새로 합류하는 정치 팀, 주로 조지와 나는 박물관이 납세자 비용을 상쇄할 수 있도록 입찰을 하자고 제안했다. 선정 기준에 관한 가장 중요한 부분은 어디가 가장 많은 방문객이 올 수 있는가였다. NASA가 스미스소니언Smithsonian과 케네디 우주 센터에 왕복선을 무료로 제공하는 비공개 계약을 체결했는데, 뉴욕시와 로스앤젤레스의 박물관이 이것도 모르고 공공 보물을 전시하는 영예를 얻기 위해 정부에 2,000만 달러를 지불했다.

우주선을 박물관에 전달하는 과정은 물류적으로는 힘들고 개인적으로는 가슴이 아픈 일이었다. 찰리는 나에게 이 일을 주도해서 맡아달라고 부탁했다. 당시 나의 첫째 아이 웨스는 일 년 전 대학에 진학했고, 둘째 미치는 곧 뒤를 이을 것이라서 나의 느낌은 아이들이 둥지를 떠날 때 느꼈던 감정과 비교할 수 있었다. 나에게는 슬픔, 안도, 자부심, 기쁨 등이 뒤섞인 시간이었다. 왕복선이 떠나는 것을 보고 슬픈 마음이 컸지만, 우리가 이것을 영원히 사용할 수 있도록 키우지 못했다는 점도 알고 있었다. 데이빗과 내 아이들이 집을 떠나면서 스스로 새로운 모험을 시작했던 것처럼, 왕복선을 퇴역시킨 것은 NASA에 새로운 가능성을 열어준 것이었다.

나는 미래를 내다보면서 이 프로그램 유산을 기리기 위해 최선을 다했다. 나의 작별 메시지는 왕복선의 무게 대 추력 비율과 같은 사실과 수치보다는 왕복선이 수행했던 임무에 초점을 맞췄다. 나는 왕복선 초창기 우리 국가와 전 세계가 통신 위성, 지구 과학, 국가 안보 발사를 통해 얻은 혜택과 행성간 임무를 통해 밝혀진 발견들, 다섯 번의 허블 우주 망원경 서비스 임무, 30회 이상의 왕복선 발사로 건설한 우주정거장을 강조했다.

내 관점에서는, 이 프로그램의 가장 중요한 유산 중 몇 가지 꼽자면, 미국 여성과 소수 인종이 왕복선을 타고 최초로 우주여행을 했다는 점과 국제 파트너십이 왕복선 여러 임무에서 중요한 역할을 했다는 것이다. 이러한 방향에서 왕복선은 '변혁적'이었다. 지난 25년 동안 우주에서 러시아와 평화롭게 일을 함으로써 전 세계가 얻은 것은 가격을 매길 수 없는 부분이다.

나는 운영비용 절감과 우주운송위험 완화 이유를 제외한 다른 이유로 왕복선 설계 결정을 내리는 것에 대해 비판적이지만, 프로그램의 궁극적인 성과나 이런 성과들을 가능하게 하도록 노력한 수만 명의 사람에게는 해당되지 않는다. 오히려 정반대이다. 나의 불안감은 노동력과 국가가 더 나은 대우를 받을 자격이 있다는 믿음에서 비롯된다. 민간기업은 주주에 대한 수익에 초점을 맞추고, 의회는 국민에 대한 충성을 다해야 한다는 점을 고려할 때, NASA가 포함되어 있는 행정부의 조치는 상당한 비판을 받아 마땅하다.

NASA와 그 이해관계자들은 일반적으로 관리예산사무국의 결점을 비난한다. 더 많은 돈이 있으면 모든 문제가 해결될 것이라고 믿기 때문이다. 내가 다닌 대학원 프로그램에서는 관리예산사무국이 NASA에게 왕복선 예산이 기관이 원래 요청했던 예산과 다를 것이라고 보낸 원본 메모 사본을 배포했다. 스모킹 건Smoking gun*의 증거로 말이다. 학자들이 놓치고 있는 것은, NASA가 담당 행정부의 지원을 받는 국가 목표를 더 늘리지 않도록 제한하는 책임을 가져야 한다는 것이다. 궁극적으로 NASA는 행정부 예산에 맞춰 프로그램 설계를 할 책임이 있다. 진정한 스모킹 건이란, 합리적 예산을 제시하는 대신 NASA와 업계 리더들이 비현실적인 기간과 예산으로 할 수 없다는 점을 충분히 인식하고 공개적으로 자신들이 선호하는 프로그램에 대해 서명을 하는 것이다.

나는 오바마 행정부의 일원이 된 것이 매우 자랑스럽다. 내 생애 모든 대통령 중에서 리더로 감고 싶은 다른 사람은 없다. 하지만 그것이 그의 결점을 인식 못하게 하지는 않았다. 대통령은 국가 전체 이익을 최우선으로 고려하도록 선출된다. 우선순위를 수행하고 책임질 수 있는 최고의 인재를 선택하는 것은 대통령의 책임이다. 그런 면에서 국가의 최선의 이익을 위한 계획을 제안한 후, 그 계획이 받아들여지기 위해 소비되는 무수한 정치적 자원에 나는 실망했다.

대통령은 혁신적인 NASA 의제를 선택했고 이에 대한 강력한 지지를 표명했다. 모든 대통령이 그래야 하듯, 그는 자신이 제시한 프로그램을 개발하고 옹호해 줄 이들을 믿었다. 그런데 불가피한 반발이 닥쳤을 때, 그는 자신의 팀이 정치적 자본을 낭비하지 않도록 편협한 이해관계를 가진 사람들에게 양보를 허용했다. 그 제안은 발전을 촉진하기 위해 설계되었던 것이고, NASA 리더십의 의견이 일치했다면 성공적으로 실행될 수 있었을 것이어서 그의 허용에 많은 아쉬움이 남는다.

* 피할 수 없는 자명한 증거라는 뜻.

행정부가 독립적인 비용 분석 시행을 주도로 진행했고 그 결과 의회에서 정한 비용과 일정을 맞출 수 없음이 드러났다. 그러나 백악관과 NASA 국장은 상원 의원이 계획을 지지하는 것처럼 보이게 하기 위한 문구를 평가 결과서에 집어넣도록 허용했다. 넬슨 상원의원과 허치슨 상원의원은 독립적 분석 결과를 대중에 공개하는 것은 방해 행위라고 비난했고, 행정부에게 2011년 9월 이 문제를 해결하기 위한 최종 회의를 열도록 강요했다.

최종 회의에 파견된 행정부 대표단은 미국관리예산실 책임자 잭 루Jack Lew가 이끌고, 여기에는 찰리, 롭 네이버스, 그리고 내가 포함되었다. 우리는 상원이나 그들 직원과 상의 없이 "논란의 여지가 있는" 프로그램을 제안했다는 이유로 비난을 받으면서도 순종적으로 그 자리에 앉아있었다. 거기에는 자기 주의 지역 이권 프로젝트를 보호하던 두 상원의원이 구경하고 있다가 우리가 한 "피해 복구"의 공로가 본인들에게 있다고 주장했다. 우리는 거의 반발을 하지 않았다. 우리 프로그램의 가치 제안을 옹호하거나 그들이 추구하는 현상 유지 프로그램이 비효율적이며 비효과적이라는 점을 상기시키는 대신 그냥 꾹 참았다. 우리는 로열 플러시 최고의 패가 있었고 그들은 2번이 적힌 카드를 두 장 가지고 있었지만, 우리는 내밀지 않고 그냥 테이블을 떠나주었다.

상원 직원은 원하는 것을 얻고 다음 날 상원에서 우주 발사 시스템 설계를 발표하는 기자 회견 일정을 잡았다. 넬슨 상원의원은 9월 14일 행사 오프닝에서 자신이 '괴물 로켓'이라고 부르는 발사체가 이미 만들어진 것처럼 묘사했다. 넬슨 상원의원과 허치슨 상원의원은 불과 일주일 전 언론 성명을 통해 "행정부가 유인 우주 프로그램을 훼손하려고 했다"로 주장했었으나, 이날 발표에서는 백악관과 의회가 합의한 것으로 간주되었다. 그곳에는 대형 포스터가 전시되어 있었는데, 넬슨 상원의원이 그것을 뒤집어 아티스트가 렌더링을 한 달에 간 새턴 V 로켓을 닮은 새로운 로켓 디자인을 공개했다. 상세한 그래픽으로 인해 마치 사진처럼 보였다. 플로리다주 상원의원은 "미국의 가슴에는 탐험하고 싶은 열망이 있다"라고 말하면서 NASA는 "하늘을 탐험하는" 임무를 맡았다고 덧붙였다. 찰리도 짧게 연설하도록 초대 받았지만, 넬슨 상원의원과 허치슨 상원의원만 질문을 받았다.

나는 회견장 옆 쪽에 서 있었는데, 내가 보고 있는 것을 거의 믿기 힘들 정도로 맥이 빠져 벽에 기대야만 했다. 이 기념 행사는 전날 회의에서 행정부 승인을 받기 훨씬 전부터 계획된 것이 분명했다. 프로그램실의 NASA 직원부터 센터, 입법부, 법률 고문, 심지어 공무원도 비밀리에 우리에게 반대해 일하고 있었던 것이다. 나는 이 회견장과 전국에 있는 사람 중 얼마나 많은 이가 이 발표에 열광하고 있는지 생각해 보았다. 당신들의 지도자가 무엇을 달성할 수 있는지에 관해 거짓말을 하고 있다는 사실도 모르는 채 말이다. 수천 명의 사람이 향후 10년을 장기 지속 불가능한 시스템을 개발하면서 시간을 보낼 것이다. 나는 내가 노동계와 국가를 망쳐버린 듯한 느낌을 받아서 매우 힘들었다.

이날 발표는 몇 가지를 제외하고는 대부분 우주 커뮤니티에 승리로 알려졌다. 스페이스 프론티어 재단Space Frontier Foundation은 국립우주협회에서 분리된 반군 단체 중 하나였는데, 재단 회장 릭 텀린슨

Rick Tumlinson의 발언의 골자는 다음과 같았다.

> 상업 우주 프로그램을 활용해 NASA의 우주 탐사, 정착 및 새로운 우주 산업을 지원할 수 있는 비용 절감과 장기 지속 가능한 인프라를 개발함으로써 얻을 수 있는 놀라운 가능성들이 정부의 수퍼 로켓을 만들려는 탐욕적이고 편협하며 비전이 없는 소수의 지역 이권 주의 의회 집단의 의도에 의해 다시금 좌절되었다. 우리는 전에도 이런 경험을 했는데, 그때도 부서졌고 이번에도 마찬가지로 그렇게 될 것이다.

이 단체의 의장인 밥 워브Bob Werb는 이렇게 덧붙였다. "넬슨 상원의원이 SLS를 예산 잡아 먹는 괴물 로켓이라고 불렀는데 그의 말이 맞다. 그 예산으로 인해 수행되어야 할 모든 임무가 사라지고, 우주인 프로그램이 중단되고, NASA 전반적인 과학 및 기술 프로젝트가 파괴될 것이다."

모든 항공 우주 회사와 산업 그룹이 SLS 결정을 지지한 것은 놀랍지 않았다. 항공우주산업협회Aerospace Industry Association는 "우리 경제가 경기 침체에서 벗어나기 위해 고군분투하고 있지만, 이 계획은 더 나은 미래에 대한 미국의 믿음이 지속되고 우주 탐사 분야에서 지속적인 리더십이 유지될 수 있기를 바라는 희망의 빛줄기"라고 성명을 발표했다. ATK는 "최종 디자인을 놓고 경쟁할만한 좋은 위치에 있다"라고 말하며 계획된 발사체 부스터 경쟁까지 받아들였다.

한 의원은 이 계획에 반대하는 목소리를 냈다. 캘리포니아주 출신의 공화당 하원의원 다나 로라바허Dana Rohrabacher는 성명을 통해 "이 접근법에는 새롭거나 혁신적인 것이 없으며, 특히 천문학적인 가격표는 진정한 비극이다"라고 말했다. 그는 아폴로 예산 삭감으로 새턴 V가 종료된 것과 거의 같은 방식의 예산 압박으로 인해 이 프로그램이 끝날까 두렵다고 말했다. "로켓에 대한 향수를 일으키는 것은 위대한 국가가 미래를 발명하는 방식이 아니다"라고 그는 결론 내렸다.

행정부의 서명 후에는 NASA 팀이 성공할 수 있도록 최고의 기회를 제공하기 위해 최선을 다하는 것이 우리 임무였다. 행정부는 약속을 보류하고 매년 프로그램에 30억 달러 이상을 신청했고, 의회는 훨씬 적은 규모의 상용 승무원 수송과 기술 프로그램에 대한 신청을 대폭 삭감해 그 금액을 훨씬 큰 규모의 SLS와 오리온 예산에 쏟아부었다. 공룡사들은 기본적으로 각 상용 승무원 수송 경쟁사보다 10배나 많은 자금을 받았다. 나의 목표는 처음 몇 번의 겨울 동안 포유류를 보호해서 포유류가 진화해 보다 지속 가능한 우주 프로그램을 만들 수 있도록 하는 것이었다.

오바마 대통령은 상대방을 이길 수 있는 자신의 능력을 믿었다. 모든 당사자가 우주 프로그램의 최대 이익을 염두에 두고 있다고 믿었기 때문에 우리는 종종 억울하게 뒤통수를 맞곤 했다. NASA의 제안에 대한 항공우주 커뮤니티의 부정적인 반응은 참여도를 떨어뜨렸다. 2010년 4월 그의 연설은 대통령 재임 기간 동안 NASA에만 헌정된 유일한 연설이었다.

대통령 연설 중 가장 자주 인용됐던 말은 달과 관련된 "거기 있었어요, 해봤어요. 그렇죠, 버즈?" 이런 것들이었다. 내가 그 전날 밤 보았던 준비된 연설에는 그런 대사가 없었다. 버즈는 대통령과 함께 무대에 올라갔고 그 발언들은 즉흥적으로 보였다.

우리가 "계획된" 달 착륙을 채택하지 않은 가장 큰 이유는 현실을 받아들였기 때문이다. 5년 예산이 소진되는 동안 달 착륙선이나 대형 로켓에 들어갈 자금이 없었고, 책정된 적도 없었기 때문이다. 일부 행정부는 분명히 다른 행정부보다 예산 현실에 덜 제약을 받고 있다고 느끼지만, 우리는 진실을 말하는 것이 최선이라고 생각했다.

오바마의 플로리다 연설에서 나온 이 실질적 메시지는 기억할 가치가 있다.

> 저는 NASA의 사명과 미래에 100% 전념하고 있습니다. 우리는 태양 대기 탐사선, 화성 및 기타 목적지에 대한 새로운 정찰 임무, 허블을 추적하기 위한 첨단 망원경 등 태양계에 대한 로봇 탐사를 강화하여 그 어느 때보다 우주를 더 깊이 들여다볼 수 있도록 할 것입니다. 우리는 기후와 세계에 대한 이해를 높이기 위해 지구 기반 관측을 늘릴 것입니다. 그리고 우리는 아마도 국제우주정거장의 수명을 5년 이상 연장할 것입니다.
>
> 우리는 30억 달러 이상을 투자하여 승무원 캡슐, 추진 시스템 및 심우주에 도달하는 데 필요한 대량의 보급품을 효율적으로 궤도에 보낼 수 있는 고급 '대형 로켓 발사체'에 대한 연구를 수행할 것입니다. 이 새로운 발사체를 개발하면서 우리는 구형 모델을 수정 또는 개조하는 것뿐만 아니라, 새로운 설계, 신소재, 신기술 개발을 통해 거기서부터 우리가 어디로 갈 수 있는지 뿐만 아니라 무엇을 할 수 있는지로의 혁신을 모색할 것입니다.
>
> 우리는 우주인을 더 빨리 자주 우주에 보낼 수 있도록, 더 적은 비용으

로 더 멀리 더 빨리 우주여행을 하도록, 더 안전하게 더 오랜 시간동안 우주공간에서 거주하고 일할 수 있도록 하는 획기적인 기술 개발에 대한 투자를 즉시 증가시킬 것입니다. 이는 주요 과학 및 기술 문제를 해결하는 것을 의미합니다. 장기간 임무에서 우주인을 방사선으로 보호하려면 어떻게 해야 할까요? 먼 세계의 자원을 어떻게 활용해야 할까요?

향후 10년, 일련의 승무원 비행을 통해 지구 저궤도 너머 탐사에 필요한 시스템을 시험하고 검증할 예정입니다. 그리고 2025년까지는 장거리 여정을 위해 설계된 새로운 우주선을 통해 달 너머 심우주로의 최초 유인 탐사 임무를 시작할 수 있을 것으로 기대합니다. 먼저 역사상 처음으로 우주인을 소행성에 보내는 것부터 시작할 것입니다. 2030년대 중반까지는 인간을 화성 궤도로 보내고 안전하게 지구로 귀환시킬 수 있을 것으로 믿습니다. 그리고 화성 착륙이 뒤따를 것입니다. 저는 그 일들을 볼 수 있을 것이라 기대합니다.

우리는 산업계와 파트너 관계를 맺을 것입니다. 우리는 최첨단 연구와 기술에 투자할 것입니다. 우리는 광범위한 마일스톤을 세우고 이러한 마일스톤에 도달하기 위한 리소스를 제공할 것입니다. 비할 바 안 되는 작은 돈으로 우주 프로그램은 우리의 삶을 개선시키고, 사회를 발전시키고, 경제를 강화하고, 여러 세대의 미국인들에게 영감을 주었습니다. NASA가 이 역할을 계속 수행할 수 있다는 점에는 의심의 여지가 없습니다.

오바마 대통령의 700페이지 분량의 회고록인 『약속된 땅A Promise Land』에 NASA에 관한 내용은 채 한 페이지가 안 된다. 책에는 그가 2011년 4월 29일에 계획된 왕복선 발사를 보기 위해 가족과 함께 케이프로 향하는 마린 원Marine One에 탑승했을 때가 간단히 담겨 있다. 또 아보타바드Abbottabad 임무, 즉 오사마 빈 라덴의 죽음으로 이어진 네이비 씰의 파키스탄 습격 수행 명령을 내렸을 때도 기록되어 있는데, 이 사건들은 대통령이 얼마나 많은 요구를 받고 수많은 중요한 결정을 내려야 하는지에 관해 보여주는 우울한 대목이다. 대통령이 자신의 권한 아래 있는 모든 문제에 적절한 관심을 기울이는 것은 불가능하며, 따라서 신뢰할 수 있는 팀을 선택하고 지원하는 것이 무엇보다 중요한 것이다.

찰리와 나는 그날 케이프에서 대통령 가족을 동반했을 때 각각 한 명씩 손님을 데려올 수 있다는 소식을 늦게 받았다. 내가 막내 아들 미치를 학교에서 데리고 나와 합류했는데, 뜻하지 않게 오바마는 내 아들과 시카고 불스가 NBA 플레이오프에서 어떻게 경기하고 있는지 실없는 대화를 하며 눈에 띄게 편안함을 느끼는 것 같았다. 왕복선의 발사는 연기되었지만 내가 우주인 가이드를 했고 사샤와 말리아(그리고 영부인 미셸과 그녀의 어머니)가 자신의 우주 임무에 대해 설명하는 우주비행사 자넷 카반디Janet Kavandi를 지켜보며, 이를 통해 인간의 우주 비행이 얼마나 사람들에게 영감을 줄 수 있는지에 관한 생각을 강화할 수 있었다.

오바마 대통령은 회고록에서 여성 우주비행사와의 만남이 딸들에게 미친 영향을 되돌아보며 당시 방문에 대한 좋은 추억이 되었다고 서술했다. 그는 재임 동안 STEM 교육을 어떻게 강조했는지 언급하면서 "나는 또한 NASA가 저궤도 우주여행에 대한 상업적 벤처와 협력하여 미래 화성 임무들에 대해 혁신하고 준비하도록 격려했다"라고 덧붙였다. 이것이 그의 8년 재임 동안 NASA에 대해 기록한 기억의 전부이다.

NASA의 암흑물질

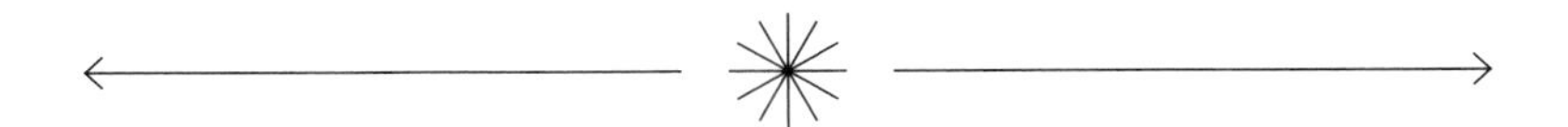

07

NASA에서 일하니 정치과학 및 경제학 교육을 받은 사람으로서 엔지니어링에 대해 생각했던 것보다 훨씬 더 많이 배울 수 있었다. 똑똑한 사람은 거의 모든 것을 설명할 수 있다는 것을 알게 되었지만, 내가 파악하기 가장 어려운 주제는 천체물리학이었다. 구조 공학, 추진, 행성 및 지구 과학, 생물학, 화학, 심지어 천체생물학(그렇다, 우리가 만들었지만 이제는 현실이 되었다)까지 천체물리학에 비하면 간단해 보였다.

알파 자기 분광계Alpha Magnetic Spectrometer, AMS는 1990년대 노벨상을 수상한 천체물리학자 샘 팅Sam Ting 박사가 NASA에 제안한 임무이다. 이 기기는 에너지부의 지원을 받아 ISS에 설치하도록 설계되었지만 컬럼비아호 사고 이후 폐기되었다. 팅 박사는 내가 오바마 전환 팀에 있을 때 찾아와 이것을 다시 화물 목록에 올리려고 로비하고 이 기기가 우주선cosmic rays 속에서 반물질을 어떻게 감지하는지 설명했다.

팅 박사의 긴장감은 강했고 브리핑도 빽빽했다. 내 질문 중 어떤 것이 어리석고 적절한지 감을 잡기 힘들었다. 그러다 내가 암흑물질이 뭐냐고 질문했을 때 팅 박사의 해 준 설명 덕분에 마음이 좀 편해졌다. 그는 과학자들이 내게 몇 시간 동안 설명할 수도 있지만, 암흑물질은 근본적으로 우리가 이해 못하는 전부라고 했다. 우리는 결국 자금을 확보했고 AMS가 가동되는 것을 보고 정말 기뻤다.

나는 팅 박사의 설명이 과학적으로 받아들여지는지는 모르겠지만, 내 선에서는 이해가 되었다. 그 경험을 한 후 나는 NASA의 몇몇 고위 지도자의 불법적이고 비윤리적 행동, 즉 내가 결코 이해할 수 없는 행위들을 암흑물질이라고 불렀다.

나에게는 공무원이 본인의 사익을 위해 공공의 돈을 사용하는 것보다 더 나쁜 범죄는 없다고 본다. 이는 정치과학의 자연법칙에 어긋나는 행위이다. 나는 NASA 직원이 세금을 어떻게 써야 할지 결정할 때 응당 본인이 결정 자격이 있다고 여기는 경우가 매우 빈번하다는 것을 발견했다. 나의 첫 번째 예는 화성이고, 그 이야기는 지구에서 시작된다.

오바마 행정부는 지구 온난화로 인한 문제를 해결하는 것을 최우선 과제로 삼았기 때문에 전환 팀은 이것을 우리 계획에 크게 강조해서 반영할 것을 요청받았다. 내가 찰리에게 제안한 첫 번째 조직 변경은 지구과학 부서를 우주 과학실에서 분리해서 승격시키자는 것이었다. 홀렌드 박사는 이 움직임을 지지했고, 찰리도 처음에 그 아이디어를 받아들이는 것 같았다. 몇 주 후, 내가 그에게 다시 그 건을 제기했을 때, 그가 나에게 말하길, 우주 과학실 에드 와일러Ed Weiler 박사에게 물어보니 그는 그러고 싶지 않다고 했다는 것이다. 일언지하 거절이었다.

우리는 전환 팀에서 검토하는 동안 NASA 우주 과학실 개혁이 절실히 필요한 곳 중 하나라는 것을 알게 되었다. 우주 및 지구과학의 대부분은 구축하는 데 수십 년이 걸리는 수십억 달러 규모의 임무 늪에 빠져 있었고 혁신이 억제되어 있었다. 국가 과학 학술원의 10년 설문조사에 딱 붙어서, 새로운 기술이나 기회를 활용할 여지는 거의 없었고, 동료 심사 프로세스를 곤봉으로 삼고 있었다. 에드는 우리가 제안한 모든 아이디어에 반대했고, 컵보이가 되기 위한 자격으로 군 복무가 꼭 필요한 것은 아님을 증명했다.

에드 와일러 박사는 30년간 NASA에서 다양한 과학 리더십 직책을 거친 후 2008년 마이크 그리핀에 의해 NASA 과학실 책임자로 임명되었다. 우리는 댄 골딘 밑에서 함께 일하고 잘 지냈지만, 나는 그가 무례하고 음란한 대화를 좋아하는 편이라는 것을 감안해 그를 최대한 멀리했다. 에드는 관료 문화의 산물이었고, 자신의 감시 아래에서 발생한 문제에 대한 책임 회피의 기술을 완벽하게 갖추고 있었다.

NASA가 21세기 혁신 기관으로 변모하려 한다면 60억 달러의 과학 예산을 무시할 수 없었다. 찰리가 에드를 교체할 의지가 없을 때 나는 주변을 찾아보았다. 나의 가장 성공적인 전략 중 하나는 수석 과학자와 기술자 직책을 부활시켜 이를 통해 조직에 생명을 불어넣을 창의적인 리더를 더 많이 모으는 것이었다.

NASA의 천문학 및 천체물리학 프로그램은 제임스 웹 우주망원경James Webb Space Telescope이 시작된 1990년 중반부터 어떤 모양으로든 에드가 담당해 왔다. 허블의 후속 프로그램으로 설계된 이 프로그램은 5억 달러의 비용이 들 것으로 예상되며 2007년 착수 예정이었다. 에드 재임 동안 프로그램 비용은 20배 증가했고 10년 이상 지연되었다. 이 프로그램이 계속 존재할 수 있었던 것은 사업이 전국적으로, 특히 바바라 미컬스키Barbara Mikulski 상원의원의 고향인 메릴랜드주로 확산되었기 때문이었다. 웹의 수십억 달러 비용 초과는 과학 예산에 혼란을 야기했고, 행성 과학 외에는 그 비용을 충당할 곳이 없었다. 행성 과학 내 화성 프로그램은 그렇게 큰 규모의 돈을 공급해줄 수 있는 유일한 프로그램이었다.

화성 과학 실험실은 지금까지 제안된 것 중 가장 야심 찬 착륙선이 있었고, 2008년에 내가 NASA에 돌아왔을 때 발사까지 1년이 남았었다. 제트 추진 연구소의 찰스 엘라치가 인수팀에게 2009년으로 발사 시기를 앞당기는 것에 대해 우려를 표명했을 때, 우리 모두는 그 기간과 금전을 투자할 가치가 있다고 동의했다. 이전 19억 달러 예산에 2년 동안 6억 달러가 더 추가되었기 때문이다. 이전에 NASA에서 화성 탐사 실패를 경험한 나는 과학자와 엔지니어들에게 성공할 수 있는 모든 기회를 줘야 함을 충분히 알고 있었다.

엘라치 박사는 4년 후 큐리오시티 탐사로버가 화성에 성공적으로 착륙한 다음 마련된 연설에서 나에게 개인적으로 감사를 표했다.

결정에는 결과가 따르는데, 웹 우주망원경과 화성 과학 실험실의 수십억 달러 초과 예산 조합으로 다음 순서였던 유럽우주국과 협력 임무인 엑소마스ExoMars 프로그램*의 화성 착륙선을 위한 예산이 없어졌다. 들리는 소문에 따르면, 에드 와일러는 이미 유럽우주국 쪽 담당 파트너와 함께 임무에 대해 동의했지만, 행정부는 관리예산사무국을 통해 우리가 임무를 수행할 수 없다는 점을 분명히 했다. 에드는 그것을 듣고 싶어 하지 않았고, 찰리는 그러면 안 된다고 말하고 싶어 하지 않았다.

NASA 국장의 공식 서신에 대해서는 기관에서 엄격하게 관리되었다. 이 프로세스에는 부국장 서명이 포함되어 있다. 나는 나의 검토를 요청하는 서신의 99퍼센트에 서명했다. 주제에 따라 때로는 내 앞으로 오기 전 먼저 열 개 이상의 서명을 받아야 하는 경우도 있었다. 내가 문제를 제기하면 이 프로세스를 처음부터 다시 시작해야 했다. 나는 백악관이 ESA 엑소마스 임무를 취소한 것으로 여긴다는 사실을 알고 있었는데, NASA가 ESA 엑소마스 파트너십을 맺도록 약속하는 서한이 찰리의 서명을 받기 위해 편지함에 들어와 있는 것을 발견하고 깜짝 놀랐다.

관리예산사무국에 문의한 결과 서신이 행정 정책에 위배되니 유럽우주국으로 보내서는 안 된다는 것을 확인했다. 에드는 이 편지가 우리가 유럽우주국에 아직 자금을 찾고 있다는 것을 알리기 위한 표

* 화성의 생명체와 환경을 조사하는 프로그램

시일 뿐이라고 제안하여 국장의 동의를 얻었던 모양이다. NASA는 행정부의 일부이며, 우리는 그들의 방향을 그냥 무시할 수 없었다. 에드는 유럽우주국에 지나치게 자신의 정부를 헌신시켰다는 사실을 인정하고 싶지 않았고, 아마도 그가 의회로부터 돈을 받는 동안 계속 줄을 잡고 있게 하려는 계획이었을 것이다.

에드가 자신의 부서에서 임무들에 대한 비용 초과를 무시한 탓에 자금이 부족해지고 엑소마스에 대한 결정이 늦어졌지만, 그는 그런 일을 다른 사람 탓으로 돌리는 관료였고 바로 나를 희생양으로 삼았다. 그는 본인의 말을 들을 만한 사람들한테 미국이 엑소마스 프로그램 참여를 취소한 책임이 나한테 있다고 말했다.

에드는 NASA에서 은퇴한 직후 존슨우주센터의 역사 인터뷰에서 왜 임무 참여를 취소하게 했는지 질문을 받았다. 그의 답변은 다음과 같았다. "내가 잔인할 정도로 솔직하게 말하겠소. 그 일이 그렇게 된 이유는 상업적 세계와 연계되어 있던 우리 부국장 로리 가버 때문이었습니다. 아, 그녀는 NASA 역사상 과학 쪽에 가장 큰 재앙이었죠. 그녀는 관리예산사무국과 내부적으로 연결되어 있었어요. 그들은 일상적으로 찰리 주변을 살피며 그를 깎아내리곤 했습니다. 찰리는 유럽우주국과 함께 일하기로 동의하는 편지를 받으려 했는데 그들이 잘라버렸어요. 그들이 그 서신을 멈추게 한 거예요. 형편없는 편지야, 하면서 그냥 멈추게 했죠. 로리 가버가 제가 떠난 가장 큰 이유 중 하나였어요. 나는 그 사람을 도저히 상대할 수 없었습니다." 그는 이렇게 덧붙였다. "이전에 해본 적이 없는 일에 대해 (유럽) 회원국들의 동의를 받아 일련의 임무을 하도록 많은 노력을 기울인 그들에게 화성 프로그램을 진행하지 않겠다고 이런 임의적이고 변덕스러운 결정을 면전에 대고 말하는 것은 정말이지 부끄러웠습니다. 저는 더 이상 참을 수가 없었어요. 제가 NASA를 떠난 주된 이유입니다. 참을 수 없었죠. 저는 예순두 살이었지만, 저의 무능함을 감당할 수 없었어요. 저는 기술적인 결정을 내릴 수 있는 자격을 갖춘 사람들은 상대할 수 있지만, 로리 가버나 관리예산사무국 쪽 같은 사람들이 그런 결정을 내리는 것은 감당 못 합니다."

에드가 나를 상업적 세계와 연결된 본드 같은 악당이라고 묘사하는 것은 본인의 공모를 회피하려는 터무니없는 시도이다. 내가 찰리 주변을 살폈다고 한 그의 비난은 사실 그 자신이 한 짓이었다. 에드가 바로 유럽우주국 면전에 대고 쏜 장본인이다. 그는 권한도 없이 납세자의 자금을 약정하는 위험을 감수했다. 그렇게 함으로써 미국 정부가 자신이 원하는 일을 할 수밖에 없도록 만들려는 의도가 있었을 것이다. 그는 35년간 암흑 기술 수련을 해왔었고, 전문가가 되었다.

공무원 권한 없이 정부 자금을 지원하는 것은 비윤리적일 뿐만 아니라 형사 위반이기도 하다. 결핍 방지법ADA은, "법에 따라 권한을 부여받은 경우가 아니면, 연방 직원이 책정액 또는 자금을 초과하는 부분에 대해서 지출을 수행 또는 승인하거나, 이에 따른 의무를 생성 또는 승인하는 것을 금지한다." 즉, 법적 권한 없이 미국 정부를 대신하여 자금지원을 약속을 하는 것은 범죄인 것이다.

NASA에서 벌어질 뻔한 이 무단 자금 조달 게임의 다른 한 사례는 컨스텔레이션 프로그램 중단에 대한 격렬한 전투와 관련이 있다.

대규모 정부 조달 부서에서는 프로그램 취소 시 계약자에게 발생할 수 있는 손실을 충당할 수 있는 충분한 자금을 확보해 놓는 것이 오랫동안 보편적으로 요구되고 있다. 이러한 자금지원 금액을 해지 책임termination liability이라고 한다. 정부 책정액의 연간 성격을 고려할 때, 이 요건은 정부가 의회에서 제공하는 예산 권한 금액을 초과하지 않았는지 확인하는 방법이다. 또한 "지금 취소하면 더 큰 비용이 들 것"이라고 하면서 좋은 돈을 나쁜 것 다음에 쏟아붓게 되는 보편적인 오류를 줄이는 데 도움이 된다.

오바마 행정부가 컨스텔레이션 취소를 권고했을 때 적절한 금액의 자금이 보류되었는지 여부를 결정하기 위해 계약이 검토되었다. NASA의 CFO 베스 로빈슨과 그녀의 팀은 대부분 주요 컨스텔레이션 계약에 계약 해지 책임을 규정하는 일반적인 문구가 없는 사실을 발견했다. 법적 보호가 없는 경우 계약자는 해지 비용을 스스로 부담하는 책임을 져야 했지만, 자금을 원천징수하지는 않은 상태였다. 2010년 회계연도 말 기준으로 해지 비용에 대한 책임부담금을 보수적으로 추정한 금액은 총 10억 달러에 육박했다.

회사들이 보유 자금을 모두 사용할 수 있도록 허용함으로써(따라서 계약 해지 책임에 관한 어떤 금액도 보유하지 않음), 컨스텔레이션 프로그램은 겉으로 보기에 덜 비싸 보였고 이것은 분명하게도 이전 행정부의 전략이었다. 그러나 관련된 주요 계약업체 세 곳 각각에 보고되지 않은 위험금을 부과했다. 이 전략은 전환 팀이 발견한 것과 완전히 일치했다. 목표는 계약들을 서둘러 체결하고 새 행정부가 들어서서 무슨 일이 일어나고 있는지 알아차리기 전에 가능한 모든 일을 해버리는 것이었다. NASA가 의회에 이에 대해 통보하고 회사들에게 책임을 상기시켰을 때, 컨스텔레이션 취소에 대한 폭풍이 격렬해졌다. 계약 문구에 따라 해지를 진행하면 주주 반란, 미국증권거래위원회 조사, 이사회 조치 및 경영진 개편 등으로 이어질 가능성이 높았다.

회사는 정부가 어떻게든 그들을 구제할 것이라고 믿고 수억 달러의 위험을 감수했지만, NASA는 그런 예산이나 계약상의 의무도 없었다. 업체 대표자는 이 요건이 모든 정부 계약에 부과되는 것이지만, NASA로부터 이러한 비용을 물어야 할 책임이 없다는 말을 들었다고 주장했다.

계약자들은 반복해서 NASA 담당자가 해지 비용을 무료로 정부가 부담할 것이라고 회의상에서 구두로 보증했다고 주장했다. 왜 업계에서 이런 인상을 받았는지 알아보기 위해 조사한 결과, 결국 NASA의 하급 공무원과 업계 계약 담당자 사이에서 해지 비용 허용에 대한 완곡한 표현이 담긴 이메일이 발견되었다.

나는 설령 NASA 국장이 직접 그런 약속을 했었더라도, 회사 CEO가 주주를 대신해 수억 달러의 책임의 위험을 감수할 만한 비계약적 보증이 충분했을지 의심스러웠다. 하급 계약직 공무원의 이메일을 근거로 그들이 그런 위험을 감수했을 것이라고는 확실히 믿을만하지 않았다. 나는 이것이 마이크 그리핀이 전환 팀이 "덮개를 들춰보는 것"을 막기 위해 그토록 열심히 싸운 또 다른 이유라고 생각했다.

문제를 확대시켜 따르라고 한 베스의 권고를 모두가 지지한 것은 아니지만 결핍방지법 위반을 보고하지 않는 것은 중죄이다. "고의적으로" 법을 위반한 연방 직원은 "5,000 달러 이하의 벌금 또는 2

년 이하의 징역, 또는 두 가지 모두 처벌받을 것이다" 우리는 잠재적 위반 사실은 보고했지만, 국장과 준국장은 추가 문서를 검색하거나 NASA 고위층에서 누가 그런 구두 진술을 했는지에 대해 더 조사할 이유가 없다고 판단했다.

헌법에 따라 납세자의 돈을 관리해야 하는 의회 의원들은 계약자를 변호했다. 이 문제를 제기하자 싸움은 격화되고 의회는 계약 유지 승인 용어를 채택하도록 추진하게 되었다. 의회는 업계의 주문을 받아들여 NASA가 이 문제를 계속 다루도록 가능한 모든 조치를 취했다. 컨스텔레이션 계약 연장은 의도된 영향을 미쳤다. 계약 해지 책임 문제에 논란의 여지를 만들었고, 계약이 그대로 유지되도록 노력했던 NASA와 의회 직원 몇 명은 나중에 그들이 변호한 항공우주 회사 고위직으로 자리를 옮겼다.

결국 계약은 회사에 해지 비용에 대한 추가 자금뿐만 아니라 수십억 달러 이상을 더 제공하도록 재협상 되었다. 계약이 실제로 해지된 것은 아니므로 정부책임사무국은 혐의를 제기하지 않기로 합의했지만, 그다음 해에 "NASA는 계약 해지 책임 위험을 더 잘 평가하고 관행의 일관성을 보장해야 함"이라는 제목의 보고서를 냈다.

정부 서비스는 진실성이 요구되는데, 내가 본 많은 행위는 용납되어서는 안 된다고 생각한다. 다른 사람들은 관용 수준이 달랐기 때문에 그런 행위가 지속되었다. 기존 보고 경로를 통해 보고되더라도 문제가 인지되거나 수정되는 경우는 거의 없었다. 때로는 권력의 속박에서 벗어나는 것이 중력에서 벗어나는 것보다 더 어렵다.

✳✳✳

나의 개입이 요구됐던 또 다른 심각한 암흑물질 사례는 2010년 말 NASA가 미국정찰국NRO에 쓰기 위해 예산처에 9,000만 달러를 이체해 달라는 요청으로 시작되었다. 미국정찰국은 정보기관을 위한 첩보 위성의 설계, 제작, 발사 및 운영을 담당하는 미국 기관이다. 자금 이전은 케이프 커내버럴에 건설 중인 미국정찰국 시설 일부 비용을 충당하기 위한 것이었지만 관리예산사무국은 NASA가 어떤 용도로 이 자원을 사용하는지 알 수 없었다. 케이프에는 NASA의 인프라가 너무 많았는데, 우리 예산 심사관들은 내가 적절한 보안 등급이 있다는 것을 알고 나에게 이 문제를 조사해 달라고 요청했다.
나는 의도적으로 군이나 정보기관과 관련된 NASA 업무에는 끼어들지 않았다. 우리에게는 국장과 준국장을 포함하여 이 분야에 더 많은 관심과 경험을 가진 전직 군 지도자가 많이 있었다. 나는 직책에 필요한 보안 허가를 유지했지만, 스키프SCIF로 알려진 비밀 정보 시설은 기밀 정보 검토 및 토론을 위해 초대받을 때만 들어갔었다. 찰리는 매주 스키프를 방문하여 기밀정보 보고서를 읽는 것을 관행으로 삼았다. 나는 그에게 내가 꼭 읽어야 할 만한 내용을 발견하면 알려달라고 부탁했다. 그는 나에게 어떤 문제도 제기한 적이 없었기 때문에, 보고서에 의미 있는 내용이 없었거나 내가 알아야 한다고 생각하는 것이 전혀 없었던지 둘 중 하나였다.

NASA는 법률상 민간 기관이므로 투명해야 할 의무가 있다. 오바마 행정부는 특히 투명성에 전념해 정부에 대한 대중의 신뢰를 회복하고자 했다. NASA에는 기밀로 분류되거나 기밀로 분류되어야 하는 일은 거의 없다. 나에게는 스키프가 NASA에서 가부장적, 군사적 문화를 대표하는 것이었고, 나는 직원들과 이것을 나무집에 비교하며 이런 농담을 했다. 소년들이 지은 요새가 담배와 여자 잡지로 가득 채운 모습을 연상시킨다고.

스키프를 피하는 것은 불가능했다. 내가 무엇을 놓치고 있는지 알아내기 위해 그곳에 가지 않고는 어떤 정보가 필요한지에 관해 알 수 있는 방법이 없었기 때문이다. 스키프에서 회의를 개최하기 위한 기본 요구사항은 실제 기밀 정보를 논의해야 한다는 것이다. 그러나 요구사항이 충족되지 않는 경우가 종종 있었다. 이는 관료들이 정보를 소수만 알고 통제하기 위한 또 다른 방법이었다. 내가 회의 결론부에서 우리가 어떤 기밀사항도 협의하지 않은 것에 대해 우려를 표명하자, 내가 질문한 사항에 대해 기밀 내용으로 답변할 수도 있었기에 그 회의 장소가 필요했다는 반응이 나왔다. 내가 제기한 문제로 인해 앞으로 스키프에서 하는 더 많은 브리핑에 초대될 가능성은 매우 낮아졌지만, 나는 괜찮았다.

나는 관리예산사무국 요청으로 케이프 시설을 조사했는데 이것에 대해 미국정찰국은 예민하게 반응했다. 이들이 이렇게 행동하는 이유는 관리예산사무국 직원과 다른 많은 지도부 사이에 신뢰가 부족했기 때문이었다. 관리예산사무국의 신뢰를 받는 것은 어떤 꼴사나운 것으로 간주되지만, 사실은 그 반대이다. 행정부는 하나의 팀이고, 각 팀 구성원은 중요한 교유의 역할을 담당한다. 2만여 명의 NASA 직원 중 약 20명 정도만 사실상 대통령으로부터 임명을 받기에 "정치적"이라고 불리지만, 공무원도 행정부의 일원이다. 행정부의 신뢰할 수 있는 팀원이 되면 NASA에서 자리를 하나 차지할 수 있게 된다. 관리예산사무국으로부터 정보를 보호하려는 노력하는 것은 마치 회사가 이사회를 능가하려는 것과 같다. 위험을 무릅쓰고 그렇게 하는 것이다.

나는 플로리다에 9,000만 달러 규모에 걸맞는 계획된 용도를 찾을 수 없었고, 그 내용을 관리예산사무국에 전달하자, 관리예산사무국은 자금 이체를 거부했다.

며칠 후 나는 버지니아주 챈틸리에 있는 미국정찰국 디렉터 브루스 칼슨Bruce Carlson의 사무실로 방문 초대를 받았다. 찰리와 크리스는 나와 함께 챈틸리에 갔지만, 협의는 어색하게 나에게 미뤘다. 우리가 도착했을 때 다른 여러 명의 NASA 직원도 회의실에 있었다. 나는 그 시설에 대한 계획된 용도를 결정할 수 없었다고 설명하기 시작했는데, NASA 대표단의 한 사람이 나와 "알테어"라는 단어를 말해 관심을 끌었다.

알테어는 컨스텔레이션 프로그램의 달 착륙선 이름이었는데, 프로그램이 취소되기 전부터 예산에는 포함되어 있지 않았다. 그런데 어떤 연유인지는 몰라도 이미 알테어를 사유로 9,000만 달러 규모의 미국정찰국 시설을 빌린 상황이었다. 나는 브루스에게 NASA의 잘못된 의사소통에 대해 사과하고 NASA는 그 시설을 사용하지 않음을 확인해 주었다. 9,000만 달러의 예산을 승인도 없이 누가 약속했는지도 알 수 없었지만, 누구든 결손방지법을 위반했을 가능성이 높았다.

단 5분 만에 실례를 구하거나 이 기회를 버리고 싶지 않아서 나는 상호 관심이 있는 또 다른 주제를 제기했으니, 바로 공유 발사체였다. NASA와 상원의 주요 지도자는 일반적으로 SLS 구축의 정당성을 위해 미국정찰국 위성 발사를 이유로 내세웠다. 따라서 나는 이 질문을 기초로 삼고 싶었다. 나는 펜타곤에서 열린 NASA 분기별 회의에서 SLS 사용에 대한 동일한 문제를 제기했었다. 공군, 우주사령부 및 전략사령부는 보편적이고 교만한 자세로 감사의 표시도 없이 "아니요, 됐습니다"라고 했다. 찰리, 크리스와 다른 사람들은 이러한 논의를 가볍게 무시하고 SLS의 정당성을 위해 군사 및 정보 위성 발사를 논점에 계속 포함했다.

내가 미국정찰국에 그 발사체 사용에 관심이 있는지 질문했을 때, 그들의 대답은 즉각적이고 만장일치였으니, 똑같이 '아니요'였다. 미국정찰국 부국장 베티 사프Betty Sapp는 왜 그렇게 빨리 대답이 나왔는지 설명했다. 그들의 위성에는 정밀기기가 장착되어 있기 때문에 대형 고체 로켓 모터 발사 시 발생하는 심한 동적 환경에 견디지 못한다는 것이었다. 바로 이것은 의회 지도자, 이기적인 계약자에 의해 NASA가 강제로 밀어붙여진 로켓 요소였다. 이것이 발사체에 탑재될 수 있는 페이로드의 종류를 제한한 것이다. 크리스 스콜레스는 미국정찰국과 긴밀하게 일했고, 이후 2019년에 미국정찰국 디렉터로 취임했다. 따라서 그는 미국정찰국의 제약을 알고 있었을 것이나, 다시 한번 다른 방향을 택했다.

소수의 상원의원은 2010년에 컨스텔레이션 프로그램을 취소할 수 없었던 이유로 국가 안보를 주장했다. 켄트 콘래드Kent Conrad 상원 예산위원회 위원장은 "이 계획과 관련하여 여기서 논의할 수 없는 기밀 논의가 있지만 나는 동료들에게 이것이 앞으로 나아갈 때 국가 안보에 절대적으로 필요하다고 말하고 싶다"라고 피력했다. 넬슨 상원의원도 아레스 I 로켓과 SLS를 중심으로 비슷한 주장을 펼치며, 이 개발이 전략 미사일과 위성 발사에 사용되는 대형 고체 로켓 모터 제작에 관한 미국의 역량을 유지하는 데 매우 중요하다고 말했다.

여기서 진짜 문제는 군사용으로 고체 로켓 모터 추진제를 사용할 수 있다는 것이었다. 왕복선에 사용되었고 컨스텔레이션과 SLS용으로 개조될 예정인 고체 로켓 모터에는 군용 발사체보다 훨씬 많은 양의 추진제가 필요했다. 넬슨 상원의원, 콘래드 상원의원, 유타 대표단은 NASA가 주요 고객이 되지 않는다면 미국의 생산이 멈출 것이고, 국가의 ICBM과 긴급소집 로켓을 개조할 수 없을 것이라고 암시했다.

나는 국가 안보 위협에 대한 주장은 심각하게 받아들여야 한다고 생각했고 이 문제에 대해 국방부와 함께 연구를 승인했다. 1년에 걸친 기관 간 검토를 통해, NASA가 고체 로켓 추진제에 투자한 결과 군용 구매 비용이 3,000만 달러 절감된 것으로 나타났다. 국가 안보 문제가 아니라 예산 문제였던 것이다. NASA는 이미 SLS의 고체 로켓 모터 계약을 계속 연장하기로 합의했기 때문에 검토가 완료될 무렵에는 그 정보가 무의미했다. 이 경험은 야당이 자신들의 의제를 추구하기 위해 얼마나 길게 노력을 기울이는지 다시 한번 상기시켜 주는 것이었다.

찰리와 나는 라이벌 팀이라고 불려 왔다. 비교가 다소 유사할 수 있어도, 링컨 대통령이 수어드, 체이스, 베이츠를 임명한 것과 달리, 오바마 대통령은 찰리나 나를 서로에게 상충하는 견해를 제시하라고 임명하지 않았다. 찰리는 2016년 인터뷰에서 우리 관계를 라이벌 팀이라고 부르는 것에 대해 정당하다고 생각하는지 질문을 받자, "아니요, 우리는 팀의 기능을 발휘하지 못했습니다. 리더십이 제대로 작동하지 않았죠. 그녀한테 충성하는 사람들이 있었고, 나한테 충성하는 사람들이 따로 있었습니다."라고 대답했다.

나를 찰리가 그렇게 구분 지은 것에 실망했다. 나는 정치 팀이 대통령, 행정부, 그리고 국장을 포함해서 NASA에 충성을 다한다고 생각했다. 찰리의 견해가 행정부의 의견과 반대되는 상황에서 우리는 모두 어려운 결정을 내려야 했지만, 대부분의 경우 팀의 충성도는 일치한다고 생각했다. 나는 찰리가 대통령이나 그의 정책에 반대되는 일을 하지 않는 한 모든 상황에서 우리 팀의 리더라고 생각했다. 만약 그들 사이에 단절이 생긴다면 나는 결국 대통령에게 충성할 것이라고 믿었다.

중요한 정책 문제에 대해 기관의 수장은 일반적으로 백악관과 의견을 같이 하기 때문에 대다수 부국장 위치에는 이런 게 문제 되지 않는다. 나는 행정 정책에 대해 반대하는 찰리가 특이하다고 여겼다. 이와 비슷한 상황으로 국립보건원NIH의 책임자가 태아 조직 연구에 대한 대통령 정책을 지지하지 않은 경우를 들 수 있겠다. 즉, 국립보건원 소장이 그들 예산 내에서 연구 자금을 요청하지 않기로 결정하고 정책에 반대하는 연구원들을 유지하고 관행을 훼손하는 의회에 정보를 뒤로 몰래 요청했다고 가정하자. 찰리와 의도와 상관없이, 대통령과의 단절은 2011년 NASA의 예산 과정을 다루는 데 중대하게 어려운 일이 되었고 안타깝게도 이건 고립된 문제가 아니었다.

최선의 해결책은 찰리와 행정부가 서로 더 효과적으로 협력하는 것이었을 텐데, 찰리가 초기에 신뢰할 수 있었던 조언자인 컵보이들은 그렇게 되지 않도록 있는 힘을 다한 것이다. 중간에 낀 나는 할 수 있는 한 최대로 내 나름의 채널들을 통해 문제를 제기하려고 노력했는데 보통 찰리를 참여하게 하도록 더 열심히 노력하라는 이야기를 듣곤 했다.

행정부는 지도부가 종종 더 많은 정치적 임무를 맡는 내각 기관들에 비해 NASA를 가볍게 다루었다. 이전 백악관은 심지어 나의 전임자에게 옷차림과 머리 스타일까지도 어떻게 하라고 알려주었다고 하는데, 클린턴이나 오바마 행정부에서는 상상도 할 수 없는 일이었다. 찰리가 받은 압력의 가장 큰 부분은 백악관에서 비롯된 것이 아니었다. 크리스 스콜리스, 마이크 코츠 등의 사람들이 로비를 통해 찰리가 자신들의 이익을 위해 행정부에 반대하는 입장을 취하도록 한 것이다.

찰리와 대통령 사이에서 가장 이상하게 의견이 불일치한 사건은 2010년 여름 카타르를 방문했을 때였는데, 당시 찰리는 알자지라와의 인터뷰에서 본인이 오바마 대통령으로부터 받은 가장 중요한 세 가지 목표가, 어린이들이 과학과 수학에 관심을 두도록 영감을 주고, NASA의 국제 관계를 확장하고, "아마도 무엇보다도 이슬람 세계에 다가가서… 과학, 수학, 공학에 그들이 역사적으로 공헌한 것에 대해 그들이 기분 좋게 느끼도록 돕는 것"이라 할 수 있겠다고 말했다. 그가 "기분 좋게"라는 언급을 한 영상은 놀라웠고 그 후 며칠 동안 소문이 널리 퍼졌다. 한 기자가 백악관 기자 회견 중 이에 대해 질문했을 때, 로버트 깁스 언론실장은 "찰리 볼든이 틀렸다. 대통령은 그런 말을 한 적이 없다"라고 대답했다.

로버트 깁스가 그렇게 주장한 다음 날 아침, 나는 찰리의 사무실에서 그가 화가 난 것을 봤다. 그는 깁스가 "사람들에게 거짓말을 하지 않을 것"이기에 그 진술을 철회하기를 원했다. 나는 이 상황에 대한 우려를 표명하고, 혹시 대통령이 언제 이런 말을 했는지 기억할 수 있는지 물으며, 나 없이 만난 적이 몇 번밖에 없었음을 설명해 주었다. 그는 더 깊이 생각해 본 후 대통령이 말하지 않았다는 것을 깨닫고 분명 클린턴 국무장관이 틀림없이 했을 것으로 판단했다. 나는 그가 국무장관과 가졌던 유일한 회의에 함께 참석했지만 그런 말을 들은 적이 없다고 말했다. 그 후 그는 국무부에서 만난 누군가였다는 것을 기억했지만, 그의 이름은 기억하지 못했다.

찰리에게 이슬람 세계에 관한 복지 목표를 부여한 것이 대통령이나 국무장관, 또는 어떤 공식 직책을 맡은 사람도 아니었다는 그의 기억은 내가 아는 한 대중에게 공개되지 않았다. 찰리의 의도였다고는 생각하지 않지만, 오바마 전 대통령은 아직도 NASA 수장에게 기관의 최우선 목표가 이슬람 세계에 영감을 주는 것이라 주문했다고 조롱받고 있다.

우리의 재임 기간 초기에 찰리가 어떤 큰 자리에서 행정부에 대해 부정적인 본인 의견을 제시하는 것을 듣고 나는 조용히 그에게 우리도 그 행정부의 일부이니 그의 발언을 수정하는 게 좋겠다고 제안했다. 그는 동의하지 않았고, 우리는 의회와 행정부 모두를 위해 동등하게 일하는 것이라 했다. 이유는 행정부에 의해 지명되었고 상원의 승인을 받았기 때문이라는 것이다. 이 차이에 대한 찰리의 혼돈이 놀라웠다. 긍정적인 관점에서 NASA가 정부의 어느 부분에 속해 있는지에 대한 논의를 했다. 그의 질문에 어느 순간 나는 바인더에서 종이 한 장을 꺼내서 세 가지 정부 기관을 설명하는 삼각형을 그리게 됐다. 이야기가 끝날 무렵 찰리는 알게 된 사실에 감사하는 것처럼 보였지만 여전히 대통령보다는 컵보이 편을 들었다.

찰리는 직원을 바꾸거나 새로운 정치 지명자를 받아들이는 것을 꺼렸기 때문에 공통의 목표를 향해 일하는 리더십 팀을 구성하기가 어려웠다. 나는 조직 구조의 변화나 새로운 포지션을 만들면서 그의 묵묵부답을 극복하려고 최선을 다했다. 이러한 전략은 나와 찰리와의 관계에는 더 큰 타격을 입혔지만, 로리 레신Laurie Leshin, 바비 브라운Bobby Braun, 마이크 프렌치Mike French, 데이빗 위버David Weaver 등을 영입할 수 있게 해준 사람들은 우리 성공에 결정적인 역할을 했다. 더 열린 생각을 가진 NASA 지도자들이 고위직을 채우기 시작하자 의미 있는 변화를 주도하기가 더 쉬워졌다. 내가 잘 키운 팀은 결국 찰리가 가장 신뢰할 수 있는 자문가가 되었다.

새로운 리더십 팀 구성원은 참신한 아이디어를 수용하기 시작했고 이들이 혁신적인 관행을 강조하면서 NASA는 여러 분야에서 진전을 이룰 수 있었다. 파트너십, 데이터 구매, 탑재체 주도, 재사용 가능한 전궤도 과학 임무, 친환경 항공기, 포상, 정부 소유 인프라 임대

등을 더 많이 활용하는 개념이 시간이 지남에 따라 진화하며 다양한 성공을 거두었고, 다른 NASA 지도자들이 그 가치를 알게 되면서 자리를 잡아갔다.

케네디 우주 센터는 결국 기존 시설 비용을 줄이려는 노력에 엄청나게 열성적이게 되었고, 스페이스X와 39A발사대에 대해 단독 공급 계약을 체결할 준비가 되었다. 나는 이 합의에 대한 내용을 듣고, 케네디 우주 센터에 발사대를 스페이스X로 인계하는 대신 경쟁 입찰을 하라고 밀어붙였다.

다른 노력들도 시시포스* 꼴이었다. 한 프로젝트를 몇 달, 몇 년 동안 진행하면 결국 뒤집히고 저 언덕 아래로 다시 미끄러져 내려가곤 했다. 상용 재사용 준궤도 연구 우주선 개발을 촉진하는 것은 내가 추진하기로 결심했던 바위였다. 기관에서 같은 생각을 가진 사람들과 협력하여 NASA는 2009년에 250만 달러를 지원하는 프로그램을 시작했다. 2010년 우리는 연간 예산 1,500만 달러를 지원하는 5개년 프로그램을 수립했다. 자금은 실험과 새로운 기능을 활용할 수 있는 연구자를 지원하기 위한 것이었지만, 2012년에는 선정된 21개의 실험 중 14개가 NASA 풍선과 비행기 같은 기존 플랫폼을 통해 비행할 수 있게 되었다. 프로그램 사무국은 기존에 하던 일들을 계속할 수만 있으면 새 돈을 기꺼이 쓰고 있었다.

대부분의 연구원들은 실험 수행을 위해 그런 플랫폼에 탑승해야 했는데, NASA는 이러한 위험을 감수하고 싶지 않아서 자율 연구에

* 그리스 신화에 나오는 어느 사악한 왕. 지옥에 떨어져 바위를 산 위로 올리면 다시 떨어져서 끝없이 반복해야 하는 벌을 받았다.

만 상을 수여했다. 결국 나는 2013년 찰리에게 이 제한을 철회하라고 설득하고 그해 6월 한 콘퍼런스에서 그렇게 공지하게 됐다. (그러나) 몇 주 만에 컵보이들은 찰리에게 결정을 번복하라고 했다. 찰리 이후 차기 NASA 국장이 이 정책을 시행했지만, 이것이 5년 전에 결정되었더라면 신생 사업이 생겨날 때 그것들을 다룰 수 있는 시장이 확대되었을 것이다.

내가 옹호하고 있던 연구 프로젝트에서 예상치 못한 암흑물질이 나타났다. 조류 증식을 위한 해양 멤브레인 인크로저Offshore Membrane Enclosures for Growing Algae, OMEGA는 항공용 그린 바이오 연료 개발에 초점을 맞춘 프로젝트였다. 연구팀은 농업 분야와 물, 비료, 토지 등을 놓고 경쟁하지 않고도 해조류를 사용해 폐수를 정화하고 이산화탄소를 포집해 바이오 연료를 생산하는 혁신적인 방법을 개발했다. 말 그대로 똥을 연료와 신선한 물로 바꾸는 것이었다. 캘리포니아 소재 에임스 연구 센터에서 항공 직원이 선보인 이 시연에 나는 깊은 인상을 받고, 다음 마일스톤을 달성하기 위해 500만 달러를 추가 지원해 달라는 그들의 요청을 지지하고 싶었다. 나는 이 개념에 대해 매우 긍정적이고 우리 결과에 관심이 있는 해군 차관을 비롯한 다른 잠재적인 정부 협력자들과 OMEGA에 대해 논의했다.

NASA 항공실장 신재원 박사에게 자금 연장 지원에 대한 지지를 표명하기 전, 나는 그것을 찰리에게 보여줬고 그는 격려해 줬다. 신 박사는 대체 연료 프로젝트에 대한 자금 연장 지원에 동의했지만, OMEGA 팀은 나중에 연장 지원을 받지 못할 것이라는 사실을 알게 됐다. 내가 다시 신 박사에게 가서 묻자, 그는 이 건에 대해 찰리와 대화를 했었는데 찰리가 그에게 자금을 제공할 필요가 없다고 말했다는 것이다. 나는 국장을 직접 찾아가 물어보았다. 그랬더니, 그는 마라톤 오일Marathon Oil의 전직 동료로부터 대체 연료 프로젝트에 대해 확신이 없다는 이야기를 듣고 생각이 바뀌었음을 인정했다. 찰리는 이전에 이 회사의 이사회에서 활동했고 회사 주식 50만 달러 상당을 계속 소유했기 때문에 마라톤 오일과 이해 상충 활동에 대한 공식적인 제한이 있었다. 그가 OMEGA 관련자들과 연락하는 것은 공식적인 제한 때문에 허용되지 않았다. 찰리의 오랜 해병 친구였던 법률 고문은 위반 행위가 심각하다고 생각하지 않았지만, 감찰관은 다른 견해를 취했다.

감찰관은 찰리가 윤리 서약을 위반한 것을 발견하고 그 프로젝트와 관련된 모든 결정을 거부하도록 지시했다. 감찰관의 보고서는 공개되었고 찰리는 추가 윤리 교육을 받았다. 문제가 해결되었다고 믿고 500만 달러 규모의 프로젝트 승인에 대해 준비했다. 그러나 찰리는 OMEGA에 대해 기존 승인 체계를 우회하는 프로세스를 지시했다. 그는 프로젝트에 대한 책임을 부국장 대신 조국장에게 맡긴 것이다. 이런 결정은 그가 이 문제에 다시 참여함으로써 기관 윤리를 다시 어겼을 가능성이 높았다. 그런데 어떻게 됐을까? 이로 인해 그 프로젝트는 진행되지 못했다. 온실가스 배출을 줄이고, 해양 산성화를 줄이고, 깨끗한 물을 공급하며 국가안보를 강화할 수 있는 항공 대체 연료 생산 방법을 모색하던 NASA 연구는 결국 내가 저 언덕 아래에 남겨둬야 할 바위가 되어버린 것이다.

몇몇 전직 고위 군 관리와 우주인이 마치 규칙이 그들에게는 적용되지 않는 것처럼 행동하는 경향은 나의 감수성에 부딪혔다. 정부 서비스를 통해 그들에게 주어지는 혜택은 내가 적절하다고 생각하는 것 이상으로 느껴졌다. 우주인의 평생 의료 혜택을 그들의 대가족에게까지 확대하고, 필수적 여행이 아닌 것에까지 정부 항공기를 이용하고, NASA 리더들의 배우자가 국장의 휴가 파티에 참석할 때 정부 자금으로 여행하는 등 정부 예산을 부적절하게 사용하는 몇 가지 관행에 대해 나는 우려를 제기했다(그 관행들은 법률 고문의 승인을 받지 못했다). 그러한 특전에 의문을 제기하는 것을 NASA 지도부 사람들은 무례하고 더 큰 모욕으로 여겼다. 그렇게 형성된 영구적인 온실 속 시스템은 대부분 그대로 유지됐다.

내가 본 이 암흑물질의 대부분은 정부의 고귀한 지도자들의 시간이 지남에 따라 정해진 기대로부터 비롯된 학습된 행동인 것 같았다. 2020년 감찰관 조사에 따르면, 찰리는 기관을 떠난 후 거의 2년 동안 그의 전 비서를 통해 자신의 개인 컨설팅 활동을 관리하고 다른 NASA 직원을 통한 추가적인 서비스를 조율하는 등의 행위를 한 것이 밝혀졌다. 감찰관 보고서에는 찰리가 처음 조사 인터뷰를 받았을 때에는 그러한 지원을 받았던 점을 부인했지만, 제시된 많은 이메일 요청을 포함한 증거를 본 후 자신이 한 행위가 사실이며 이는 자신의 "판단 오류"로 인한 것이었다고 인정했다고 서술되어 있다. 찰리는 조사관들에게 "NASA를 떠난 후 가장 실망한 점 중 하나는 지원을 거의 받지 못한 것이다"라고 말했다. 전직 우주인이자 해병대 장군으로 복무한 그의 기대에는 재임 기간이 끝난 후에도 전문적인 연설문 작성을 위한 정부 자금 지원 및 본인의 사업 활동을 위한 행정

지원이 포함된 것 같았다. 그리고 그것은 사실로 밝혀졌다. 감찰관은 찰리가 오랜 기간 국가에 대해 봉사한 점을 감안할 때, 부적절하게 제공된 서비스에 대해 그가 정부에 환급할 필요가 없다고 결정했다.

✳ ✳ ✳

나는 오바마 대통령과 정기적으로 만나 대화하지는 못했지만, 그가 나에게 한 모든 말을 기억한다. 대통령과 그의 가족들이 결국 취소되었던 왕복선 발사를 위해 케이프에 도착했을 때, 그가 나를 따로 불러 사적인 대화를 나눴다. 그는 자기 보좌관들이 내가 대통령의 팀을 위해 어려운 일을 감당해 왔고, 대통령 본인이 얼마나 나에게 감사하는지 알아주길 바란다고 말했다. 내가 그토록 큰 바위들을 언덕 위로 밀어 올리려고 노력했다는 사실을 그가 알고 있다는 것만으로 나는 세상을 얻은 것 같았다.

2012년 선거 직전, 나는 다른 의원들과 사진을 찍기 위해 대통령 집무실에 갔다. 그때 대통령은 나에게 잠시 뒤로 물러나라고 하며, NASA에서 우리가 하고자 했던 모든 큰일들을 하지 못한 점에 대해 사과를 표명했다. 그의 얼굴이 핼쑥해 보였고, 나는 기관이 그에게 정치적으로 큰 부담이 되었다는 사실이 안타까웠다. 그는 "두 번째 재임 기간에는 모든 것을 끝내야 할 것 같습니다"라고 말하며 나에게 계속 자신감을 가지라고 했다. 나는 그에게 감사하다고 그도 마찬가지로 그렇게 해달라고 말했다.

우리는 우주왕복선 퇴역이 예정된 시기에 유인 우주 비행 프로그램을 물려받았는데, 계획된 이 대체 프로그램은 돌이킬 수 없을 정도로 정상 궤도에서 벗어나 있었다. 어떻게 처리하든, 아무리 좋은 상황에서도 이것은 너무나도 어려운 도전이 될 것이었다. 유인 우주 비행을 지속 가능한 방향으로 이끌기 위해서는 모든 수준에서 행정부의 확고하고 일관된 지원이 필요했는데, 우리가 초기에 이룩한 진전은 오바마 행정부의 지원을 받았기 때문에 가능했던 일이었다.

NASA의 매우 재능 있는 커뮤니케이션 책임자였던 데이빗 위버는 우주왕복선을 즉시 대체하지 않고 퇴역시키는 데 따르는 공공적인 사건들을 쓰나미에서 서핑하는 것과 같다고 묘사했다. 그는 우주왕복선에 대한 대중과 여러 기관 등이 지원하는 분위기의 물결에서 당시 우리가 제안한 유인 우주 비행의 가치에 대한 그 미묘한 느낌을 제대로 전달하기에는 너무 무리라는 것을 인지했다. 그는 우리의 목표는 단순히 계속 물 위에 고개를 내밀고 있도록 하는 것이어야 한다고 말했다. 그래야지 이 쓰나미가 끝났을 때 우리는 다시 일어나 유인 우주 비행을 살릴 수 있음을, 즉 가능하면 NASA가 과거의 무게에 짓눌려 익사하는 것을 막을 수 있다고 했다. 나는 데이빗의 전문적인 조언을 믿었지만, 그 후 맞이할 후폭풍이 얼마나 강력할지는 상상하지 못했다.

로켓맨의 비상

08

정부 우주 시스템의 개혁적 변화를 위해서는 조직화 되고 일치된 힘, 즉 정책과 기술 및 투자를 발전시키기 위한 적합한 사람들의 조화된 힘이 요구된다. 우주산업 복합체에 깊이 배어 있는 패러다임을 파괴하는 것은 변화를 주도하기 위해 자신의 경력과 미래 재정을 위험에 빠뜨리는 것을 의미한다. 우주 공간 활용과 관련된 엄청난 도전과 기회는 가장 훌륭하고 똑똑한 많은 사람을 매료시켰고, 그들의 노력 덕분에 세상은 더 나은 곳으로 변했다.

스페이스X, 버진 갤럭틱, 블루 오리진은 오늘날 좀 더 접근성 있는 유인 우주 비행을 발전시키고 있는 가장 눈에 띄는 민간기업들이다. 각 회사는 정부 또는 상업적 계약을 체결하기 전에 설립자들로부터 상당한 자금 지원을 받았다. 일론 머스크, 리처드 브랜슨, 제프 베이조스는 인류 우주 비행의 꿈을 실현하기 위해 자신들의 명성을 걸고 많은 재산을 이들 회사에 투자했다. 그러나 그들이 그렇게 처음 그렇게 한 것은 아니었다.

통신 위성들에 내재하고 있는 가치가 NASA나 정부를 넘어 제공될 수 있다는 잠재력이 일찍부터 인지되어, 1960년대에 콤샛COMSAT과 인텔샛INTELSAT을 통해 민영화되었다. 이런 초기의 준정부 기관들은 즉각적인 통신을 통해 사회를 변화시킨 급성장하는 수익성 높은 통신 시장의 진화에 기여했다. 각국 정부 및 국제기구의 지원을 받은 민간 단체들은 처음에는 신호만 전송했지만 그다음 음성, 사진 및 비디오를 전송하게 되고, 결국에는 지구상 모든 사람에게 실시간으로 인터넷을 제공하는 인프라를 구축하는 데 도움을 주었다.

1980년대와 1990년대의 새로운 위성 컨스텔레이션은 전통적인 항공우주산업에 NASA의 재사용 가능한 발사체 프로그램에 대한 관심을 불러일으켰는데, 이것은 또 확장하는 위성 컨스텔레이션 시장을 공략하는 데 집중하는 소규모 민간 로켓 회사 설립에도 영감을 주었다. 이러한 벤처 기업들 중 다수는 사람을 우주로 수송하는 장기 비전도 가지고 있었다. 초기의 몇몇 기업이 다른 기업보다 더 많은 결실을 보았지만 모두 뒤이은 후발주자들에게 토대를 마련하는 데 일조했다.

사람들은 우주 관광에 대한 시장을 인지하고 수십 년 동안 논의하고 추구해 왔다. 아폴로 11호가 달에 착륙하기 5년 전, 팬암 항공은

"퍼스트 문 플라이트 클럽First Moon Flights Club"을 운영했는데, 1971년 대기자 명단을 닫을 때까지 약 10만 명의 신청자를 확보했다. 1985년 소사이어티 익스페디션스Society Expeditions라는 이국적인 여행사는 5만 2,200달러에 사람을 우주 비행을 할 수 있게 하겠다고 발표했다. 이 회사는 좌석당 5,000 달러의 공공 선납을 받았지만, 우주선은 완성되지 않았고 소사이어티 익스페디션스는 결국 돈을 반납했다.

유인 우주 비행의 개념은 관광에만 국한되지 않았다. 경제학자, 환경 보호론자, 미래학자들은 1970년대부터 에너지 생산에 관련된 광업 및 중공업을 지구 밖으로 옮기는 것의 가치를 고려하기 시작했다. 대규모 인구가 활동할 수 있게 하는 우주에 자유롭게 떠 있는 구조물이 어떻게 미세 중력의 혜택을 받고 지구와 그 경계 너머에서 인류의 생존을 보장할 수 있도록 하겠는지에 관한 연구가 이루어졌다. 이런 초기의 우주 이데올로기는 우주에서 자급자족하는 서식지와 관련된 혁신적 사고를 발전시켰다. 제라드 오닐의 아이디어는 1970년대 L5 소사이어티 창립에 영감을 주었을 뿐만 아니라 LSD 효과를 연구하는 것으로 유명했던 티모시 리어리Timothy Leary와 프린스턴 대학교 학생 제프 베이조스를 비롯한 컬트적 추종자들을 끌어들였다.

티모시 리어리의 친구 중 한 명인 조지 쿠프먼George Koopman은 아메리칸 로켓 컴퍼니AMROC를 설립했다. 이 분야의 다른 회사와 마찬가지로 이 회사는 우주 운송 비용을 줄이고 위성 발사 시장 확보를 위해 설립되었다. 내가 1980년대 중반 쿠프먼을 만났을 때 그는 연예인급 우주해적이었고, 티모시 리어리를 비롯한 그의 할리우드 인맥은 초기 우주 물결에 매력을 더했다. 조지는 AMROC의 첫 로켓 발사 시도를 불과 4개월 앞둔 44세의 나이에 비극적인 자동차 사고로 사망했고 회사는 결국 파산을 했다.

AMROC의 리더들과 지식재산권 등은 비슷한 동기로 세워진 곳으로 옮겨갔고, 오늘날 주요 상업 우주 회사 중 일부에 기여하고 있다. 이렇게 연속적인 로켓 디자이너와 기업가들의 혈통은 정말 긴밀하고 복잡하다. 소수의 우주해적은 재사용 가능한, 저렴하게 우주에 접근하는 데 초점을 맞춘 12개의 초기 회사를 설립했다. 로타리 로켓 컴퍼니Rotary Rocket Company, XCOR 에어로스페이스XCOR Aerospace, 키슬러 에어로스페이스Kistler Aerospace, 스페이스데브SpaceDev, 스페이스 서비스 기업Space Services, Inc. 같은 회사들이 여기 포함된다. 각 벤처는 차례로 더 많은 디자이너와 투자자를 키워냈다.

1980년대와 1990년대에 지속 가능한 우주 운송 시스템을 발전시키기 위해 자신의 돈을 투자한 많은 사람을 알고 함께 일할 수 있었던 것은 나에게 특권이었다. 대부분 단순히 돈을 벌기 위해 사업을 시작한 것이 아니었고, 일부는 그 과정에서 옷을 벗어야 했다. 당시 웃지 못할 농담이 있었는데, "우주 사업에서 백만장자가 되려면 어떻게 해야 하죠? 억만장자로 시작하세요"였다.

1990년대 발사체에 대한 초기 민간 투자의 대부분을 주도했던 대규모 위성 시장의 성장세가 예상치 못한 여러 사건, 특히 닷컴 버블의 붕괴로 인해 증발해 버렸다. 그럼에도 불구하고 초기 프로젝트들은 나중에 후발주자들에게 상업 정책 계획, 신기술, 위성 개발의 발전, 업계에 남아있는 사람들이 얻은 경험 및 심지어 제반 사항을 수행하기 위해 건설된 시설과 같은 토대들을 마련했다. 그런 예상치 못한 요소들은, 고맙게도 농담을 진지하게 받아들이지 않았던 억만장자들 덕분이었다.

내가 제일 처음 만난 억만장자 로켓 개발자는 앤디 빌Andy Beal이었다. 그는 댈러스에 본사를 둔 은행 및 부동산 분야에서 큰돈을 벌어 1997년 자신의 이름을 딴 로켓 회사를 설립했다. 다른 이들과 마찬가지로 앤디는 통신 위성 발사에 많은 기대를 모았던 시장을 확보하고 싶었다. 빌 에어로스페이스는 전통적 항공우주 분야의 다양한 우주산업 인재들을 끌어들였다. 나는 댄 골딘을 위한 NASA 상업 정책 검토의 일환으로 1990년대 말과 2000년대 초에 이 시설을 방문했다.

앤디 빌은 정부로부터 인센티브가 필요 없다고 말했다. 그는 단지 정부가 자신과 경쟁하지 않으리라는 것을 확신 받고 싶어 했다. 엔진 테스트가 성공했다는 보고가 있은 지 불과 몇 달 지나지 않아 자신의 돈 2억 5,000만 달러를 지출한 그는 NASA가 자체 로켓을 제작해 자신과 불공평하게 경쟁하려는 NASA의 의도를 비난하며 2001년 문을 닫았다. 빌 에어로스페이스가 텍사스 맥그리거에 건설했던 엔진 시험 시설은 나중에 스페이스X에 인수되어 추진기관 시험의 핵심 시설이 되었다.

북서쪽으로 몇백 킬로미터 떨어진 라스베이거스 가장자리 사막에서 또 다른 억만장자가 우주를 향해 시선을 고정했다. 앤디 빌과 마찬가지로 로버트 비글로우Robert Bigelow는 부동산으로 큰돈을 벌었다. 그는 부를 축적하고자 하는 열망이 우주에 대한 관심과 외계 생명체에 대한 오랜 믿음 덕분이었다고 말했다. 그는 1999년 "지구 저궤도, 달 및 그 너머에 도달하기 위한 안전하고 저렴한 상업 우주 플랫폼 제공"의 사명을 갖고 비글로우 에어로스페이스Bigelow Aerospace를 설립했다. 비글로우는 NASA의 확장 가능한 우주 서식지에 관한 기술 라이센스를 얻고 그의 우주 플랫폼 기반으로 삼았다.

NASA와 국제 파트너들처럼 우주정거장을 한 조각씩 발사하는 대신, 비글로우 에어로스페이스는 확장 가능한 모듈들을 한 번에 발사해 궤도에서 한 번 확장했는데, 이는 부인할 수 없는 장점이었다. 나는 2011년 이 시설을 방문했는데, 그들의 우주 서식지가 어쩌면 ISS의 추가 시설로 사용되기에 적합할 수 있겠다고 믿었다. 몇 년이 걸렸지만, NASA는 결국 이 회사에 비글로우 확장 활동 모듈Bigelow Expanding Activity Module인 BEAM 제작을 위한 1,800만 달러의 고정가격 계약을 체결했고, 이것은 2016년 ISS에 발사되었다. 이 모듈은 다른 스테이션 모듈보다 훨씬 저렴한 비용으로 가압 보관창고로 여전히 사용되고 있다.

전성기에 150명의 직원을 보유했던 이 회사에 자금지원을 하기 위해 로버트는 본인이 직접 3억 5,000만 달러 이상을 지출했다. 2020년 봄, 미국 전역에 코로나19 팬데믹이 확산하면서 회사 직원들이 정리해고 되었고 비글로우 에어로스페이스는 문을 닫았다.

서쪽으로 더 멀리 가보니, 더 유명한 억만장자가 우주에 관심을 갖게 되었다. 폴 앨런은 1975년 빌 게이츠와 함께 마이크로소프트를 설립한 후 큰돈을 벌어 서른 살에 억만장자가 된 것으로 유명하다. 20년 후, 폴은 기술 혁신이 어떻게 하면 대기권을 넘어 확장될 수 있을지에 집중했다. 폴은 여동생 조디와 함께 벌컨을 공동 설립했고, 이들의 초기 우주 도전은 스페이스십원SpaceShipOne으로 알려진 최초의 재사용 가능한 민간 개발 우주선으로 발전했다. 폴은 1,000만 달러 규모의 안사리 X-프라이즈 수상을 위해 2,500만 달러의 자금을 지원하고 전설적인 실험용 항공기 제작자인 버트 루탄Burt Rutan을 파트너이자 수석 개발자로 선택했다.

스페이스십원은 캘리포니아 모하비 사막에 있는 운영 기지를 벗어나 2004년 9월과 10월에 준궤도 우주로 연속 비행을 실시해 X-프라이즈를 수상했다. 비록 예상했던 것보다 두 배 가까운 시간이 걸렸지만, 우리 중 많은 사람에게 이것은 엄청난 이정표였다. 우리 부부는 함께 그 상을 수상한 비행을 직접 보기 위해 사막으로 여행을 떠났고, 우리 모두 역사가 만들어지고 있는 현장을 보며 보상을 받았다. 수백 명의 사람과 우리는 수상 비행이 끝난 후 리처드 브랜슨이 그 팀과 합작 벤처를 설립했다고 발표하는 것을 보았다.

폴은 수년에 걸쳐 더 큰 규모의 우주 발사 프로젝트에 투자했지만 2018년 사망하기 전까지 하나도 성공적으로 수행된 것은 없었다.

리처드 브랜슨의 상업 우주 억만장자 클럽 가입은 특히 반가운 소식이었다. 브랜슨은 자신의 부를 가져왔을 뿐만 아니라, 이전에는 업계에서 볼 수 없었던 타의 추종을 불허하는 공공 브랜드와 매력을 선보인 것이다. 브랜슨은 새로운 벤처를 버진 갤럭틱으로 명명하고 준궤도 비행을 통해 '관광객'을 정기적으로 우주 경계선에 태우는 사업 계획을 수립했다. 이 회사는 몇 분 동안 무중력 상태에서 지구 경계 곡선을 볼 수 있는 관광에 대해 25만 달러 티켓 가격으로 천

명 가까운 사람들을 등록받았다. 버진 갤럭틱은 뉴멕시코주와 파트너십을 맺고 비즈니스 허브 역할을 할 민간 우주 공항 스페이스포트 아메리카Spaceport America를 건설했다. 나는 NASA를 대표해 2010년 스페이스포트 활주로 리본 커팅 행사에 참석했고, 참석했던 수백 명의 다른 옹호자들과 함께 성공이 마침내 눈앞에 다가왔다고 믿었다.

내가 보기엔 리처드는 억만장자 우주 남작(그는 작위가 있다) 중에서 가장 탁월한 카리스마를 가진 사람이라고 생각한다. 그는 우주와 인류에 대한 열정을 발산한다. 우리가 나눈 대화는 기억에 남고 의미 있는 것들이었다. 우리는 우주와 무관한 많은 진보적인 견해를 공유했고, 중요한 사회적 주제에 대해 기꺼이 목소리를 내는 그의 모습에 나는 항상 감사했다. 고위 정치 지명자가 된다는 것은 좋든 나쁘든 대통령의 짐을 함께 지는 것을 의미한다. 항공우주 세계에서는 오바마와 인연을 맺으면 기업 CEO 직급의 친구들을 많이 사귀지 못했다. 리처드는 미국 정치를 면밀히 주시하고 있었고 우리는 오바마 대통령에 대한 존경심을 바탕으로 유대감을 형성했다. 우리의 사적인 대화는 예상대로 시끄럽고 유쾌했다. 나는 스페이스포트를 방문한 후 어느 날 저녁 뉴멕시코에서 리처드와 그의 아들(그리고 조지 화이트사이드)과 함께 저녁을 먹었는데, 샘 브랜슨Sam Branson도 비슷한 면을 가지고 있음을 알았다. 사람들과 또 그들의 자녀들과 함께 시간을 보내다 보면 그들의 사적인 본성을 엿볼 수 있는데 브랜슨 가족으로부터는 긴밀한 유대감을 느낄 수 있다.

우주 경계선까지 사람을 날리는 것은 예상보다 어려운 것으로 입증되었다. 버진 갤럭틱 우주선 개발은 두 번의 치명적인 사고를 겪었고 이로 인해 진행에 큰 차질이 생겼다. 2007년 7월, 캘리포니아 모하비 시험장에서 추진제를 적재하던 작업자 3명이 폭발로 사망했다. 점화 계획이 없었던 유체 흐름 테스트였기 때문에 불활성으로 잘못 간주하여 모든 직원이 기존의 안전 장벽 뒤로 이동하지 않았던 것이다. 장벽 뒤에서 시험을 지켜본 사람들은 다치지 않았다. 이 사고로 인해 프로그램은 중단되었고 안전 프로세스에 대한 완벽한 검토가 끝날 때까지 향후 테스트가 지연되었다.

2014년 12월, 두 번째 동력 시험 비행을 위해 두 명의 조종사가 스페이스십투SpaceShipTwo에 탑승했다. 우주선을 운반하는 항공기 화이트 나이트 투White Knight Two에서 계획된 대로 우주선 투하가 이루어진 후, 로켓 엔진에 불이 켜져 우주선에 동력을 공급했지만, 11초 후 고장나 부서져 버렸다. 조종사 중 한 명은 낙하산으로 살아남았지만, 다른 부조종사 한 명은 사망했다. 조사 결과 부조종사가 비행 후반부에 계획된 우주선 안정화에 필요한 페더링 메커니즘을 조기에 해제시킨 것으로 밝혀졌다. 리처드와 당시 CEO 조지 및 버진 갤럭틱 팀 전체는 이번 실패로 큰 충격에 빠졌다.

이 글을 쓰는 시점에 완전히 회복된 브랜슨과 버진 갤럭틱은 2004년 창립 이래 수십억 달러를 모금하고 2019년 회사를 상장시켰다. 처음 몇 년 동안은 버진 갤럭틱이 준궤도 우주 관광 시장에서 우위를 점하고 있는 것처럼 보였지만, 훨씬 더 부유한 다른 경쟁자 하나가 갑자기 나타나 새 계획을 보여줬다.

✳ ✳ ✳

달 착륙 사건은 수백만 명에게 영감을 주었지만, 제프 베이조스와 같이 우주에 대한 꿈을 자신의 로켓 회사로 이루어낸 사람은 거의 없다. 아폴로 11호 착륙 때 제프는 겨우 다섯 살이었음에도 불구하고 그 사건을 또렷하게 기억한다. 아직 그의 로켓 회사는 그의 주요 자산임에도 세계적인 인정을 받고 있지는 않지만, 제프는 몇 번이고 우주를 자신의 가장 중요한 일로 꼽았다.

세기의 전환기에 새로운 억만장자가 된 제프는 블루 오리진을 설립했는데, 그때는 마침 그의 책 판매 사업 아마존Amazon이 미국에서 가장 가치 있고 광범위한 기업 중 하나로 급부상하고 있을 때였다. 제프, 일론, 리처드 모두 비슷한 시기에 회사를 설립했는지 모르겠지만, 그들이 공략하는 것과 업무 문화는 구별된다. 블루 오리진의 모토인 '그라다팀 페로시터Gradatim Ferociter'는 라틴어로 "한 걸음, 한 걸음, 사납게"라는 뜻이다. 블루 오리진은 〈토끼와 거북이〉 우화를 자주 언급하며 이 경쟁에서 느리지만 꾸준한 태도가 승리하기를 바라고 있다.

블루 오리진은 처음 10년 동안은 스페이스X와 버진 갤럭틱에 비해 작고 매우 조용한 상태를 유지했다. 이 회사는 초창기에는 로켓 기술 테스트에 주력했는데, 저고도 제트 동력 시험을 처음에는 워싱턴주에서 시작해, 나중에는 텍사스에서 했다. 버진 갤럭틱과 같이 블루 오리진의 상업 로켓 시스템은 현재 지구 대기 경계까지에만 도달하지만, 제프는 언젠가 지구에서 제조업 및 여러 다른 산업 분야를 다른 행성에 가져가 구축하는 원대한 비전을 이루기 위한 선행 작업이라 할 수 있는 준궤도까지 도달하는 것을 바라보고 있다.

블루 오리진 회사 창업 후 20년이 지난 지금, 회사는 3,500명 이상의 직원을 보유한 기업으로 성장했고 수많은 개발 프로젝트가 진행 중이다. 이 회사가 뉴 셰퍼드New Shepard라는 첫 번째 부스터의 시험 비행을 시작했을 때, 이들은 2015년에 승객을 태우는 것을 목표로 삼았다. 이미 우주 업계의 다른 사람이 발견한 것처럼 성공에 도달하는 시간은 종종 예상보다 오래 걸린다.

블루 오리진은 로켓에 유명 전직 우주비행사의 이름을 따서 이름을 붙이는 것을 계속하여, 2016년에는 뉴 글렌New Glenn을 발표했다. 이 거대한 로켓은 스페이스X의 팰컨 헤비Falcon Heavy 로켓조차 왜소해 보이도록 설계되었다. 이 로켓의 첫 비행은 2020년으로 계획되었지만, 이후 최소 2022년까지로 연기되었다.

제프는 2019년 아주 대규모로 열린 미디어 행사에서 블루문Blue Moon 달 착륙선을 공개했다. 그는 달을 인류에게 주어진 "선물"이라고 선언하면서, 달이 표면에서 적은 에너지만 있어도 발사할 수 있기 때문에 우주 내 제조업의 허브라는 구상을 제시했다. 이 회사는 달에 우주인을 착륙시키는 수십억 달러짜리 NASA 계약에 입찰하려고 여러 대형 항공우주 업체와 파트너십을 맺었다. 당시에는 정말 훌륭한 움직임인 것 같았다.

제라드 오닐로부터 영감을 받은 제프의 궁극적인 비전은 "수백만 명의 사람들이 우주에서 생활하고 일을 해서 지구에 혜택을 주고, 지구에 스트레스를 주는 산업들을 우주로 옮기는 것"이다. 블루 오리진은 2020년에 궤도 서식지 건설을 검토하고 있다고 발표했고, 2021년에는 이전 이름이 시에라 네바다였던 또 다른 혁신적인 우주 회사 시에라 스페이스Sierra Space와 파트너십을 발표했다. 연구팀은 이 서식지는 ISS와 근본적으로 다르다며, 여기의 우주정거장은 사람들이 방문하는 목적지면서 과학 실험을 하는 실험실이라고 설명했다.

나는 2009년 NASA로 돌아왔을 때 제프 베이조스를 처음 만났다. 당시 블루 오리진은 외부에 그렇게 많이 알려져 있지 않았지만, 본인들을 소개하고 싶다고 연락왔을 때 나는 정말 기뻤다. 제프는 워싱턴 D. C.로 날아와 NASA 국장과 나와 함께 그의 회사 소개 및 향후 계획에 대해 이야기했다. 제프는 아직 세계에서 가장 부유한 사람은 아니었고 18위에 올라있었다. 하지만 그는 일론 머스크보다는 훨씬 높은 순위에 있었고 그의 부를 보고 NASA는 그를 진지하게 생각하기 시작했다.

나는 제프와 대화할 때면 항상 몇 년 동안 알고 지낸 친구와 대화하는 느낌이었다. 그는 편안하고 호기심이 많으며 웃겼다. NASA에서 가진 첫 회의 때, 제프는 블루 오리진에 대한 자신의 계획을 공개하고 시애틀에 있는 본인의 제작 시설을 방문해 달라고 제안했다. 찰리는 별로 관심 있어 하지 않았지만, 나는 그 즉시 초대를 수락했다.

제프와 함께 한 블루 오리진 견학은 인상적이었다. 공장과 운영 규모가 놀라웠을 뿐만 아니라, 각 기능과 직원들에 관한 지식도 탁월했다. 제프는 중요한 요점만 간단히 설명하는 것을 좋아한다. 첫 번째 견학에서 가장 마음에 들었던 것은 엔진 청소 재료였다. 비행 시험 후 엔진에서 남은 연료를 세척해 내는 행위는 위험해서, 클린룸에서 독성 물질들을 사용하며 광범위한 예방 조치가 따르는 비용이 많이 드는 작업이었다. 재사용에 초점을 맞추기 위해서는 비용 절감 및 작업 간소화를 해야 했다. 여러 방향으로 방안을 모색한 결과 로켓 엔진 청소 작업을 위한 예상치 못했던 혁신적인 솔루션이 탄생했으니, 바로 레몬 주스였다. 제프는 자신이 어떻게 해서 감귤 추출물 업계의 세계 최대 고객이 되었는지 이야기하는 것을 매우 즐긴다.

일론과 스페이스X를 견학할 때에도 여러 면에서 비슷했다. 이 두 사람 모두 운영에 관한 깊은 지식을 나눠 주었고, 직원들은 그들이 나타나도 특별한 반응을 보이지 않았다. 그들이 공장에 걸어 다니는 것을 보는 것이 흔한 일이라는 것을 방증한다. 이들 공장을 견학하는 것과 기존 항공우주 계약업체를 방문해 견학하는 것에는 매우 큰 차이가 있다. 스페이스X와 블루에서의 활동 속도는 매우 빠르다. 개발 중인 우주선이 하이 베이high-bay에 매달려 있으면 6~8명이 정기적으로 작업하고 있다. 어떤 사람은 비계에 매달려 있고, 또 어떤 사람은 사다리에 매달려 있다. 누구나 자신만의 도구 벨트를 차고 있다. 기존의 계약업체 시설들은 보통 휑뎅그렁하니 조용한 경우가 더 많다. 개발 중인 우주선에는 보통 한 명이 작업하고 있고, 다른 한 명은 근처에서 작업 도구를 건네주고, 또 다른 한 명은 클립보드를 들고 지켜보고 있었다.

나는 오리온 캡슐이 만들어지고 있는 록히드 마틴 시설을 여러 번 방문했는데, 실제로 우주선에서 작업하고 있는 사람을 본 적이 없었다. 그때의 견학에서 그들이 전달한 메시지는 부품이나 시험을 제공하기 위해 얼마나 많은 주가 참여했는지에 집중되어 있었다. 덴버 시설을 한번 방문했을 때는, 우주선이 오하이오주에서 막 돌아와 또 시험을 반복하고 있었다. 내가 왜 같은 시험을 반복하냐고 질문했더니, 이송 중에 풀린 부분은 없는지 확인하기 위한 것이라고 답했다. 그것은 이해가 되었지만 애초에 왜 오하이오주로 이송시켜서 해야 했는지 묻게 되었다. 견학을 이끌고 있던 고위 간부가 나를 팔꿈치로 툭 건드리며 윙크를 하더니, 오하이오주 대표단을 참여시키기 위해 그들 각자가 열심히 역할을 하고 있다고 말했다. 나는 최대한 예의 바른 태도로, 정치 활동은 다른 사람들에게 맡기고 우주선을 효율적으로 만드는 데 집중해야 한다고 제안했다.

블루 오리진의 시애틀 시설을 둘러본 후에, 제프는 텍사스에 있는 그의 발사장으로 나를 초대했다. 이번에도 나는 기회에 올라탔다. 외진 곳은 서부 텍사스에 있는 블루의 방대한 부동산 구획이 어디부터인지를 알 수가 없다. 나의 구글맵은 해당 지역에 들어서자 아무것도 표시하지 않았다. 원래 보고자 했던 비행 시험은 결국 연기되었지만 견학은 전혀 실망스럽지 않았다.

내가 방문하는 동안 블루 오리진은 새 시험설비를 막 완성하고 있었다. 꼭대기에 서서 프로젝트 관리자와 함께 이 시험설비에 대한 개발 비용이 얼마나 들었는지 물었다. 이 서른 살의 퍼듀대학 졸업생은 잠시 생각하더니 3,000만 달러 정도라고 추정했다. 나는 바로 이어서 이런 수사학적 질문을 했다. NASA가 이런 비슷한 크기의 시험설비를 개조하는 데 드는 비용이 얼마인지 아시나요? 그는 재빨리 "3억 달러"라고 정답을 말했다. 그는 예전에 NASA에서 일했었는데 관료주의 때문에 떠났다고 말했다. 나는 NASA 엔진을 블루 오리진에서 시험할 수 있겠느냐고 또 물었다. 그는 머리를 흔들고 웃으며 말했다. "왜 우리가 그런 시간 낭비를 할까요?"

그의 답변에는 배경 이야기가 있었다. NASA에는 광범위한 역량을 갖춘 엔진 시험 설비, 특히 미시시피와 앨라배마 쪽에 이와 관련된 인력과 인프라가 풍부하다. 1950년대, 1960년대에 건설된 시험설비는 그 이후로 단종되거나 개조되었고, 더 많은 시험설비가 세워졌다. NASA는 아폴로 이후 이 활동에 대해 10억 달러 이상을 투자했고 단 하나의 새로운 엔진을 개발했으니, 바로 우주왕복선을 위한 엔진이었다. 한 전직 NASA CFO가 나에게 말했는데, 그들이 NASA에서 목격한 모든 나쁜 거래 중에서 시험설비와 관련된 속임수들은 감옥에 갈 가능성이 가장 높다고 했다.

NASA가 컨스텔레이션의 아레스 I 로켓 개발을 취소한 후, 미시시피 대표는 납세자들에게 4억 달러의 비용을 들여 상단 엔진 시험설비를 완공하는 법안을 강행했다. 나는 로켓 취소에 대한 책임 있는 사람으로서 이 법안 요구를 한 선임 상원의원 태드 코크란Thad Cochran과 좋은 시간을 가질 수 있는 영광을 누렸다. 그는 로켓보다는 시험설비와 관련된 일자리에 더 신경을 쓰는 것 같았다. 결국 그 시험설비는 완공 즉시 보류되고 정부 폐기물의 기념비로 남아 있다.

어쨌든 미국은 그 시험설비들을 유지하기 위한 돈이 쓰고 있었기 때문에, 나는 실제로 새로운 로켓들을 설계하는 민간 부문이 NASA 설비를 이용해 시험하도록 하는 것이 합리적이라고 생각했다. 부분적인 나의 추천으로, 블루 오리진은 그들이 개발 중인 엔진을 NASA 설비에서 시험하는 계약을 협상했으나, 이 두 문화가 결국 호환성이 없음이 증명되었다. 이 연결되지 못함은 근본적으로 시간 때문이었다. NASA는 모든 일에 대해 너무 시간이 오래 걸렸다. 계획, 의사결정, 의사소통, 엔진을 시험대에 장착하는 것, 시험 시행 등이 모두 정부의 통상적인 일정대로 진행되었다. 블루 오리진은 서부 텍사스 한복판에 그냥 시멘트 트럭과 수영장 건설로 닦아진 전문성을 이용해 자체 시험설비를 만드는 것이 훨씬 더 효율적이라는 것을 알게 되었다.

우리는 시간이 곧 돈이라는 말을 한 번쯤은 들어봤을 것이다. 하지만 이 표현은 조달과 관련되면 두 가지 의미로 나눠진다. 상업 세계에서는 시장에 진출하는 시간이 오래 걸릴수록 주머니로 들어오는 돈이 줄어든다. 정부에서는 우주선을 만드는 데 시간이 많이 걸릴수록 돈이 더 많이 들어온다. 인센티브가 거꾸로 가는 것이다.

나는 제프가 2019년 블루 문 공개를 한 후 워싱턴 D. C.에서 그가 주최한 저녁 만찬 때 그를 만났다. 그는 워싱턴 D. C. 컨벤션 센터에서 발표를 마친 후 우리 중 10여 명 정도를 모아 편안하게 앉아 식사하고 토론할 수 있도록 했다. 그는 그 만찬 내내 토론장에서 내가 가장 좋아하는 두 가지 주제인 우주 및 정치에 관해 질문과 답변을 했다. 캐롤라인 케네디Caroline Kennedy가 나와 제프 사이에 앉았는데, 그녀는 다섯 살 때 대통령 집무실에서 존 글렌을 만났던 이야기를 들려주었다. 그 우주인과 인사를 나눈 후, 그녀는 자신의 아버지에게 돌아보고 자신은 원숭이를 만날 줄 알았다며 실망을 표현했다고 했다. 나는 존 글렌도 같은 이야기를 하는 것을 들었었는데, 제프가 박장대소를 하는 것을 보니 그는 전에 이 이야기를 들어 본 적이 없었던 것 같았다.

✳✳✳

나는 2002년 여름 일론 머스크를 처음 만났다. 그가 워싱턴 D. C.에 있는 윌라드 호텔 아침 식사에 초대했을 때였다. 그는 이유를 밝히지 않고 만남을 요청했었는데, 내가 그에 관해 아는 것이라곤 스페이스 플로레이션 테크놀로지Space Explocation Technologies Corp라는 나중에 스페이스X로 알려진 발사체 회사를 설립했다는 것뿐이었다. 우리는 우주 개발에 관한 각자의 비전에 대해 이야기했고 그는 대부분 질문을 했다. 그 이후로 우리 사이의 대화는 이런 식으로 진행되었다. 초기에는 일론의 질문은 아스트로맘, 우주여행에 관한 나의 개인적 관심, 그리고 러시아인과의 협력과 관련된 내용에 집중되었다. 우리는 흥미진진하게 토론을 했지만, 그것이 인터뷰였다면 나는 실패했다.

일론 머스크는 남아프리카의 프레토리아에서 태어나고 자랐다. 그는 십대 때 북아메리카로 이주하여 캐나다에서 대학을 시작한 후, 펜실베이니아 대학교로 편입해 경제학과 물리학 복수 전공을 했다. 일론은 동생 킴벌과 함께 집투Zip2라는 웹 소프트웨어 회사를 설립했는데, 이 회사는 몇 년 후 컴팩Compaq에 3억 달러가 넘는 금액으로 인수되었다. 그는 또 엑스닷컴X.com이라는 디지털 스타트업 회사를 공동 설립했는데, 이는 나중에 또 다른 회사와 함께 합병되어 페이팔PayPal을 만들고, 페이팔은 다시 이베이eBay에 15억 달러에 인수되었다. 일론은 이렇게 일찍 벌어들인 큰 재산을 2002년 스페이스X를 시작하고 2003년 테슬라Tesla의 주요 투자자가 되는 목적으로 잘 활용했다.

스페이스X는 우주 운송 비용을 줄이기 위해 설립되었는데, 이것은 일론이 화성에 가기 위해 설계한 작은 페이로드를 발사할 수 있는 저렴한 발사체를 찾다가 그 필요성을 배우게 된 것이다. 그중 하나의 사건으로 일론이 러시아인과 발사 협상을 하는 중에 그들이 얼마나 무례하게 굴었는지, 심지어 러시아 로켓 설계자 한 명이 그의 신발에 침을 뱉기까지 했다고 한다. 이 사건으로 일론은 기분이 완전히 상하여, 돌아가는 비행기 안에서 자신의 로켓 회사를 설립해 그들과 경쟁하기로 했다. 만약 트로이의 헬레네가 천 척의 우주선을 가지고 있었다면, 천 척의 우주선을 쏘아올린 것은 바로 그 침이라고 할 수 있겠다.

일론이 한 말에 흥미로워진 나는, 그 아침 식사를 기점으로 2003년 엘 세군도El Segundo에 위치한 스페이스X를 방문하게 되었다. 나는 컨설턴트로 활동하고 있었는데, 한 동료와 함께 당시 스페이스X 사업 개발 책임자였던 그윈 숏웰Gwynne Shotwell에게 우리가 할 수 있는 점을 소개했다. 그윈은 거의 비어있는 새로운 공장을 견학시켜 주었다. 우리는 그녀에게 정부 협력에 관한 전략적 조언을 제공해 줄 수 있다고 설득하려 최선을 다했지만, 계약을 맺지는 못했다. 나는 당시에는 실망스러웠으나, 경력 후반에는 내가 그 회사로부터 단 한 푼도 받은 적이 없음을 내세울 수 있어 도움이 되었다.

그다음 내가 그윈을 만났을 때 그녀는 스페이스X에서 두 번째 서열이었고, 나는 NASA에서 두 번째 서열이었다. 그 무렵 우리 둘 다 남성들을 이끌기 위해 무대 뒤에서 쇼를 진행하는 사람들이라는 전혀 과분하지 않은 평판을 얻었다. 우리는 비슷한 기질을 갖추고 있고 그 이후로 함께 잘 협력해 왔다. 나는 그녀가 이룬 업적에 경외감을 느낀다. 진저 로저스Ginger Rogers*처럼 그녀도 높은 힐을 신고 모든 것을 그대로 해냈다.**

나는 스페이스X와 함께 일할 기회를 두 번이나 날려버렸지만, 고르디안 매듭을 푸는 것 같은 스페이스X의 우주 운송 비용 절감이라는 목표는 나의 집중 대상이었고 그들의 진행 상황을 계속 주시했다. 존 케리John Kerry의 2004년 대선 선거운동 선임 우주 정책 고문으로서, 정부가 자체적으로 우주왕복선을 대체하는 것을 만들거나 운영해서는 안 된다는 것은 이미 나와 다른 많은 이에게 자명한 사실이었다. 우리는 대신에 민간의 주도를 활성화해야 한다는 쪽이었다. 케리가 당선되고 그가 정권을 잡은 행정부의 NASA에 내가 돌아왔었다면 그 정책을 더 일찍 시행했을 수도 있었다. 하지만 성공하기 위해서는 기술적, 재정적 자원도 필요한 요소였기에, 비판의 장은 최소한으로 유지해야 했다.

NASA가 스페이스X에서 기회를 최초로 잡은 정부 기관은 아니었다. 그 영예는 국방고등연구과제기관DARPA와 공군에게로 갔는데, 이들은 팰컨 1 로켓을 통해 응답성이 뛰어나고 경제적인 발사 능력을 입증하기 위해 2003년 약 800만 달러의 소액 자금을 투자했다. 피트 워든Pete Worden과 제스 스포너블Jess Sponobile은 DARPA와 공군

* 미국 황금시대의 배우, 댄서, 가수로 활동했던 스타.

** 남자들이 하던 일을 여성이 똑같이 했을 뿐이라는 의미.

의 지원을 진두지휘한 우주해적들이었고 정부에서 일하는 내내 민간 발사 능력을 장려하는 일을 맡았다.

스페이스X가 키슬러 에어로스페이스의 비경쟁 수주에 항의한 후 만들어진 NASA의 COTS 프로그램은 2006년 스페이스X에 처음으로 상당한 정부 자금을 지원했다. COTS 프로그램은 ISS에 민간 화물선을 보내기 위해서 민간 부분의 역량 개발을 장려하기 위해 고안되었고, 스페이스X는 2억 7,800만 달러짜리 사업을 수주해 그들 로켓 사이즈를 키우고, 초기 화물선인 드래곤Dragon을 개발할 수 있었다. 드래곤은 아직 설계되지 않았던 팰컨 9 로켓에 실려 발사될 예정이었으나 가장 초기 버전 로켓인 팰컨 1의 첫 세 번의 시험 비행은 실패했다. 2008년 8월 세 번째 실패 이후, 일론은 스페이스X 현금 잔고가 거의 바닥났음을 공개적으로 밝혔다. 그들은 겨우 한 번 정도 더 시도할 만큼의 현금만 보유하고 있었다.

그 8월의 실패는 내가 오바마 전환 팀을 이끌도록 임명된 지 한 달 후에 일어난 일이었다. 그래서 그때는 이미 내가 후보자에게 민간 부문 발사 서비스 이용하는 가치에 대한 개인적 견해를 전달한 상태였다. 스페이스X는 성공할 가능성이 가장 높은 민간기업으로 널리 알려져 있었기 때문에 처음에는 그다지 뛰어난 예측으로 보이지는 않았다. 나의 칩은 모두 테이블 위에 있었고 나 자신의 손으로 게임을 하고 있지도 않았다. 그래서 이 사건은 가장 편하지 않은 도박의 상황이었다.

COTS 모델은 전환 팀이 초기에 왕복선을 가장 잘 대체할 수 있는 방법을 찾기 위한 옵션을 평가하면서 고려하던 핵심적인 부분이었다. 스페이스X의 다음 비행이 실패했더라도 우리 방향은 바뀌지 않았겠지만, 발사 성공은 오바마 정책팀이 민간 우주인 비행 프로그램 시작을 위해 즉시 투자하도록 설득하는 데 도움이 되었다. 우리의 NASA 전환 팀 주간 보고서를 읽은 오바마 대통령 당선자의 고위 자문단은 민영화된 우주인 비행의 잠재적 이득을 인식해 처음부터 이 개념을 지지했다. 거기에 팰컨 1 발사가 성공하자, 그 옵션에 느낌표까지 찍은 것이다.

그해 12월 NASA는 우주정거장에 보내는 화물선에 대한 계약에 관한 큰 상금 수여를 발표했다. 스페이스X는 12회 드래곤 수송에 대해 16억 달러를 받았고, 오비탈 사이언스는 8회에 19억 달러를 받았다. 이것은 스페이스X가 경쟁사보다 적은 비용으로 더 많은 로켓을 제공하기로 한 계약 패턴의 시작이었다. 이 글을 쓰는 시점에 스페이스X는 22회의 화물선 왕복 임무를 성공적으로 수행했고, 오비탈 사이언스는 13회를 수행했다. 이 차이점에 더해, 드래곤은 화물을 오갈 때 운반할 수 있는 반면, 오비탈 사이언스의 시그너스Cygnus는 귀환용 질량은 고려하지 않았기에 불가능하다.

첫 번째 상용 재보급 서비스CRS 상금이 수여될 무렵, 나는 NASA 본부의 전환 팀 사무실에서 일하고 있었지만, 그 결정에 관여하지는 않았다. 절름발이 행정부의 마지막 30일 이내에 이렇게 큰 상금을 수여하는 것은 보통 눈살을 찌푸리게 했지만, 나를 포함한 우리 팀은 이 선택이 매우 기뻤고 시끄럽게 할 이유가 없었다. 일론은 NASA가 민간을 초기에 신뢰하고 자금을 지원하는 것의 중요성을 자주 언급했다. NASA가 새 행정부로 넘어가는 험난한 상황에서 이러한 확신을 얻은 것은 그들이 극복한 그저 또 하나의 장애물이었을 뿐이다.

2009년 7월 팰컨 1의 다섯 번째이자 마지막이었던 발사도 주목할 만했다. 그 발사는 상원 인준 청문회가 있은 지 일주일 후였고, 상원에서 우리의 지명에 대해 표결하기 하루 전이었다. 다시금 나는 정부가 민간 부문으로 이관하는 것을 반대하는 사람에게 기회를 줄 수 있는 문제가 발생하지 않기를 바라며 숨을 골랐다. 취임 선서를 하기 위해 본사로 들어서기 이틀 전, 그들은 성공적인 발사로 나의 발걸음에 봄을 가져다주었다.

스페이스X의 2010년 6월 발사는 당사의 상용 우주인 비행 프로그램 제안에 대해 매우 중요했다. 이것은 나중에 결국 드래곤 캡슐을 발사하게 될 팰컨 9 로켓의 첫 비행이었고, 테이블 위에 모든 칩을 올려놓은 사람은 나뿐만이 아니었다. 오바마 대통령도 모두를 걸었다. 거기서 무슨 실수라도 나오면 행정부의 계획에 대한 비판이 더욱 거세질 기세였다.

그 비행은 순조롭게 진행되었을 뿐만 아니라, 그다음 해에는 드래곤 캡슐을 성공적으로 궤도에 진입시켰다. 캡슐 안에는 〈몬티 파이썬Monty Python〉을 기리기 위한 거대한 치즈 바퀴를 실었다. 다소 의문스럽고 황당하겠지만 이게 바로 일론의 유머이자 강점이다.

그해 초 NASA의 혁신적인 예산 제안에 대한 공개 정치 토론이 계속되고 있었다는 점을 고려할 때 이 성공은 결코 무의미한 마일스톤이 아니었다. 성공적인 발사가 논쟁을 끝내지는 않았지만, 실패했다면 당장 그렇게 됐을 것이다.

✳✳✳

스페이스X는 왕복선이 퇴역하기 1년 전 팰컨 9과 드래곤 캡슐의 COTS 시범 임무를 완료했다. 이는 미국이 우주인을 다시 발사할 수 있다고 믿었던 사람들에게 한 줄기 희망을 안겨주는 사건이었다. 2012년 5월, 우주왕복선이 마지막 임무를 마치고 1년 후, 드래곤은 우주정거장에 도킹한 최초의 상용 우주선이 되었다.

내가 NASA에서 즐겨하던 책임 중 하나는 국제적으로 다른 국가의 우주국과 협력하는 것이었는데, 첫 드래곤이 도킹할 때 나는 도쿄에 있었다. 일본 우주국JAXA은 그들이 우주 분야에서 이룬 성과를 자랑스럽게 여기며, NASA가 가장 신뢰할 수 있는 파트너 중 하나이다. 원래는 1년 전에 일본을 여행할 계획이었는데, 2011년 쓰나미와 뒤이은 혼란으로 인해 연기되었다. 드래곤 도킹 일정과 나의 재편성된 일본 방문이 겹쳤을 때, 나는 국제 파트너십을 존중하는 것이 최우선이라는 것을 알았지만, 이 중요한 마일스톤 사건을 멀리서 지켜봐야 한다는 사실에는 살짝 실망했다.

그 임무의 발사일이 나의 생일이었기 때문에, 우리 일본 동료들과 함께 축하할 두 가지 이유가 생겼다. 우리 원정팀은 드래곤 실시간 도킹 상황을 확인할 수 있게 했고, 우리는 전화선을 통해 운영실 상황을 들었다. 우리는 아침 해가 뜰 때까지 축하 행사를 했다. 출국하기 전에는 칭찬으로 생각하지 않고 나에게 사람들이 붙여준 "드래곤 레이디"라는 별명에 대한 자부심의 상징으로, 화려한 용 조각상 하나를 구입했다.

드래곤의 성공적인 도킹에 깊은 감명을 받은 사람은 나뿐만이 아니었다. 그 비행 다음 날, 스페이스X의 가치 평가는 24억 달러로 두 배 증가했다. 이 글을 쓰는 시점에서 기업가치는 1,000억 달러 이상으로 평가된다.

20년도 채 되지 않았지만 암울하게 시작했던 스페이스X는 이제 거의 1만 명의 직원을 고용하고 있는 여섯 번째로 큰 NASA의 계약업체가 되었다. NASA뿐만 아니라 공군 및 다른 군사 및 정보기관들도 이제는 이 회사의 제품 및 서비스를 일상적으로 사용하고 있다. NASA의 자원을 일개 스타트업 회사에 투입한 것에 대해 의문과 조롱을 끊임없이 받으면서 펜타곤에서 가졌던 수많은 회의를 생각하면, 이것은 특히 주목할 만하다. 업계 및 정부의 고위 관료들은 초기에 이 회사와 일론 깎아내리기를 즐겼다. 납세자의 청지기가 되어야 하는 정부 관계자들은 자신들의 유나이티드 론치 얼라이언스ULA 친구들 외에 누군가가 성공할 수 있다는 것을 믿기 힘들었다. 나는 이것이 참 무책임하다고 생각했다. ULA가 청구한 엄청난 비용은 미국 정부와 산업 경쟁력을 약화하고 있었다.

실리콘 밸리의 파괴적 사고방식과 함께 전통적 산업에 대한 존경심을 보이지 않는 일론이 그들보다 젊고 부유한 것은 도움이 되지 않았다. 일론에 대한 경멸과 비판 중 일부는 개인적인 것이었지만, 실제로 무슨 일이 일어나고 있는지 알고 있는 사람이라면, 그들의 분노가 다른 곳에 있다는 것을 알 수 있었다. 이전에는 NASA 그 누구도 근처도 못 갔던 골리앗 같았지만, 스페이스X가 성공을 거두기 시작한 후에는 오래 버티지 못하는 카드 집으로 여겨졌다.

처음에 스페이스X를 어쩔 수 없이 지원했던 정부 관계자들은 역사를 다시 쓰면서 본인들이 얼리 어답터라고 자랑하기에 바쁘다. NASA와 공군은 법적 소송에서 패하기 전까지는 스페이스X와 계약을 체결하지 않았음을 잊지 말자. 공군은 스페이스X가 NASA 임무를 성공적으로 수행한 후에도 계속해서 ULA와 단독 공급 계약을 체결했다. 스페이스X는 2014년 ULA에 제공된 110억 달러 규모의 단독 공급 블록 구매에 항의했고, 이로 인해 공군은 경쟁에 들어가기 전 중재에 나섰다. 그때도 공군은 몇 년 동안 질질 끌었다.

COTS도 마찬가지로 스페이스X가 항의한 후, NASA가 경쟁 입찰을 해야 한다는 통보를 받은 후에야 시작되었다. NASA는 그다음 우주인을 우주정거장으로 수송하는 시스템을 3억 달러에 개발하겠다는 스페이스X의 제안을 무시했다. 그 시스템은 우리가 러시아에 두 배 가격을 주면서도 이용하지 않을 수 없는 것이었다. 지금도 NASA는 민간 자금으로 만드는 재사용 가능한 대형 로켓과 직접 경쟁하기 위해 수백억 달러의 국민 세금을 사용하려고 하고 있다. 딱히 자랑할 거리는 못 된다.

시간이 흐르면서 민간 부문, 특히 스페이스X와의 파트너십을 거부했던 NASA 직원들은 경쟁에서 우위를 점하는 그들의 역량을 인정하지 않을 수 없었다. 스페이스X는 두 개의 시범 임무를 통합 수행해서 COTS 프로그램의 목표를 달성함으로써 NASA에 깊은 인상을 주었다. 그들의 비밀은 수수께끼가 아니었다. 그들은 최고의 가치를 내놓았다. 스페이스X는 경쟁사에 비해 훨씬 적은 자금을 몇 번이고 받았지만, 그것으로 경쟁사보다 더 많은 일을 하고 그들을 능가했다. 스페이스X는 더 빨리, 더 좋게, 더 싸게 만드는 것이 가능하다는 이론의 증거이다.

고무적인 예로, 2010년 12월 드래곤의 첫 운용 발사 예정일 바로 전날이었다. 최종 발사대 검사 결과 팰컨 9 로켓 엔진 하나의 노즐 확장부에서 두 개의 작은 균열이 발견되었다. NASA의 모든 사람은 발사를 몇 주 동안 중단할 것이라고 생각했다. 일반적으로 적용하는 계획은 엔진 전체를 교체하는 것인데, 왕복선 시절에는 한 달이 걸리는 작업이었다. 스페이스X는 계산을 하고 여유 부분을 평가한 다음 금이 간 노즐 끝을 잘라내기로 결정했다. 그들은 하루 지나서 성공적으로 발사했다. COTS의 자금 지원은 계약 형태가 아니라 파트너십을 통해 이루어졌기 때문에 NASA는 스페이스X의 결정을 받아들이고 의심스러운 눈초리로 지켜볼 수밖에 없었다.

일론이 재사용 가능한 로켓의 가치를 처음으로 인식한 사람은 아니지만, 경제적으로 유리하게 만든 최초의 사람이다. "재사용 가능"이라는 용어는 운송수단이 개발되었을 때 이를 설명하는 데 사용되지도 않았다. 카트, 자동차, 배, 비행기 등을 일회용으로 고려해 만드는 사람은 아무도 없었을 것이기 때문이다. 그럼에도 불구하고, 항공우주 업계 표준 인식의 보유자들은 2012년 스페이스X가 로켓 수직착륙 시험을 위한 시도를 비웃었다. 우주에서 돌아온 부스터를 바다에 떠 있는 바지선에 착륙시키려는 시도는 많은 사람에게 미친 것처럼 보였고, 착륙이 잘못되거나 어렵게 착륙하는 장면이 담긴 비디오를 보고 사람들은 종종 뒤에서 조롱하기도 했다. 이제 사람들은 더 이상 웃지 않는다.

재사용을 통해 우주 운송 비용을 절감하려는 정부의 노력은 30년 전 우주왕복선 프로그램에서 시작되었다. 엔진을 비롯한 왕복선의 일부 부품들은 재사용할 수 있도록 설계됐지만, 보수 작업에는 새것을 만드는 것과 거의 동일한 비용과 시간이 소요되는 것으로 판단되었다. 언제나 그렇듯 문제는 인센티브였다. 일단 엔진을 제작하기 위해 비용을 받는 회사는 여전히 같은 수의 직원을 고용하기를 원했기 때문에, 시험 및 개조 비용은 자연스럽게 증가했다. 아무도 그 시스템의 변수가 수정이 가능한지 의문을 제기하지 않았다. 왜냐하면 계속 같은 일을 하면서 정부에 더 많은 돈을 청구하는 것이 더 쉬웠기 때문이다.

이런 과정은 SLS 개발을 하고 있는 오늘날까지 계속되고 있고, NASA는 에어로젯 로켓다인Aerojet Rocketdyne 창고에 보관되어 있는 이미 왕복선 시절 동안 제작 비용을 다 지불한 엔진을 "개조하도록" 엔진당 1억 5,000만 달러를 다시 지불하고 있다. SLS는 발사할 때마다 엔진 4대를 버리기 때문에 납세자들은 이미 비용 지불을 다 한 엔진에 대해 발사 1회당 6억 달러를 지출하는 것이다. 그 반면에 스페이스X는 재사용 가능한 엔진 포함 팰컨 헤비 발사 서비스를 9,000만 달러에 판매하고 있다.

이는 튼튼한 분기별 보고서, 주가 상승 및 배당금에 대해 중시하는 경향이 있는 주주에게 보여줄 가장 좋은 사례이다. 항공우주 기업의 리더십은 정부 인센티브를 활용하고 구멍과 회색 영역을 활용하는 것을 포함해 단기적 주주 가치를 극대화하는 데 중점을 둔다. 정부의 책임은, 의회와 행정부 모두 혁신과 효율성을 보장하는 정책을 수립하고 시행하는 것이다. 경쟁력 있는 산업을 유지하는 것이 국가의 이익이므로, 뒤처진 역량에 대해 오히려 보상하고 윤리 또는 사업적 위반 행위를 간과하는 정책을 고수하는 것은 경제 및 국가안보에 나쁜 영향을 준다.

공무원으로서 내가 맡은 일은 미국의 항공우주 역량을 발전시키고 개선하여 납세자에게 더 큰 가치를 제공하는 것이었다. 일론이나 스페이스X를 변호하는 것이 결코 나의 일이나 사명이 아니었다. 나는 그들을 위해 전쟁터에 있었던 것이 아니다. 미국의 경쟁력 향상을 위해 이렇게 과감한 시도를 하는 다른 민간기업이라도 지지했을 것이다. 나의 재임 기간 내내 스페이스X와 나 사이의 사악한 연관성에 대한 여러 거짓 소문들이 판쳤다. 왜 다른 정부 지도자들이 그렇게 비판적이었는지에 대해 더 심각한 우려가 제기됐어야 하는데도 말이다. 납세자의 수십억 달러를 절약하고 세계 발사 시장에서 미국을 경쟁력 있게 만든 사람과 회사를 폄하하는 이유가 대체 무엇인가? 우주 커뮤니티는 일론과 제프의 이혼에 대한 소문을 퍼뜨리곤 한다. 수많은 우주인과 업계의 CEO 친구들이 얼마나 많은 첫 번째 아내를 남겼는지 잊어버린 채 말이다. 나는 이들 중 누구와도 일한 적은 없지만, 우주 커뮤니티 내외부에서 자주 보이는 이런 이중적 잣대에 대해서는 여전히 변호하게 된다.

나의 이야기는 일론을 빼놓고는 말하기 어렵다. 왜냐하면, 그 사람과 스페이스X가 없었다면 나는 NASA에서 많은 혁신을 이룰 수 없었을 것이기 때문이다. 우리는 같은 이유로 피를 흘렸고, 몇몇 같은 적들도 모았다. 2012년 《에스콰이어Esquire》의 톰 주노드Tom Junod는 일론에 대해 "의지의 승리"라는 제목의 기사를 썼는데, "그는 NASA와 긴밀한 관계가 있는 한 관계자가 말하길, 로리 가버와 '공생' 관계를 유지하고 있다"라고 했다. 우리는 각자 성공하기 위해 서로가 필요했다.

우리가 우주인 운송 서비스에 관한 경쟁의 장을 열었을 때, 나는 한 개 이상의 회사가 이 서비스를 제안할 것이라고 자신했다. 마찬가지로 일론은 많은 고위 정부 지도자가 민간기업을 이용해 우주인을 우주정거장으로 보내는 것의 가치를 알게 될 것이라고 확신했다. 두 상황 모두 결국에는 현실이 될 것이었지만 당시에는 그렇지 않았고, 양측 모두 지연이 있었다면 정부 전략이 완전히 다른 방향으로 갈 수도 있었다.

내가 아는 대부분의 천재처럼, 일론은 말을 함부로 뱉거나 낭비하지 않는다. 그는 상대가 바보라고 판단하기까지, 먼저 질문하고 상대의 대답을 듣는다. 그는 생각을 빠르게 하지만, 잡담을 좋아하는 사람은 아니다. 하지만 적어도 나에게는 아니었다. 일론과 마지막으로 나눈 일대일 식사는 2012년 술과 함께한 자리였다. 이 무렵에는 서로에 대해 좀 더 알게 되었고 그윈 쇼트웰과 일론의 정부 업무 팀과 더 긴밀하게 일하고 있었다. 스페이스X 직원이 일론이 캘리포니아로 돌아가는 비행기를 타기 전 만날 시간이 되는지 물었고, 나는 기꺼이 응했다.

각자 맡은 역할의 강도와 서로 마주한 어려움 때문에 긴장을 풀고 쏟아내는 자리가 된 점이 특히 좋았다. 우리는 타파스와 마가리타 피처 하나를 시키고 몇 시간 동안 이야기를 나눴다. 우리 둘 다 술을 그렇게 많이 마시는 데 익숙했는지 잘 모르겠지만, 돌이켜 생각하면 아무도 그를 알아보거나 우리를 방해하지 않았다는 것이 놀랍다. 요새라면 절대 그렇지 않았을 것이다. 마침내 내가 휴대전화를 확인했는데, 그의 직원이 제트기에 연료를 충전하고 그가 출발하기를 기다리고 있다는 것을 알리려고 나에게 계속 연락을 시도했었다는 것을 그때야 알았다.

이 글을 쓰는 시점에는 나는 일론과 이야기를 나눈 지 몇 년이 지났고, 가장 최근으로는 트위터Twitter에서 직접 논쟁을 한 적이 있다. 그는 인공위성 발사 비즈니스 사례의 중요성에 대한 나의 말을 잘못 해석하고, 그가 인터넷 사업을 시작했으면 더 쉽게 돈을 벌 수 있었을 것이라고 답했다. 나의 메시지는 민간 부분 시장 개방의 가치를 강조한 것이었지, 그가 단지 돈을 벌기 위해 사업을 한다는 것을 암시한 것이 아니었다. 나는 그 화를 내가 기꺼이 감당하면, 스페이스X가 성공하기 위해 필요한 정책을 발전시키기 위해 총력을 기울일 것이고 나의 의도에 의문을 가지지 않게 될 것으로 생각했다. 그러나 수천 명의 일론 팔로워가 불쾌감을 느꼈고, 이로 인해 일론의 원래 트윗이 경고받았다. 나는 언제나 우리 대면 대화가 개방적이고 소박하다는 것을 알았다. 이 예를 나의 큰아들과 한 토론에서 볼 수 있었는데, 이 두 사람에 관해 내가 가장 좋아하는 이야기 중 하나이다.

때는 웨슬리가 대학을 졸업하고 막 워싱턴 D. C.로 돌아온 2014년 6월이었다. 스페이스X가 뉴지움에서 나중에 크루 드래곤Crew Dragon이 된 드래곤 V2를 공개하는 이벤트를 개최했고, 나는 웨스와 함께 갔다. NASA를 떠난 이후 일론을 본 적이 없었는데, 그가 나의 새 직업인 항공사 조종사 노조에서 일하는 것에 대해 물었을 때, 나는 반농담으로 언젠가는 그의 조종사들을 노조에 포함시키고 싶다고 말했다. 그는 웃으며 드래곤은 조종사가 필요 없다고 답하며 웨스에게 대학에서 무엇을 전공했는지 물었다.

웨스가 작곡을 전공했다고 답하자마자, 일론은 그것이 곧 완전히 자동화될 또 한 분야라고 말했다. 젊은 대학 졸업생에게 하는 말로는 무례한 말이라고 나는 생각했지만, 웨스는 기분 상한 것처럼 보이지 않았고 그 인상적인 의견에 주저하지 않고 반대했다.

일론은 웨스의 말에 일일이 반박하며 작곡가들이 잘 알고 있는 창의적인 감각이나 결함 모두 소프트웨어에 기록될 수 있다고 했다. 웨스는 일론의 의견을 받아들여 청취자 입장에서 볼 때 많은 작곡이 불러일으키는 의미와 느낌이 작곡가 개개인의 지식과 관련이 있다고 말했다. 그러면서 그는 일론에게 밥 딜런Bob Dylan의 노래가 우리가 딜런이 작곡가였다는 사실을 몰랐다면 과연 지금처럼 다가왔겠느냐고 물었다. 일론은 잠시 생각하더니, 동의한다는 뜻으로 고개를 끄덕이며, "그래, 네 말이 맞는 것 같다"라고 답했다.

이 이야기는 내가 아들에 대해 가장 좋아하는 이야기이다. 똑똑하기로 유명한 누군가의 앞에서 도전받을 때, 그런 의미 있는 통찰력을 전달할 수 있는 그의 자신감과 능력이 자랑스럽기 때문이다. 이것은 또 일론에 대해서도 가장 좋아하는 이야기이다. 일론은 뻔뻔하고 사람들이 감정이 상하는 데 무관심한 것으로 유명하다. 그는 나의 아들을 몰랐지만 바로 한 주 전에 학위를 받았다는 것을 알고 있었고 일론은 충분히 나의 아들이 선택한 분야가 미래가 없는 막다른 직업이라고 말할 수 있는 사람이었다. 그러나 그는 스물한 살짜리 아이의 말을 듣고, 들은 말을 곰곰이 생각해 보다가 본인의 생각을 바꿨다. 대화를 지켜본 사람으로서 나는 두 사람 모두 자랑스러웠다.

✳ ✳ ✳

우주정거장을 위한 운송 시스템을 개발하는 것 외에도 스페이스X는 자체 자금을 투자해 팰컨 헤비라는 더 크고 부분적으로 재사용 가능한 로켓을 개발하기 시작했다. 팰컨 9이 성공을 한 후에도 일론을 비판하는 사람들은 그가 더 무거운 규모의 페이로드를 발사할 로켓을 만들 수는 없을 것이라고 말했다.

2011년 4월, 일론이 팰컨 헤비를 만들겠다고 발표했을 때 나는 우연히 NASA의 마셜 우주 비행 센터MSFC에 있었다. 우리는 여전히 NASA가 계획한 헤비 리프트 부스터 설계를 놓고 여전히 격렬한 전투를 벌이고 있었던 터라, 헌츠빌의 로켓 보이들은 그의 발표에 좋아하지 않았다. 센터의 NASA 지도부는 본인들이 합리적이라고 생각하는 요청을 하기를, 일론에게 작은 로켓 만드는 일에 머물러 있으라고 나에게 가서 말하라고 요청했다. 큰 로켓이 그들의 길을 가로막고 있었던 것이다. 나는 그들을 직접 만날 수 있어서 기뻤고, 그들의 요청이 왜 터무니없는지 더 자세히 설명할 수 있었다.

이들은 정치학자가 아니라 로켓 과학자였기 때문에 아마도 이 영역이 그들에게는 새로웠을 수도 있었다. 나는 왜 정부와 미국 산업계의 관계가 경쟁이 아닌지 설명했다. 우리는 다른 노선에서 그들을 상대로 경쟁하고 있는 것이 아니었다. 나는 그들에게 사이클링 펠로톤의 관점에서 생각해 보라고, 우리의 일은 산업계 팀원들이 우리 뒤에서 드래프트할 수 있도록 앞에서 타는 것이라고 설명했다. 무리의 한 부대가 힘을 얻어 우리를 추월한다고 우리가 타이어 펌프를 들고 그들 바큇살에 대고 꽂아서는 안 되는 것이었다. 우리는 그들에게 손을 흔들며 놔두고 올라갈 새 언덕을 찾아야 하는 것이었다. 나는 훌륭한 비유를 제시했다고 생각했지만, 남부에서 그렇게 경쟁이 치열한 사이클링이 유명한지는 잘 모르겠다.

일론은 대중에게 팰컨 헤비가 스페이스X가 처음 예측했던 것보다 오르기 힘든 높은 언덕이라는 사실을 공개했다. 시간이 더 걸리고 비용도 더 많이 들었지만 국민 세금을 쓰지 않았기 때문에 비판 받을 이유가 전혀 없었다. 첫 발사가 마침내 2018년 2월로 잡혔다. 나는 이미 NASA를 떠났을 때였는데 스페이스X에서 초대장을 받았고, 나는 직접 보기 위해 플로리다로 떠났다. 스페이스X는 NASA의 일반적인 VIP 관람 장소를 빌렸는데, 이곳은 머큐리, 제미니, 아폴로 왕복선 임무가 시작된 발사대 위에 장엄하게 같이 서 있는 팰컨 헤비의 모습을 볼 수 있는 완벽한 장소였다. 그 발사대는 내가 NASA 부국장이었을 때 경쟁 입찰을 도입했던 것이었다.

이 로켓은 팰컨 9과 비슷하지만, 측면에 장착된 추가 부스터가 있었는데 이것은 로켓을 다시 발사장으로 되돌아 오게 하는 장치다. 스페이스X는 정기적으로 단일 부스터를 바다 바지선에 착륙시키고 있었다. 하지만 플로리다 케이프로 돌아오는 부스터들에 대해서는 발사를 위한 바람과 기상 조건이 더 까다로웠다. 약 100여 명의 사람이 발을 동동거리며 관람장에 뒤섞여 잘되기를 바랐다. 하지만 강풍으로 인해 발사는 몇 시간 지연되었고 쉽지 않아 보였다.

그때보다 1년 전 나는 NASA 연말 파티에서 전 스페이스X 선임 동료 한 명과 이야기를 나눴는데, 그들이 팰컨 헤비 첫 비행 때 정부의 페이로드를 대폭 할인된 가격으로 발사하겠다고 제안했다고 말했다. NASA는 검증시험을 받지 않은 로켓을 비행에 사용하는 것은 위험이 커서 거절했다고 했다. NASA는 학생용 페이로드와 같이 유사한 시험 비행에 사용할 수 있는 특정 페이로드를 보유하고 있지만, 어떤 이유에서든 이의가 제기된 것 같았다. 결국 일론이 팰컨 헤비에 테슬라 로드스터Tesla Roadster를 싣고 발사한다고 발표했을 때 정부에 제안했던 내용에 대한 언급은 없었다. 그를 비판하는 자들은 그의 선택이 아무 가치 없는 일이라고 평했다.

NASA 것이 아닌 스페이스X 발사를 위해 케네디 우주센터로 돌아온 것은 매혹적인 경험이었고, 날씨가 잠잠해지길 기다리는 동안의 시간도 너무 행복했다. 참석했던 VIP의 대다수는 우주해적이었고, 발사 운명이 향후 현상금이 어떻게 분배될 것인지 결정할 것이라고 느끼고 있었다. 우리는 이미 다음 날 다시 발사 시도를 하게 될 경우에 대해 계획 변경을 논의하고 있었는데, 바람이 약해지고 카운트다운이 재개되었다. 우리는 아폴로 이후 가장 큰 로켓의 첫 항해를 보기 위해 흥분에 휩싸여 난간에 매달렸다. 셋, 둘, 하나….

팰컨 헤비의 27개 엔진이 동시에 작동하며 서서히 올라가자 하늘로 오르는 두 번째 태양처럼 비추면서 관중들의 격렬한 감정은 고조되었다. 모든 발사를 멀리서 관찰할 때와 마찬가지로, 빛은 소리보다 빠르게 이동하기 때문에 진동을 느끼거나 소리를 듣기 몇 초 전에 로켓 발사 광경을 볼 수 있다. 나는 같은 위치에서 우주왕복선이 발사되는 것을 자주 봤고 항상 짜릿했다. 하지만, 이번에는 소리도 더 크고 가슴에 울려 퍼지는 진동은 더욱 강렬했다. 새턴 V와 우주왕복선 발사를 모두 봤던 사람은 팰컨 헤비 발사 효과가 새턴 V의 발사 효과에 더 가깝다고 말했다.

발사 후에도 나는 아직 관람석에 앉아 발사 당시의 짜릿한 분위기에 눈물을 글썽이고 있었다. 그런데 두 개의 로켓 부스터가 제 역할을 다하고 바나나강 건너 착륙장으로 돌아가기 위해 아음속으로 오고 있다는 신호가 들려왔다. 나는 두 개의 또렷한 소닉 붐을 맞을 준비가 되어 있지 않았다. 처음에는 미사일이 진입하는 것처럼 보이다가 안무에 맞춰 착륙하기 위해 동시에 회전하고 속도를 늦추면서 부스터는 서로 우아하게 내렸다. 마치 한 쌍의 올림픽 다이버가 물방울 하나 튀는 것 없이 정확히 똑바로 물속으로 들어가 완벽한 10점을 달성한 것처럼 말이다.

관람객들의 초점은 대형 비디오 화면으로 빠르게 옮겨갔고, 로켓의 노즈콘이 우주에서 서서히 열리며 우주복을 입은 마네킹이 '운전하는' 일론의 붉은색 테슬라 로드스터가 모습을 드러냈다. 세 대의 카메라가 차량에 부착되어 역사상 가장 창의적이고 초현실적인 우주선의 다양한 모습을 보여주었다.

우리는 일론이 자동차에 미리 설정한 데이비드 보위David Bowie의 〈스타맨Starman〉을 들으며 테슬라 자동차가 지구를 지나 붉은 행성으로 향하는 모습을 보며 경외감을 느꼈다. 망원경은 이미 이 작은 붉은색 로드스터가 화성 궤도를 지나 소행성대를 향해 속도를 내는 것을 관찰했다. 나는 "크로스 마케팅 천재"라는 기고문을 썼고 이것은 다음 날 의회로 들어갔다. 어떤 사람들은 이를 비판으로 여겼지만, 사실은 진심을 담아 쓴 것이었다.

나의 기고문은 당시 나의 전 고용주였던 NASA에 집중했었는데, 팰컨 헤비의 성능이 입증되었으니, 납세자에게 막대한 비용을 들여 자체 대형 로켓을 만드는 데 집착하던 일을 끝내라는 것이었다. 최근에 NASA가 콘퍼런스에서 배포한 SLS 브로슈어를 본 적이 있었는데, 이 브로슈어는 어떻게 12.5마리의 코끼리를 지구 저궤도로 쏘아 올릴 수 있는지 보여준다. 화려한 색상의 마케팅 재료에는 로켓 화물칸에 코끼리가 한 마리씩 가지런히 쌓여있는 그림이 실려 있었다. 그것을 보고 나는 참을 수가 없어서, 봉투 뒷면에 팔콘 헤비가 발사할 수 있는 코끼리 수 9.7마리를 계산해서 NASA의 계획이 터무니없음을 비교했다.

나는 기고문에 이미 개발되어 있는 로켓에 납세자 돈을 들이지 않고 발사하는 것이 합리적이며, 수백억 달러의 납세자 돈을 들여 2.8마리 코끼리를 더 싣는 로켓을 개발하고 사용하는 것은 낭비라고 지적했다. NASA 로켓을 만드는 데 들어가는 150억 달러(현재 200억 달러)의 비용을 제외하더라도, 각 로켓의 비행 횟수당 비용을 살펴보면 팰컨 헤비는 SLS와 동일한 가격으로 코끼리 84마리를 더 발사할 수 있는 것이다. 정말 인상적이지 않은가!

로켓의 크기는 일반적으로 무엇을 발사할 것이냐에 따라, 즉 페이로드에 따라 결정된다. 팰컨 헤비는 이미 여러 번 한 것처럼 매우 크고 값비싼 군용 위성을 약 1억 5,000만 달러에 발사할 수 있는 규모이다. SLS가 국민에게 (그리고 국민의 돈을 들여) 많은 코끼리를 쏘아 올릴 수 있다는 것을 홍보함으로써 근본적인 문제가 드러났다. 정말 큰 로켓을 만드는 것이 그들의 목적이었고 다른 정당성은 없었다. 이에 비해 일론의 테슬라 로드스터는 긍정적으로 합리적인 것으로 보였다.

가격을 낮추고 신뢰성을 높여 전 세계 발사 시장을 완전히 뒤흔든 스페이스X는 이미 정부 안팎으로 가장 인기 있는 로켓 발사 공급 업체가 되었다. 여전히 파괴자로 여겨지는 스페이스X는 혼자서 미국을 오늘날 우주 경쟁에서 주도적인 위치로 되돌려 놓았다. 20년 전 상업용 위성을 거의 발사하지 못한 미국은 2020년 다른 어떤 국가보다도 많은 로켓을 궤도에 발사했다. 스페이스X는 25회 발사를 수행했는데, 그에 비해 ULA는 6회의 발사를 했다. 미국의 신생 스타트업 회사에서 9회의 추가 발사 횟수 포함해 총 40회, 중국은 35회, 러시아는 17회를 발사했다. 다른 국가들은 한 자릿수로 보인다.

스페이스X는 로켓 발사와 관련된 미국의 전략적, 경제적 입장을 완전히 바꿔놓았을 뿐만 아니라 많은 페이로드도 만들고 있다.

스페이스X는 2015년 스타링크Starlink라는 자체 인터넷 위성 군집을 개발하고 있다고 발표했다. 스페이스X에서도 번개 같은 속도로 발전하고 있는 이 분야는, 현재 2,000개 이상의 위성이 이미 궤도에서 작동하고 있는데 곧 수천 개가 더 추가될 예정이다. 이 시스템은 스페이스X의 다른 모든 것과 마찬가지로 파괴적이고 논란의 여지가 많다.

우주 개발에 대한 일론의 비전은 다른 많은 우주해적과 유사하게 인류를 다행성 종족으로 만들겠다는 것이다. 우리의 추가적인 보금자리로 그가 선택한 행성은 화성이며, 그는 이미 스타십Starship이라 부르는, 그곳에 갈 수 있는 시스템을 개발 중이다. 스타십에 대한 일론의 비전은 2050년까지 화성에 100만 명이 거주할 수 있도록 하는 것이 목표로, 한 번에 100명의 사람을 화성으로 데려가는 것이다. 이것은 오타가 아니다. 그는 이미 스타베이스Starbase라고 부르는 텍사스 동부에 시설에서 재사용할 수 있는 로켓의 여러 단과 함께 시험하기 시작했다.

10년이 넘도록 고안된 정책과 프로그램들은 민간 부문이 따를 수 있는 방향을 제공하기 위한 빵부스러기를 뿌려놓았다. 궁극적인 성공을 위해 우리의 노력이 필요했지만, 절대 만족스럽지는 못했다. 일론과 그의 팀이 스페이스X에서 이미 달성한 것은 변혁의 힘이다. 이를 어떻게 해낼 수 있을 것인가에 대한 원칙은 이전에 많은 사람의 마음속에 존재했지만, 스페이스X만이 그것을 해냈다. 이것이 일론이 일으킨 산업들 중 하나일 뿐이라는 것을 고려한다면 그는 정말 나의 상식을 초월한다.

PART 03

움직임

정의. 옮김 또는 자리를 바꿈

| 스페이스X의 호손 시설에서 일론 머스크의 설명을 듣고 있는 로리 가버

| 국립항공우주박물관에서 로리 가버와 제프 베이조스

변화의 시작

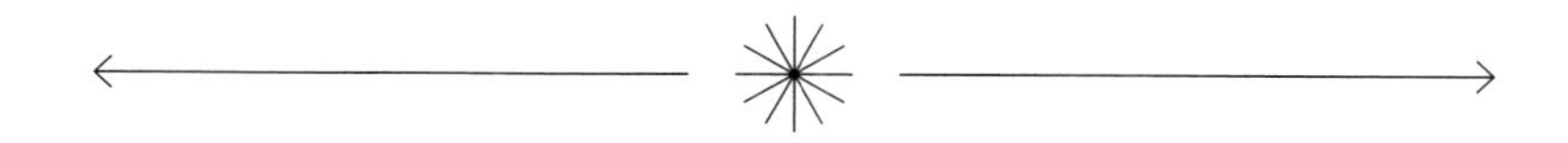

09

로켓 과학은 일반적으로 사회과학에 비해 이해하기 어려운 영역으로 여겨지곤 하지만 실제로는 그 반대의 경우가 많다. 우주로 로켓을 비롯한 무언가를 발사하기 위해 거쳐야 하는 복잡한 설계, 제조 및 운용이라는 전 과정은 얼핏 보기에 한 국가의 정부 체계에 비해 훨씬 더 복잡해 보인다. 그런데도 중력이라는 변수는 늘 일정하고 일관성을 유지한다. 무거운 물체를 들어올리기 위해 중력을 극복한다는 것 자체가 엄청난 도전임은 틀림없지만 물리학을 연구하는 많은 전문가가 함께 힘을 합쳐 준비한다면 극복하지 못할 문제는 아니다. 반면 정치적으로 모두가 함께 한 방향으로 나아가기 위해 노력하는 것은 어쩌면 중력을 극복하는 것보다 더 많은 변수를 극복해야 하는 노력이 필요한 일이다. 이에 따라 유인 우주 비행 프로그램은 앞으로 나아가지 못하고 제자리를 맴돌고 있는 실정이었다.

1970년 닉슨 대통령의 우주 운송비용을 낮추라는 지침은 NASA로 하여금 "자원과 인력의 집중"에 있어 우선순위를 재조정하라는 의미였다. 이를 통해 NASA가 "높은 수준의 공통성과 재활용성을 갖춘 저렴하고 유연하며 수명이 길고 신뢰할 수 있는 운영 가능한 우주 시스템"을 개발하는 데 그 목적이 있었다. NASA가 러시아보다 빨리 달에 도달하겠다는 과거의 목표처럼 지침에 따라 성공적으로 임무를 수행했다면 현재 어떠한 성과를 낳았을는지 아쉬움이 남는다.

당시 NASA 지도부는 대통령으로 받은 국가적 그리고 정치적 지침을 수용하는 대신 내부 이해관계와 지역 지지층을 우선시하여 우주선을 설계했다. 내 생각에 NASA는 말보다 수레를 우선시하는 오류를 범했던 것이 아닌가 싶다. 많은 세금이 들어가는 프로그램은 오랜 시간을 통해 확립된 가치 있는 목적에 따라 진행되어야 한다. 수레가 말을 따라가야지 그 반대는 있을 수 없는 것이다. 로켓을 만들거나 특정 행성으로 가는 것은 그 자체로 목적이 아니라 목적을 위한 수단이다.

닐 디그래스 타이슨Neil DeGrasse Tyson은 우주 커뮤니티가 비슷한 유형의 프로그램을 반복하는 것에 집착하는 경향을 "아폴로 네크로필리아Apollo necrophilia"라고 칭한 바 있다. 이제 우리의 첫 달 탐사를 추진했던 국가적 목적은 이미 지나간, 오래된 과거라는 사실을 받아들여야 할 때다. 닐은 역사적으로 눈에 띄는 공공 지출은 두려움, 탐욕,

영광이라는 세 가지 동기 중 적어도 하나와 관련이 있다고 주장한다. 아폴로의 경우 소련이 우주 개발에 성공하여 전 세계적으로 영향을 미칠 힘을 얻을지도 모른다는 두려움에서 기인했다. 동시에 신기술에 투자하여 경제적 이익을 얻을 수 있었으며 이러한 목표를 달성하는 것은 영광이라는 동기에서 비롯되었다. 닐은 이러한 이론을 뒷받침하기 위해 다른 역사적 사례로 피라미드와 만리장성 건축, 이사벨라 여왕이 새로운 무역로를 찾고 자국의 힘을 보여주기 위해 선박에 투자한 사례 등을 제시했다.

나는 닐의 의견에 전적으로 동의하면서 동시에 NASA를 지지하는 많은 사람과 마찬가지로 유인 우주 비행 프로그램이 의미 있는 목적에 기여할 수 있다고 믿는다. 하지만 NASA 커뮤니티는 말의 동기를 고려하지 않고 자기가 만들고 싶은 수레를 만드는 데 집착하는 경우가 많다. 소리를 지르고 채찍질한다면 말을 끌 수는 있겠지만 말이 움직이려 하지 않거나 수레가 너무 무겁고 바퀴가 네모나다면 멀리 나아갈 수는 없을 것이다.

목적의 일관성Constancy of purpose이라는 표현은 최근 들어 새로운 정부가 기존 프로그램을 취소하지 않도록 하기 위한 일종의 구호가 되었다. 최근 나는 정치적으로 결정된 정책 방향성의 변화에 대해 우려의 목소리를 내는 NASA 프로젝트 담당자를 대상으로 강연할 기회가 있었는데 그 자리에서 나는 그들에게 이를 다른 시각에서 볼 것을 제안했다. 우선 참석자 대부분이 엔지니어였기 때문에 나는 그들에게 NASA가 정부의 지원을 받는 기관임을 상기시켰다. 또한 민주주의 체제는 상수, NASA 프로그램은 변수라는 점을 강조하면서 그 반대의 경우는 있을 수 없다고 말했다. 사탕을 너무 많이 사는 아이가 용돈이 바닥나고 충치가 생긴 것을 부모님 탓으로 돌린다고 상상해 보자. NASA가 궁극적으로 정부의 지원 없이 완전히 독립성을 갖춘 조직으로 활동하기를 원하는 것이 아니라면 주어진 국가적 목적에 부합하는 달성 가능한 프로그램을 설계하고 이를 수행해야 한다. 모든 부모가 꿈꾸는 상황이다.

NASA의 목적은 NASA 우주법에 근거하여 일관성 있게 유지되어 왔다. 논쟁이 되는 부분은 실은 목적과 관련되기보다 그 목적을 잘 달성할 수 있는 방법에 관한 것이다.

지난 60년 동안 널리 받아들여진 유인 우주 비행의 목적은 경쟁 또는 협력을 통해 국민에게 영감을 주고 국가 경제 성장을 촉진하며 국제적 리더십을 발휘하는 데 있다. 이는 앞서 언급한 두려움, 탐욕, 영광의 변형된 형태와 같다. 인류 우주 탐사가 크게 발전하지 못한 이유 중 하나는 아폴로 이후로 우리가 이러한 가치를 가장 잘 전달할 수 있는 프로그램을 설계하지 못했기 때문이다. 하늘이 보라색이라고 말한다고 해서 그것이 사실이 아닌 것처럼 지금 하는 일이 국민에게 영감을 주고 경제를 촉진하며 글로벌 리더십을 발휘하고 있다고 말한다고 해서 실제로 그렇게 되는 것도 아니다.

국민에게 '영감을 주는 것'에 자원을 쓰고자 한다면 그 일이 엄청난 비용을 정당화할 만큼 충분히 영감을 주는 일인지 생각해 봐야 한다. 새로운 프로그램을 통해 일자리를 창출하고 경제를 활성화한다고 말하지만 혁신이나 신기술 추진, 새로운 시장 활용이 아닌 정부 계약에 의존한다면 이는 진정으로 경제적 가치를 창출하고 있는 것일까? 우리가 분명히 무엇을 하고자 하고 어떻게 할 것인지 결정한 다음에야 다른 국가에 우리와 함께할 기회를 제공하거나 새로운 적과 맞서 경쟁을 펼칠 수 있을 것이다. 과연 우리는 이러한 글로벌 리더십 위치를 극대화하고 있는가?

오바마가 대통령 당선 후 구성된 국정 전환 팀에 합류할 당시 나는 과학 기술 정책실의 전환 책임자와 차기 정부를 위해 마련된 임시 백악관 내 사무실을 공유했다. 사무실 밖 복도는 항상 국립 과학 재단, 국립 해양대기청, 국립 보건원 등의 담당자로 늘 북적였다. NASA는 추후 연방 통신 위원회 위원장이 된 톰 휠러Tom Wheeler가 이끄는 스타Stars, Science, Technology and the Arts, STAR라고 불리는 그룹 소속이었다. 궁극적으로 행정부의 고위 과학 기술 직책을 맡은 팀은 경제적, 사회적 혜택을 증진하려는 일관된 목표를 가지고 있었다. 사실 그들 모두가 처음부터 NASA와 유인 우주 비행을 긍정적으로 바라본 것은 아니었다. NASA가 어떻게 공공의 가치에 기여할지 명확하지 않았기 때문이다. 그런데도 나는 NASA의 프로그램을 재구성한다면 더 큰 경제적, 사회적 이익에 기여할 수 있는 잠재력이 있다고 믿었다. 동시에 이를 실현할 수 있는 기회 또한 매우 제한된다는 사실 또한 잘 알고 있었다.

지구과학 및 항공 프로그램은 이러한 목적에 가장 자연스럽게 부합했기 때문에 2009년 경기부양책 요청에서 최우선 순위에 놓였다. 증액된 예산은 동일한 수레를 더 많이 제작하기 위한 것이 아니라 기술과 혁신을 주도하기 위해, 즉 말에 동기를 부여한 가치를 제공하기 위한 것이었다. 가치를 높이는 확실한 방법 중 하나는 수레를 만드는 데 드는 비용과 시간을 줄이는 것이다. 이를 통해 말이 성공적으로 운송할 수 있는 기회를 더 많이 확보할 수 있다. 이러한 문제를 해결하는 것이 내가 오바마 정부에서 수립하고자 노력한 NASA 정책과 프로그램의 주요 동인이었다. 우주 활동을 지속하고 확대하는 가장 확실한 방법은 바로 NASA가 그간 지불하고 있던 엄청난 규모의 인프라 및 운송비용에서 해방되는 것이다.

NASA와 산업계의 소위 전통주의자들은 오바마 행정부가 변화를 위한 변화를 추구한다고 비난을 쏟아냈다. 틀린 말은 아니었다. 그도 그럴 것이 실제로 프로그램을 기획하고 목적을 더 잘 수행하려면 많은 변화가 필요하기 때문이다. 그러나 NASA의 프로그램이 적절하고 지속 가능할 수 있도록 보장하는 방법에 대해 지도부 간의 합의를 끌어내는 것은 부국장의 직책에서는 여간 어려운 일이 아닐 수 없었다. NASA의 리더십이 행정부의 비전과 일치하지 않으면 진전을 이룰 수 없었다. 숀 오키프Sean O'Keefe는 현재까지도 NASA에서 수스Seuss 박사의 비전이라고 일컫는 "이곳에서의 삶을 개선하기 위해, 그곳에서 삶을 연장하기 위해, 그 너머의 삶을 찾기 위해To improve life here, To extend life to there, To find life beyond"라는 비전 선언문을 작성했다.

부임 초기에 나의 요청에 따라 찰리는 분기별 고위 경영진 회의 중 하나를 외부에서 개최하는 데 동의했다. 팀이 NASA의 목적을 보다 잘 표현할 수 있는 새로운 비전 선언문을 만드는 데 집중하기 위해서였다. 나는 조직이 일치된 비전을 달성할 수 있도록 세계적인 전문가인 사이먼 시넥Simon Sinek을 초청하여 몇 시간에 걸쳐 의제를 정리했다. 사이먼은 우선 우리에게 미래 NASA의 '최고의 날'은 언제일지에 대한 우리의 생각을 적어보라고 요청했다. 다들 달 착륙일 거라고 예상했지만 실제로는 아폴로 13호를 구하는 것에 공감대가 형성되었다. NASA의 DNA 속에는 새로운 도전에 맞서고 아직 우리가 미처 알지 못하는 분야를 발견하는 것이라는 것을 팀 전체가 함께 깨닫게 된 순간이었다.

우리는 단 몇 시간 내에 「새로운 높이에 도달하고 미지의 세계를 드러내기 위해To Reach for New Heights and Reveal the Unknown」라는 제목의 성명서 초안을 작성할 수 있었다. 그러나 사이먼은 "왜 이런 일을 해야 할까요?"라는 질문을 통해 우리를 조금 더 밀어붙였다. 이는 매우 중요한 질문이었고 이로 인해 몇몇 컵보이들은 "왜라니요? 그게 무슨 말씀이세요? 달과 화성에 가려고 하는 거죠"라며 당황한 기색이 역력했던 기억이 난다. 그러자 사이먼은 "그러니까 왜요?"라고 재차 물었다. "당신이 제시한 목적은 무엇이며 만약 더 멀리 나아간다면 어떠한 결과를 초래하나요? NASA의 고객은 누구이며 NASA가 하는 일이 고객에게 어떤 혜택을 주나요?" 등의 이어지는 토론을 통해 "바로 우리가 실행하고 배우는 것이 모든 인류에게 도움이 될 것이다so that what we do and learn will benefit all humankind"라는 또 다른 조항이 생겼다. 이 성명서는 경영진 모두가 함께 노력한 결과였다. 나에게는 참으로 보람 있었던 시간으로 기억에 남았다.

직원 교섭 협약에 따라 노조 대표 중 한 명만 경영진 의사결정에 참석할 수 있었고 나는 조합원이 선출한 대표를 경영진의 분기별 보고서에 포함하기 시작했다. 찰리를 비롯한 몇몇 경영진은 이 관행에 동의하지 않았다. 그러나 이는 찰리가 부임 초기 저지른 몇몇 실책으로 인하여 백악관 고위 관리가 나에게 선도해 달라고 당부했던 부분이었기도 했기에 그대로 진행했다. 이에 따라 NASA 최대 규모의 직원 노조의 회장이 회의에 참석했지만 아쉽게도 토론을 주도하기에는 역부족이었다.

이러한 비전 선언문은 참으로 긴 인고의 시간을 견뎌냈다. 12년이 넘는 시간, 세 차례의 행정부와 여섯 차례의 전략 계획이 발표되는 과정에서도 NASA의 성명서에는 "인류의 이익을 위한 지식을 발견하고 확장하기 위해서To Discover and Expand Knowledge for the Benefit of Humanity"라는 동일한 메시지가 담겼다. 이와 같은 언어가 주는 힘은 강하다. 나는 NASA가 '왜'라는 의미 있는 질문에 근거하여 일관성 있는 메세지를 전달할 수 있도록 도울 수 있었다는 점에 대해 여전히 자랑스럽게 생각한다.

국장의 가장 가까운 지인이자 컵보이인 마이크 코츠는 회의에서 다른 견해를 보였다. 마이크는 은퇴 후 한 인터뷰에서 이러한 성명서에 대해 불평하면서 이렇게 말했다. "오바마 행정부가 들어섰지만 그들은 우주에 관심이 없었습니다. 이러한 상황에서 그가 재선되는데 우주 프로그램이 어떻게 도움이 될 수 있을까요? 우주 프로그램이 민주당에 어떻게 도움이 될 수 있을까요? 또한 노조에 어떻게 도움이 될 수 있을까요? 처음으로 노조 대표들이 NASA의 모든 경영진 회의에 참석했고 목소리를 높여 의견을 개진했습니다. NASA의 선언문을 읽어보세요. 이것은 노동조합 대표에 의해 작성되었다고 해도 과언이 아닙니다. 그리고 저는 도무지 이해가 되지 않습니다. 잘 아시다시피 이 선언문은 맥도날드 프렌치프라이를 위해 쓰였다고 해도 이상하지 않을 정도로 우주와는 아무 상관이 없었습니다. 우주에 대한 언급은 전혀 없어요. 말 그대로 노조 대표가 쓴 것이고 로리는 이를 채택하자고 주장했습니다."

"새로운 차원에 도달하고 미지의 것을 드러내어 우리가 실행하고 배우는 것이 인류에게 도움이 될 것"이라는 문구가 맥도날드 프렌치프라이를 팔기 위해 작성되었을 수 있다고 주장하는 것은 터무니없는 일이다. 우리의 사명 선언문이 "노조에 의해 작성"되었다는 마이크의 말 또한 사실이 아니며 그가 노조가 참여하는 것을 얼마나 불편하게 여겼는지를 보여줄 뿐이었다. 나는 마이크가 존슨 우주 센터 책임자로 재직할 당시 센터를 여러 차례 방문했고 그때마다 그로부터 "직원들을 배려해 주셔서 감사하다"라는 인사를 받았다. 그렇기 때문에 그의 이러한 공개 인터뷰를 접하기 전까지 그가 실제로 얼마나 분노하고 있었는지 알지 못했다.

마이크는 인터뷰를 통해 "부국장이 정치적인 사람인 것은 드문 일이 아닙니다. 하지만 그녀는 기술적 결정과 관리 결정에 관여하기를 원했습니다. 그러나 로리에게는 임원이나 관리 경험이 전혀 없었다는 것을 기억하세요. 그리고 그녀는 기술적 배경이 전무했습니다. 그녀는 기술 관련 배경이 없다는 점을 자랑스럽게 여겼고 지금은 NASA의 부국장이 되었습니다. 그녀는 즉시 모든 것을 고치고 싶어 했고 적어도 유인 우주 비행 측면에서는 거의 영향을 미치지 못했습니다. 나아가 그녀는 관리 경험이나 임원 경험이 없었기 때문에 도움을 줄 수 있는 것이 별로 없었고 물어봐야 할 적절한 질문조차 몰랐습니다"라고 덧붙였다.

내가 추진하려던 혁신은 마이크와 다른 컵보이의 세계관에 영향을 미쳤다. 그는 나와 같은 사람이 유인 우주 비행 프로그램에 가치를 더하는 것을 상상할 수 없는 것 같았다. 그는 현실을 어떤 식으로든 망가진 것으로 여기지 않았다. 마이크를 비롯한 많은 컵보이에게 나는 규격에 맞지 않는 불량품과 같은 존재였다. 마이크 코츠와 NASA의 기존 프로그램에 개인적으로나 재정적으로 투자한 사람들은 시스템의 일원이었는데 그 결과 두 대의 셔틀을 잃었고 현실적인 후속 프로그램을 개발하지 못했다. 결과적으로는 그들이 우리를 현재의 유인 우주 비행이란 미래로 데려왔기 때문에 그들의 행동이 도움이 되었다고도 말할 수 있을지 모른다.

1990년대부터 제안된 우주왕복선 프로그램의 대안으로 2010년에 퇴역이 예정된 우주 수송 시스템을 운영할 수도 있었을 것이다. 1990년대 후반의 X-33 프로그램은 2001년 우주 발사 이니셔티브Space Launch Initiative로, 2003년에는 오비탈 스페이스 플레인Orbital Space, Plane, OSP, 그리고 2005년에는 컨스텔레이션으로 이어졌다. X-33 프로그램을 제외한 모든 소유권은 NASA가 귀속되어 운영하도록 설계되었다.

2008년까지 유인 우주 비행 프로그램을 안정적이고 지속 가능한 방향으로 이끌기 위해서는 더욱 대담하고 즉각적인 변화가 필요했다. 유인 우주 비행의 피할 수 없는 격차를 줄일 수 있는 가장 좋은 방안은 민간과 협력하는 프로그램을 이용하는 것이라고 믿었다. 2009년 초 경기부양책을 통해 상업 궤도 운송 서비스COTS-D에 대한 자금 지원을 요청한 것은 다소 위험한 조치였다. 그렇지만 나는 우주비행사를 수송할 수 있도록 인증까지 받은 드래곤 우주선의 개발이 크게 가속화될 것이라는 전망했고 이 정도의 위험은 감수할 가치가 있다고 생각했다. 나의 이러한 논란의 여지가 있는 행동은 이미 많은 비판을 받기 시작했지만 아이러니하게 이러한 비판으로 인하여 프로젝트를 시작할 수 있는 계기가 마련되었다. 최초 요청했던 예산 전액을 받지는 못했지만 우리는 이러한 과정을 통해 확보한 9,000만 달러를 정말 유용하게 사용할 수 있었다.

소규모 프로그램 사무소를 설립하고 민간기업과 계약을 체결했다고 해서 의회와 NASA 내 전통적인 방식을 고집하는 사람들이 지속가능한 프로그램 자체에 반대하는 것까지 막지는 못했다. 그들의 시각에서 이러한 프로그램은 일시적인 예산을 받았을 뿐으로 민간기업이 우주비행사를 수송하는 방안을 지속할 의도는 전혀 없었다. 이와 같은 방안은 수백억 달러 규모의 컨스텔레이션 계약과 관련된 많은 이해관계자에게는 위협적이지 않을 수 없었고 대부분의 결정권은 그들의 손에 달려있었다. 우리는 초반에 좋은 성적을 거뒀지만 게임은 아직 끝나지 않았고 상대는 오랜 기간 이러한 게임의 규칙을 장악해 왔다.

NASA는 이후 두 번의 걸친 연간 예산계획안에 상업 승무원 수송 프로그램을 위한 예산을 포함시키지 않았다. 크리스 스콜리스는 넬슨 상원의원과 대통령이 NASA 국장 임명을 두고 몇 달 동안 대립하던 2010년 NASA 예산과 관련된 전반적인 과정을 감독하는 책임을 맡았다. NASA 국장 임명이 마무리되지 않은 시기, 우리가 할 수

택할 수 있었던 최선의 방안은 대통령 직속 검토 위원회의 보고서가 제출되면 예산안 역시 재평가될 것이라는 점을 참고하여 유인 우주 탐사를 위한 별도의 임시 예산안을 제출하는 것이었다.

그러나 찰리가 다음 해 2011년 회계연도 예산안을 검토하는 과정에서 대통령의 우선순위를 무시했을 때 나는 고민에 빠지지 않을 수 없었다. 이러한 상황에서 다른 사람들은 다른 선택을 택했을지도 모른다. 하지만 나는 소규모 NASA 팀과 백악관이 국가항공우주법을 기반으로 한 상업 승무원 수송 프로그램의 범위를 설정하고 발전시키도록 물밑에서 도왔다. 이와 같은 활동은 사실 NASA 국장에게 알리거나 지원을 요청하지 않으려는 의도였으나 나는 찰리에게 이와 같은 일의 필요성에 대해 솔직하게 털어놓았다. NASA가 제시한 예산안과 달리 우리의 활동은 철저히 대통령이 제시한 우선순위와 지침을 기반으로 작성되었다.

대통령의 지침을 바탕으로 세부 사항을 발전시키는 과정에서 우리 팀원은 각각 맡은 바 임무에 최선을 다했다. 상업 승무원 수송 프로그램의 전반적인 예산을 산정하는 임무는 백악관 과학기술정책실에 파견 중이었던 리치 레쉬너Rich Leshner가 담당했다. 그는 수년간에 걸쳐 NASA 본부에서 우주 탐사 프로그램 예산을 담당했고 그의 노력 덕분에 최소 두 경쟁사에 자금을 지원할 수 있도록 5년이라는 기간에 걸쳐 60억 달러 규모의 개발 프로그램을 발전시킬 수 있었다. 만약 당시 의회가 우리가 제출한 예산안을 승인했다면 2016년 최초 비행을 할 수도 있었을 것이다. 나아가 스페이스X가 소유즈호의 공백을 보다 신속하게 채울 수도 있었을 것이다.

그러나 의회는 우리의 기대와 달리 2011년 회계연도 최종 세출법안에 모든 "새로운" 안을 삭제하였고 당연하게도 상업 승무원 수송 프로그램 역시 예외는 아니었다. NASA 국장, 법률 고문 및 기타 NASA 리더십은 이러한 세출법안을 최종 지침으로 받아들였고 그들이 보여준 "아 글쎄요, 해봤어요"라는 태도는 흡사 영화 〈크리스마스 스토리A Christmas Story〉에서 플릭이 친구의 도발에 못 이겨 추운 날씨에 살얼음으로 뒤덮인 철제 깃대에 혀를 대려고 하는 장면이 떠올랐다. 불쌍한 플릭이 차가운 깃대에 혀가 붙어 꼼짝 못 하는 사이 아이들은 쉬는 시간이 끝나 교실로 돌아갔고 플릭이 비명을 지르자 곁에 있던 친구 랄피는 어깨를 으쓱하고 뒤를 돌아보며 "종이 울렸다"라고 설명하는 장면이다.

NASA는 쉬는 시간이 끝났음을 알리는 종이 울렸으니 더 이상 우리가 할 수 있는 일은 없다고 생각하는 분위기가 지배적이었다. 그러나 우리 팀원은 이러한 결과에 이의를 제기해 보지도 않고 유인 우주비행이라는 중요한 임무가 얼어붙은 깃대에 붙어 있도록 내버려 두어서는 안 된다고 생각했다. 유인 우주비행을 추진하는 데 있어 우리가 제시했던 안이 기존의 방식과 완전히 다른 새로운 프로그램이라는 주장은 최초 의회와 NASA의 입장에서 설득력이 없었다. 이에 재무 책임자와 나는 조언을 구해보기로 했다. 우리는 법률 직원 중 가장 창의적이었던 앤드류 팔콘Andrew Falcon에게 자문을 구했고 그는 NASA가 이미 COTS-D 프로그램을 통해 민간기업이 우주비행사를 수송할 수 있는 기회를 제공했고 특히 경기부양책을 통해 상업 승무원 수송 프로그램에 대한 예산을 지원했기 때문에 우리가 제시한 논리가 맞지 않는다는 결론을 내렸다. 만약 우리가 이러한 자문을 의뢰하지 않고 그대로 추진했더라면 프로그램은 일 년 이상 지체되었을 것이다. 더불어 그의 자문은 논리적이고 창의적인 변호사도 우주해적이 될 수 있다는 사실을 보여준 증거이기도 했다.

당시 상업 승무원 수송 프로그램 책임자는 필 맥앨리스터Phil McAlister로 나는 그의 판단을 전적으로 신뢰했다. 그는 잘 알려지지 않은 또 한 명의 우주해적 영웅으로 상업 승무원 수송 프로그램을 성공적으로 이끈 그의 업적은 인정받아 마땅하다. 내가 생각했던 중요한 목표 중 하나는 그가 프로그램을 원활하게 추진하는 데 필요한 충분한 인력과 자원을 확보하도록 하는 것이었다. 프로그램을 관리하는 것은 마치 거대한 두더지 잡기 게임과 같았다. 한 가지 문제를 해결했다고 생각했을 때 다른 영역에서 세 가지 문제가 더 생겼다. 프로그램이 시작된 첫 해 우리는 예산, 안전, 조달 전략, 인력, 공정한 경쟁을 위한 노력 등 수많은 관료주의와 싸웠고 이는 결코 쉬운 일이 아니었다.

한편으로 나는 민간기업이 NASA의 상업 승무원 수송 프로그램을 구축할 수 있도록 장려하는 방안에 대해서 압도적으로 부정적인 태도를 취하는 현실에 그리 놀라지 않았다. 상업 궤도 운송 서비스는 비용이 적게 들고 크게 위협을 주지 않는 프로그램으로 인식된 반면 상업 승무원 수송 프로그램은 전통적으로 NASA가 중요시했던 유인 우주 비행에 적지 않은 영향을 주었기 때문이다. 상업 승무원 수송 프로그램 관련 예산이 요청됨과 동시에 가장 예산 규모가 가장 크고 인기 있었던 컨스텔레이션 프로그램이 취소되었다. 찰리와 넬슨 상원의원과 같은 주요 의회 의원들은 결국 프로그램 예산안에 마지못해 동의했지만, 최초에는 가장 강력하게 반대했다.

마이크 그리핀은 최초부터 이 프로그램을 우주비행사들을 수송하는 범위까지 확대할 생각이 없음을 분명히 했다. 그는 정부 회계감사원이 NASA가 경쟁을 붙이도록 밀어붙이는 순간에도 관리예산실과 함께 프로그램 확대를 반대하며 상업 승무원 수송 프로그램을 통제했다. 그는 "이러한 프로그램을 통해 민간기업이 기술 개발에 성공한다고 해서 정부가 자체 역량을 갖추지 못할 이유는 없습니다. 미국 정부가 대안 하나 없이 민간기업 서비스에 전적으로 의존하는 것은 절대 좋은 정책이라 할 수 없다고 생각합니다. 민간기업은 이러한 상황을 반길 것이라 확신하지만 전적으로 결코 현명한 정책은 아니라고 생각합니다"라고 밝혔다.

정부가 개발에 10년 이상 걸리고 수백억 달러의 세금이 들며, 정부를 미국의 한 대안으로만 제한하고 경쟁, 경제 확장, 국가 안보, 혁신 및 발전을 저해하는 오래된 프로그램에 보조금을 지급하는 것이 더 나은 "정책"이라고 주장하는 것은 터무니없는 일이다. 내 생각에는 객관적인 분석을 통해 이것이 "좋은 정책"이라고 볼 수 없었다.

찰리는 상업 승무원 수송 프로그램 개념에 대한 초기의 지원 부족에 대해 여러 차례 공개적으로 언급했다. 그러나 그는 초기에 프로그램의 가치에 대해 명확하게 설명할 수 없었기 때문에 의회는 NASA가 오리온 우주선을 복원하고 우주 발사 시스템을 구축한 것을 근거로 상업 승무원 수송 프로그램에 대한 예산 집행을 중단할 수 있는 계기가 마련되기도 했다. 이를 두고 그가 자주 인용했던 말은 그가 가졌던 "초기의 우려를 결국 극복했다"라는 것이다. 2013년 나의 송별회에서 그가 했던 발언은 한 매체에도 인용되기도 했다. 즉 그는 최초 상업 승무원 수송 프로그램에 대해 '신봉자'는 아니었지만 나와 몇몇 사람의 노력으로 인해 변화하였다고 언급했다. 이어 그는 내가 "일관성이 있었다"고 덧붙이며 "로리의 공로를 인정해 주어야 한다"고 말했다. 최근 들어 찰리는 본인이 최초 이 프로그램에 대해 반대했다는 점을 자랑스러워하기도 했다.

2021년 말 텔레비전 인터뷰에서 찰리는 처음에 자신은 "극도의 회의론자"였다고 말했다. 그는 "저는 대통령이 임명한 NASA 국장이었지만 아마도 대통령이 직무를 수행하는 과정에서 가장 미움 받는 한 명이었지 않았나 싶습니다. 왜냐하면 제가 민간이 주도하는 우주라는 개념을 받아들이기 어려웠기 때문입니다"라고 밝혔다. 나아가 그는 대통령이 추진한 정책 우선순위를 따르지 않았다는 점을 자랑스럽게 여기는 듯한 태도로 "저는 NASA의 예산을 유인 우주 비행을 위해 모두 사용한다거나 일론 머스크와 스페이스X에 지원하기만 하면 된다고 생각하는 이데올로기를 따르던 주변의 많은 사람과 달랐습니다"라고 덧붙였다.

우주에 대한 접근 비용을 낮추기 위해 민간 부문 혁신에 투자하고자 했던 나와 우리 팀의 의지를 단순히 "이데올로기"로 치부하는 것은 다소 경멸적인 표현이 아닐 수 없다. 그러나 그가 어떻게 표현하더라도 실제 이러한 노력은 수십 년에 걸쳐 정부 정책에 의해 추진되어 왔고 대통령의 견해와 100% 일치했음은 틀림없는 사실이다. NASA 예산의 5%도 안 되는 예산을 가지고 민간기업을 대상으로 한 경연을 위한 프로그램을 "일론 머스크와 스페이스X에게 유인 우주 비행의 기회를 제공하는 것"이라고 규정하는 것은 지극히 과장되고 선동적인 발언이다. 그러나 이러한 발언은 상업 승무원 수송 프로그램을 발전시키면서 어떠한 문제를 겪어야 했는지 잘 보여준다. 찰리가 반대했던 프로그램을 발전시키고 지원하면서 우리의 관계는 깨졌다. 하지만 찰리는 우리 둘을 임명했던 정부의 입장에 반대하는 것 외에 다른 대안을 제시하지 못했다.

그는 결코 일관성 있지도 않았다. 2016년 말 인터뷰에서 찰리는 "제가 옹호하지 않았다면 NASA에서 상업 승무원 수송 프로그램을 끝까지 받아들이기는 어려웠을 겁니다"라고 말했다. 이러한 그의 발언은 임기 말기에는 사실일 수도 있지만 이는 마치 물에 빠진 사람이 얕은 물에 도달하기 위해 고군분투할 때까지 구명조끼를 주지 않고 있다가 그의 생명을 구한 공로를 가로채는 것과 같은 경우다. 결국 프로그램을 지지한 것은 좋았지만 최초 그는 지지할 의도가 전혀 없었고 더구나 그로 인하여 프로그램은 거의 하차할 상황에 처하기도 했다. 초기 찰리의 불신과 의심은 부국장의 위치에서 대통령의 최우선 프로그램을 추진하기에 감당할 수 없는 무게를 더했다. 평소 그의 유쾌한 성향과 인기는 상업 승무원 수송 프로그램을 지지했던 나를 마치 일탈자와 같이 보이도록 만들었다. 만약 NASA 국장 그리핀이나 볼든의 견해가 우세했더라면 프로그램은 결코 추진되지 못했을 것이다.

새로운 예산 지원이 이루어질 때마다 NASA 본부와 센터 내부로부터 비난이 쏟아져 나왔고 프로그램 추진을 방해하려는 시도도 지속되었다. 당시 NASA 국장은 소위 '기술 권위자'라는 사람들의 말에 귀를 기울였는데 이러한 사람들의 리더는 1968년 찰리, 마이크와 함께 미 해군사관학교를 졸업한 세 번째 우주비행사이자 해군 장교인 브라이언 오코너였다. 브라이언은 당시 NASA 내 조직 중에서도 규모가 크고 영향력 있으며 주로 전통적인 계약 방식을 선호했던 안전 및 품질 보증부서Office of Safety and Mission Assurance의 책임자였다. 수석 엔지니어이자 의료 책임자가 브라이언의 편에 서면서 찰리는 자신의 양심이라고 부르며 이들에게 크게 의존했다.

이와 같은 '기술 권위자' 세 명 중 그 누구도 유인 우주 비행을 위해 민간과의 협력을 지지하지 않았다. 그들은 그 결정과 행정부의 권한에 대해 끊임없이 의문을 제기했다. 그들은 정부가 우주비행사를 영구적으로 수송하는 시스템을 소유하고 운영하기를 원했고 나의 견해를 전적으로 정치에 의해 비롯된 왜곡이라고 폄하했다.

NASA의 외부 자문 위원회인 항공우주 안전 자문 패널Aerospace Safety Advisory Panel, ASAP 역시 이 프로그램에 대해 근본적으로 반대했다. 당시 약 5배 이상의 예산이 배정되었던 유인 우주 비행 프로그램에 비해 ASAP가 상업 승무원 수송 프로그램에 대해 평가한 내용은 터무니없이 부정적이고 불공평했다. 내부 '기술 권위자'와 마찬가지로 ASAP은 공공-민간 파트너십에 반대하는 데 철학적인 이유를 제시하였고 나는 이것이 본질적으로 안전을 어떻게 훼손하는지 의문을 제기했다. 거의 궁지에 몰렸을 때 나는 챌린저호와 컬럼비아호 사고는 정부가 소유하고 운영하는 시스템이 절대 안전하지 않다는 점을 보여주는 예라고 상기시켰지만, 결코 쉬운 과정은 아니었다. 이러한 사례를 설명했지만 결코 설득력을 높이지도 못했다. 그러나 나는 사실을 전했다. 사실 내가 이러한 사실을 상기시킬 필요가 없었어야 했다.

NASA는 전형적인 미국연방조달규정을 기반으로 한 프로그램이 통상 그러했던 것처럼 필요보다 더 많이 직원과 관리자를 추가했고 그래서 더 많은 분쟁을 야기했다. 나는 취소하기에는 너무 늦은 시기에 수십 명의 사람이 프로그램에 배정되었다는 소식을 들었다. NASA는 민간기업과 반대로 비효율적으로 직원을 배치하였고 이로 인해 일의 추진 속도가 느려지기 시작했다. 나는 직원수를 제한하고 인원을 변경하는 데 어느 정도는 성공했지만 NASA의 관료주의는 모든 수단을 동원하여 이를 방해했고 국장은 종종 나의 노력을 뒤엎기도 했다.

✳ ✳ ✳

NASA의 첫 번째 상업 승무원 수송 프로그램을 위한 계약은 2010년 2월 이루어졌다. 경기부양책 예산 중 5,000만 달러를 5개 민간기업에 나누어 배정했다. 이러한 초기 예산을 바탕으로 각 협력 기업과 별도로 구체적인 마일스톤을 발전시키는 데 중점을 두었다. 블루 오리진은 최초 예산을 받게 되었지만 이후 제프 베이조스는 개인 자금으로 우주선을 개발하기를 원하여 나중에 경쟁하지 않기로 했다. 스페이스X는 1차 입찰에는 선발되지 못했지만 2011년 4월에 개최한 다음 라운드에서 선발되었다. 4개 회사가 2차 계약을 체결했으며 총

예산은 2억 6,900만 달러 규모에 달했다.

다음 단계는 우주비행사를 국제우주정거장로 수송하기 위해 궁극적으로 NASA의 인증을 받을 수 있는 시스템을 개발하기 위한 경쟁이었다. 필 맥앨리스터와 그의 팀, 그리고 나와 백악관 지도부는 COTS 프로그램에서 했던 것처럼 우주법을 통해 3차 라운드를 진행하고 고정 가격 계약을 통해 서비스를 구매할 수 있을 것이라고 예상했다.

이 과정에서 2011년에 이 계획에 관심이 집중되었다. 기술 권위자 세 명과 함께 프로그램 사무소와 변호사들은 연방조달규정 계약으로 즉시 전환하는 것을 선호했다. 그들은 통제를 원했다. 나는 찰리가 이러한 계획에 서명하는 것을 막을 수 없었고 필 맥앨리스터는 연방조달규정에 기반을 둔 고정 가격 계약을 체결하라는 지시를 받았다. 7월 내부 프로그램 전략 회의를 개최하여 계획을 승인했다. 9월 NASA는 산업의 날Industry Day을 개최하고 그달 말에 제안요청서Request For Proposal, RFP 초안을 발표했다. 이 시점에서 프로그램이 연방조달규정 기반 계약으로 전환된다면 NASA가 통제권을 되찾고 요구사항을 변경하며 비용을 늘어나고 진행이 지연될 수밖에 없었다. 나는 크게 실망했고 패배했다고 생각했다.

공공-민간 파트너십 방식을 지속하기 위해서 우리에게는 짐 로벨의 메달 시상식 전날 밤 클린턴 대통령이 바바라 미컬스키에게 전화를 걸었던 것과 같은 기적이 필요했다. 종소리가 울린 마지막 순간 의회는 자신도 모르게 우리가 성공적인 프로그램 추진을 위해 흩어진 조각을 다시 정리할 수 있도록 도와주었다.

NASA는 2012년 예산안을 통해 총 8억 5,000만 달러를 요청하였는데 의회는 이러한 예산의 절반이 채 되지 않는 4억 6,000만 달러를 승인했다. NASA의 고위 경영진조차도 이러한 예산으로는 고정 가격으로 연방조달규정 계약 두 건을 체결하는 전략을 추진하기 어렵다는 점을 인정해야 했다. 다른 방안을 고려하기 위해 다시 처음으로 돌아오게 되었고 결국 당시 추진하던 프로그램을 확장하고 한 기업에 대해 고정 가격 계약을 추진하는 방안을 고려했다. 나는 국가항공우주법을 기반으로 한 방안을 다시 생각할 것을 요청했고 마지막 순간에 필은 최종 브리핑에 이를 추가하라는 승인을 받을 수 있었다.

거스트Gerst로 알려진 빌 거스텐마이어는 NASA의 유인 우주 비행국Human Spaceflight Directorate 책임자였다. 그와 필은 그해 12월 브리핑을 통해 찰리와 나에게 하나의 방안을 제시했다. 거스트는 향후 스페이스X COTS-D 옵션을 행사할 가능성이 있는 고정 가격 계약으로 즉시 하향 선택할 것을 권장했다. 현재 시나리오에서는 보잉이 계약을 수주할 것이 거의 확실했다. 찰리는 다음 날 아침에 결정을 알리겠다고 했다.

혹자는 찰리와 나의 관계를 평가하면서 그를 나의 꼭두각시로 묘사하기도 했다. 그러나 이는 사실이 아니었다. 실상은 찰리의 컵보이들이 영향력을 행사하는 경우가 많았다. 나는 부국장으로 재직하는 동안 린든 존슨이 부통령에 재직하는 당시 느꼈을 감정을 공유할 수 있었고 이러한 비판에 대해서는 변명할 가치도 없었다. 수백 명의 전 NASA 국장들이 나에 비해 더 많은 예산에 대한 권한을 가지고 있었다. 실제로 나는 기존 친환경 연료 항공 프로젝트에 대해 500만 달러 규모의 결정을 내릴 권한조차 없었다. 국장으로부터 구체적인 권한을 부여받지 못한 나와 같은 위치는 정보에 대한 접근 권한과 설득력이 부재한 경우가 많다. 거스트와 필을 만나던 날 밤 나는 말을 신중하게 고르고 회의의 마지막까지 남아있어야 한다는 것을 깨달았다.

나는 찰리에게 내부 팀의 권고는 아니었지만 다른 민간기업과 파트너십 계약을 체결하는 방안이 모든 당사자가 받아들일 수 있는 유일한 방법이라고 주장했다. 나는 최초부터 NASA 팀이 재검토할 가치가 없다고 생각했다면 이를 선택지로 제시하지 않으리라는 것을 알아차렸다. 그리고 나는 의회의 결정이 사실상 다른 전략의 실현 가능성을 없애 버렸다고 덧붙였다. 당시 그에게 이러한 방안이 백악관의 지침에 부합하는 유일한 선택이라는 점을 상기시킬 필요는 없었지만 마지막으로 그와 NASA가 이 계획을 받아들인다면 의회 역시 이에 동참할 가능성이 높다는 나의 의견을 공유했다.

다음 날 찰리가 국가항공우주법을 기반으로 한 협정 방안을 선택하기로 했다고 전달한 순간 나는 거스트가 혐오스러운 표정을 지은 것을 처음 보았다. 이는 중대한 결정이었고 NASA가 연방조달규정 기반 계약을 체결하기 전까지 두 회사가 2년 동안 개발에 더욱 집중하게 할 수 있었다. 그리고 이는 상업 승무원 수송 프로그램을 추진하기 위해 내가 재임 동안 한 일 중 단연코 가장 중요한 일이었다.

우리는 마지막 파트너십 라운드를 상업 승무원 통합 역량Commercial Crew integrated Capability, CCiCap이라고 불렀다. 2014년 중반까지 제안서 개발을 재정적으로 지원했으며 이때 인증을 위해 어떤 회사가 지속적으로 개발에 참여할 수 있을지에 대한 결정이 내려질 예정이었다. NASA는 2012년 8월에 세 기관의 CCiCap 수상자를 선정했다. 보잉은 4억 6,000만 달러, 스페이스X는 4억 4,000만 달러, 시에라 네바다Sierra Nevada에는 2억 1,250만 달러가 각각 지급되었다.

행정부가 우주발사시스템과 오리온 우주선 개발을 지원하는 대가로 상업 승무원 프로그램을 지원하기로 합의했지만 의회는 최초 4년 동안 세출 요청을 거의 40%나 삭감했다. NASA의 의회 세출원은 기존에 요청했던 상업 승무원 수송 프로그램으로부터 수십억 달러 규모의 예산을 오리온 우주선과 우주 발사 시스템 예산으로 이전했다. 이 프로그램은 최초 5년 동안 책정된 60억 달러 규모의 예산을 받는 대신 42억 달러를 받았다. 같은 기간 동안 NASA는 오리온 우주선, 우주 발사 시스템 및 지상 시스템을 위해 150억 달러 규모의 예산을 요청했고 의회는 200억 달러를 할당했다.

스페이스X는 상업 화물 분야에서 획기적인 성과를 거두었기 때문에 CCiCap 경쟁에서도 우위를 점했다. 그러나 이는 동시에 만약 스페이스X에 중대한 문제가 발생할 경우 NASA의 의사 결정권자에게도 매우 잘 알려질 수 있다는 사실을 의미하기도 했다. 스페이스X 시스템의 진화적 특성은 강력한 차별화 요소였다. 위성 발사 경험이 늘어날수록 로켓의 신뢰성은 높아지고 비용은 낮아질 것이다. COTS 프로그램은 국제우주정거장으로 가는 화물을 지원하는 팔콘 9과 드래곤 개발에 대한 자금을 상쇄했으며 전체 시스템이 성공적으로 비행하기 시작한다면 NASA는 그들의 능력에 대해 더 많은 확신을 갖게 되어 우주비행사를 태울 수 있을 만큼 충분히 신뢰할 수 있게 될 것이다.

2012년 스페이스X가 성공적으로 우주정거장에 화물을 운송하기 시작했을 무렵 전세가 바뀌기 시작하는 것을 느낄 수 있었다. 드래곤 우주선이 정거장에 도킹을 시도하는 것은 NASA가 극복해야 할 큰 장애물이었다. 만약 무언가 심각하게 잘못되었다면 1,500억 달러 규모의 정거장뿐만 아니라 탑승한 우주비행사들도 위험에 처하게 될 것이다. 러시아군은 이전 우주정거장에서 몇 차례 하드 도킹과 사고를 겪었고 이로 인해 대피해야 하는 상황까지 겪어야 했다. 셔틀 도킹 시뮬레이터를 직접 사용해 보았는데 매번 충돌이 발생했다.

스페이스X의 두 번째 작전 화물 임무는 순조롭게 궤도에 진입했지만 팔콘9 로켓에서 분리된 후 추진기에 문제가 발생했다. 나는 런칭 행사를 위해 케이프로 향했고 이후 그윈 샷웰을 만나 식사를 함께할 계획이었다. 그녀는 문자 메시지로 다소 늦을 수 있다며 스페이스X의 센터로 나를 초대했다. 그곳에서 그들은 문제를 해결하고 있었다. 행사를 위해 초청했던 귀빈들이 안전하게 버스에 탑승했는지 확인한 후 나는 스페이스X로 이동하여 그윈을 기다렸다.

건물에 들어서자 스페이스X와 NASA 문화의 차이는 분명했다. 스페이스X의 발사 센터는 유리로 덮인 NASA의 거대한 발사 통제 센터와 비교하면 마치 트레일러처럼 보였고 콘솔에 비해 비좁아 보였다. 센터에 도착하여 그윈과 잠깐 이야기를 나눴지만 그녀가 일을 하는 데 방해하고 싶지 않았다. 그래서 나는 센터 뒤편으로 가서 기다리면서 지켜봤다. 거스트와 NASA의 우주정거장 프로그램 책임자인 종종 "서프Suff"라고 불리는 마이크 서프레디니Mike Suffredini 역시 나와 함께 있었다.

거스트와 서프는 처음엔 민간 부문이 유인 우주 비행 분야에 있어 주도적인 역할을 하도록 하는 방안에 반대했다. 그들은 컨스텔레이션, 우주발사시스템 및 오리온 우주선과 같은 정부 소유 및 운영 시스템을 선호하는 팀 소속이었다. 우리는 상업 승무원 수송 프로그램을 위한 공공-민간 파트너십을 놓고 경쟁하는 상황이었지만 나는 그들이 참여하지 않으면 성공할 수 없을 거라는 사실을 잘 인지하고 있었다. 너무 멀리 또는 너무 빨리 밀어붙이지 않으려고 노력했고 늘 대화를 할 수 있는 가능성을 열어 두었다. 동시에 그들이 전통적인 계약 방식을 보다 신뢰하는 상황은 이해할 수 있었다. 항상 그래왔기 때문이다. 그들은 NASA의 모든 유인 우주 비행 프로젝트를 책임지고 있었다. 당시에도 그들이 센터 전반 상황을 통제하고 있었다.

이런 점을 감안하여 나는 그들이 직접 참여하지 않고 뒤에서 지켜만 보는 모습을 보고 깜짝 놀랐다. 네 개의 추진기 중 하나만 작동하고 있었고 드래곤 우주선이 정거장에 접근하기 위해서는 네 개의 추진기가 필요했다. 솔루션을 찾기 위해서는 운영상의 제약이 있었고 시간이 촉박했다. 나는 이러한 상황을 보면서 거스트와 서프가 이 문제를 해결할 방법에 대해 서로 속삭이는 것을 우연히 들었다. 그래서 나는 그들이 스페이스X에게 그들의 이러한 생각을 알려주면 좋겠다고 제안했다.

이에 거스트는 스페이스X가 스스로 이 문제를 해결해야 한다고 차분하게 답했다. 그와 서프는 스페이스X가 이러한 상황에 어떻게 대응하고 있는지 평가하면서 다양한 방안을 검토하는 것을 즐기는 것 같았다. 그들이 큰 스트레스 없이 상황을 지켜보는 가운데 나만 땀을 흘리며 긴장하고 있었다. 거스트는 필요시 개입하겠다고 약속했지만 그는 계속해서 스페이스X에게 시간을 줬다.

스페이스X는 거스트와 서프의 의견 없이 결국 문제를 해결했고 사방에서 환호성이 터졌다. 나는 그날 오후에 그웬에게 이 이야기를 전달하면서 이것이 NASA의 리더십이 태도를 변화시키고 있다는 중요한 신호라고 생각하는 이유를 설명했다.

내가 당일 목격한 것은 부모와 자식 관계라기보다는 흡사 낚시 여행을 함께 하는 조부모와 손자를 보는 것 같았다. 부모는 아이 대신 낚싯바늘에 미끼를 달고 물고기를 잡는 법을 배우도록 도와준다. 만약 아이가 큰 물고기를 잡아서 어려움을 겪고 있다면 낚싯대를 대신 들어주기도 한다. 거스트와 서프는 스페이스X가 최고의 미끼를 스스로 결정하여 자체적으로 적용할 수 있도록 했다. 그들은 물고기를 찾기 위해 스페이스X가 여러 곳에 낚싯대를 드리우는 모습을 지켜보았고 큰 물고기가 물기 시작하자 스페이스X가 알아서 낚아채도록 내버려두었다.

나는 아직 손자, 손녀가 있는 나이는 아니지만 할머니, 할아버지가 된 어른들로부터 이 역할이 얼마나 보람 있는 일인지에 대해 전해 들었다. 그들은 손자를 있는 그대로 내버려둘 수 있는 성숙함, 신뢰, 인내심이 있기에 육아를 하는 모든 과정이 좋다고 말했다. NASA가 스페이스X의 능력에 대해 발전시킨 신뢰와 인내심을 처음 본 날을 생각하면 아직도 감동적이다. 우리의 가장 소중한 자산인 유인 우주 비행의 미래를 그들에게 맡길 정도로 관계가 발전했다.

최종 인증 선정을 앞둔 2014년 위원회 의장인 거스트가 단일 경쟁사 선택을 고려하고 있으며 이는 보잉이라는 소문이 다시 돌았다. 스페이스X는 대부분의 기준에서 보잉을 크게 앞섰지만 거스트와 다른 사람들은 스페이스X의 낮은 입찰가가 비현실적이라고 우려했다. 소문이 사실이라면 그는 지시받은 것이거나 마음이 변한 것이다. 결과적으로 NASA는 보잉에 42억 달러, 스페이스X에 26억 달러를 지원했다. 추후 거스트는 스페이스X에서 일했고 서프는 상업 우주정거장을 건설할 회사를 설립했다.

✳ ✳ ✳

상업 승무원 프로그램을 NASA에 설립하는 것이 최우선 과제였지만 그 외에도 추진해야 할 일들이 많았다. 대표적인 예로 오바마 대통령이 우주비행사를 위한 다음 목적지가 소행성이라고 발표한 지 거의 2년이 지났지만 NASA는 아직 관련 프로그램조차 마련하지 못한 상황이었다. 첫 번째 예산 절차와 마찬가지로 찰리는 관심조차 없어 보였고 이로 인해 NASA는 대통령의 지시에 반응하지 않을 수 있었다. 나는 상업 승무원 프로그램을 추진하면서 NASA의 동의 없이는 또 다른 프로그램을 추진하기란 거의 불가능하다는 사실을 깨달았고 실제로 제트 추진 연구소의 소장인 찰스 엘라치가 자신이 생각한 방안을 가지고 나를 만나러 오기 전까지 관련 분야에 대한 성과는 거의 없었다. 그는 우리가 이미 시작한 기술 시연을 활용하여 로봇을 소행성으로 보내고 우주 발사 시스템과 오리온 우주선이 도달할 수 있는 위치까지 옮기는 방안을 제안했다.

우주비행사를 보다 먼 소행성으로 여행하게 하려는 우리의 원래 계획은 방사선 방호 분야 및 기타 지속 가능한 기술의 발전을 촉진하는데 더 많은 도움이 되었을 것이다. 그러나 그즈음 나는 좀처럼 움직이지 않는 NASA를 설득하는 데 점점 지쳐가고 있었다. 찰스의 제안은 다양한 장단점이 분명히 있었지만 가장 큰 장점은 나 혼자 노력하지 않아도 된다는 점이었다. 하지만 그의 열정은 곧 공감대를 불러일으킬 수 있었고 마침내 대통령의 우선순위에 부합하는 프로그램이 관심을 받게 되어 매우 기뻤다.

이 임무를 수행하기 위해서는 NASA 전체의 접근이 필요했다. 인류에 대한 큰 위협 중 하나를 찾고 추적하기 위한 보다 발전된 방법을 개발하려면 소행성 탐지팀이 필요했다. 기술팀은 (1) 지구에 충돌하지 않도록 하는 방법을 개발하고 (2) 미래 재료 처리에 활용할 수 있는 가능성을 연구하며 (3) 태양열 전기 추진, 랑데부, 포획 및 예인 기술을 테스트해야 한다. 계획대로 된다면 과학자들은 은하계 전체에 생명체를 옮겼다고 생각되는 가장 중요하고 신비로운 천체 중 하나에서 매우 크고 깨끗한 표본을 가까이서 볼 수 있을 것이다. 그리고 우주 발사 시스템과 오리온 우주선은 마침내 목적지를 갖게 될 것이다.

이 임무의 가장 매력적인 측면 중 하나는 우주 발사 시스템과 오리온 우주선이 성공하지 못했더라도 NASA가 대부분의 기술 및 과학적 이점을 얻을 수 있다는 점이다. 반대로 어떤 기술이라도 오리온 우주선이 도달할 수 있는 위치로 소행성에 도달하거나 포착하거나 잡아당기는 데 실패하더라도 유인 우주 비행 프로그램은 현재 계획보다 나쁘지 않을 것이다. NASA 내에서 이 아이디어를 공론화하기 시작하면서 이 방안이 지지받기 시작했다. 거스트와 NASA 과학부의 새 책임자인 존 그룬스펠드John Grunsfeld 조차도 적어도 이러한 개념에 동의한 것처럼 보였다. 나는 2012년 초에 크리스 스콜리즈가 NASA 센터 중 한 곳을 이끌도록 도왔고 최고의 센터 디렉터 중 한 명인 로버트 라이트풋Robert Lightfoot을 후임자로 추천했다. 로버트의 지원은 내부 불화를 제거했다. 만장일치에 도달한 찰리는 내가 이 계획을 백악관에 홍보할 수 있도록 충분히 지지해 주었다.

나는 마침내 승인된 프로젝트로 인하여 기뻤고 팀을 꾸려서 백악관에 홍보할 전략을 세웠다. 우리는 홀드렌 박사에게 개념을 제시하기 위해 회의를 열었다. 홀드렌 박사는 이러한 프로젝트에 열광했고 동시에 나는 대통령실 내 다른 고위 직원에게도 브리핑을 해달라는 요청을 받았다. 모든 직원이 몇 주 만에 이러한 프로젝트를 지지해 주었다. 나는 대통령이 아니라 대통령의 과학 고문에게 브리핑했지만 흡사 달에 가자는 NASA의 제안을 받아들인 케네디 대통령의 모습을 담은 나의 미니 버전과도 같았다.

백악관의 지지를 받아 NASA 경영진에게 이를 전달했다. 이 프로젝트는 초기 지지자에 더해 개념이 구체화하면서 더 큰 지지를 받았다. 그러는 사이 마이크 코츠는 은퇴했고 그의 후임자인 엘렌 오초아Ellen Ochoa 박사의 열렬한 지지에 힘입어 높이 평가되었다.

같은 시기 백악관 과학기술정책실는 정부 차원에서 그랜드 챌린지Grand Challenge라는 프로그램을 시작했다. X-프라이즈와 마찬가지로 정부, 학계 및 민간 부문의 세계 최고의 인재들을 끌어들일 수 있게 의미 있는 최종 목표를 잡고 수행해 나아가는 프로그램이다. 관리예산실과 함께 일하면서 그랜드 챌린지에 새로운 예산이 배정될 것이라는 점을 알게 되었다. 즉, 승인된 프로젝트에 대해 에이전시가 계획한 수익 외에 추가 자금을 지원한다는 것이다. 행정부는 모든 부서와 기관에 제안을 요청했고 나는 NASA에 답변을 요청했다.

찰리는 그다지 열광하지 않았지만 나는 다시 한번 추진해 보기로 했다. 내가 이끄는 팀은 두 가지 개념을 제안했다. 하나는 지구를 연구하기 위한 것이고 다른 하나는 소행성을 연구하기 위한 것이었다. 우리는 둘 다 고위 경영진에게 소개했다. 소행성 챌린지에 자금을 지원하는 것이 우리의 당면한 우선순위에 가장 잘 부합한다는 데 모두 동의했으며 지구 챌린지는 다음 해로 연기되었다. 소행성 챌린지 브리핑 제목은 "공룡보다 똑똑해지세요Be Smarter than the Dinosaurs"로 정했다.

NASA가 제안한 개념은 백악관에서도 신속하게 받아들여졌다. NASA는 마침내 2년 전의 대통령의 지시를 이행할 수 있는 계획을 세웠다. 첫 번째 단계는 회수하여 접근 가능한 궤도로 이동할 수 있는 적절한 소행성을 선택하는 것이다. 처음 시작했을 때 소행성과 혜성 탐지를 위한 예산은 400만 달러였다. 그랜드 챌린지를 통해 보다 탄력적이고 효과적인 프로그램을 발전시켜 1억 4,000만 달러까지 예산을 10배 이상 늘릴 수 있었다.

이러한 프로젝트에 대한 대중적, 정치적 지지를 구축하는 데 관심을 돌리면서 나는 더 효과적으로 소통할 수 있는 이름을 선택하자고 제안했다. 우리는 회의를 열어 이해 당사자 간의 선택할 수 있는 방안을 논의했고 나는 아폴로의 여동생인 아르테미스라는 이름을 추천했다. 오리온은 그리스의 사냥꾼이자 아르테미스의 애호가였기 때문에 소행성 탐사에 적합한 이름이다. 나는 선의의 표시로 발사 시스템에는 그리스의 모든 신 중에서 가장 강력한 제우스로 칭하자고 제안했다. 회의에 참석한 사람들은 이름에 대해 일반적인 합의를 이룬 것 같았고 나는 찰리에게 추천서를 전달하기 위해 준비했다.

나는 대학원에서 달 기지의 사회적, 경제적 영향에 관한 논문을 썼었는데 그 기지의 이름을 아르테미스라고 지었다. 마침내 아폴로의 여동생이 NASA 스타들 사이에서 자리를 차지하게 되어 정말 기뻤다. 나는 알지는 못했지만 그리스 신화의 일부 버전에서 아르테미스는 연인 오리온을 속여 다른 사람이라고 믿게 만든 후 실수로 죽인다. 내가 아르테미스라는 이름을 추천했던 이유는 오리온 우주선에 대응하고자 했고 제우스 우주 발사 시스템이라는 이름을 붙인 것은 로켓이 알파벳순 목록에서 가장 마지막에 등장하도록 하기 위한 계략이라는 소문이 돌았다. 이는 합리적인 말이 아니었다. 우리가 추진하고자 하는 임무가 추진력을 얻는 것을 방해하기 위해 유포되었을 가능성이 더 높았고 실제로 효과가 있었다. 합의가 이루어지지 않았다는 이유로 국장은 결국 결정을 내리지 못했기 때문에 우주 발사 시스템에는 아예 이름이 지정되지 않았고 소행성궤도수정 임무 프로젝트Asteroid Redirect Mission, ARM로 알려지게 되었다.

차기 행정부가 제안한 유인 우주 비행 임무에 아르테미스Artemis라고 명명했을 때 나는 NASA의 그리스 신화 전문가들로부터 어떠한 반발도 듣지 못했다.

그럼에도 불구하고 소행성 탐사 프로젝트를 발전시키고 지지하는 것은 매우 긍정적인 경험이었다. 우리는 NASA의 역량을 하나로 묶어서 의미 있는 임무를 시도하는 굳건한 목표를 가진 신뢰할 수 있는 팀을 구성했다. 최초에 상업 승무원 프로그램을 지원하기를 주저했던 것과 마찬가지로 국장은 소행성 임무의 근거나 목적을 전달하지 않았다. 찰리의 과묵함은 그 계획의 신용을 떨어뜨리려는 이기적인 사람들에게 암묵적인 기회를 제공하는 결과를 낳았다. 이 임무에는 30억 달러가 추가로 소요될 것으로 예상되었으나 의회로부터 필요한 지원을 받을 수 없었다. 유인 우주 비행 임무를 위한 로비 활동과 마찬가지로 대학과 연구원들은 의회에 직접 자금 지원을 요청했다. 화성 착륙은 찰리의 우선순위이자 그가 유산으로 남길 정책으로 삼고 싶어 하는 과제였다. 그가 가장 좋아하는 표현은 "우리는 그 어느 때보다 화성 착륙에 가까워졌습니다"였다. 시간이 흐른다는 것은 진정한 진전이 있든 없든 이것이 영구히 사실로 남을 것임을 의미한다.

소행성궤도수정 임무 프로젝트는 수많은 공공 혜택을 제공하기 위해 개발되었지만 다른 혁신적인 프로그램이 진행을 방해 받았던 것처럼 동일한 희생양이 되었다. 산업계와 의회가 지원할 만한 충분한 수익성 있는 기회를 제공하지 못했기 때문이다. 다양한 선거구에 이익을 제공할 수 있지만 그 어느 선거구 또는 NASA 국장의 최우선 과제는 아니었다. 이 프로젝트는 우주 발사 시스템과 오리온 우주선을 활용하도록 설계되었다. 하지만 우주비행사를 보내지 않고도 실질적인 혜택을 얻을 수 있었기 때문에 유인 우주 비행을 원하는 이들에게는 형편 없어 보였고 어쩔 수 없이 제자리를 맴돌았다.

소행성과 혜성을 연구하는 과학자 그룹은 표적이 되고 싶지 않았고 결국 고개를 숙이는 법을 배웠다. 결국 "작은 천체" 커뮤니티가 이 계획을 지지해 주었지만 예산 경쟁을 원하지 않으면서 더 많은 자금을 지원받는 달 및 행성 과학자들을 이겨내기에는 절대 충분하지 않았다. 소행성 탐지에 초점을 맞추면서 NASA는 유인 우주 비행을 보다 적절한 공공 이익에 맞출 수 있는 잠재력을 얻었지만, 이것은 결정권을 손에 쥐고 있는 사람들이 원하는 것은 아니었다.

고질적인 문제

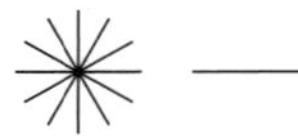

10

2010년 여름 존슨 우주 센터, 전 직원이 참여한 회의에서 찰리 볼든은 컨스텔레이션 프로그램을 미 해병대가 낙타의 자궁에서 죽은 새끼 송아지를 꺼내는 것에 비유했다. 그는 "우리 주변에는 사산한 송아지가 몇 마리 있는데 서로 도울 방법을 찾아야 합니다"라고 말했다. 이는 NASA TV를 통해 생중계되었고 널리 배포된 영상이 되었다. 추후 찰리는 이러한 그의 발언을 두고 과거의 유인 우주 비행 프로그램에 관해 이야기했다고 설명했다. 나는 아직도 그가 왜 낙타나 해병대라는 표현을 선택했는지는 알 수 없다. 어떤 배경에서든 그의 발언은 다소 자극적인 표현이고 이는 우리의 관점을 크게 구분할 수 있는 계기가 되었다. 찰리의 목표는 취소된 프로그램을 다시 소생시키는 것이었고 나는 프로그램의 결함이 발생하는 체계적인 원인, 즉 어미 낙타의 건강을 이해하고 해결하려고 노력했다.

NASA가 아폴로 이후 제안한 12개의 유인 우주 비행 프로그램 중 단 두 개만 완료되었다. 그나마도 우주왕복선과 국제우주정거장은 수년간의 지연, 비용 초과 및 비극적인 손실을 겪었다. 둘 다 정해진 목표와 프로그래밍 기대치에는 크게 미치지 못했지만 결국 완성되었기 때문에 성공한 것으로 간주한다.

연간 수십억 달러에 달하는 유지 비용 때문에 새로운 것을 개발하기 위한 충분한 자금을 확보하는 것은 거의 불가능했을 뿐만 아니라 운영을 위해 수십억 달러를 투자하는 기업들은 잠재적인 대체 프로그램을 지원하는 데 방해가 될 뿐이다. 우주 커뮤니티는 우리가 아폴로에 대한 후속조치를 취하지 않고 인류의 우주 비행에 큰 진전을 이루지 못했다고 불평하지만 너무 많은 사람이 진정한 이유를 무시하고 무작정 투자하고 있다.

상업 승무원 프로그램은 기존 인력과 시설을 중심으로 프로그램을 설계하는 대신 실질적인 국가적 이익을 추구했기에 성공했다. 이 사례로 우리는 무엇을 해야 하는지 깨닫고 미래에 건강한 후대로 이어지는 변화를 일으킬 수 있다. 우주 운송 비용을 낮추기 위해 민간 기업에 유인책을 제공하는 노력은 빙산의 일각에 불과하다. 우리는 이제 더 큰 변화가 필요하다.

근본적으로 우리는 광범위한 공공 목적을 더 잘 충족시킬 수 있는 프로그램을 만드는 것 대신 이미 그곳에서 일하는 사람들이 계속이어갈 수 있게 유지하게 하면서 자신의 필요에 맞는 프로그램을 만드는 시스템을 여전히 가지고 있다. 우주에 대한 여론 조사에서는 지속적으로 지구 과학 연구와 소행성 탐지를 NASA의 최우선 과제로 꼽지만 달과 화성에 우주인을 보내는 방안은 여전히 목록 맨 아래에 위치한다.

오늘날의 과제를 해결하기 위해 NASA의 목표를 조정하면 기존의 얕은 지지층을 넘어 관심과 재능을 확대하고 더 다양한 인력을 장려할 수 있을 것이다. 다양성은 많은 다른 분야의 협업과 마찬가지로 자연에서도 더 강하고 탄력적이며 성공적인 생명체를 만든다.

진 로든베리는 "우리는 우리 자신과 생각의 차이를 받아들이는 것뿐만 아니라 그것을 열정적으로 받아들이고 즐기는 법을 배워야 합니다"라고 말했다. 유인 우주 비행의 중요한 근거는 영감을 주는 능력이다. 이러한 목표 달성을 위해 냉전의 히스테리를 부추기는 대신 NASA가 아직 도달하지 못한 사람들에게 영감을 주는 임무를 설계해야 한다.

우주비행사의 성 및 소수자 다양성은 초기 NASA의 고려 사항이 아니었다. 이는 시대의 결과로 종종 무시되었다. 성찰과 맥락은 다시 한번 전혀 다를 수 있다는 점을 보여준다. 시민권, 여성 인권, 반전 시위자들은 1960년대 백인 남성 우주비행사의 첫 일곱 계급을 차례로 선발하면서 서로 팔을 맞대고 행진했다. 전직 NASA 의사는 1960년대 초에 여성 우주비행사 후보자를 테스트하기 위해 개인 선발 과정을 진행하기도 했다. 머큐리 13으로 알려지게 된 여성 그룹은 자격을 충족했지만 NASA 프로그램에서 제외되었다. 여성들은 경쟁할 수 있도록 백악관과 의회에 로비를 벌였지만 NASA는 그 결정을 지키기 위해 더 큰 총을 꺼냈다. 존 글렌은 1962년에 이렇게 증언했다. "그건 사실일 뿐입니다. 남자들은 나가서 전쟁을 벌이고 비행기를 조종하고 돌아와서 설계, 제작 및 테스트를 돕습니다. 여성이 이 분야에 종사하지 않는다는 사실은 우리 사회 질서의 사실입니다." NASA와 그 영웅들은 NASA가 모두를 위한 민간 기관이라는 것을 인정하지 않았다.

1968년대까지도 NASA는 미스 NASA 미인대회를 개최하고 있었다. 당시 운 좋은 참가자는 우주의 여왕으로 선발되기도 했다. 하루는 나의 직원 중 한 명이 1970년 파일에서 다음과 같은 메모를 발견했다. 그 메모에는 "받는 사람: 모든 선구자 여성들에게. 제목: 바지. — 한편으로 당신이 세련되기를 원하는 욕망을 이해할 수는 있지만 다른 한편에서는 치마를 입은 여직원에게만 투표하려는 남성 직원을 마주해야만 합니다"라고 적혀 있었다. 즉 여직원들은 "만약 어떤 사람이 당신을 숙녀로 대하는 법을 잊었다면 그것은 전적으로 바지를 입기로 선택한 당신 때문입니다"라는 점을 명심해야 한다는 것이다. 당시 NASA의 천문학 책임자였던 낸시 그레이스 로만Nancy Grace Roman 같은 여성들이 이러한 메모에 대해 어떻게 생각했는지 상상만 할 수 있을 뿐이다.

1966년 내가 공립 초등학교에 처음 입학할 당시 모든 여학생은 드레스를 입어야 했다. 단 체육관에서는 반바지를 입을 수 있었다. 내가 3학년이 되었을 때 정책이 바뀌기 전까지, 즉 세계에서 가장 미래지향적인 공공 기관에서 일하는 여성들이 바지를 입을 수 있게 되기 전까진 나는 체육관에서 보내는 시간을 기대하곤 했다.

2016년 〈히든 피겨스Hidden Figures〉가 출시되었을 때 대부분은 1960년대 NASA에서 일했던 많은 흑인 여성에 대해 알지 못했다. 이 영화는 버지니아 타이드워터 지역에서 자랐으며 자신의 책과 영화에 기록된 여성들의 가족을 알고 있었던 마고 리 셰털리Margot Lee Shetterly가 출판한 책을 바탕으로 제작되었다. 영화를 본 버지니아 근교의 극장 관객들은 우리의 주인공이 유색인종 여성용 화장실을 이용하기 위해 건물 사이를 뛰어다니는 모습을 보면서 웃음을 터뜨리기도 했지만 실제 현실은 웃기지도, 향수를 불러일으키지도 않았다.

NASA의 초기 성공에 기여했던 이름 없는 여성은 랭글리Langley로 연구소의 컴퓨터 발전만 이룬 것이 아니다. 1960년대와 1970년대에도 여성들이 항공우주국 각 부서에 걸쳐 고용되었다. 이들의 이야기 역시 나탈리아 홀트Nathalia Holt가 2016년 『라이즈 오브 더 로켓 걸스Rise of the Rocket Girls』를 집필하기 전까지는 거의 알려지지 않았었다. 〈히든 피겨스〉와 같은 시기에 제트 추진 연구소 에서 일했던 여성 로켓 과학자들에 대한 이야기다.

인간의 우주 비행에 대한 대중의 견해는 주로 NASA의 초기 프로그램에 대한 타고난 본능과 관심을 가졌던 몇몇 소수 남성에 의해 형성되었다. 그들의 관점을 바탕으로 우주 비행의 역사에 대해 수백 권의 책이 쓰였다. 이 역사가의 비슷한 정체성은 우리가 과거에 대해 알고 있다고 생각하는 것에 엄청난 영향을 미쳤다. 릴리언 커닝햄Lillian Cunningham의 〈문라이즈Moonrise〉 팟캐스트가 NASA 설립의 배후에 있는 힘에 대해 다른 관점을 제시했다는 사실은 전혀 놀라운 일이 아니다.

많은 관련 메시지가 마침내 NASA 여성들의 이야기를 통해 전달되고 있다. 이러한 측면에서 도로시 본Dorothy Vaughan과 그녀의 백인 상사인 미첼의 대화는 보편적인 교훈을 제공한다. 미첼은 자신의 무례한 경영 스타일을 옹호하기 위해 도로시에게 "당신이 어떻게 생각하든 저는 여러분 모두에 대해 악감정은 없습니다"라고 말한다. 내가 가장 공감하는 것은 이러한 미첼의 말에 대해 도로시가 "아마 그렇게 생각하시는 거 알아요"라고 말한 답변이다. 의도하지 않은 성별과 인종 편견은 우리 모두가 인정하고 극복하기 어렵다.

컬럼비아 대학교의 2003년 "하워드 대 하이디Haward vs. Heidi의 실험은 이러한 현실을 확인시켜 준다. 경영대학원은 직원을 평가하기 위해 학생들에게 두 세트의 배경 정보를 배포했다. 두 사람의 이력은 이름 외에는 모두 동일했다. 학급의 절반은 하워드의 자격을 평가했고 나머지 절반은 하이디의 자격을 평가했다. 결과는 종종 충격적인 것으로 알려지지만 나에게는 우울할 정도로 너무나 친숙하다.

하워드는 하이디보다 압도적인 인기를 누렸으며 채용 대상으로 많이 선택됐다. 하이디는 이기적이고 자만심이 강한 사람으로 여겨지지만 하워드는 자신감 있고 강력한 사람으로 여겨진다. 학생들은 둘 다 독단적이라고 말하지만 하이디는 바로 그 특성 때문에 거부당하고 하워드는 존경을 받는다. 여성의 권력과 성공 사이의 음의 상관관계는 남성의 경우 정반대이다. 특히 커리어 후반에 내가 겪어야 했던 이중적인 잣대는 이 연구를 통해 뒷받침된다.

많은 전문직 여성과 마찬가지로 나 역시 유능한 여성 리더가 되려고 사회적으로 수용 가능하고 적절한 방법을 찾기 위해 고군분투했다. 일반적으로 여성에게 기대하는 일정 수준의 기대치를 충족시키려면 의견이 상충할 때 다른 사람들의 아이디어를 받아들이고 회의에 참석해서는 되도록 의견을 제시하기보다 남의 의견을 경청하며 만약 남자 동료가 당신의 아이디어를 인정받았을 때 이의를 제기하지 말고 이기적이고 무분별한 사람으로 인식되지 않도록 가정과 사무실 양쪽 모두에 신경을 써야 한다. 과거 우리 대부분이 경험했던 불평등은 거시적 불평등과 미시적 불평등이었다. 관리직이 된 지 한참이 지난 후에도 남자 상관 및 동료로부터 비서 업무를 부탁받거나 커피 심부름을 요청받은 횟수를 굳이 상기해 볼 필요가 없다.

우주 분야는 압도적으로 백인 남성의 세계였기 때문에 어떤 말이나 행동을 하는 것이 여성이나 소수 민족에게 불쾌감을 줄 수 있는지에 대해서는 전혀 고려되지 않았다. 〈스타 트렉: 오리지널 시리즈〉는 다양한 출연진으로 유명하지만 300년 후의 미래를 내다보면서도 여전히 여성을 섹스 대상으로 바라보는 시각이 있음을 잘 보여주는 예이다. 진 로든베리는 한때 여성 선장을 출현시킬 것을 제안하기도 했지만 결과적으로 엔터프라이즈 우주선의 책임자는 남성이 맡은 시리즈만 진행됐다. 수 세기 후인 세 번째 시즌이 되어서야 비로소 여성이 우주선을 지휘할 수 있게 되었다.

대개 여성은 남성의 즐거움을 위한 존재로 묘사되었다. 진은 임원진들이 매 시즌마다 여성이 출현하는 경우 그게 인간이든 외계인이든 더 많은 노출을 포함하라고 강요했다고 말했다. 팬들 사이에 인기가 많았고 유일하게 고정적으로 출현할 수 있었던 여배우였던 니셸

니콜스Nichelle Nichols는 대사는 적고 항상 짧은 치마를 입은 전화 교환원의 역할을 맡았다.

니셸의 삶을 다룬 다큐멘터리 〈우먼 인 모션Woman in Motion〉에서 NASA 관계자는 그녀의 다리가 TV에서 비춰지는 것만큼 정말 근사한지 직접 알아보려고 연락을 취했다는 에피소드를 보여준다. 물론 이로 인해 니셸은 1970년대 NASA가 우주비행사를 모집할 때 여성과 소수 민족의 참여를 독려하게 되었고 동시에 우주왕복선에 탑승할 최초 우주비행사 프로필을 다양화하는 데 기여할 수 있었다. 이 일화는 2021년 영화에서 유머러스한 우연으로 묘사되기도 했다. 그러나 미래 여성 우주 전문가들의 롤모델을 찾는 과정이 단순히 남성이 한 여성의 외모를 보고 찾아가는 데에서 시작되었다는 사실은 슬픈 아이러니가 아닐 수 없다. 시대가 여전히 변하지 않았음을 상기시켜 주는 가슴 아픈 일이기도 한다.

니셸은 국립우주협회의 오랜 이사회 멤버로 나와의 인연도 그만큼 오래되었고 소중하다. 초기 이사회 회의에 참석한 여성은 우리 두 명뿐이었다. 니셸보다 더 좋은 롤 모델이나 멘토를 바랄 수 없었을 것이다. 〈우먼 인 모션〉은 주로 니셸에게서 영감을 받은 사람들과의 인터뷰를 기반으로 제작되었고 나 역시 다큐멘터리 제작을 위한 인터뷰에 참여했다. 인터뷰는 총 35명의 사람을 대상으로 했고 그중 9명이 여성이다. 니셸은 이를 두고 "내 사람들은 어디에 있나요Where are my people?"라고 언급한 바 있다. 여전히 NASA에는 더 많은 여성이 활동할 필요가 있다.

내가 20~30대였을 때 항공우주 분야에서 여성이 일한다는 것은 일종의 성적 대상이 된다는 사실을 포함했다. 동시에 항공우주 커뮤니티 내에서 어떤 남성을 피해야 하는지도 알게 되었다. 함께 일하던 우리 중 많은 사람이 불쾌감을 드러내지도 못한 채 원치 않는 성적인 접근과 성희롱을 경험했다. 내가 30대 생일을 맞은 어느 날 NASA의 같은 사무실에 근무하던 상사가 다른 동료 몇 명 앞에서 축하의 의미로 엉덩이를 때리게 사무실로 오라는 말을 하기도 했다. 이보다 더 악명높은 사례는 젊은 여성 동료 교수와 학생을 상대로 성적으로 접근했던 한 교수였는데 한 학생이 이를 거절하자 크게 흥분했다는 이야기는 전설과도 같다. 거절했던 여학생은 이후 취업하기 위해 한 회사에 인터뷰를 참가했는데 그 교수는 예비 고용주에게 "그녀와 자려고 기대했다면 고용하지 마세요"라고 전했다고 한다. 어쨌든 고용주는 그녀를 고용했고 나중에 이러한 교수의 말을 그녀에게도 전달했다.

남성 직원이 여성 동료를 추행하거나 더듬는 것은 결코 드문 일이 아니었고 거의 항상 업계에서 직급이 높고 나이가 많은 남성으로부터 비롯되었다. 나의 NASA에서 근무를 시작한 이래 모스크바로 첫 출장을 향했다. 당시 나는 30대로 기혼이었음에도 불구하고 한 상급 계약담당자가 나의 호텔 방으로 들어와 나를 침대로 밀어붙였다. 나는 그의 다리 밑으로 기어 나와 복도로 달려가 도움을 요청 동료를 찾았다. 하지만 이후 나는 이 사건을 NASA나 그의 상관에게 보고하지 않았다. 이러한 상황 자체가 너무 부끄러웠고 이러한 일로 인해 향후 나의 경력상에 문제가 생길 수도 있을 거로 생각하여 다른 많은 사람과 마찬가지로 이를 마음속에 묻어두었다. 이후 나는 다양한 이유로 이러한 선택에 후회하였고 이 행동이 계속되었다.

기존의 로켓 제작 방식에서 벗어나면서 다양성, 형평성, 포용성을 수용하는 것이 보다 쉬워졌다. 단 한 명의 여성 또는 소수 민족이 선택되기까지 73명의 백인 남성이 우주비행사 그룹에 합류했다. 이 글을 쓰는 현재 기준으로 65년 역사상 NASA를 이끈 여성은 단 한 명도 없다. 인류를 대표하지 않는 지도부와 우주비행사를 선발하는 것은 국민의 권리를 박탈하고 악순환을 지속시킬 뿐이다. 이러한 상황을 변화시키기 위해서는 단호한 의지가 수반되야 한다.

NASA는 단 한 사람의 우주비행사를 선발하기 위해 수천 건이 넘는 지원서를 받는다. 모든 지원자가 까다로운 요건과 높은 기준을 충족하는 것은 아니지만 상위 10%만 보아도 거의 천 명에 가까운 우수한 자격을 갖춘 지원자가 남아 있다. 이들 중 상위 10%만이 대면 인터뷰를 위해 선정되며 그 중 또 10% 만이 새로운 우주비행사 후보자를 가리키는 소위 우주비행사 후보자ASCANS가 된다. 게다가 대부분의 우주비행사는 선발 전에도 몇 번의 절차를 거친다.

NASA가 우주비행사의 존재 이유를 단순한 수사학 이상의 의미를 갖기를 원한다면 우리는 의도적으로 우주비행사를 선발하는 기준을 세워야 한다. 특히 백인 남성이 우세하기 때문이다.

웨스트포인트의 천체물리학 평균 점수가 3.8점인 헬리콥터 조종사와 공군 사관학교의 화학 공학 평균 점수가 3.9인 전투기 조종사 중에서 선택하는 것은 여러 면에서 주관적이다. 한 명이 백인 남성이고 다른 한 명이 흑인 여성이라면 후자의 후보를 선택하는 것은 역사적으로 우주비행사 그룹에 평등성을 부여하고 그동안 주류라고 여기지 않은 국민에게 희망과 영감을 주게 될 것이다.

찰리와 내가 임명되기 한 달 전 NASA는 9명의 우주비행사를 선정했다고 발표했다. 약 5년 만에 새로이 선발된 우주비행사들로 총 20명 중 백인 남성 6명, 백인 여성 2명 그리고 흑연 여성 1명이 포함되었다. 당시는 나는 매일 밤 업무와 관련된 자료로 가득 한 바인더를 집으로 가져가 읽고 있어서, 사전에 이에 대한 정보를 받지 못한 것이 이상하다고 생각했다. 그리고 선발된 우주비행사 그룹 내 다양성이 부족하여 실망했다. 찰리에게 이에 대한 이야기를 꺼냈지만 그는 내가 우려하는 바에 대해 전혀 공감하지 않는 것 같았고 이러한 결정을 내린 마이크 코츠와 함께 논의해 보라고 제안했다.

마이크는 이 주제에 대해 내가 의견을 제시하는 사실이 불편한 것 같았다. 그래서 그는 나에게 직접 문제를 설명하는 대신 존슨 우주센터 직원을 보냈다. 그들은 지원자의 30% 미만이 여성이고 10% 미만이 흑인이라는 데이터에 초점을 맞췄으며 우주비행사 선발 결과는 전체 인구 중 흑인 미국인의 비율을 대표한다고 강조했다. 나는 우주비행사 최종 선발 결과는 후보자 수에 비례하여 결정되어서는 안 된다는 견해를 전했다. 왜냐하면 이미 불이익을 받는 특정 그룹의 인원은 이러한 상황에서 아예 후보자 신청조차 하지 않았을 수도 있기 때문이다. 결과를 돌이킬 수는 없었지만 그런데도 의미 있는 토론이었다고 생각했고 브리핑을 통해 데이터를 공유해 주어 감사하다는 뜻을 전했다.

새로운 우주비행사와 승무원을 선발하는 과정에서 지속적으로 백인 남성을 선호했다는 점은 수치로 보면 보다 뚜렷하다. 내가

NASA에서 근무하는 동안 총 여섯 번의 우주왕복선 임무를 위해 선발 및 훈련된 총 32명의 우주비행사 중 28명은 남자였고 30명은 백인이었다. 오바마 대통령(및 찰리) 재임 동안 총 30명의 우주비행사가 추가로 소유즈 우주선에 배정되어 탑승했다. 이 중 25명은 남성, 5명은 여성, 단 1명만이 유색인종이었다. 오바마-볼든 행정부에서 비행한 우주비행사 중 여성은 15% 미만이었고 유색인종은 5% 미만이었다.

상원의 승인을 받은 지 한 달 후 존슨 우주 센터는 다음 임무인 STS-134 임무를 위해 백인으로만 구성된 남성 승무원을 배정한다고 발표했다. STS-132 임무의 유일한 여성 직원마저 남자 직원으로 교체되어 총 6명의 승무원은 모두 백인 남성으로만 구성되었다. 정말 좌절할 수밖에 없는 상황이 아닐 수 없었다. 댄 골딘은 그의 재임 기간 동안 65번의 성공적인 우주왕복선 임무를 감독했으며 백인 남성 승무원으로만 구성된 경우는 5번에 불과했다. 그로부터 약 10년 후 최초의 흑인 국장과 두 번째 여성 부국장은 우주비행사 그룹 내 다양성의 퇴보를 목격하고 있는 안타까운 상황이었다.

나는 4명의 백인 남성을 마지막 우주왕복선 임무인 STS-135에 배정해서는 안 된다는 말을 전했다. 이는 우주왕복선 시대가 인류의 우주 비행에 기여한 점이 있다면 그것은 바로 남성 그리고 군인 출신의 우주비행사가 대다수였던 최초 프로그램에서 벗어났다는 것이 되어야 한다고 말했다. 이후 다행히 엔지니어인 샌디 마그너스Sandy Magnus가 승무원으로 배정되었다는 소식을 들었을 때 다소 안심이 되기는 했지만 결국에 마지막 우주왕복선 임무가 성평등을 대변하는 첫 번째 임무가 될 기회를 놓쳤다는 사실에 실망했다.

다양한 우주비행사를 선발할 수 있는 첫 번째 기회는 2011년 그룹 21을 모집했을 때였다. 휴스턴에서 온 직원이 나에게 브리핑을 하는 과정에서 나는 그들이 여성과 남성을 동등하게 대표하는 최초의 우주비행사 클래스가 될 것이라는 소식을 직접 전하게 되어 매우 기뻐하고 있다는 사실을 깨달았다. 나 역시 그들이 뽑은 10명의 뛰어난 우주비행사 리스트를 보고 똑같이 열광했다. 2021년에 임명된 우주비행사 중 40% 가 여성이다.

이 책을 집필하기 위해 다양한 자료를 찾아보면서 당시 나의 우려가 무시되었던 이유에 대해 알게 되었다. 2014년 마이크 코츠는 한 인터뷰를 통해 "존슨 우주 센터 책임자는 승무원 배정에 대해 최종적으로 승인할 수 있는 권한을 부여받았습니다. 물론 NASA 국장이 원한다면 그렇지 않을 수도 있었지만 마이크나 찰리가 재임한 동안 그런 일은 절대 일어나지 않았습니다. 그런데 로리 가버가 부국장으로 임명된 직후 그녀는 모든 승무원 임명에 의문을 제기하며 왜 더 많은 소수 민족과 여성이 임명되지 않는지 대해 물었습니다. 보통은 찰리가 처리하도록 내버려두곤 했습니다. 찰리는 그때마다 '걱정하지 마세요'라고 답했습니다"라고 언급했다. 마이크의 이러한 인터뷰는 왜 그동안 나의 노력이 시시포스의 형벌과 같이 될 수밖에 없었는지를 잘 보여줬다. 참으로 혼란스럽고 실망스러웠다.

많은 컵보이에게 있어 성과 인종 평등이란 실질적인 문제가 아니라 "정치적" 문제이다. 마이크는 자기 생각을 다음과 같이 설명했다.

> NASA 내에서 우리가 겪었던 문제는 앞서 말씀드린 바와 같이 이 행정부가 들어선 이래 로리 가버가 모든 일을 정치적인 것에 초점을 맞췄다는 것입니다. 모든 결정을 내림에 있어 이러한 결정들이 민주당과 노조에는 어떻게 도움이 되는지 물었습니다. 로리가 왜 여성과 소수 민족의 승무원이 없는지에 대해 의문을 제기할 때마다 찰리는 매우 훌륭하게 완충 역할을 수행했습니다. 우리가 승무원을 그렇게 배치한 이유를 설명해 드리겠습니다. 때로는 남성보다 여성이 더 많았습니다. 때로는 백인보다 소수 민족이 더 많았습니다. 가끔 없을 때도 있었습니다. 모든 승무원 할당제를 도입하고 싶다면 말씀해 주세요. 물론 그렇게 할 수는 있지만 유능한 승무원을 확보하는 방법은 아닙니다. 찰리는 그 점에 대해 아주 잘 알고 있었습니다. 그러나 그녀는 정치적으로 옳은 방향에만 초점을 맞췄습니다.

말할 필요도 없이 남성보다 여성이 더 많거나 백인보다 소수 인종이 더 많았던 경우는 없었다. 우주비행사의 다양성 부족은 찰리가 NASA를 떠난 이후 자주 언급했던 내용이지만 그는 거의 8년 동안 의미 있는 변화를 이룰 수 있는 유일한 사람이었다. 그는 자신의 신념이나 나를 지지하는 대신 배를 흔들지 않기로 결정했다. 우리의 목표가 일치했는데도 그는 나를 지지해 줄 수 없었다.

우주비행사들은 일반적으로 추방당하거나 손가락질당할까 봐 말하지 않지만, 차별에 대한 그들의 사적인 이야기, 특히 초창기의 이야기를 듣는다면 소름 끼칠 수 있다. 초창기 여성 우주비행사들에 대한 NASA의 잘못된 처사는 남성 직원이 일주일간의 왕복선 임무를 위해 한 달 이상 쓸 수 있는 브래지어와 여성용 제품을 챙겼던 유머러스한 이야기를 통해 알려져 있지만 여기에는 더 악의적인 현실이 숨겨져 있다.

미국 최초의 여성 NASA우주비행사의 사례를 예로 들어 보겠다. 샐리 라이드는 우주비행사로서의 쌓은 초기 명성을 훨씬 뛰어넘어 NASA에 큰 영향력을 미쳤다. 그녀는 두 우주왕복선 사고 조사 위원회에서 모두 근무한 유일한 사람이었다. 이 경험을 통해 그녀는 NASA 내 관료주의와 계약 관계에 대해 깊이 이해할 수 있었다. 14명의 동료와 가까운 친구가 사망한 사고였기에 사고 원인에 대해 깊은 관심을 가질 수밖에 없었던 그녀는 결국 NASA의 리더십에 대한 깊은 좌절감을 느꼈다.

챌린저 사고 이후 NASA는 샐리가 NASA의 장기 목표를 수립하기 위한 노력을 이끌도록 했다. 그 결과 「라이드 리포트Ride Report」라고 알려진 보고서를 통해 지구로의 임무Mission to Planet Earth, 지구에서의 임무Mission from Planet Earth 달의 전초 기지Outpost on the Moon, 화성 임무Humans to Mars 등 총 네 가지 시나리오를 구체화하였다. 보고서 초안을 통해 지구로의 임무에 초점을 맞출 것을 권고했지만 NASA는 보고서가 발표되기 전에 이러한 우선순위를 없애고 묻을 것을 강요했다.

샐리는 1987년 보고서가 발표된 지 몇 달 만에 결국 사임했다. 기후 문제의 경우 전 세계적으로 관심을 두기 시작해서 어쩔 수 없지만 유인 우주 비행이 향후 NASA의 우선순위 목록에서 하위로 떨어지게 할 수 있음을 시사하는 정보를 절대 발표하지 못하게 했기 때문이다.

샐리는 과학과 우주에 대한 대중의 관심을 높이는 것을 목표로 생애 남은 시간 대부분을 봉사활동과 교육에 집중했다. 〈샐리 라이드 사이언스Sally Ride Science〉는 2001년 설립되었으며 처음엔 소녀를 대상으로 하다가 시간이 흐르면서 소년을 포함한 모든 성별로 확대되었다.

2012년 샐리가 사망하자 그녀의 파트너인 탐 오쇼네시Tam O'Shaughnessy는 《뉴욕 타임즈》 부고를 통해 27년간의 사랑하는 사이임을 밝혔다. 그 소식은 우주 커뮤니티의 많은 사람에게 큰 충격을 주었다. 심지어 샐리를 개인적으로 잘 아는 사람도 마찬가지였다. 나는 수년 동안 샐리와 함께 있할 수 있는 기회가 있었다. 깊은 개인적인 이야기를 나눈 적은 없었지만 이제 와서 퍼즐 조각들을 맞춰보면 딱 들어맞는다.

탐과의 개인적인 관계가 동료 우주비행사 스티브 홀리Steve Hawley와의 결혼이 끝나기 전에 시작되었다는 사실이 알려지면서 그녀와 스티브의 관계 사이에서 NASA가 결혼을 장려했는지 여부에 대한 추측이 제기되었다. 결혼식은 그녀가 최초의 미국 여성 우주인으로 선정되었다고 발표한 지 3개월 만에 진행되었다. 갑작스럽고 비공개로 진행되었으며 이 행사에서 공개된 유일한 사진에는 폴로 셔츠와 청바지를 입고 나란히 서 있는 커플의 모습이 담겨 있다. 샐리의 청바지는 흰색이었다. 그녀와 스티브는 4년 후 NASA에서 사임한 지 몇 달 만에 이혼했다.

1970년대 초 그녀가 스탠퍼드에 다녔을 때 여성들과 사귔다는 샐리의 가족과 절친한 친구들의 증언이 과연 NASA에 언제 알려졌는지에 대한 의문도 제기되었다. 작가 린 셔는 샐리의 4년 사귄 남편 스티브 홀리의 말을 인용해 두 사람의 결혼이 진실했다고 믿지만 그녀의 부고에 실린 발표에 조금은 놀라지 않을 수 없었다고 말했다. 그녀의 사생활이 1992년과 2008년에 NASA 관리자로 일하기를 꺼리는 데 기여했을 수도 있다. LGBTQ+ 개인에 대한 대중의 견해는 그녀가 우주비행사로 선발된 1978년부터 극적으로 발전을 시작했기 때문이다.

저널리스트 에이미 데이비슨 소킨Amy Davidson Sorkin은 그녀의 사망 당시《뉴요커》에 다음과 같이 기록하고 있다. "라이드의 낭만적인 삶이 NASA에 어떤 의미였는지에 대해서는 타당한 역사적 의문이 있다. 최초의 여성 우주인이 되려면 남자와 결혼해야 했나요? 많은 언론 보도에 따르면 라이드의 침묵에 대한 설명으로 NASA는 결코 공개적으로 동성애자를 우주 프로그램에 참여시키지 않았을 것이라고 언급합니다."

안타깝게도 여성으로서 NASA에서 고위급 관료가 되는 것은 아직 힘든 길이며 NASA의 다른 구성원들과 다른 점이 있으면 훨씬 더 어려워질 수 있다. 과학자이자 우주비행사가 된 것은 샐리가 자신이 원하는 일을 하고 수행하기 위함이었고 이를 위해 성소수라는 사생활을 드러나지 않게 노력한 것은 전혀 놀라운 일이 아니다. 샐리는 사생활을 제외한 다른 모든 문제에 대해 독단적이고 직접적이며 솔직했다. 사람들이 나에게 멘토가 누구냐고 묻는다면 그녀가 가장 먼저 떠오른다.

샐리는 그녀 자체로 한 명의 우주해적이었다. 그녀는 인간의 우주 비행이나 성별 고정관념에 대한 표준적인 표현을 받아들이지 않았으며 우주왕복선 사고로 이어진 NASA의 결정에 대해 매우 비판적이었다. 그녀의 경력과 지원을 바탕으로 나는 NASA의 부국장이 되었다고 해도 과언이 아니다. 그녀가 길을 개척하지 않았다면 내가 한 일의 절반도 이룰 수 없었을 것이다.

스페이스X의 사장 겸 COO인 그윈 샷웰은 우주 커뮤니티에서도 유능하고 존경받는 여성 리더이다. 블루 오리진에서는 고위 직급에서 그녀와 비슷한 눈에 띄는 여성이 없지만 두 회사 모두 "형제bro" 문화로 유명하다. 최근 두 회사의 직원이 성희롱과 차별에 대한 수많은 혐의를 공개했다. 그러한 행동을 용인하는 유해한 분위기에 대한 비판 및 개선 요구는 무시되어서는 안 된다. 이제 뿌리 깊은 위법 행위에 대해 문제를 제기하고 같은 시각과 생각을 가진 현장(리더십을 포함하여)이 우위에 서야 할 때다. 하지만 아직도 다양성, 평등, 포용을 향한 진전은 너무 느리다.

여성 및 소수 민족을 지원하는 것이 항공우주 분야의 전통이 되었다. 우리 중 많은 사람이 미래 세대가 현장에서 더 평등하게 대표되는 것을 보고 싶어 하기 때문이다. 초창기 여성 및 성소수자의 멘토가 되는 것은 향후 내 커리어에서 가장 보람 있는 부분이다. 내가 멘토링한 여성 중 한 명은 던 브룩 오웬스Dawn Brooke Owens였다. 나는 그녀가 연방항공국Federal Aviation Administration, FAA 민간 분야에서 일했을 때 처음으로 알게 되었다. 그녀가 오바마 대통령 밑에서 백악관에 취직하고 관리 예산 사무소의 NASA 담당을 배정받으면서 우리의 유대감은 더욱 강해졌다.

브룩은 서른 번째 생일에 유방암 진단을 받았고 6년 동안 용감하게 살아남았다. 브룩이 원하는 모든 것을 성취하기에는 시간이 너무 짧았다. 너무도 어린 나이에 그녀를 잃은 것은 비극적인 일이었다. 남성 위주의 항공우주산업에 종사하는 여성이 너무도 소수였기 때문에 브룩과 나는 긴밀한 관계를 형성했다. 우리는 단순히 어울리기만 하고 싶지는 않았다. 우리는 각자의 경험과 역량을 바탕으로 관련 분야에 더 많은 여성을 모집할 방안에 관해 이야기를 나누었다. 브룩이 사망한 다음 날 나는 항공우주 분야에 관심이 있는 대학생을 대상으로 인턴십 프로그램을 하겠다는 이메일을 작성하여 십여 명의 동료에게 송부했다. 이후 내가 예상한 것보다 더 많은 긍정적인 답변이 뒤따랐다.

많은 사람이 메시지에 대한 제안과 도움의 손길을 내밀었지만 그 중에서도 브룩의 절친한 친구인 윌 포메란츠Will Pomerantz와 캐시 리Cassie Lee·Cassie Lee-Cassie 모두 답변을 주었다. 프로그램이 시작된 지 6년이 지난 지금 200명 이상의 여성과 성 소수자가 스스로 선택한 삶을 살아가고 있다. 우리는 항공우주 분야의 기업에서 매년 수백 건의 지원서를 받는다. 각 인원은 멘토가 배정되며 점점 더 많은 동료 및 전문가 집단의 지원을 받았다. 내가 가는 곳마다 지원한 학생이나 최근 수료생을 만난다. 비록 합격하지 못한 경우에도 이러한 프로그램이 존재한다는 사실이 그들에게 얼마나 큰 의미인지 전해주었다.

안타깝게도 우주 공동체는 2017년에 또 다른 젊은 동료를 잃었다. 바로 매튜 이사코위츠이다. 매튜는 엔지니어이자 기업가이며 역량이 뛰어난 인물로 상업 우주 탐사에 대한 열정으로 상업 우주 비행 연맹에서 일했다. 매튜는 상업 승무원 프로그램을 추진하던 초기, 가장 어려웠던 시기에 절친한 친구이자 핵심적인 조언자이기도 했다. 그는 20대 청년에도 결정적인 역할을 했다. 매튜 이사코위츠의 시작을 하려는 이들에 대한 유대감을 바탕으로 템플릿과 연락처를 활용하여 차세대 상용 우주 비행 리더 양성에 초점을 맞춘 프로그램을 시작했다. 올해로 5년째를 맞는 매튜 이사코위츠의 프로그램은 이 분야에 새로운 에너지와 통찰력을 불어넣고 계속해서 성장을 이끄는 중이다.

가장 최근에는 패티 그레이스 스미스 펠로우십이 만들어졌다. 패티는 항공우주의 선구자이자 흑인 커뮤니티의 기둥이며 브룩의 멘토이자 나와 다른 많은 사람의 친구였다. 그녀는 짐 크로 사우스Jim Crow South의 공립학교를 통합한 학생 중 한 명이었으며 경력 후반부는 연방항공국의 상업 공간 사무국 책임자로 보냈다. 패티는 브룩이 세상을 떠나기 불과 몇 주 전인 68세의 나이로 췌장암으로 사망했다. 패티는 우리 업계에 지울 수 없는 흔적을 남겼고 브룩과 매튜가 있었던 것처럼 그녀 역시도 소중한 멘토로 가슴속에 남아 있다.

처음 브룩과 매튜 프로그램은 더 많은 청소년, 여성, 성소수자에게 문을 열어서 항공우주산업보다 더 높은 비율로 흑인 학생들을 선발하고 있었지만 우리는 충분한 성과를 내지 못하고 있다는 것을 깨달았다. 그래서 다시 한번 항공우주 커뮤니티가 힘을 모았고 패티 그레이스 스미스 펠로우십을 시작했다.

이 세 개의 서로 다른 펠로우십은 매년 100명 이상의 항공우주 학생들에게 유급 인턴십과 멘토십을 제공하며 두 장학금은 소외된 지역 사회에 봉사하는 데 중점을 둔다. 젊은 인재들이 우리 직장에 들어오면서 이미 이 부문에 긍정적인 변화를 불러오고 있으며, 더 많은 프로그램이 개발되고 있다.

나는 내 커리어에서 이룬 성과에 자부심을 느낀다. 이 책은 가장 의미 있는 과제 중 하나인 NASA에서 더 가치 있고 지속 가능한 우주 활동으로 이어지도록 개혁을 주도하는 과정에 초점을 맞췄다. 하지만 이러한 펠로우십을 만들면 우리 모두가 스스로 성취할 수 있는 것보다 더 많은 발전이 이루어질 것이라는 점에는 의문의 여지가 없다. 우주에서 더 많은 창의성과 혁신의 기회가 확대되고 있는 것처럼 더 다양한 차세대 사람을 현장에 노출하는 데 따른 파급 효과도 의심할 여지 없이 큰 성과를 남길 것이다. 이 새로운 인력이 관리자 역할로 승진함에 따라 이들의 아이디어가 모두 동등하게 성과에 따라 평가되기를 바란다.

⁕⁕⁕

유진 서넌Eugene Cernan과 다른 사람들이 주장한 겻과 같이 내가 추진했던 이니셔티브는 결코 급진적이지 않았으며 NASA, 유인 우주 비행 또는 우리 아이들의 미래에 위협이 되고자 함도 아니었다. 10년 전 NASA 의 전 국장도 내가 제시했던 계획과 비슷한 계획을 제안했다. 나보다 먼저 복무했던 몇몇 남성 의원은 직접적이고 솔직했으며 이에 대해 존경받았다. 나는 NASA의 12번째 부국장이었으며 항공

우주 분야에서 20년 이상의 경력을 쌓아 이 자리에 올랐다. 하지만 엔지니어링 배경이 없는 여성이었기 때문에 합리적이고 존중하는 정책 토론에 참여하지 못했다. 나의 견해에 동의하지 않는 많은 사람이 저속하고 성별에 따른 언어, 타락과 신체적 위협으로 나를 공격했다. 난 못생긴 창녀, 빌어먹을 암캐, 개자식이라고 불렸다. 그리고 그들은내가 생리 중인지 아니면 폐경기를 겪고 있냐고 물었다. '당장 NASA를 바꾸자Change NASA Now'라는 그룹이 나를 직책에서 해임하려는 목적으로 힐과 항공 우주 커뮤니티의 회원 및 직원에게 다음과 같은 묶음 이메일을 보냈다.

> 로리 가버의 문제점은 그녀가 현재 처한 직책에 적합하지 않다는 것입니다. 그녀가 제시한 권고에 무게가 실렸다는 사실은 미국이 저궤도 탐사와 그 이후를 향해 나아갈 수 있는 능력에 매우 파괴적인 영향을 미칠 것입니다.
>
> 그녀는 실제 우주 경험이 부족한 정치 지명자입니다. 그녀는 향후 20년 동안 NASA의 유인 우주 프로그램에 핵폭탄과 같은 피해를 주고 러시아, 중국, 인도가 우주 우위를 차지할 수 있도록 했다는 이유로 해고되어야 합니다. 안 그렇습니까, 오바마? 희망과 변화, 참 좋네요.
>
> 로리 가버는 NASA에서 가장 아마추어적이고 일관성 없는 계획과 예산을 제안했고 잘못된 계획과 실행 시도는 법적으로 매우 의심스러웠으며, 그 결과 NASA의 사기가 가장 떨어지고 불필요한 대규모 해고가 발생했습니다.
>
> 로리 가버는 의회가 그녀의 막연한 계획을 절대 받아들이지 않을 것임

을 분명히 알고 있었기 때문에 그것을 개발하는 동안 의회를 포함시키지 않았으며, 자신의 상사인 NASA 국장 찰리 볼든도 포함시키지 않았습니다. 계획 전체에 로리 가버의 지문이 있었기 때문에 의회는 주범이 누구인지 신속하게 파악할 수 있었습니다. 이제 의회가 조치를 취하고 대통령에게 로리 가버를 제거하도록 요구할 때입니다.

수십억 달러의 계약을 잃을 것으로 예상되는 사람들이었기에 대통령이 제안한 계획에 대해 반대하는 게 예상됐고 이해할 수 있었다. 하지만 NASA에 고의로 피해를 주기 위해 "법적으로 의심스러운" 정책과 거짓말을 퍼뜨리는 젠더 기반 공격과 로비 캠페인은 사실이 아니다.

NASA 보안부에서 나에 대한 몇 번의 살해 위협을 차단했고 FBI가 이를 분석했다. 2012년 8월에 NASA 본부에서 내게 보낸 하얀 가루로 채워진 봉투는 내가 바라던 일이 아니었다. 보안 요원이 배정되어 위협 수준이 높아진 날에는 주차장에 있는 차까지 보안요원이 데려다 주기도 했다. 나는 좀 더 이 상황을 재치 있게 행동할 수도 있었지만, 내 아이디어에 대한 인신공격과 부정적인 반응은 의심할 여지없이 계속 커졌다.

나는 스스로 되물을 수밖에 없었다. 왜 그랬을까? 숨겨진 곳을 들추지 않는 것이 훨씬 쉽고 개인적으로 더 즐거웠을 것이다. 내가 발견한 것을 밝히는 대신 다른 사람들이 했던 일을 할 수도 있었을 텐데. 나는 모든 것을 옹호하는 정부 지도자일 수도 있었을 것이다. 사람들이 좋아하는 여자, 모두와 잘 지내기 위해 함께 가는 사람처럼.

하지만 이내 이런 사항을 고민으로 가지지 않기로 했다. 제시카 래빗이 말했듯이, 나는 그런 식으로 끌리지 않는다. 크지는 않겠지만 나는 NASA에서의 작업, 즉 내가 한 일이 인류의 미래에 잠재적으로 긍정적인 결과를 가져올 수 있다고 생각했다. 나는 내 말이 맞고 그게 중요하다는 것을 알았으며, 두 가지 요점을 모두 입증하는 데 전념했다. 전투를 즐기는 모습을 보여주려고 했지만 우주 커뮤니티에서 가장 존경받고 존경받는 사람들로부터 비난과 비난을 받는 것은 참혹하고 깊은 상처를 남겼다. 대부분의 사람은 남에게 호감으로 느껴지는 것을 좋아하고 나도 이러한 욕망에서 자유로울 수 없기 때문이다. 그 과정에서 적을 만들지 않았으면 좋았을 텐데, 판돈을 생각하면 상대적으로 적지만 대가를 치러야 할 것 같았다.

적을 만드는 것은 혁신적인 변화를 주도하는 데 따르는 피할 수 없는 결과이며, 〈머니볼〉은 뿌리 깊은 주제에 대한 좋은 해석이다. 1846년 스코틀랜드 시인 찰스 맥케이가 쓴 업튼 싱클레어의 사회항의 문학 선집에는 〈적이 없다No Enemies〉라는 제목의 글이 인쇄되어 있다.

> 적이 없다고? 아아, 불쌍한 내 친구. 용감한 자가 견뎌내는 의무 중에는 싸움에 휘말려 적을 만드는 것이 있다. 만약 아무 것도 가지고 있지 않다면, 당신이 한 일은 아무것도 없다는 것. 그 입술로 위증을 말하며 잘못된 것을 옳은 것으로 바꾼 적이 한 번도 없다는 걸 의미한다. 당신은 싸움에서 도망친 겁쟁이다.

내가 NASA에서 추진했던 혁신적인 어젠다는 결코 쉬운 일이 아니었다.

우주를 유영하는 드래곤

11

나는 미국의 버락 오바마 행정부 기간 우주 개발의 궤도를 지속 가능한 형태로 발전시키는 것을 목표를 일을 시작했다. 5년이 지난 시점에서 돌이켜보니 NASA가 설정한 우선순위에서 많은 진전을 이루었음을 자랑스럽게 여겼지만 여전히 언덕 위로 밀고 올라가려 했던 바위들은 가벼워지기는커녕 점점 더 무거워졌음을 깨달았다. 내가 노력할수록 국장으로부터 점점 소외되었고 그만큼 영향력 또한 줄어들고 있었기 때문이다.

백악관이 두 번째 임기에 새로운 NASA 국장을 선출한다는 말을 들었지만 실제로는 그런 움직임을 찾아볼 수 없었고 2013년 여름 나는 워싱턴에 본사를 둔 항공우주 관련 협회의 고위직을 맡을 "게임 체인저"를 찾고 있다는 헤드헌터에게 회신을 보냈다. 다섯 번의 인터뷰을 거쳐 나는 국제 항공조종사 협회Air Line Pilots Association에서 관리자 직책을 맡게 되었다.

가장 가까운 동료 몇 명과 이야기를 나눈 결과 나는 내가 움직이는 데 도움을 줄 수 있었던 가장 큰 바위들이 고비 너머 원점에 이르렀다는 것을 깨달았다. 우리는 올바른 방향으로 나아가는 모멘텀이 계속될 만큼 충분히 멀리 갈 수 있었다. 끊임없는 투쟁으로 인해 나는 마치 『노인과 바다The Old Man and the Sea』와 같은 상황에 처해 있다는 느낌을 받았다. 너무 멀리 나감으로 인해 나 자신이나 우리가 이룬 것들을 잃고 싶지 않았다. 나는 결국 사직서 초안을 작성하고 채용 제안을 수락했다.

내가 사직하겠다는 발표를 한 이후의 반응은 예상대로였다. 어떤 사람은 칭찬을 했고 다른 사람들은 비방을 쏟아냈다. 당시 한 인터뷰 기자에게 우주 발사 시스템이 2017년 출시일을 맞출 수 있느냐는 질문을 받았다. 이러한 질문에 나는 1~2년 정도 늦어질 수 있음을 인정했는데 이에 찰리는 나의 답변을 잘못된 것으로, 2017년 말까지 첫 시험 발사를 앞두고 모든 것이 순조롭게 진행될 거라는 성명서를 발표하도록 했다. 보잉의 SLS 프로그램 매니저인 버지니아 반스Virginia Barnes 역시 NASA의 성명에 대해 "이 SLS 로켓이 늦춰질 수 있다는 소문조차 들어본 적이 없습니다. 실제 일정은 예정보다 5개월 앞당겨질 것으로 보입니다"라고 덧붙였다. 결국 우주 발사 시스템은 이 책을 쓰는 시점을 기준으로 2022년으로 연기되었다.

NASA를 떠난 후에도 상업 승무원 수송 프로그램을 계속 주시하고 테스트 일정을 확인하며 양 팀을 응원했다. 대부분 보잉사가 먼저 발사할 거라고 예상했는데 이는 최초 계획에도 그렇게 표기되어 있었기 때문이다. 그러나 보잉은 NASA로부터 거의 두 배에 달하는 자금을 지원받았음에도 불구하고 2019년 말 마지막 무인 비행 테스트에 큰 차질을 겪었다. 소프트웨어상의 기술적 문제로 인해 스타라이너Starliner 우주선은 우주정거장과의 도킹이 불가능했으며 그 이후로 계속 이러한 문제에 시달리고 있다. 2021년 8월 보잉은 자체 비용까지 들여 다시 테스트할 준비가 되었다고 발표했지만 우주선이 발사대에 올랐을 때 추진제 밸브가 멈춘 것이 발견되어 중단해야 했다. 이후 보잉은 2022년 중반 시험 비행을 목표로 준비하고 있다.

이에 대해 NASA 경영진은 보잉사에 대해 더 잘 알고 있다고 믿었기에 스타라이너 우주선에 대한 감독이 스페이스X에 비해 다소 소홀히 했다는 점을 밝혔다. NASA의 상용 프로그램 매니저인 스티브 스티치Steve Stich는 2020년 보잉사의 스타라이너 첫 시험 비행에서 나타난 소프트웨어 오류는 수십 년 동안 쌓아온 신뢰 때문에 상대적으로 감독이 너무 미흡해진 결과라고 인정했다.

이러한 보잉사의 실수는 스페이스X의 입장에서 예기치 않은 기회의 창이 활짝 열린 것과 같은 결과를 가져왔다. 스페이스X의 마지막 무인 비행 테스트 비행은 2020년 1월에 진행되었다. 기내 중단 테스트로 비상 상황이 발생하더라도 드래곤 캡슐은 로켓에서 안전하게 발사될 수 있다는 것을 입증해야 했다. 발사 중 압력이 가장 높은 순간에 로켓이 폭발하더라도 말이다. 스페이스X는 결국 뛰어난 성적으로 테스트를 통과하였고 우주비행사를 처음으로 우주정거장으로 수송하는 데모-2 미션Demo-2 Mission으로 알려진 완전한 시험 발사를 위한 기반을 마련했다.

스페이스X는 NASA로부터 더 철저한 감독과 적은 예산을 받았음에도 불구하고 보잉사에 비해 발사대에 먼저 도착했다. 이 임무는 나를 비롯한 많은 우주해적이 수십 년 동안 갈고 닦은 길 위에 2002년 스페이스X를 설립한 이래로 일론과 그의 팀이 세운 결과와 같다. 발사는 2020년 5월 27일로 결정됐다.

스페이스X와 NASA는 시험 조종사로 우주비행사 더그 헐리Doug Hurley와 밥 벤켄Bob Behnken이 임무에 배정했다고 발표했다. 그들은 과거 광범위한 군사 훈련과 서로 간의 깊은 유대 관계를 고려하여 선정되었다. 더그는 지난 우주왕복선 임무에서 조종사로 활약했으며 그가 첫 비행 복귀를 지휘한다는 상징성 또는 컸다. 드래곤 발사와 도킹이 성공한다면 30일에서 60일 동안 국제우주정거장에 머물다가 낙하산을 통해 같은 캡슐을 타고 바다로 돌아오는 계획이었다.

나는 이러한 첫 발사에 직접 참석하고 싶었지만 그해 5월 코로나19로 인해 많은 동료와 마찬가지로 마지못해 여행하지 않기로 결정했다. 그래서 상업 승무원 수송 프로그램의 정책 방향을 잡았던 NASA와 백악관의 핵심 팀 동료들과 함께 줌을 통해 발사 과정을 원격으로 함께 지켜보기로 했고 코로나19 이후를 기약할 수밖에 없었다.

NASA는 준비 과정을 실시간 방송하였고 미래지향적인 스페이스X의 새로운 비행복을 착용한 우주비행사들과 일론 머스크 그리고 트럼프 행정부의 NASA 국장으로 임명된 짐 브라이든스타인Jim

Bridenstine이 함께 이야기를 나누는 모습이 보였다. 나는 그간 셔틀 발사 현장에 자주 참석했지만 NASA TV를 통해 준비 과정을 지켜보는 것도 또 다른 즐거움을 주었다. 우주비행사들은 발사대로 이동하기 위해 차량으로 가는 동안 평소와 다름없이 가족들에게 손을 흔들었다. 그렇지만 이번에는 아스트로밴Astrovan으로 알려진 우주비행사 이송 밴이 아닌 흰색 테슬라 모델X에 탑승했다. 만약 이러한 발사 과정을 지켜보는 이들 중에 상업 승무원 수송 프로그램이 무언지 알지 못했던 사람도 우주비행사들이 테슬라 차량에 탑승하는 장면은 놓치지 않았을 것이다. 스페이스X는 이를 통해 이번 발사에서 우주비행사들을 우주로 수송하는 주체는 NASA가 아닌 민간기업이라는 점을 충분히 각인시켰다. 동시에 테슬라의 전기 자동차에는 NASA 로고가 새겨져 있어 새로운 유인 우주 비행의 시대를 향한 NASA의 헌신과 포용을 강조하고 있었다.

자동차, 로켓, 캡슐 등 곳곳에 새겨진 NASA 로고는 NASA의 변화를 상징하고 있었다. 2012년 국제우주정거장으로 첫 상용 수송 임무를 시작한 스페이스X는 팔콘9 로켓에 NASA의 로고를 부착하기를 원했지만 NASA는 이를 거절했다. 당시 그윈 쇼트웰은 나에게 유선을 통해 관련하여 알아봐 줄 수 있는지 문의했고 나는 이를 좀 더 알아보기로 했다. 나는 간단한 수준에서 해결할 수 있기를 바라면서 커뮤니케이션 책임자 데이비드 위버와 처음으로 이야기를 나누었다. 통화 결과 안타깝게도 거스트가 직접 그러한 결정을 내렸다는 점을 알게 되었다. 그에 따르면 로켓이나 캡슐에는 어떤 종류의 NASA 로고도 붙이지 말아야 했다. 나는 거스트와도 직접 이야기를 나눴었고 거스트는 NASA의 로켓이 아니라는 대답을 반복하면서 변호사들 역시 같은 결정을 내렸다고 강조했다. 당시는 나는 법적인 문제가 아니라는 건 알고 있었지만 공연히 찰리는 자극하고 싶지 않아 그윈에게 결정을 번복할 수 없음을 알려야 했다.

그로부터 정확히 8년 후 스페이스X 로켓과 캡슐은 NASA 로고로 덮여 흡사 NASA의 로켓과 캡슐처럼 보였다. 나는 그윈이 이번에는 다른 목적의 전화를 걸어야 했다고 전해 들었다. NASA가 선택한 로켓과 캡슐에 붙일 로고의 크기가 너무 커서 조금 작은 로고를 사용하도록 부탁하는 일이었다. 스페이스X가 크고 어두운 색깔의 NASA 로고로 인하여 재진입 시 우주선과 일부 전자기능이 과열될 수 있다고 우려했기 때문이다. 2012년 스페이스X 로켓에 NASA 로고를 붙일 수 없었던 법적 이유 따윈 없었다. 단지 당시 NASA 국장은 구태여 귀찮은 일을 벌이고 싶지 않았을 뿐이다. 브라이든스타인 국장은 운이 좋게도 그런 양심의 가책을 느끼지 않아도 됐다.

✳ ✳ ✳

2020년 봄, 미국은 코로나19 외에도 많은 문제를 겪고 있었다. 스페이스X 발사 이틀 전인 5월 25일 미네소타주의 미니애폴리스 경찰은 편의점에서 20달러 위조지폐를 사용했다고 의심받은 조지 플로이드 George Floyd를 살해하는 사건이 발생했다. 한 경찰관이 플로이드의 목에 무릎을 꿇고 숨을 쉴 수 없도록 거칠게 진압한 영상은 한동안 인터넷을 떠돌았다. 이는 명백하게 잔혹한 살인이었고 경찰이 아프리카계 미국인에 대해 정당한 이유 없이 폭력을 행사해 온 것은 하루 이틀의 문제가 아니다. 많은 사람이 더 이상 참지 못하고 거리로 나와 항의했다. '흑인의 생명도 소중하다Black Lives Matter' 운동은 미국 전역으로 퍼져 나갔다. 나 역시 마스크를 쓰고 긍정적인 변화를 요구하는 표지판을 들고 수천 명의 집회와 행진에 참여했다.

최초의 드래곤 발사와 인종차별과 관련된 시위가 겹치면서 필연적으로 1960년대와 비교될 수밖에 없었다. 짐 브라이든스타인 국장은 발사 전 기자 회견에서 이 임무가 분열된 국가에 어떤 영향을 미칠 수 있을지에 대한 질문을 받았다. 그는 "이것이 격차를 해소할 수 있기를 바라지만 발사로 모든 문제를 끝낼 것으로 생각한다면 기대치가 너무 높은 것"이라고 답했다.

국장의 답변은 NASA의 또 다른 측면을 인정하는 것이었다. 아폴로 8호 탐사선은 어려움을 겪고 있던 당시 국가적으로 희망의 등대를 제공한 것으로 기억되고 있다. 그러나 1968년 달에서 바라본 첫 지구의 모습과 우주비행사들의 메시지가 우리를 잠시 들뜨게 하긴 했지만 베트남전을 끝내지는 못했고 조직적인 인종차별과 빈곤을 종식시키지는 못했다. 1970년 시인이자 뮤지션이면서 또 흑인 운동가였던 길 스콧 헤론Gil Scott-Heron의 시 〈화이티 온 더 문Whitey on the Moon〉에는 당시 뚜렷한 문화적, 인종적 격차가 기록되어 있다. 쥐가 여동생을 물어서 다쳤음에도 의료비를 지불하지 못할 정도로 흑인 공동체는 빈곤과 가난에 허덕이는데, 백인들은 달에 간다고 하는 당시 우주 계획을 풍자한 가사를 담고 있다. 시는 다음과 같이 끝난다.

달에 있는 화이티에게 거의 다 먹었잖아. 달에 있는 화이티에게 항공 우편 스페셜 의사 청구서를 보낼 것 같아.

주류 언론의 대부분은 이틀 전 조지 플로이드가 살해된 것으로 일어난 시위 소식을 분할 화면으로 보도하면서 스페이스X 발사를 다뤘다. 나는 미국이 완전히 무너지고 있는 것 같은 느낌이 들었다. 우리의 가치를 보호하고 수호하는 책임을 맡은 우리나라 사람이 계속해서 드러내는 증오와 폭력 때문에 다른 어떤 것에도 집중하기가 어려웠다. 뉴스페이스 시대의 시작으로 불리는 첫 번째 임무에서 두 명의 백인 남성 우주비행사만이 참여하는 상황이 현 상황과 동떨어져 있는 것처럼 보이는 것이 안타깝다는 생각을 지울 수 없었다.

인종이나 성별과 관계없이 우주에서의 활동과 성과가 식량, 주거, 의료 및 기본권을 위해 고군분투하는 사람의 고통을 덜어줄 수는 없다. 오히려 점점 커지는 사회 격차를 조명할 뿐이다. 의미 있는 사회적 변화를 위해서는 깊은 분열을 치유할 영구적인 양방향 다리를 구축해야 한다. 불이익을 당한 사람들을 일으켜 세우려면 그에 맞은 분명한 의도가 필요한 것이다. 우주비행사의 다양화는 어려운 위치에 있는 사람들에게 롤모델을 제공하고 희망의 빛이 될 수 있다. 그러나 이는 NASA가 보다 정의롭고 포용적인 사회를 지원하기 위해 할 수 있는 실질적인 개혁의 일부에 불과하다.

나는 NASA 헬리콥터가 머리 위를 날고 날리며 밥과 더그가 NASA 로고로 뒤덮인 테슬라를 타고 발사대로 향하는 장면으로는 대중적 가치를 전달하지 못한다는 것을 깨달았다. 우주 운송 비용을 줄임으로써 실현될 수 있는 잠재적인 의미 있는 혜택을 사회에 전달하려면 조금 더 기다려야 할 것이다.

생방송을 보면서 NASA의 전직 우주비행사 중 한 명이 눈에 띄었다. 그는 그날 직접 우주로 향하지는 않았지만 발사를 도와 스페이스X에서 일하고 있었다. 바로 가렛 레이즈만Garrett Reisman으로 그는 눈에 띄는 파란 NASA 우주비행사 재킷을 입고 도로변에 서 있었다. 밥과 더그가 미리 선택한 플레이리스트에 맞춰 음악을 틀고 있을 때 그는 도로변에 비켜 서 있었다. 가렛은 스페이스X에 대해 NASA가 신뢰를 구축하고 회사를 파트너로 받아들이는 데 결정적인 도움을 준 사람들 중 한 명으로 진심으로 우주비행사들을 응원하고 있었다. 여전히 다양한 의미에서의 문화적 차이는 존재하지만 이번 발사가 가렛과 같이 10년이 훌쩍 넘는 오랜 시간 동안 성공적인 파트너십을 맺고 일해 온 수백 명의 사람들 대표한다는 사실에는 변함이 없었다.

우주비행사들은 구 아폴로 셔틀 발사대에 도착하여 엘리베이터를 타고 새로 개조된 흑백 발사대 꼭대기로 올라가 드래곤에 탑승할 준비를 했다. NASA는 이 캡슐에 엔데버Endeavor라는 이름을 붙였다고 발표했는데 이는 이전 밥과 더그를 태운 셔틀의 이름이기도 했다. 두 우주비행사의 준비를 몇몇 스페이스X 직원들이 지원하고 있는 장면이 비춰질 당시 나는그중 한 명이 브룩 오웬 펠로우십 동문이라는 문자를 받았다. 열아홉 번째 동문인 매디 코테Maddie Kothe가 우주비행사들을 도와주는 모습을 보면서 나는 이번 임무와 더욱 깊은 유대감을 느낄 수박에 없었다.

몇 년 전 한 번은 스페이스X의 크루 드래곤 수석 엔지니어 중 한 명이 "멋진 여성을 모집하는 데 도움이 필요합니다"라는 제목의 이메일을 보냈다. 나는 당시 매디에게 지원할 것을 권유했는데 그 시기가 공교롭게도 그녀가 스탠퍼드에서 공학 석사 프로그램을 시작하기 몇 주 전이었다. 이후 그녀는 스페이스X에 합격 메일을 받았고 나에게 관련하여 조언을 구했다. 나와 잠시 이야기를 나눈 후 그녀는 자신이 시작하려던 석사 학위 취득의 목표가 바로 스페이스X와 같은 기업에서 일하는 것이었음을 깨달았다. 2년 후 그녀는 역사상 최초의 상업 유인 우주 비행을 위해 우주비행사들을 지원하는 임무를 맡았다. 화면상에서 보인 그녀의 모습에서 후회는 없는 것 같았다.

대중들은 앞으로 만들어지는 역사를 보기 위해 플로리다의 고속도로와 해변을 따라 줄을 섰고, 선샤인 스테이트Sunshine State를 방문한 미디어와 VIP들은 마스크를 착용했다. 평소에는 활기가 넘치던 케네디의 언론 현장조차도 조용했다. 그날 오후 밥과 더그가 발사대에 도착했을 때 날씨는 마치 동전과도 같았다. 카운트다운이 늦어지자 폭풍 구름이 도착했고 16분 53초에 시계가 멈췄다. 이륙은 3일 후로 재설정되었다.

5월 30일의 날씨도 문제일 것 같았지만 스페이스X와 NASA가 발사 승인을 하고 준비를 다시 시작했다. 줌 통화에서 다시 한번 더 지연될 것이라는 가정하에 얘기를 나누고 있었는데, 카운트다운이 진행되고 있다는 것을 깨달았다. 갑자기 마치 한 편의 영화처럼 열기의 폭풍우가 몰아치자 미션 컨트롤 팀을 대상으로 "고, 고 ,고Go, Go, Go"

를 차례로 외치기 시작했다.

머리를 뒤로 젖히면 로켓 위에서 우주선이 균형을 이루는 것을 볼 수 있었다. 밥과 더그는 마치 하늘을 양단하는 듯한 칼을 휘두르며 하늘을 날아갔다. 극저온으로 냉각된 연료가 로켓의 중심부로 나오게 되면서 로켓은 환기를 시작했다. 인정하고 싶었던 것보다 더 긴장했다. 정확히 12년 동안 이날을 생각했다. 무슨 일이 생기면 내 탓으로 돌릴 거라는 걸 알았다. 나는 실제로 우주선을 한 번도 만져본 적은 없었지만 여기로 이어지는 과정을 기획하는 데 일정 부분 기여하면서 책임감을 느꼈다.

팔콘의 9개 엔진이 각각 발사되어 발사대 바닥이 밝은 섬광으로 활기를 띠자 로켓은 움직이기 시작했고 전원 코드가 떨어졌다. 로켓이 점점 더 빠르게 움직이고 엔진이 울려 퍼졌다. 언론은 대기권 밖으로 약 1분 만에 시야에서 사라지는 드래곤 캡슐을 보여주면서 옆으로는 '흑인의 생명도 소중하다' 시위에 대한 분할 화면 보도를 계속했다. 두 사건 중 어느 것이 내 눈물을 자극하는 데 더 큰 영향을 미쳤는지 구별할 수 없었다.

밥과 더그는 팔콘 9의 어퍼 스테이지에 힘입어 계속 나아갔다. 얼마 후 두 사람이 있는 조종석 안에 두둥실 떠 있는 보라색 공룡이 보였다. 공룡은 밥과 더그의 아이들이 무중력 상태에 이르렀음을 화면으로 보여주기 위해 가지고 간 인형이었다. 환호성이 TV를 통해 울려 퍼졌다. 스페이스X 직원들이 로스앤젤레스에 있는 본사에서 큰 소리로 축하하고 있었다. 이 회사는 많은 사람과 어떤 민간기업도 할 수 없다고 생각했던 것을 달성했고 이를 축하할 권리를 얻었다.

하지만 이내 사람을 태운 로켓 발사는 착륙이 더 중요하다는 것을 깨닫고 성공을 축하하며 한 바퀴를 도는 것을 미루었다. 다른 사람들은 덜 신중했다. 트럼프 대통령, 펜스 부통령, NASA 국장 브라이든스타인은 벌써부터 스페이스X를 대신하여 성공적으로 미션을 해낸 것에 대한 공로를 인정받고 있었다. 언론 인터뷰와 트위터를 통해 나는 책임감 있게 프로그램을 수행해 준 것에 대해 감사를 표하는 데 동참했다. 전형적인 트럼프 방식으로 그는 자신의 참여를 과장했지만 프로그램을 취소할 수도 있었다. 최악의 일이 일어나지 않아서 정말 감사하다.

브라이든스타인은 트위터를 통해 "트럼프 대통령의 리더십 아래 우리는 다시 한 번 미국 영토에서 미국 로켓을 타고 미국 우주비행사를 쏘아 올린다"라고 밝혔다. 일부 사람들은 대통령 언급에 대해 불평했지만 브라이든스타인의 말은 사실이었다. 닉슨이 인류 최초로 달에 착륙한 공로를 인정받은 것처럼 이 일이 그의 공훈이 되는 건 자명한 일이었다.

브라이든스타인은 또한 "이 프로그램은 전 행정부에서 다음 행정부로 성공적인 인계가 된 것을 보여주는 증거입니다." 라고 말하면서 상업 승무원 수송 프로그램은 거의 15년 전 조지 W. 부시 전 대통령이 시작한 상업 화물 재공급 프로그램을 기반으로 구축되었다고 말했다. 그는 또한 전임자를 칭찬했다. "찰리 볼든은 NASA 관리자로서 정말 훌륭한 일을 해냈습니다." 그는 상업 승무원 수송 프로그램 매각을 포함하여 말했다.

"의회에서 많은 지지를 받지 못했을 때의 찰리 볼든은 프로그램을 성공시키기 위해 요원처럼 일했습니다."

나는 브라이든스타인 국장이 NASA 재임 기간 동안 이룩한 많은 업적에 감탄하며, 양당적 태도를 보여준 그의 발언을 인정한다. 아마도 그는 조지 W. 부시 행정부 이전부터 "목적의 연속성"이 시작되었다는 사실을 몰랐을 수도 있지만, 초기에 이 프로그램을 실제로 지지한 것은 찰리가 아니라 나라는 것은 잘 알고 있었다. 하지만 브라이든스타인은 남성 영웅을 선포하는 것이 더 자연스럽다고 여겼고, 따라서 NASA의 가부장제 문화를 계속 유지했다. 하지만 나는 개이치 않았다. 옳았다는 것이 우리를 여기까지 오게 했고, 그게 제일 중요했다.

발사 두 달 후 스페이스X는 더그와 밥을 태운 드래곤 우주선을 멕시코만에 안전하게 착륙시켰고 나는 다시 개인적으로 이 성공을 기뻐했다.

✳ ✳ ✳

다음 임무는 스페이스X 크루 1이라고 불리는 최초의 유인 승무원 수송이었으며 2020년 11월에 발사될 예정이었다. 마이크 홉킨스, 빅터 글로버, 소이치 노구치, 섀넌 워커 등 4명의 우주비행사를 보완하여 이 수송선의 이름을 레질리언스라고 지었다.

남편과 나는 런칭을 위해 15시간 동안 플로리다로 로드 트립을 떠났다. 셔틀이 발사되는 동안 수많은 VIP를 기꺼이 맞이했던 전망대 발코니에 서서 펜스 부통령과 브라이든스타인이 10피트 떨어진 곳에서 보고 있을, 어두운 하늘로 떠오르는 레질리언스를 바라보았다. 게스트로 초대되어 영광이었다. 로켓의 포효를 듣고 네 명의 우주비행사가 점점 더 높이 올라가는 음파의 울림을 느끼면서 기쁨과 안도가 뒤섞인 기분이었다.

의회의 자금 삭감과 기술적 문제로 인해 지연이 발생했지만 상업 승무원 수송 프로그램은 아폴로 이후 나온 NASA의 유인 우주 비행 프로그램 중 계획된 예산 내에서 이전보다 훨씬 적은 개발 비용으로 수행할 수 있는 최초의 NASA 우주 비행 프로그램이다. 우주왕복선이 퇴역한 지 8년 10개월 후, 털복숭이 포유류들은 비로소 눈부신 첫 성공을 거두었다. 몇 년이 지나서도 여전히 NASA와 스페이스X는 서로 신뢰를 쌓고 팀으로 협력하고 있으며 변화의 물결은 계속되고 있다.

스페이스X의 성공으로 커뮤니티 내 이전 파벌 간의 경계가 모호해지기 시작했다. 우주 자산의 비용 절감과 대응력 감소가 국가 안보를 얼마나 향상시켰는지 미군도 인정하고 있다. 로이드 오스틴 국방부 장관은 인준 청문회에서 군대의 힘을 강화하는 수단으로서 우주 기업가들의 혁신이 군대의 우위를 강화하는 것은 미국 고유의 방법이라고 증언했다. 다른 국방부 고위 관리들은 민간 세계를 빠르게 변화시킨 기술 기업가들보다 연방 팀에 덜 의존하려 한 것이 성과를 거두었다고 지적했다.

《뉴욕타임즈》는 2021년 초에 NASA가 계약업체에 조건을 지정하는 일반적인 방법 대신 경쟁적으로 수많은 회사에 자금을 지원하는 접근 방식이 우주에서 미국에 최고의 전략적 군사적 이점을 제공한다고 보도했다. 기사는 다음과 같다. "오바마 대통령에게 있어 혁신적인 도약은 스티브 잡스가 권위주의 국가들의 굳어진 부처 주위를 돌면서 혁신적인 장비를 개발했던 것처럼 미국 우주군에도 도움이 되었습니다." 이 기사는 NASA가 스페이스X, 블루 오리진 및 기타 기업가 기업에 상대적으로 적은 투자를 한 것이 미국 국가 안보에 새로운 비전통적 우위와 이익을 가져다 주었다고 평가했다. 그리고《타임》은 발사체의 재사용이 가능하고 인공위성의 비용 및 크기가 줄어들었기 때문에 군사 계획자들은 적이 위성 조준을 하기 어렵게 (경우에 따라 불가능하게) 만들었다고 말했다.

수많은 친구와 이전 동료들이《타임》 기사가 출판된 아침에 나에게 연락해 주었다. 내가 이 소식에 특히 보람을 느낄 거라는 것을 알았던 것이다. 그 생각은 맞았다. 나는 확실히 보람을 느꼈고 하나의 확신을 가지게 되었다. 내가 제안하고 이끌었던 것이 국가 안보를 약화시킬 것이라고 비난했던 지도자들은 우리 집단의 미래에 대한 진정한 관심사에 관한 것이 아니라 자신의 미래를 지키려는 노력을 했다는 것을 말이다.

✳ ✳ ✳

준궤도 우주 관광을 위한 민간 우주 경쟁은 수십 년에 걸친 약속을 이행하면서 2021년 여름에 이르러 전 세계의 관심을 끌었다. 버진 갤럭틱과 블루 오리진은 성공적으로 우주 프로그램을 론칭하여 설립자를 실제 우주로 보냈으며 이제 승객을 받아 우주 관광을 위해 운송하기 시작했다.

블루 오리진은 창립자 제프 베이조스와 그의 형제가 달 착륙 52주년인 7월 20일에 예정된 첫 승무원 비행을 경매에 붙이겠다고 발표하면서 이 열기를 이끌 준비를 했다. 승무원은 1960년대부터 기회를 기다려 온 최초의 머큐리 13 여성 멤버 중 한 명인 월리 펑크Wally Funk와 네덜란드에서 온 억만장자의 아들이었고, 공개되지 않은 가격에 티켓을 구입했다.

버진 갤럭틱은 아직 테스트 단계에 있지만 발표 행사를 진행했다. 브랜슨이 조직한 팀에는 스페이스십투SpaceShipTwo를 조종하는데 필요한 두 명의 조종사 외에도 버진 갤럭틱 팀원 세 명이 합류했다. 선정된 직원 중 한 명은 워싱턴 D. C. 사무소를 운영하는 친구이자 전 동료였기 때문에 나는 게스트 명단에 포함되었고 발사 행사를 위해 뉴멕시코의 상업 우주공항인 스페이스포트 아메리카로 여행을 떠났다.

블루 오리진은 론칭 행사에서 자신들의 수송선인 뉴 셰퍼드와 버진 갤럭틱의 스페이스십 투를 비교해서 공개했다. 그들은 뉴 셰퍼드가 로켓처럼 이륙하고 더 높이 올라가며 탈출 시스템과 더 큰 창문을 갖추고 있다고 강조했다. 남을 깔아뭉개며 돋보이려는 블루 오리진의 행동은 지지자들에게 비열한 것으로 느껴졌다. 어떤 로켓이 페니스와 더 비슷해 보이는지와 같은 추가 비교를 보여주는 밈이 즉시 유포되었다. 베이조스는 비행 전날 개인 트위터 계정을 통해 브랜슨에게 "최고의 소원"이라는 메시지를 트윗하고 비행이 성공했을 때 축하를 전했다.

일론 머스크는 버진 갤럭틱 론칭에 참석하겠다고 발표하는 것 외에는 특별하지 않게 소셜 미디어 경쟁을 하지 않았다. 일론은 비행 직전에 자신의 한 살짜리 아이 엑스애쉬 아크엔젤 머스크X A-12와 기저귀 가방이 약간 흐트러진 채로 VIP 사이트에 도착했다. 몇 시간 전에 브랜슨이 올린 트윗에는 맨발로 2세 머스크를 들고 팔에 팔을 맞댄 사진이 실려 있었다. 팔에는 "중요한 날이 왔다!Big day ahead"라는 메시지가 적혀 있었다. 나중에 들었는데 일론이 전날 밤 뉴멕시코에 있을 때 리처드가 머무는 집에 나타나 소파에서 잤다고 한다.

브랜슨의 이벤트는 완벽하게 준비되었다. 스페이스포트는 그 자체로 경이로운 건축물이며 쇼의 완벽한 배경이 되었다. 활주로에서 이륙하고 착륙하면 손님들이 수직 로켓을 이용하는 것보다 현장에 더 가까이 다가갈 수 있다.

참석자들은 거대한 화이트 나이트 투 비행기가 스페이스십투 로켓을 날개 아래에 묶은 채 이륙하는 모습을 지켜보았다. 4만 피트(1만2,192km)까지 올라간 후 로켓이 발사되고 엔진이 점화되었다. 약 1분 후 발사된 우주비행사들은 무중력 상태로 내부를 떠다니며 창문 밖으로 지구의 곡률을 바라보았다. 나는 내 친구 시리샤 반들라가 대형 스크린을 통해서 공중제비를 하며 과학 실험에 대한 절차를 시작하는 것을 보고 매료되었다. 약 5분 후 로켓이 착륙했을 때 우리 모두 다시 숨을 쉬기 시작했다. 뮤지션 칼리드Khalid가 이번 행사를 위해 작곡한 〈뉴 노멀New Normal〉이라는 노래를 연주했다.

열흘 후, 이젠 블루 오리진이 촛불에 불을 붙일 차례였다. 텍사스주 밴혼에 가는 것이 스페이스포트 아메리카의 본거지인 뉴멕시코주 트루스오어컨시퀀시스에 가는 것만큼 쉽지는 않지만 제프 베이조스 서클의 VIP들과 함께 무사히 도착했다. 7월 20일 아침에 많은 언론이 모였는데, 제프는 쇼맨이 아니기 때문에 브랜슨의 이벤트보다 덜해 보였다. 관중들은 5마일(약 8km)이나 떨어져 있어야 했지만 대형 스크린을 통해 실시간 영상을 볼 수 있었다. 제프와 그의 승무원들이 우주선에 탑승했을 때 군중들 사이의 흥분을 느낄 수 있었다.

수직 로켓의 첫 번째 스테이지로 패드에서 튀어나와 2분 남짓 불을 뿜은 후 뉴 셰퍼드 캡슐은 우주로 떠올랐다. 몇 분 동안 무중력 상태를 유지한 후 네 명의 승무원은 1단계 로켓이 불의 꼬리를 타고 돌아온 지점에서 얼마 지나지 않아 낙하산을 타고 착륙했다.

블루 오리진은 2021년 10월 두 번째 관광 비행을 통해 세계 최고령 우주여행자, 〈스타 트렉〉에서 제임스 커크 선장으로 가장 잘 알려진 배우 윌리엄 샤트너William Shatner와 다른 세 명의 승객을 태운 기록을 세웠다. 제프 베이조스는 우주에서 돌아온 승무원을 즉시 환영했고 샤트너로부터 "당신이 준 것은 내가 상상할 수 있는 가장 심오한 경험이다"라는 말을 들었다. 이 상징적인 배우는 분명히 감동했다. 그는 이렇게 덧붙였다. "우리를 살아있게 하는 이 공기는 피부보다 묽다"라고 덧붙였다. "이것은 매우 중요할 것입니다. 모든 사람이 어떤 방법으로든 그런 경험을 할 수 있도록 말이죠."

준궤도 관광 비행은 워밍업 행위에 불과했다. 2021년 가을 스페이스X는 NASA의 개입 없이 최초로 완전히 상업적인 궤도 임무를 수행했다. 3일간의 여행 끝에 네 명의 새로운 우주비행사가 탄생했으며, 모두 38세의 억만장자 기업가인 자레드 아이작맨Jared Isaacman

이 비용을 지불했다. 아이작맨은 독립적으로 선정된 개인에게 나머지 좌석을 제공했으며 모든 수익금은 자선 단체에 기부되었다. 인스피레이션4Inspiration4라는 이름의 이 미션에는 복권 당첨자, 보철물을 착용한 소아암 생존자, 교육 예술가 사업가 등이 포함되었다. 자레드는 이 미션의 사령관이란 직책으로 세인트 주드 어린이 병원에 1억 달러를 기부했는데 이는 다른 사람들과 비교할 수 없는 금액이었다. 비정부 직원으로만 구성된 최초의 우주 임무이자 동일한 수의 남녀를 비행시킨 최초의 우주 임무였다. 비행을 다룬 넷플릭스 미니 시리즈는 디스커버리 채널이 20년 전 아스트로맘을 위해 계획했던 것을 연상케 했다.

NASA는 또한 마침내 국제우주정거장으로의 관광 비행을 촉진하기 시작했다. 전직 NASA 직원들은 정부의 중개자 역할을 하는 액시엄 스페이스Axiom Space라는 회사를 설립했으며 은퇴한 우주비행사들은 ISS로 향하는 드래곤에 대한 비행 가이드를 하며 급여를 받고 있다. 각각 3명의 관광객과 함께 하는 두 번의 여행은 이미 2022년 광고 가격인 좌석당 5,500만 달러에 판매되고 있다.

✳ ✳ ✳

"우주 관광"을 부자들의 놀이터로 폄하하는 것은 정당한 비판처럼 보일 수 있지만 더 깊은 분석이 필요하다. 관광 산업은 거의 2조 달러 규모의 산업이며 시장에서 가장 큰 점유율을 차지하는 국가에 막대한 경제적 이익을 가져다준다. 우주 관광이 이 시장에서 중요한 비중을 차지하려면 수년이 걸릴 것이다. 하지만 미국이 사업을 주도할 기회를 놓쳐서는 안 된다. 준궤도 우주선은 90분 안에 지구 어느 곳으로든 화물이나 승객을 수송할 수 있어서 운송 부문에서 매우 유망하다.

관광 시장이 부상하면서 현재 노후화되고 있는 ISS의 문제가 늘어나고 연간 약 30억 달러의 운영비용 절감에 대한 필요성이 더해지면서 NASA는 개인이 소유하고 운영하는 지구 궤도 실험실로의 전환에 대한 관심을 가속화했다. NASA 2021년에 상업용 우주정거장 개발에 공동 자금을 지원하는 상업용 저궤도 데스티네이션 프로그램을 발표했다. 상용 승무원 및 화물 프로그램을 모델로 한 NASA는 우주법 협정 파트너십을 제공하고 있으며, 향후 10년 말까지 서비스 계약을 체결할 예정이다. 12명의 입찰자가 초기 요청에 응하여 머지않은 미래에 관광객, 과학자, 우주비행사 등 사람들이 방문할 수 있는 장소가 더 많아질 전망이다.

✳ ✳ ✳

일론 머스크와 제프 베이조스 경쟁의 궁극적인 결과가 무엇인지에 대해서는 많은 추측이 있으며 섣불리 말하기에는 너무 이르지만 2020년과 2021년에 지구상에서 첫 번째와 두 번째로 부유한 개인으로 불리는 그들의 위치를 고려하면 얘기를 안 할 수 없다. 역사를 통틀어 치열한 경쟁은 한 개인이 스스로 성취할 수 있는 것 이상으로 최첨단 기술의 발전을 가져온다는 게 증명됐다. "둘의 힘" 이론에는 다빈치와 미켈란젤로, 에디슨과 테슬라, 라이트 형제와 커티스, 게이츠와 잡스의 발전이 포함된다. 머스크와 베이조스가 지속 가능한 우주 개발을 가속화하는 데 동시에 투자하면서 판도가 바뀌었다.

우주 개발에 대한 제프 베이조스의 장기 비전에는 지구 생명체의 생존을 보장하기 위해 환경을 파괴하는 산업을 지구 밖으로 옮기는 것이 포함되며 일론 머스크는 화성에서 인류를 유지하는 데 초점을 맞추고 있다. 이러한 비전이 여러 세대에 걸쳐 실현되지 않더라도 민간 자금 지원 노력은 비용을 크게 줄이는 동시에 위성 및 우주 운송 능력을 향상시켜 미국에 수십억 달러의 경제적 이익을 제공하고 있다. 수백 개의 상업 우주 회사들이 불과 10년 전만 해도 상상도 할 수 없었던 방식으로 최신 기술을 발전시키고 있다.

이 글을 쓰는 시점에서 일론은 순자산이 3,360억 달러로 세계에서 가장 부유한 사람으로 기록되고 있으며, 제프는 최근 이혼하고 부분 매각을 한 후 순자산 1,960억 달러로 2위로 떨어졌다. 아마존은 규모가 더 크고 지역 기업과 환경에 미치는 영향이 크기 때문에 단순 자산 비교는 좀 문제가 있다. 일론은 맹신과 같은 추종자가 더 많지만 우주 이미지를 덜어내면 많은 사람이 두 사람을 탐욕스럽고 세금 속임수를 쓰는, 자존심 강한 소년이자 자기를 드러내기 위한 콘테스트에서 로켓을 만드는 사람으로 여긴다. 의심할 여지 없이 일론이 우주 커뮤니티에서 "더 드러난" 사람이며 우주에 관심이 식지 않는 한 제프가 향후 10년 동안 따라잡을 것 같지 않다.

스페이스X는 큰 선두를 달리고 있으며 모든 대형 항공 우주 회사를 포함하여 경쟁 업체보다 빠르게 운영되고 있다. 나한테는 환상적이면서도 동시에 무섭다. 중력을 탈출하는 것은 간단한 방법이 아니며 앞으로도 지금처럼 매번 안전하게 중력을 이길 수 있을 거라 장담할 수 없기 때문이다. 민간 부문은 나쁜 결과로 이어지는 실수에 대해 고객에게 답변해야 한다. 자신의 오류를 바로잡고 NASA가 과거에 했던 대로 계속할 수 있는 기회를 만들어야 한다.

일론은 보카치카 목장에 있을 때는 종종 소박한 현지 주택에 머물지만 마을을 포함한 인근 땅을 많이 사들이면서 일부 현지인과 소란에 휩싸였다. 베이조스는 5억 달러 규모의 요트를 만들고 있지만 기후 변화로 인한 불평등에 맞서고 경제를 탈탄소화를 만들기 위해 새로운 지구 기금에 100억 달러를 기부하기로 약속했다. 둘 다 이전 아내나 직원 관행에서 가장 좋은 기록을 가지고 있지 않지만, 각각 50대이기 때문에 비전을 제대로 전달할수있다면 그들의 유산과 명성이 발전할 시간은 충분하다.

두 남자 모두 어렸을 때 SF 소설을 읽었기 때문에 우주에 관심을 보였다고 한다. 하인라인과 아시모프에 대한 억만장자들의 상호 존경심은 겉보기에 자유주의적이고 남성 중심적인 그들의 세계관에 대한 통찰력을 제공한다. 《뉴욕 타임즈》는 2021년 말 하버드 역사 교수인 질 르포어Jill Lepore의 에세이를 실었다. 그는 1930년대 초반의 테크노크라시 운동과 이들의 신념이 유사하다는 점을 강조했다. 또한 SF 소설에서 영감을 얻어 기술과 공학이 모든 정치적, 사회적, 경제적 문제를 해결할 수 있다는 확신을 얻었을 것이라 말했다. 르포어는 이런 기술 전문가는 민주주의나 정치인, 자본주의 또는 통화를 신뢰하지 않았으며 심지어 개인 이름에도 반대했다고 지적한다.

일론 머스크가 2021년 〈새터데이 나이트 라이브〉에서 말했듯이, "내가 기분을 상하게 한 사람에게. 저는 그냥 말하고 싶어요. 저는 전기 자동차를 재발명했고 사람들을 로켓선을 타고 화성으로 보내고 있어요. 내가 차갑고 평범한 사람이 될 거라고 생각했나요?" 글쎄, 그는 아직 화성에 아무도 보내지 않았다. 하지만 그는 정당한 지적을 한다. 그 정도의 권력과 부를 모으는 것은 우리 대부분이 감히 헤아릴 수 없는 일이기 때문에 보기 흉하다고 판단하기 쉽다. 일론과 제프는 우리와 서로 다르게 연결되어 있다. 이것은 경쟁을 추구하고 덜 협력적인 성격 때문일 수 있다. 하지만 나는 그 현상이 적어도 부분적으로는 이 변화를 만든게 아닌가 생각하지 않을 수 없다.

환경. 테일러 스위프트의 노래 〈더 맨The Man〉의 가사가 마음에 와 닿는다. "두려움 없는 리더가 되고, 알파 타입이 될 거예요. 모두가 당신을 믿는다면 어떨까요?" 우주비행사가 테슬라를 타고 발사대까지 갈 때 듣게 된다는 그 노래는 분명 나의 노래이기도 하다.

새로운 우주를 위해서

12

일론과 제프, 두 억만장자의 우주 경쟁에 대한 패러디를 보고 나는 크게 웃음을 터트렸다. 그런데 억만장자 친구가 서로 비교하는 것은 대중의 관심만 끌 뿐 중요한 것은 아니다. 미국의 유인 우주 비행 활동에 진정한 가치 제안을 위해서는 NASA의 내부 및 외부에서 관리되는 프로젝트 간의 분석이 필요하다. 양쪽의 정치인은 현재 더 큰 그림을 놓치고 있다..

파격적인 억만장자의 우주 벤처에 대항하는 것이 유행처럼 번지고 있다. 연방정부가 미국의 국제 경쟁력을 약화시키고 뒤처지게 하며 비효율적인 NASA 프로그램에 수십억 달러를 지출하는 것에 대해서는 아무 말도 하지 않으면서 말이다. 이러한 견해는 라이트 형제

Wright Brothers의 키티 호크Kitty Hawk 비행기가 하찮았다는 불평과 유사하다. 이 불평은 과거 라이트 형제가 정부의 예산을 받아 항공기를 개발했는데 오래 날지 못하고 자꾸 포토맥강Potomac River으로 추락한 했던 것을 두고 돈이 아깝다고 했던 것을 말한다.

개인이 막대한 부를 얻을 수 있도록 하는 국가 정책과 우주 활동 증가로 인한 부정적인 환경 영향(지구 및 우주)에 대한 우려를 제기하는 것은 전적으로 합리적이며 필수적이다. 선출된 지도자로서 공공복지를 보호하고 보다 효과적인 환경 및 조세 정책을 수립하고 정부의 우주 프로그램이 보다 보편적인 목적에 부합하도록 보장하는 것은 국가 지도자들의 직접적인 권한이다. 나는 개인적으로 이러한 가치와 우려 사항을 공유하고 있으며, 우리의 모든 미래를 보호하는 행동과 장려하는 정책, 규정을 더 잘 수립해야 한다고 생각한다. 책임이 있는 것은 우리, 즉 우리 정부이다. 정치적 의지 부족 대신 민간 우주 벤처 기업을 비난하는 것은 그럴듯해 보이지만만 잘못된 방향이다.

NASA는 닉슨 행정부 이후 우주 운송 비용을 절감하라는 명령을 받았으며 그 이후로 우주 정책에서 이러한 의무가 지속적으로 강화되었다. 클린턴 행정부의 1994년 국가 우주 수송 정책은 "NASA는 차세대 재사용 가능한 시스템의 연구 및 개발을 주도적으로 책임질 것"이라고 말하면서 목표를 분명히 하기까지 했지만 정부는 거의 진전을 이루지 못했다.

정책을 시행하려면 기존의 값비싼 운영 체제와 오래된 자체 목표를 포기해야 했기 때문이다. 우리는 아직 교훈을 배우지 못했다.

NASA가 전통적인 계약 방식인 SLS와 오리온을 통해 개발 중인 유인 우주 비행 프로그램은 예산이 수백억 달러 초과되고 5년이나 지연되었다. 우리 중 많은 사람이 우려했던 것처럼 수천 명의 사람이 재사용성이나 지속 가능성에 대한 의도 없이 구성한 시스템을 개발하기 위해 10년 이상 노력해 왔다. NASA 감찰관은 2021년 11월에 처음 네 번의 발사 계획으로 정부에 각각 40억 달러의 비용이 들 것이라고 보고했다. 여기에는 약 400억 달러에 달하는 개발 비용이 포함되어 있지도 않다. 최근 정부책임사무국의 보고서에서는 만연하고 부당한 포상 수수료를 강조한 결과 NASA가 의회로부터 수십억 달러의 지출을 은폐했다는 사실이 밝혀졌다.

한편, 스페이스X와 블루 오리진은 모두 민간 자금을 지원하는 대형의 재사용 가능한 발사체를 개발하고 있으며, 이 기체는 적은 비용으로 우수한 기능을 제공할 것으로 보인다. 하지만 바이든 행정부에서도 이러한 현실을 무시한 부조리는 계속되고 있다.

적어도 부분적으로는 SLS와 오리온에 임무를 부여하기 위한 시도로 펜스 부통령은 2019년에 NASA가 2024년까지 우주비행사를 달에 착륙시킬 것이라고 발표했다. 행정부는 이 프로그램을 아르테미스라고 명명하고 최초의 여성을 달에 보내려는 의도를 홍보했다. 프로그램의 목적지에 대해 트럼프 대통령은 이미 달에 간 적이 있으니 대신 화성에 가야 한다고 여러 번 반박했다. 우주산업 커뮤니티는 어느 목적지든 계약을 원하면서 민간 전환은 간단히 무시했다.

NASA의 현재 계획은 달 남극에 기지를 건설하여 달 자원을 탐사하고 유인 화성 탐사에 대비하는 것이다. 아직 자금 조달에 어려움을 겪고 있지만 아르테미스 계획은 모든 사람의 관심을 끌기 위해 고안되었기 때문에 우주 클럽 내에서 훌륭하게 소개가 이루어졌다. NASA의 기존 예산보다 300억 달러의 추가 비용이 들 것으로 추정되는 트럼프 행정부의 연간 추가 지원 요청은 충분하지 않은 것으로 보이며 그들이 요청한 것은 의회에 의해 50% 이상 삭감되었다. 당연히 사람을 달에 보내는 경주를 재개하고 여기에 마침내 여성이 포함된다고 해도 대중과 일부 의회를 설득할 수 있을지는 어려운 일일 것이다.

우주 커뮤니티가 달로 돌아온 이유는 주로 중국을 상대로 냉전 경쟁 분위기를 재현하고 새로운 아르테미스 세대에게 영감을 주려는 욕구가 뒤섞여 있기 때문이다. NASA는 아르테미스 협정Artemis Accords이라고 하는 구속력이 없는 일련의 원칙을 선전하고 있다. 이 원칙은 이 글을 쓰는 시점을 기준으로 다른 12개 국가 우주 기관이 서명했다. 국제 협력이 지난 30년 동안 NASA의 유인 우주 비행 노력을 정당화하는 데 동기를 부여해 왔지만 아르테미스는 미국이 주도하는 활동으로 간주된다. 소수의 국가가 하드웨어를 제공하기로 합의했으며 캐나다 우주비행사가 첫 궤도 비행에 참여할 예정이다. 가장 불안한 것은 러시아가 ISS 이후의 우주 개척에 대한 노력이 미국보다 중국과 더 일치할 수 있다는 신호를 보내고 있다는 것이다.

아르테미스 프로그램과 일정은 계획이 개발되기 전에 급히 발표되었지만 NASA는 이를 실현하기 위해 열심히 노력하고 있다. 올해 첫 시험 비행이 예정된 SLS 로켓과 오리온 캡슐은 최종 임무를 수행하는 데 필요한 두 가지 요소에 불과하다. 보수적인 우주 커뮤니티는 우리가 소행성 탐사를 위해 발사한 우주선을 현재 "루나 게이트웨이 Lunar Gateway"라고 불리는 우주 허브의 일부로 용도를 변경하고 있다. NASA 감찰관은 현재 비용이 크게 증가했으며 제때 준비되지 않을 것이라고 보고했다. NASA는 처음 몇 가지 임무에 대한 해결 방법을 구성하고 있다. 2021년 여름에 발표된 또 다른 IG(감사) 보고서에 따르면 임무에 필요한 우주복은 최소 2025년까지 연기될 것이라고 한다. 지연된 우주복 계획은 납세자들에게 10억 달러 이상의 비용 부담을 들 게 할 것으로 추정된다. 27개의 다른 계약업체에서 부품을 공급하고 있지만 NASA는 최근 이 프로그램을 정상 궤도에 올리기 위해 외부에서 '사내'로 도입하기로 결정했다.

게이트웨이 스테이션과 우주복 외에도 달 착륙선, 탐사선, 지상 서비스 장비 및 실험은 다양한 개발 단계에 있다. 아르테미스를 지원하기 위한 NASA의 지상 인프라는 거의 완성되었지만 비용은 아직도 이 세상의 숫자 이상이다. 스페이스X와 블루 오리진은 일반 대중에게 비용을 들이지 않고 비슷한 크기의 로켓을 위한 발사 단지를 건설하거나 개조했지만 NASA는 SLS용 로켓을 준비하기 위해 10억 달러를 지출했다.

이 두 집단의 예는 육상 우주비행사 수송에 대한 서로 다른 접근 방식에서도 찾을 수 있다. NASA는 최근 전기 승무원 수송 차량에 대한 정보 요청을 발표했는데, 아르테미스에 탑승할 우주비행사 네 명을 위해 이전의 "아스트로밴"을 대체할 방안을 모색하고 있다.

발사대까지 약 4마일(약 6km)이며 약 2년에 한 번(연습 주행 포함) 운행될 이 차는 곧 교체가 완료될 예정이다. 승무원 수송기에 대한 정보 요청RFI은 운전자 한 명, 우주복을 갖춘 승무원 4명, 추가 직원 3명, 장비 가방 6개, 냉각 장치를 수용할 수 있는 공간, 기타 소지품을 보관할 승객당 2입방 피트(0.06평방 미터)를 수용할 수 있는 차량을 요구한다. 또한 출입구를 위한 두 개 이상의 대형 문과 비상구가 필요하다. 스페이스X는 NASA가 계획하는 오리온 비행에 사용될 밴보다 부피가 작지만 이미 우주복을 입은 네 명의 우주비행사를 테슬라 모델X 두 대에 태워 똑같은 경로로 운송하고 있다.

* * *

바이든 전 부통령이 2020년 민주당 대선후보가 되었을 때 나는 그의 입후보를 지지했고 자원봉사 고문으로서 우주 정책 논문 초안을 다시 작성하게 되었다. 나는 후보자가 스페이스X 상용 승무원 수송 임무를 성공적으로 마친 후 발표한 축하 성명서 작성을 도왔고, 논점 초안을 작성했으며 드래곤의 5월 발사를 앞두고 언론 보도에 참여하기로 동의했다. 나는 빌 넬슨 전 상원의원과 함께할 예정이었는데 행사가 있기 며칠 전에 선거운동 공보실의 한 보좌관이 다소 부끄러워하며 전화를 걸어 찰리 볼든이 빌 넬슨과 함께 언론 보도를 할 예정이어서 내 도움이 더 이상 필요하지 않다고 말했다. 또 다른 캠페인 직원은 나중에 빌의 요청에 따라 변경이 이루어졌음을 확인해 주었다.

나는 바이든 후보의 당선을 돕기 위해 최선을 다했으며 캠페인 기간 내내 그의 우주 및 기후 정책 노력을 계속 지지했다. 여름에 바이든의 초기 전환 팀 조직자 중 한 명으로부터 NASA 검토 팀에 추천해 달라는 전화를 받았다. 조 바이든이 이겼을 때 정말 기뻤고 내가 제안한 후보 중 일부가 전환 팀에 선정되었다는 사실을 알게 되었다. 요청이 왔을 때 나는 열정적으로 도움을 주었다. 나는 백악관 국가우주위원회를 꾸준히 지지해 온 사람으로서 행정부가 이를 유지하고 해리스 부통령이 의장을 맡기로 확정했을 때 특히 기뻤다.

늘 그렇듯이 NASA 관리자가 지명되지 않은 상태에서 취임식이 열렸다. 전환 팀은 노련하고 존경받는 경력 직원을 관리자 대행으로 지명했다.

일련의 우주적 사건은 새 대통령이 평소보다 더 빨리 유인 우주 비행 계획을 수립하도록 인도하기 위한 것이었다. 2주 후 폭스 뉴스 기자 크리스틴 피셔Kristin Fisher는 백악관 일일 브리핑에서 바이든 행정부가 최근 트럼프 대통령이 창설한 우주군을 지원했는지 여부에 대해 질문했다. 젠 사키Jen Psaki 대변인이 이에 대해 조사해야 한다고 말하기에 앞서 이를 가볍게 여기며 웃음을 터뜨리자 군사 우주산업 단지는 이것을 악용했다. 이러한 중요한 문제를 더 심각하게 받아들이지 않은 대통령과 언론 비서관을 질책하면서 그들은 백악관을 부끄럽게 하기 위해 모든 수단을 동원해서 새로운 병역부에 대한 지지를 발표했다.

피셔는 다음 날 기자 회견에서 우주군을 유지할 것이라고 확인받자 아르테미스 프로그램을 대통령이 지지하는지에 대한 후속 질문을 던졌다. 다시 말하자면, 젠 사키는 피셔가 무엇을 언급하는지 몰랐지만 그녀는 밝히지 말아야 한다는 것을 눈치챘고 답을 얻기 위해 최선을 다했다. 다음 날 기자 회견이 끝나자 젠은 연단에서 질문을 한 기자를 올려다보았다. 그녀는 메모를 꺼내면서 아르테미스는 우리를 달로 데려가는 NASA의 프로그램이고 이번에는 여성을 데려갈 계획이라는 것을 발표했다. 그녀는 흥미진진하게 들린다고 말하며 딸과 정보를 공유할 수 있기를 기대한다고 덧붙였다. 우주 커뮤니티는 국가우주위원회의 존속 여부에 대해 한 번 더 질문을 던진 후 원하는 것을 챙겼다. 심지어 하나가 아니었다. 그들은 해트트릭을 득점했다.

기자단이 정책 결정을 내리기 위해 질문을 하는 것은 유서 깊은 전통이며 폭스 뉴스 기자의 질문 타이밍은 이보다 더 적절할 수 없었다. 일부 사람에게는 행정부 초기에 결정해야 할 최우선 정책 문제로 공간이 중심을 차지한 것처럼 보였다. 기자의 부모가 모두 우주비행사라는 사실이 공개되면서 비판을 받았지만 수표는 이미 '승리' 칼럼에 있었고 크리스틴 피셔Kristin Fisher는 쏠쏠한 용돈을 벌었다.

저널리스트나 리포터가 우주 활동을 지원하는 것에 개인적인 관심을 갖는 것은 요즘 꽤 일반적인 관행이다. 흥미진진하고 경외심을 불러일으키는 우주 임무 및 발사에 대한 '다큐멘터리'로 위장한 트윗과 홍보 비디오는 정부가 대중의 돈을 어떻게 쓰고 있는지에 대한 조사 기사보다 훨씬 더 흔하다. 이익에 빠지지 않고 엄격한 분석을 시도하는 기자는 보복의 위험을 감수하고 그렇게 한다. 이러한 현상은 완전히 사적인 공간을 확보하려는 노력과 엔터테인먼트 및 스포츠 같은 분야에서는 부적절한데 납세자의 자금이 개입되지 않기 때문이다. 하지만 동일한 영향을 미친다. 스포츠 스타, 유명인 또는

NASA 관리자에 대해 아첨하는 기사를 쓰지 않는 기자는 기사에 대한 보수를 받지 못하게 될 위험이 있다. 인터넷과 소셜 미디어는 독립된 제4계급의 역설을 만들었다. 플랫폼은 정보의 가용성을 높이는 데 도움이 되지만 주류 미디어에서 양극화가 덜한 뉴스 매체의 부족을 채우는 것 대신 대중의 시선을 사로잡는 것에 집중하고 인센티브를 준다.

바이든 대통령은 오랜 친구이자 전 상원 동료였던 빌 넬슨을 3월에 NASA 국장으로 선출했다. 넬슨의 지명은 전 세계적으로 찬사를 받았는데 이는 부분적으로 위에서 설명한 현상에 힘입은 것이다. 나의 견해는 예외다. 사이언티픽 아메리칸의 요청으로 나는 넬슨 상원의원 자격을 인정하는 기고문을 썼지만 그의 지명으로 인해 행정부의 목표가 시대에 뒤떨어졌을 수도 있다는 우려를 표명했다. 넬슨이 14대 국장으로 NASA를 이끌게 될 것이라는 것에 대한 나의 실망은 많은 사람이 공감했다.

바이든 행정부의 NASA 전환 팀에서 근무한 여성 팸 멜로이Pam Melroy가 행정관 직책에 출마한다는 소문이 돌았다. 팸은 우주비행사이자 공군 조종사이며 우주왕복선을 지휘하는 단 두 명의 여성 중 한 명이다. 그녀는 웰즐리와 MIT에서 물리학, 천문학, 지구 및 행성 과학 학위를 받았으며 록히드 마틴, FAA 및 DARPA에서 고위직을 역임했다. 그녀는 지역 사회에서 좋은 평가를 받고 있으며, 우리 중 많은 사람이 그녀가 바이든 대통령의 행정관으로 선출되기를 바랐다.

넬슨 행정관이 지명된 지 한 달 후, 팸은 대리 후보로 지명되었다.

임명에 익숙한 사람들은 빌이 누가 진짜 책임자인지에 대한 혼란을 주기 위해 자신의 지명을 보류했다고 암시했다. 확인 청문회에서 넬슨에게 NASA에서 다양성을 우선시하기 위해 무엇을 할 것인지 물었을 때 넬슨은 자신의 대리인 겸 CFO가 여성이 될 것이라고 대답했다. 마치 네 번째 여성 대리인과 세 번째 여성 CFO를 임명하는 것만으로도 충분한 진전인 것처럼 말이다.

나는 기고문에서 넬슨 상원의원이 2010년 대통령과 부통령의 예산안에 대한 반대를 주도한 것에 대해 우려를 표명했다. 이는 그가 NASA의 가장 혁신적이고 성공적인 프로그램을 따르지 못했다는 것을 의미할 수 있다. 새로운 NASA 관리자가 자신의 기록을 다르게 기억하는 것은 놀라운 일이 아니다. 현재 일흔아홉 살의 소년은 예전과 달리 상업 승무원 수송 프로그램에 몸을 담기 위해 최선을 다하고 있다. 그의 전 동료였던 케이 베일리 허치슨Kay Bailey Hutchison 상원의원이 인준 청문회에 특별 게스트로 참석하여 상용 승무원 수송 컨셉과 초기 프로그램을 옹호해 온 오랜 역사를 홍보했다. 늘 그렇듯 특별한 관심을 가진 사람들만 주목했고 대부분의 기자들은 NASA의 새 리더와 만날 기회를 놓칠 위험을 감수하지 않고 이 모순을 조용히 즐겁게 보냈다.

성공에는 천 명의 아버지가 있고 실패는 고아와 같다. 이전에는 대부분 거절했지만 지금은 많은 사람이 혁신적 이니셔티브를 지지하고 있다는 사실에 매우 기쁘다. 새로운 개념에 의문을 제기하는 것은 전적으로 의회의 권리 범위 내에서 이루어졌지만 대규모 항공 우주 계약에 대해서 오바마 대통령의 제안을 받아들이려 하지 않는 것은 공공 기록의 문제다. 이제 와서 상용 승무원 수송 프로그램의 적들이 그동안 자신이 말한 것과 반대 방향으로, 빠르게 움직이는 기차에 타려고 달려가는 것을 보는 건 유머러스하고 만족스러운 일이었다. 당시 오마바는 NASA에 깊이 관여하지 않았지만 바이든 부통령은 항상 기차에 탑승했고 오바마 행정부가 우선시한 정책을 지지했다.

바이든 대통령의 첫 번째 NASA 예산 제안에는 상업 승무원 수송, SLS, 오리온 및 아르테미스에 대한 지속적인 자금 지원이 포함되었으며 이는 전년도 예산보다 매출액이 6% 인상된 금액이다. 국내 경기부양책에 수조 달러가 지출되면서 넬슨 행정관은 의회에 로비를 벌여 예산에 110억 달러를 더 늘렸지만 이 글을 쓰는 현재 NASA는 약 10억 달러 대부분을 인프라 개선을 위해 썼다.

넬슨 국장은 이제 아르테미스가 2025년에 최초의 여성 및 최초의 유색인종을 달에 착륙시킬 것이라면서 "트럼프 행정부의 2024년 인간 착륙 목표는 기술적 타당성에 근거하지 않았다"라고 말했다. 이는 그의 이전 메시지와는 반대되는 내용이었지만 언론은 늘 그렇듯이 지연에 대한 변명의 여지가 결코 부족하지 않을 것이라고 이해하면서 부조화를 무시했다.

2021년 IG 보고서에 따르면 아르테미스 프로그램은 달에 착륙했음에도 불구하고 2025년까지 미국 납세자에게 960억 달러의 비용을 요청할 거라고 추정한다.

NASA는 전체 아폴로 프로그램에 비해 연간 달러로 그 두 배를 지출했다. NASA의 새턴 V 달 로켓은 5년 동안 12개의 임무를 수행했으며 10개는 승무원과 함께 발사되었다. SLS는 기껏해야 5년 안에 두세 번 발사할 것이다. 하지만 여전히 경직된 우주 커뮤니티는 10년 안에 우주비행사를 화성으로 데려가도록 명령하고 2030년대에는 우주비행사를 화성으로 데려가기 위한 업그레이드에 수십억 달러를 더 지출하고 있다. 고맙게도 정부라는 거대한 공룡이 높은 나무 꼭대기의 마지막 잎사귀를 먹어치우는 동안 갓 나타난 털복숭이 포유류는 계속 진화해 왔다.

✳ ✳ ✳

넬슨 상원의원이 국장으로 임명되기 몇 주 전에 NASA는 아르테미스 프로그램을 위한 달 착륙선을 건설할 기업으로 스페이스X를 선택했다. 스페이스X는 29억 달러 고정 가격 계약을 활용하여 자체 비용으로 수년 동안 제작해 온 스타십 차량 개발을 가속화하고 있다. 스페이스X의 성공적인 개발은 결국 값비싼 정부 소유 시스템에서 벗어날 수 있는 기회를 열어줄 것이다. 성공하면 SLS, 오리온 또는 루나 게이트웨이 없이 스타십만으로도 비용을 크게 줄이고 성능을 향상시키면서 전체 아르테미스 임무를 수행할 수 있다. 인간의 우주탐사를 위한 보다 지속 가능한 건축물로의 전환이 다시 현실로 다가오고 있다.

국장 발표 당일, NASA에서 여전히 일하고 있는 나의 전 NASA 동료 중 한 명이 개인 메시지를 보내 지난 10년간 모든 주요 유인 우주비행 계약 중에서 전통적인 방위 업체가 미국연방조달규정을 기반으로 추가적인 비용을 요구하지 않은 것, 즉 마이너스가 아니라 플러스로 만든 계약은 단 한 건뿐이라는 사실을 상기시켜 주었다. 그는 "예전에는 NASA 주변에 '자금 지원 우주법 협정'이라는 문구를 속삭여야 했다"라고 썼다. 하지만 이제는 모든 사람이 일종의 암호인 것처럼 '비용 플러스'라고 속삭인다. 정말 대단한 변화다!

아르테미스 프로그램에서 NASA는 스페이스X 외에도 다른 한 곳의 달 착륙선 업체를 선정할 수 있도록 충분한 예산이 확보되길 바랐지만 의회의 예산은 겨우 하나만 선정할 수 있게 배정됐다. 그래서 NASA는 경쟁 업체를 뽑지 않고 스페이스X에 모든 걸 맡기는 것으로 결정을 내렸다. 경쟁에서 떨어진 업체는 항의를 했지만 소용이 없었고 블루 오리진은 NASA를 법정에 세우기도 했지만 역시 패배했다. 하지만 NASA는 진입에 대한 추가 경로를 만들 예정이기에 경쟁 기회는 이후로도 많이 있을 것으로 보인다.

알다시피 예전에 NASA가 상업 승무원 수송 프로그램을 위해 경쟁할 업체 두 곳을 선정하려고 할 때 반대했던 많은 상원과 하원이 이제는 너도나도 필요한 과정이라고 말하고 있다. 하지만 변화는 아직 완전한 건 아니어서 상원은 두 곳과 계약을 맺을 수 있는 법안을 통과시키면서도 의무적인 자금 지원은 뺐다. 비용을 지불할 돈을 무작정 주지 않고 두 번째 계약을 체결하도록 요구하는 법안을 통과시킨 것은 늘 그래왔듯이 당파적이라기보다는 편협하다.

유인 착륙 시스템Human Landing System, HLS 계약은 요구사항이 잘 알려진 기술 프로그램에 가장 적합하기 때문에 고정 가격 계약의 일반적인 표준에 맞지 않다. 하지만 아이러니하게도 고정 가격 계약이 HLS의 선택 사항인 이유 중 하나는 스페이스X와 블루 오리진이 정부의 비용과 위험을 기꺼이 분담하기 때문이다. 만약 일반적인 계약을 통해 프로그램을 진행하려 했다면 아무도 고정 계약에 관심을 두지 않았을 것이다. 어차피 스페이스X밖에 못 하기 때문이다.

의회는 스페이스X의 입증된 비용 및 성과에 열광해야 하지만 확실한 운영 능력에 반대하는 세력은 여전히 권력을 행사하고 있다. 현실은 스페이스X가 스타십 개발에 자체 자원을 투자하지 않았다면 정부는 단 한 대의 달 착륙선도 살 돈이 없었을 것이고 아르테미스는 그저 훌륭한 이름에 지나지 않았을 것이다.

우주 개발 발전에서 가장 눈에 띄는 개인에 대해 행동 하나하나를 판단하며 전체 활동에 투영하는 경향이 흔하다. 하지만 억만장자인 우주 거물을 개인적으로 좋아하는지 여부는 중요하지 않다. 어쨌든 그들은 확립된 법을 따르고 있으며 돈을 어디에 쓸지는 그의 자유이고 권리이기 때문이다.

최근 우주해적들의 충성심 중 일부는 분열되고 있다. 모두의 발전을 유지하기 위해 해야 하는 일을 소홀히 하고 덜 집중한다. 공을 한 번 골대로 옮겼다고 해서 승리를 주장하기에는 너무 이르다. 아직 사익을 추구하는우주 커뮤니티는 은퇴하지 않았다. 그들은 자신을 위해서라면 동족상잔에 활력을 불어넣고 즐기면서 새로운 연극을 쓸 것이다. 그러니 아직은 지속 가능한 발전을 위해서 여전히 상황을 주시해야 한다고 생각한다.

오바마 행정부가 사적인 이익을 추구하는 정당들의 압도적인 공격에 굴복했을 때 나는 그 계획에 반대했다는 이유로 비난을 받았다. 대대적인 비용 인상과 지연은 불가피하며 정부가 민간 부문과 경쟁할 것이기 때문에 자체 로켓을 만들지 말아야 한다고 지적했기 때문에 내 성격과 애국심에 의문이 제기된 것 같았다. 우주해적들도 이에 동의했고 많은 사람이 목소리를 냈지만 더 중요한 것은 포기하지 않았다는 것이다.

나는 SLS가 비행하기 전에 스페이스X가 우주비행사를 ISS로 데려갈 수 있고 심지어 팰컨 헤비를 개발할 수도 있다고 생각했다. 내기로 비유하자면 배당율이 최저였던 때부터 우주개혁에 걸었던 것이다. 이것은 이야기의 시작에 불과하다.

블루 오리진과 스페이스X는 모두 자체 비용으로 재사용 가능한 대형 로켓을 제작했지만 수십억 달러의 세금으로 만드는 정부의 일회용 로켓과 비슷한 모습을 보일 때가 있다. 블루 오리진은 뉴 글렌 로켓 발사 예상 시기보다 몇 년 늦었지만 내부 자금 지원을 받기 때문에 자체적으로 정한 마감일을 놓치는 것이 문제다. 스페이스X는 스타베이스에서 열심히 일하고 있으며, 현재 NASA의 달 착륙선 자금을 활용하여 스타십 개발을 가속화하고 있다. 빠르게 진행되는 것처럼 보이지만 겉모습은 속일 수 있다.

향후 몇 년 내에 스페이스X가 프로그램을 온라인으로 전환할 수 있다면 판도는 다시 바뀔 것이다. 스타십은 이전에 등장한 모든 것과는 근본적으로 다르다. 스타십은 SLS보다 훨씬 크지만 크기가 가장 큰 차별화 요소는 아니다. 이 로켓은 100명을 쏘아 올려 지구, 달, 화성 등 어디든 착륙시켜 연료를 공급하고 다시 발사할 수 있도록 설계되었다.

로켓과 우주선의 각 요소는 이미 텍사스 하늘에서 비행 테스트를 거치고 있다. 하드웨어와 소프트웨어가 예상대로 작동하는 경우도 있고 그렇지 않을 때도 있다. 하지만 어느 쪽이든 다음 버전의 수송선에 녹아들어 가고 있다. 운영 중인 스타십 시스템이 어떤 영향을 미칠지 파악하기는 어렵지만 혁신적일 것이라는 결과는 확실하다.

SLS와 오리온을 가져온 이해 관계자들은 이를 보호하기 위해 막대한 투자를 하고 있다. 스타십에 대한 그들의 일관된 비판은 대부분의 비행 테스트 때 손상되지 않은 로켓 없다는 것이다. 하지만 어떤 궤도 로켓도 손상되지 않은 형태로 착륙한 적이 없다는 사실은 무시한다. 중요한 건 재사용이 가능하냐는 것이다. 우주 커뮤니티의 일부 사람은 또 이 개념을 잊고 있다.

찰리 볼든은 최근 이렇게 말했다. “일론 머스크가 대형 우주선을 잃는 속도로 로켓을 잃었다면 NASA는 문을 닫았을 것입니다. 그리고 의회는 우리를 폐쇄했을 것입니다.” 하지만 스페이스X의 로켓은 “분실”되지 않았다. 잃어버린 로켓은 다음 로켓에 보완점으로 계속 남아 있다. 나는 찰리 볼든과 같은 사고방식이 NASA를 사로잡아 기존의 값비싼 프로그램에만 국한시키면서 위험에 대한 보다 신중하고 반복적인 대응을 희생시키고 있다고 생각한다. 현재 자신을 “스페이스X의 열렬한 팬이지만 스타십에 대한 열렬한 회의론자”라고 부르는 찰리는 2021년 말 인터뷰에서 스페이스X가 너무 크고 거대하다는 사실에 어려움을 겪고 있다고 말했다. 그는 다음과 같이 덧붙였다. “닐 암스트롱이 오늘 살아서 그와 이야기를 나눴다면 그는 아마도 ‘내가 들어본 것 중 가장 멍청한 말이다’라고 말할 것이다.”

선박, 기차, 자동차 또는 비행기가 정부의 통제하에 있었고 자동차가 처음에는 일회용으로 설계되었다고 상상해 보자. 누군가 와서 재사용할 수 있는 방법을 찾기 전까지는 어떤 운송 수단도 큰 진전을 이루지 못했을 것이다. 새로운 환경을 전환하는 다른 모든 수단과 마찬가지로 우주 활동에 대한 가치 제안도 이제 마침내 저울을 올바른 방향으로 기울이고 있다. 금융 투자자들은 잠재적인 슈팅 스타에게 연료를 공급하기 위해 서두르고 있다.

새로운 우주 시대로의 전환을 가속화하려면 우주산업 단지에 대한 비기득권 자원이 필요했다. 소수의 우주해적, 억만장자, 관료들이 후원 제도에 기꺼이 맞서고 있는 덕분에 이제 발전이 실현되고 있다. 이 프로그램이 도입되었을 때 기득권층으로부터 경멸을 받았던 프로그램이 이제는 혁신적이고 재사용 가능한 민간 부문 기반 기술을 사용하여 과거 정부 소유 및 운영 프로그램보다 훨씬 저렴한 비용으로 우주 운송을 제공하고 있다. 그 밖에 무엇이 가능한지 상상해 보라.

✳✳✳

인류가 지구에서 처음으로 도약하는 것은 지구력보다 속도를 장려하는 소련과의 경쟁에서 시작되었다. 이러한 초기 동기가 지속적인 발전을 방해했을지 모르지만, 그 의도는 결코 "여기까지, 그 이상은 안 된다"라고 말하는 것이 아니었다. 배는 침몰하고, 비행기는 추락하고, 포기한 나라들은 내향으로 돌아섰지만 문명은 항상 진화를 거듭해 왔다. 탐험은 결국 생존을 위한 우리의 탐구에 의해 좌우된다.

두려움, 탐욕, 영광 등 공익을 위해 바다와 대기를 활용하는 법을 배운 국가들은 번창했다.

우주 탐사를 통해 우리는 생명이 어떻게 시작되었고 어떤 형태로든 다른 곳에 존재하는지 여부를 포함하여 우주의 신비를 이해하기 시작했다. NASA의 미션을 통해 우리는 대기 너머와 아래 지구에 있는 것에 눈을 뜨게 되었다. 개편된 NASA는 모든 배를 들어 올리는 밀물이 될 수 있다.

진화론적 관점에서 볼 때, 조류는 상승하고 있지만 대부분의 자연이 적응할 수 있는 속도보다 더 빠른 속도로 진행되고 있다. 진화론에 따르면 동물들은 거의 4억 년 전에 바다에서 기어 나왔고, 그 전에는 우주에서 지구로 왔을 수도 있다. 진 로든베리는 우리가 바다에서 나온 지 얼마 되지 않았지만 우주로 향하려는 힘이 매우 강하다고 말한 적이 있다. 인류를 유지하려면 결국에는 나아가야 하기 때문이다. 진의 말은 그 이후로 나에게 반향을 일으켰다.

NASA는 국가적 자산이며, 제대로 개혁된다면 지구와 그 너머에서 인류를 유지하는 데 계속해서 의미 있는 기여를 할 수 있다. 최근 인간의 활동으로 인해 우리의 고향 행성은 우리 집 뒷마당에서는 쉽게 볼 수 없는 방식으로 변화하고 있다. 여기서 무슨 일이 일어나고 있는지 이해하려면 새로운 관점에서 우리 자신을 바라봐야 한다. 새로운 관점에서 바라보는 관점은 우리 은하 또는 알려진 우주의 유일한 생명체 행성과 77억 인류와 870만 종이 어떻게 연결되어 있는지를 보여준다. 이러한 관점에서만 우리는 지구를 미래 세대에게 중요한 보금자리로 남기 위해 무엇을 해야 하는지 완전히 이해할 수 있다.

산업화 시대는 전 세계 인구 확장과 그 이후의 첫 발걸음을 내디뎠다. 디지털 시대에 우리는 이제 지구 시스템에 대한 엄청난 양의 우주 데이터를 수집하고 즉시 액세스한다. 이는 대기 중으로 방출되는 전례 없는 양의 온실 가스가 어떻게 우리의 존재를 위협하는 기후 위기를 초래하는지 보여준다.

대기, 육지 및 대양의 온도가 상승하고 있으며 빙하가 녹고 바다가 상승하고 있다. 이러한 변화는 극심한 날씨를 부추기고 있다. 대기질, 물 가용성, 식량 공급, 생물 다양성, 질병 등 환경의 모든 측면에 영향을 미치는 사건, 치명적인 폭풍, 홍수 및 가뭄. 우리가 알고 있는 모든 삶은 스트레스를 받고 있다. 데이터에 따르면 지구에서 향후 수십 년 동안 우리가 초래한 피해는 통제할 수 없을 정도로 가속화되어 이를 되돌리기가 불가능하지는 않더라도 훨씬 더 어려워질 것이다. 우리는 고향 행성에서 인간 생명의 전환점을 맞이하고 있다. 우리가 지금 무엇을 하느냐에 따라 이야기의 나머지 부분이 결정될 것이다.

우주 개발의 발전 덕분에 우리는 과학 및 기술 발전으로 인해 이전 발명품의 부정적인 영향을 이해하고 회복할 수 있는 희귀하고 덧없는 기회를 제공하는 역사의 순간에 살고 있다. 현재 일어나고 있는 일과 그 이유에 대한 지식으로 무장한 우리의 새로운 관점은 해결책을 제시한다. 정확도가 높고 검증 가능한 글로벌 위성 데이터를 활용하여 온실가스 배출을 줄이는 정책과 조약을 검증하고 시행할 수 있다. 향상된 센서 기술, 데이터 접근성 및 배포는 기후 위기를 보다 정확하게 측정, 모델링, 예측 및 대응하기 위한 중요하고 시기적절한 정보를 제공하여 인간의 고통을 제한할 수 있다. NASA는 이러한 노력에 더 많이 기여할 수 있는 경험, 조직적 신뢰성 및 전문 지식을 갖추고 있다.

NASA는 기존 권한 내에서 이러한 문제를 해결하는 프로그램을 수립할 수 있다. 결국 NASA와 같은 특별한 기구는 다시 무언가를 하기 위해 만들어진 것이 아니다. 인간의 이해의 한계를 넓히고 국가가 지구 표면에 위치한 과학 및 기술 발전의 혜택을 누릴 수 있는 크고 불가능한 문제를 해결하도록 돕기 위해 만들어진 것이다.

61년 전, NASA는 더 멀리 나아가야 한다는 도전에 직면했고, 이 목표를 성공적으로 달성하면서 우리 자신과 아름답고 연약한 고향 행성에 대한 새로운 관점을 제시했다. 달 뒤에서 떠오르는 지구를 포착한 〈지구돋이〉 사진을 찍은 아폴로 8호 우주비행사 빌 앤더스는 이렇게 말했다. "우리는 달을 탐험하기 위해 여기까지 왔고, 가장 중요한 것은 지구를 발견했다는 것입니다."

아폴로의 발판을 마련한 케네디 대통령의 연설은 그 도전을 시적으로 설명했다. "우리가 이 새로운 바다에 항해한 이유는 새로운 지식과 획득해야 할 권리가 있기 때문이며, 이를 획득하여 모든 사람의 발전을 위해 사용해야 하기 때문입니다."

미래의 우주여행은 새로운 지식과 자원을 제공하는 동시에 더 완벽하게 활용함으로써 모든 사람을 다시 고양시킬 궤도에 있다. 사회의 당면 과제를 해결하기 위한 대기 및 우주 기반 과학 및 기술, 우주 활동에 대한 투자는 발전으로 이어졌고 이제 우리는 인류의 집단적

천재성을 활용하여 우리가 이전에는 극복할 수 없었던 문제에 대한 해결책을 찾을 수 있게 되었다. 지구 너머로 우리의 존재를 확장하는 것은 단지 중력에서 벗어나는 것에 관한 게 아니다. 이는 우리 상황의 심각성을 해결하는 더 큰 전략의 일부일 수 있다. 위험은 그 어느 때보다 높다. 실패는 선택 사항일 뿐 반드시 위험을 감수해야 하는 것은 아니다.

우리에게는 현재의 사회적 위협에 대처하는 효과적인 정책과 프로그램을 제시하고 뿌리내리고 강력한 특수 이익을 기꺼이 지지할 리더가 필요하다. 기존 정책, 확고히 자리 잡은 관료제 및 산업을 해체하는 것은 가장 직접적인 영향을 받는 기관과 사람들에게 인기가 없다. 우리의 미래는 정부의 올바른 역할이 더 큰 이익을 지원하는 것임을 인식하는 데 달려 있다.

우리 세대는 적어도 부분적으로는 우리의 우주 탐사 능력 때문에 미국을 리더로 여기며 자랐다. 혁신적이고 효과적인 프로그램을 장려해 온 NASA의 개혁이 이제 중단된 다른 정부 활동을 위한 길을 밝힐 수 있다는 것은 적절하다. 과거를 고수하는 것은 다음 세대에게 건강하고 풍요로운 미래를 위한 기회를 빼앗는 것과 같다.

우리가 처음으로 허름한 대기를 넘어서면서 배운 가장 중요한 교훈은 우리가 이 세상에서 함께 살아가고 있다는 것이다. 우리는 일치된 목표를 향해 함께 노력함으로써 중력을 극복했다. 이러한 힘으로 우리는 이제 우리의 모습, 사는 곳, 사랑하는 사람과 같은 상황에 의해 초래되는 정치적, 정책적 차이를 극복할 수 있을 것이다.

모두가 최종 상태를 염두에 두면 지식을 가장 의미 있는 목적으로 사용할 수 있다. 살아 숨 쉬는 고향 행성은 우리의 요람이다. 살아남으려면 결국에는 이 행성을 떠나야 하지만 지구에서 우리 자신을 유지하기 위해서는 우리의 단합된 결심이 필요한 거대한 도약이 될 것이다. 거의 30년 전에 칼 세이건이 말했듯이.

> "우리 자신으로부터 우리를 구하기 위해 다른 곳에서 도움을 줄 거란 근거는 어디에도 없습니다."

에필로그

비용이 많이 들고 불필요한 프로그램을 확장하는 정책은 우주 개발에서만 볼 수 있는 것은 아니다. 군산복합체의 폭주하는 권력과 부정적인 영향에 대한 아이젠하워 대통령의 두려움은 현실로 나타났다. 하지만 계속될 거라 걱정할 필요는 없다. 민간 부문 개발에 대한 NASA의 소규모 투자는 가장 어려운 분야인 유인 우주 비행에서 다른 기업이 전통적인 방위 회사를 어떻게 능가할 수 있는지를 보여주었다. 요점은 기존 기업이 실패하는 것이 아니라 실제 경쟁을 통해 더 나아질 수 있도록 장려하는 것이다. 마이크로소프트가 등장했을 때 IBM은 사라지지 않았지만 개선이 필요했다.

NASA와 마찬가지로 연방 및 산업계에서는 의회 선거구의 대규모 프로그램에 대한 지출을 우선시하는 경우가 많다. 현재의 군비 지출과 인프라를 보호하면 다음 전쟁 대신 마지막 전쟁에서 승리하는 데 초점을 맞춘 구식 프로그램이 그대로 이어지게 된다. 미국의 코로나19에 대한 준비 부족은 우리 모두에게 경종을 울렸다. 정부 감독에 관한 감사 프로젝트는 우리 중 많은 사람이 현재 생각하고 있는 것을 요약해 보여 주었다.

이는 분명히 우리 시대의 낯선 현상 중 하나다. 미군이 거의 승리를 거두지 못한 채 수십만 명이 사방에서 수조 달러를 지출하고 수십만 명이 사망한 20년간의 끝없는 전쟁 후에도 펜타곤은 엄청난 수준의 자금을 계속 지원받고 있지만 전염병에서 기후 변화, 백인 우월주의에 이르기까지 우리의 안전과 국가안보에 가장 큰 위협에 대처하기 위한 자금지원은 비참할 정도로 부족한 것으로 판명되었다. 좋든 나쁘든, 1961년 드와이트 D. 아이젠하워 대통령이 처음으로 경고했던 미군과 이를 둘러싼 '산업 단지'는 민주주의가 직면한 가장 큰 도전을 만들고 있음에도 불구하고 워싱턴에서 여전히 중심적인 역할을 유지하고 있다.

미국 시민과 전 인류가 직면한 보안 위험은 현재 이러한 문제를 해결하기 위해 마련된 시스템보다 더 빠르게 진화해 왔다. 민간 우주 프로그램의 경우와 마찬가지로, 평화롭고 번영하는 국가에 대한 현재의 위협에 대처하기 위해서는 군사 프로그램을 개혁하고 재구성해야 한다. 전 5성 장군이었던 아이젠하워 대통령은 재임 기간 중 국방 예산을 27% 삭감하고 "무기 속의 세계는 혼자서 돈을 쓰는 것이 아니다"라고 주장했다. 노동자들의 땀과 과학자들의 천재성, 아이들의 희망을 소비하고 있다는 걸 알아야 한다.

지난 10년 동안 볼스-심슨Bowles-Simpson 재정위원회와 같은 여러 단체는 초당파적인 검토를 통해 국방부의 효율성을 더욱 유익하고 효과적인 공공 프로그램으로 전환할 수 있는 방안을 권고했다. 오른쪽에서 왼쪽으로 사고방식을 적용하면 극적인 투자 전환이 이루어지고 공중 보건 및 안전은 물론 글로벌 국가안보 전략도 개선될 것이다. 정부 개혁 단체 퍼블릭 시티즌Public Citizen은 2021년 1월 트위터를 통해 "연간 7억 4,000만 달러를 '국방'에 지출하고 있지만 르네상스 박람회를 위해 옷을 입은 파시스트들이 여전히 국회 의사당을 습격할 수 있다면 국가안보를 다시 생각해야 할 때일까요?"라고 말했다. 이 패러다임이 바뀌지 않는 한, 이 사이클을 계속 반복하려는 동기는 현대 사회와 단절된 프로그램을 지원하는 거대한 아이스크림콘을 계속 지원할 것이다.

국가 정책을 재정비하고 백신을 개발하기 위한 지출은 정부가 민간 부문 역량을 활용하여 과학 및 기술 발전을 촉진하고 전 세계 문제를 해결하기 위한 단결된 힘을 발휘한다는 것을 보여주었다. 하지만 결함도 드러났다. 정부 정책은 모든 규모의 개인, 비영리 단체 및 기업이 과거의 위협에 대응하고 과거의 적과 싸우고 오래된 인프라와 무기 시스템을 지원하기 위해 막대한 공공 자원을 소비하는 대신 오늘날의 과제에 대응할 혁신을 추진하도록 장려해야 한다.

오늘날 정부에 존재하는 인센티브나 결과는 사회 복지와 안보를 제공하려는 설립자의 목적을 달성하기에 충분하지 않다. 시민들은 선택된 정보와 뉴스를 보기 때문에 스스로 생각하는 능력이 떨어진다. 이러한 현상은 건강한 민주주의의 기본 원동력인 정보에 입각한 시민을 약화시킨다. 기간 제한, 공공 캠페인 자금 조달, 가짜 뉴스에 대한 규제 강화, 부의 제한, 탄소 및 기타 온실가스 배출량 수익 창출, 세금 코드 재조정 등이 답인지는 모르겠지만 모든 것을 필요해 보인다.

진지하게 고려해 볼 가치가 있다. 나는 전문가는 아니지만 내 입장에서 보면 더 큰 그림에 대한 관심 부족에 시달리고 있다. 미시간 중반에 농사를 지으신 나의 할아버지와 삼촌 같은 사람을 더 많이 이용할 수도 있다. 할아버지와 삼촌은 공공서비스를 통해 이웃을 돕겠다는 포부를 가지고 있었다.

정부의 기본 목적에 동의하고 국가의 현재 현실을 해결하기 위한 정책, 제도 및 연방 예산을 수립하는 것은 250년 전 우리 헌법 제정자가 직면한 과제이다. 오늘날 우리의 일은 더 힘들다. 집을 개조하려면 새집을 짓는 것과는 다른 기술이 필요하다. 막힌 파이프와 썩은 나무를 현대적인 도구와 재료로 대체하여 앞으로 몇 세기를 버틸 수 있는 토대를 튼튼히 다지기 위해서는 어려운 선택을 해야 한다. 과거의 분열을 뛰어넘어 새로운 관점에서 서로를 포용할 수 있다면 성공할 수 있는 경험과 지식을 갖추게 될 것이다.

노트

NASA는 미국에서 존경받는 위치를 차지하고 있다. 이것은 그들의 비행이 할리우드에서 여러 영화 작품으로 묘사되고 학문적으로도 낱낱이 분석되고 있음에도 진정한 본질이 드러나지 않은 채 아직 수수께끼에 싸여 있기 때문이다. 지난 10년 동안 일어난 유인 우주 비행에 생긴 변화로 인해 최근 많은 언론인과 역사가가 이 주제에 대해 의견을 제시하고 있다.

그런 의미에서 NASA의 지도자였던 이의 회고록은 눈에 띄며, 이로 인해 많은 추측과 간접적인 해석이 뒤따른다. 나는 내가 가진 특수한 관점을 보여주기 위해 『중력을 넘어서』를 썼다. 내 의도는 미국 유인 우주 비행에 대한 정치적 이해를 높이고 정부 프로그램이 어떻게 개선될 수 있는지 보여주는 예를 제시하는 것이었다.

나는 2013년 NASA를 떠난 직후 이 주제에 관한 책을 쓰기 위한 아이디어를 구상하기 시작했다. 나는 수많은 개요를 만들었지만 별다른 진전을 이루지 못한 채 메모로만 적어 두었다. 그러다 우주 프로젝트가 협업에 관한 문제가 발생하여 어려움을 겪고 있다는 것을 깨달았다. 협업은 내 커리어의 핵심 원칙이었다. 나는 곧바로 움직여 이 분야에서 현재 동향에 관한 지식의 격차를 메울 저널리스트를 물색했고, 2019년 SNS를 통해 그해 봄에 CNBC 기자 마이클 쉬츠Michael Sheetz에게 연락했다. 전에 한 번도 이야기를 나눈 적이 없었지만 마이클은 재빨리 답장을 주었고 관심을 표명했다.

우리는 다음 해에 뉴욕시와 워싱턴 D. C.에서 가끔 만나 협업을 시작했다. 스페이스X의 크루 드래곤 발사는 우리가 계획을 발표하도록 영감을 주었고, CNBC는 2020년 5월에 초기 챕터의 일부를 발표했다. 팬데믹으로 인해 대면 작업이 어려워졌지만, 내러티브가 발전하면서 내가 전하고자 하는 이야기가 완성되어 갔다. 이건 마이클의 통찰력과 많은 기여 덕분이다. 『중력을 넘어서』는 그의 참여로 큰 혜택을 얻었다. 마이클의 지도와 우정에 깊이 감사를 표한다.

또한 초안 원고에 대한 인터뷰, 무작위 문의 및 검토를 위해 아낌없이 시간을 할애해 준 로이스 달비Royce Dalby, 레베카 스파이크 카이저Rebecca Spyke Keiser, 조지 화이트사이드, 베스 로빈슨, 케이시 핸머, 필 맥앨리스터, 리치 레쉬너, 댄 해머, 윌 포메란츠, 제임스 먼시, 데이비드 위버, 로리 레신, 필 라슨, 제프 맨버, 마크 알브레히트, 코트니 스태드, 엘리스 넬슨, 댄 골딘, 앨런 래드윅 등 많은 과거 및 현재 동료에게도 감사드린다. 이 책의 출판사인 디버전 북스의 스콧 왁스먼Scott Waxman과 편집자 케이스 월먼Keith Wallman에게 내 이야기에 기꺼이 기회를 주어서 감사하다. 내 손을 잡고 신비로운 출판 세계를 헤쳐나갈 수 있도록 도와준 디버전의 에반 페일Evan Phail에게도 감사드린다.

가족에게 감사하는 것은 작가들의 유서 깊은 전통이지만, 이제는 그것이 얼마나 당연한지 이해하게 되었다. 데이브, 웨스, 미치 브란트는 여러 버전의 책을 읽고 편집했으며 귀중한 의견을 제공했다. 그들은 2년 동안 이 주제에 대해 책을 완성할 수 있도록 어떻게든 나 없이도 삶을 관리하는 방법을 배웠다. 데이브가 사회 활동, 육아, 강아지 산책을 하지 않은 것에 대한 빈자리를 채우는 동안 나는 이 작업을 수행했다. 어머니, 여동생, 처남, 그리고 수많은 친구가 원고 초안을 읽으며 건설적인 비평과 격려를 아끼지 않았다. 가족과 친구의 사랑과 지원에 영원히 감사드린다.

책을 쓰는 것은 누구에게나 어려운 일이지만 전문 작가가 아닌 우리에게는 더 특별한 도전이다. 정책 세부 사항과 개인적인 이야기의 균형을 맞추려면 때로는 문제와 내 마음에 가깝고 소중한 사람들의 세부 사항을 생략해야 했다. 이러한 타협으로 인해 소수의 개인만 기록되고 기술적인 세부 사항은 줄어들었지만, 더 접근하기 쉬운 내러티브에 기여했으면 좋겠다는 바람이 있다.

권력을 가진 사람은 종종 비밀이라는 베일 아래 활동하는 것을 선호하지만 공무원의 행동은 대중의 감시를 견뎌야 한다. 내가 개혁이 필요하다고 생각했던 것에 반대한다고 나섰던 사람들은 나쁜 사람이 아니다. 내 생각에 그들은 직업적 지위 때문에 특권을 장악하게 된 시스템의 산물이다. 권력의 전당은 그들처럼 보이고 행동하는 사람들로 가득 차서 그들의 신념과 행동을 강화했다. 그들은 커리어 전반에 걸쳐 국가 및 우주 프로그램에 많은 긍정적인 공헌을 했다. 우리의 상호작용에 대해 내가 다시 말하는 것은 그들의 의도나 다른 성취를 부정적으로 반영하기 위한 것이 아니다. 동료들의 긍정적인 평판과 수많은 선량한 행동을 내가 경험하게 된 것과 결합시켰던 게 혼란을 주었겠지만 그들의 악행은 절대 악의가 있었던 것은 아니다.

나는 책 전체에서 원본 자료를 최대한 활용했지만, 동일한 사건이나 대화에 대한 다른 사람의 기억이나 해석이 다를 경우 나에게 오류가 있을 수 있다는 점을 밝히고 사과 드리겠다. 나는 스티브 이사코위츠, 피스크 존슨, 피터 디아맨디스, 메리 엘렌 웨버뿐만 아니라 이 페이지에 이름을 올린 사람들에게 경험을 공유해도 좋은지 요청하고 허락을 받았다. 배경에 대한 정보를 제공했지만 이름을 밝히지 말 것을 요청한 사람들도 있었다. 그리고 나의 노래, 랜스 배스 Lance Bass에게 연락했지만 연결되지 않았다. 그가 책을 읽었다면, 아스트로맘과 바스트로넛에 관한 책에서 내가 기억하던 것과 같은 미소를 그에게 선사했으면 좋겠다.

오바마 대통령, 톰 행크스, 일론 머스크, 제프 베조스, 리처드 브랜슨 등 제 이야기에서 가장 유명한 사람들과 나눈 대화는 내 기억에서 나온 것이다. 최근에 그들과 이야기를 나누지는 못했지만 그들의 높은 지위를 감안할 때 우리의 대화는 아직도 선명히 기억에 남아 있다. 그들에게는 그렇지 않을 수도 있지만, 그들이 이 책을 읽으면 내 기억을 사실로 느끼길 바란다.

NASA의 우주비행사는 모두 매우 용감하고, 의욕이 넘치고, 똑똑하고, 기술적으로 능숙하며, 생리학적으로 뛰어난 사람이다. 그들은 일을 하기 위해 정부에게서 상당한 돈을 받지만 그렇다고 엄청난 금액은 아니다. 이 책에서 우주에 가는 것이 생각보다 많이 포함되지 않았는데 내용의 간결함을 위해 이렇게 『중력을 넘어서』를 썼다.

유명한 우주비행사를 친한 동료나 친구로 만났다고 해서 영웅 숭배에서 자유로워지지는 않았다. 대중적인 유명인 앞에 서 있는 내 자신을 발견하는 것은 두려운 일이었다. 책에 묘사된 영웅 우주비행사와의 긍정적이지 못한 만남을 어떻게 설명해야 할지 고민하는 것은 정말 고통스러운 일이었다. 이런 맥락이나 우리의 갈등을 공유하지 않고 내 이야기의 의미를 전달할 수 있었다면 기꺼이 그렇게 했을 것이다. 모든 프로 야구 선수가 훌륭한 단장이 되는 것은 아니며 의사도 모두 병원을 운영할 준비가 되어 있지 않은 것처럼 모든 우주비행사가 모든 직업에 적합한 것은 아니다. NASA 우주비행사는 극심한 스트레스를 받는 제한된 환경에서 인원이 거의 없는 소수의 환경에서 복잡하고 정확한 물리적 및 기술적 작업을 수행하도록 훈련을 받았다. 이것이 그들의 초능력이다. NASA의 우주비행사들은 영웅이 확실하다.

점점 더 많은 사람이 우주를 오가며 우주비행사의 신비로움은 결국 사라질 것이다. 선장과 민간 항공사 조종사는 항해 초기나 제트기 시대에 받았던 대중의 인정을 더 이상 누리지 못 한다. 마찬가지로, 역사는 새로운 개척지를 연 사람의 이름과 그들이 보여준 영웅적 태도를 포착할 것이다. 일부 우주비행사가 소수만 들어올 수 있는 클럽을 유지하고 우주비행사란 타이틀을 보호하는 것을 선호한다는 것은 이해할 수 있다. 나는 연방항공국이 "우주"에 대해 정의

한 50마일 이상으로 몸을 던져 목숨을 걸기로 한 사람을 우주비행사라고 부르기로 했다. 이 단어는 NASA가 고안하기 훨씬 전에 SF 소설 작가에 의해 만들어졌다. 1920년대에 그리스어 "astron(별)"과 "nautes(선원)"를 조합하여 문자 형태로 처음 등장한 이 단어는 우주비행사가 별 사이를 항해하는 선원으로 떠올리게 한다. 같은 이름을 가졌다고 해서 모두가 똑같지는 않다. 하지만 NASA 우주비행사은 군단 내에서도 훈련과 경험의 범위가 매우 다양하다. 그래서 달 위를 걸은 사람들은 높은 지위를 가지는 것이다.

벅민스터 풀러Buckminster Fuller는 "우리는 모두 지구라고 부르는 작은 우주선을 타고 있는 우주비행사"라고 말했다. 이것이 『중력을 넘어서』의 메시지다. 차이점에 초점을 맞추는 대신 유사점에 초점을 맞추어 줬으면 좋겠다. 우리는 모두 지구라는 대형 우주선의 승무원과 같다. 지구가 제대로 기능하려면 사람들이 함께 해야 한다.

"우주해적"이라는 별명에 대해 함부로 자칭을 했던 것을 사과드린다. 그리고 나의 해적 분류에 연관되지 않기를 원했거나 내가 역할을 잘못 설명했다고 생각하는 분에게도 사과드린다. 출판사가 이전에 언급한 책 제목은 우주해적단Space Pirates이었는데, 네가 이 이야기를 하려는 의도는 그들의 탐구를 기리기 위한 것이었다. 모든 가치 있는 노력과 마찬가지로, 내가 중력을 넘어서』에서 설명하는 혁신적인 발전은 수많은 개인과 조직 덕분에 가능했다. 공로를 인정받아 마땅한 사람의 목록은 쓰기만 한다면 여러 페이지를 채울 것이다. 그들은 진정으로 새로운 우주 시대를 여는 데 책임이 있는 사람들이었다.

이 책은 해당 시대의 학술 논문이나 역사적 보고를 위한 것이 아니다. 그저 회고록일 뿐이다. 나는 의심할 여지 없이 우리가 이룬 발전에 기여한 모든 의미 있는 요소와 사건을 포착하는 데 부족했습니다. 모든 누락은 나의 것이며 그 중요성을 무시하려는 의도가 아니었다. NASA는 우리 나라의 왕관, 그리고 나의 보석이다.

여기에 제시된 관점을 통해 미래에도 계속해서 발전하고 인류에게 혜택을 줄 수 있기를 진심으로 바란다.

용어 정리

ADA 결핍 방지법

AMROC 아메리칸 로켓 컴퍼니

AMS 알파 자기 분광계

ARM 소행성 리디렉션 미션

ASAP 항공우주 안전 자문 패널

ASCANS 우주비행사 후보자

ATK 얼라이언트 테크시스템즈(이후 오비탈 사이언스 코퍼레이션으로 바뀜)

BEAM 비글로우 확장 활동 모듈

CAIB 컬럼비아 사고 조사위원회

CCiCap 상용 승무원 통합 역량

CJ 의회의 근거

COTS 상업 궤도 운송 서비스

COTS-D 승무원 수송 서비스

COMSAT 통신 위성 회사

DARPA 국방 고급 연구 프로젝트 기관

ENIAC 전기, 수치, 통합자 및 컴퓨터

ESA 유럽 우주국

EELV 진화된 소모성 발사체

EOP 대통령 행정부

FAR 연방 취득 규정

FAA 연방 항공국

GAO 정부책임사무국

HLS 휴먼 랜딩 시스템

IBMP 물리 및 생물학적 문제 연구소(러시아)

ICBM 대륙간 탄도 미사일

IG 감찰관
INTELSET 국제 통신 위성 기구
ISS 국제우주정거장
JPL 제트 추진 연구소
JSC 존슨 우주 센터
KSC 케네디 우주 센터
L5 제라드 오닐이 설립한 우주협회
LOCV 승무원 및 차량 손실
LEO 저궤도
MSFC 마셜 스페이스 플라이트 센터
MSL 화성 과학 연구소
NIH 국립 보건원
NSI 국립우주연구소
NSS 내셔널 스페이스 소사이어티
OMB 관리 및 예산 사무소
OMEGA 조류 성장을 위한 해양 멤브레인 인클로저
OSTP 과학 기술 정책실
POTUS 미국 대통령
RFI 정보 요청
RFP 제안 요청
RLV 재사용 가능한 발사체
RSA 러시아 우주국
SCIF 비밀 구획 정보 시설
SEC 증권거래위원회
SEI 우주 탐사 이니셔티브
SFOC 우주 비행 운영 시설
SLS 우주 발사 시스템
SpaceX 우주 탐사 기술 주식회사
STS-107 사고로 폭파된 우주 임무(컬럼비아호)
STS–135 우주왕복선의 마지막 임무
TRW 2002년 노스롭 그루먼이 인수한 항공우주 기업
ULA 유나이티드 론치 얼라이언스
UNIVAC 범용 자동 컴퓨터
VASIMR 가변 특정 임펄스 마그네토플라즈마 로켓
X-33 차세대 우주 재사용 발사체

참고문헌

※ 참고문헌은 본문에서 나온 순서대로 나열되었다.

01 게임체인저

- "President Nixon's 1972 Announcement on the Space Shuttle." The Statement by President Nixon, 5 January 1972. history.nasa.gov (https://history.nasa.gov/stsnixon.htm)
- Space News Staff. "Obama Adds Three More to NASA Transition Team." Space.com. November 25, 2008. (https://www.space.com/6161-obama-adds-nasa-transition-team.html)
- Columbia Accident Investigation Board Final Report. "On Feb. 1, 2003, Shuttle Columbia Was Lost During Its Return to Earth. Investigators Have Found the Cause."(https://govinfo.library.unt.edu/caib/default.html)
- "Overview: Ares I Crew Launch Vehicle." NASA. (https://www.nasa.gov/mission_pages/constellation/ares/aresI_old.html)
- Atkinson, Nancy. "Obama to Re-examine Constellation Program." Universe Today. May 5, 2009. (https://www.universetoday.com/30384/obama-to-re-examine-constellation-

program/)

- "U.S. Announces Review of Human Space Flight Plans." The White House Archives. May 7, 2009. Obamawhitehouse.archives.gov (https://obamawhitehouse.archives .gov/the-press-office/2015/11/16/us-announces-review-human-space-flight-plans)
- Review of U.S. Human Spaceflight Plans Committee. "Seeking a Human Spaceflight Program Worth of a Great Nation." October 2009. NASA. (https://www.nasa.gov/pdf/396093main_HSF_Cmte_FinalReport.pdf)
- NASA Fiscal Year 2011 Budget Estimate. NASA. (https://www.nasa.gov/news/budget/2011.html)
- Messier, Doug. "Attacks on Lori Garver Backfiring." Parabolic Arc. February 25, 2010. (http://www.parabolicarc.com/2010/02/25/attacks-lori-garver-backfiring/comment-page-1/)
- News Release from US Senator Richard Shelby (R-Ala.). "Shelby: NASA Budget Begins Death March for U.S. Human Space Flight." February 1, 2010. (https://www.shelby.senate.gov/public/index.cfm/newsreleases?ID=8A4B0876-802A-23AD-43F9-B1A7757AD978)
- Jones, Richard M. "Senator Nelson on NASA's FY 2011 Budget Request." FYI: Science Policy News from AIP. American Institute of Physics. February 18, 2010. (https://www.aip.org/fyi/2010/senator-nelson-nasas-fy-2011-budget-request)
- Pasztor, Andy. "Senators Vow to Fight NASA Outsource Plan." The Wall Street Journal. February 24, 2010. (https://www.wsj.com/articles/SB10001424052748704240004575085900217022956)
- U.S. Senate Committee on Commerce, Science, & Transportation Hearings. "Challenges and Opportunities in the NASA FY 2011 Budget Proposal." Webcast. February 24, 2010. (https://www.commerce.senate.gov/2010/2/challenges-and-opportunities-in-the-nasa-fy-2011-budget-proposal)
- Klamper, Amy. "Sen. Nelson Floats Alternate Use for NASA Commercial Crew Money." SpaceNews. March 19, 2010. (https://spacenews.com/sen-nelson-floats-alternate-use-nasa-commercial-crew-money/)
- Klamper, Amy. "Obama's NASA Overhaul Encounters Continued Congressional Resistance." SpaceNews. April 23, 2010. (https://spacenews.com/obamas-nasa%E2%80%82overhaul-encounters-continued-congressional-resistance/)
- Sutter, John D. "Obama Budget Would Cut Moon Exploration Program." CNN. March

15, 2010. (http://www.cnn.com/2010/TECH/space/02/01/nasa.budget.moon/index.html)

- Maliq, Tarik. "Neil Armstrong Blasts Obama's Plan for NASA." The Christian Science Monitor. May 14, 2010. (https://www.csmonitor.com/Science/2010/0514/Neil-Armstrong-blasts-Obama-s-plan-for-NASA)
- O'Keefe, Ed and Marc Kaufman. "Astronauts Neil Armstrong, Eugene Cernan Oppose Obama's Spaceflight Plans." The Washington Post. May 12, 2010. (https://www.washingtonpost.com/wp-dyn/content/article/2010/05/12/AR2010051204404.html)
- Armstrong, Neil. "Future Space Opportunities Are the President's Call." Wall Street Journal. December 27, 2008. (https://www.wsj.com/articles/SB123033959209636593)
- NASA. "Report of the Space Task Group, 1969." https://history.nasa.gov/taskgrp.html(https://history.nasa.gov/taskgrp.html)
- Space Foundation Research & Analysis. "Space Data Insights: NASA Budget, 1959-2020." The Space Report Online. (https://www.thespacereport.org/uncategorized/space-data-insights-nasa-budget-1959-2020/)
- Editors. "President Nixon Launches Space Shuttle Program." HISTORY. November 16, 2009. (https://www.history.com/this-day-in-history/nixon-launches-the-space-shuttle-program History.com)
- H.R. 3942 (98th): Commercial Space Launch Act. "Commercial Space Launch Act of 1984." October 30, 1984. (https://www.govtrack.us/congress/bills/98/hr3942/text)
- President Reagan's Statement on the International Space Station. "Excerpts of President Reagan's State of the Union Address, 25 January 1984." NASA. (https://history.nasa.gov/reagan84.htm)
- White, Frank. The Overview Effect: Space Exploration and Human Evolution. Multiverse Publishing LLC. 1987.

02 할리우드로 간 NASA

- Krauss, Clifford. "House Retains Space Station in a Close Vote." The New York Times. June 24, 1993. (https://www.nytimes.com/1993/06/24/us/house-retains-space-station-in-a-close-vote.html)
- Myers, Laura. "Lovell Gets Medal of Honor, Confesses Costner His First Pick to Play

Him." Associated Press. July 26, 1995. (https://apnews.com/article/ea59ee78e4591ef1917ea1afa780dba6)

- Daalder, Ivo H. "Decision to Intervene: How the War in Bosnia Ended." Brookings. December 1, 1998. (https://www.brookings.edu/articles/decision-to-intervene-how-the-war-in-bosnia-ended/)
- Dick, Steven (editor). NASA 50th Anniversary Proceedings: NASA's First 50 Years: Historical Perspectives. NASA. p. 166.
- Cowen, Robert C. "Bush, Dukakis on Space." The Christian Science Monitor. September 23, 1998. (https://www.csmonitor.com/1988/0923/a1spac5.html)
- Anderson, Gregory. "A Few Words with Newt Gingrich." The Space Review. May 15, 2006. (https://www.thespacereview.com/article/623/1)
- Foust, Jeff. "Gingrich Ends His Campaign, But Not His Interest in Space." Space Politics. May 3, 2012. (http://www.spacepolitics.com/2012/05/03/gingrich-ends-his-campaign-but-not-his-interest-in-space/)
- Quayle, Dan. Standing Firm. Harper Collins Zondervan. 1994. pp. 179–181.
- Broad, William J. "Lab Offers to Develop an Inflatable Space Base." The New York Times. November 14, 1989. (https://www.nytimes.com/1989/11/14/science/lab-offers-to-develop-an-inflatable-space-base.html)
- NASA Internal Report. "Report of the 90-Day Study of Human Exploration of the Moon and Mars." NASA. November 1989. (https://history.nasa.gov/90_day_study.pdf)
- Lori Garver, Executive Director, National Space Society, October 26, 1990 testimony to the Advisory Committee on the Future of the U.S. Space Program. NASA History Division. December 1990. (https://space.nss.org/wp-content/uploads/Advisory-Committee-On-the-Future-of-the-US-Space-Program-Augustine-Report-1990.pdf)
- Albrecht, Mark J. Falling Back to Earth: A First Hand Account of the Great Space Race and The End of the Cold War. New Media Books. 2011. p. xv.
- Gerstenzang, James. "Bush Denounces NASA Fund Cuts : Space: The President Says Exploration Programs Cannot Wait Until All of the Nation's Social Ills Are Solved. He Also Stumps for Helms in North Carolina." Los Angeles Times. June 21, 1990. (https://www.latimes.com/archives/la-xpm-1990-06-21-mn-156-story.html)
- Sawyer, Kathy. "Truly Fired as NASA Chief, Apparently at Quayle Behest." The Washington Post. February 13, 1992. (https://www.washingtonpost.com/archive/politics/1992/02/13/truly-fired-as-nasa-chief-apparently-at-quayle-behest/bc7cc6cc-1799-

4435-8550-e879d81dcff1/)

- Pasternak, Judy. "Bush Nominates TRW Executive to Head NASA." Los Angeles Times. March 12, 1992. (https://www.latimes.com/archives/la-xpm-1992-03-12-mn-5289-story.html)
- Telephone interview with Dan Goldin, June 20, 2020.
- Dunn, Sarah (editor). "U.S.-Soviet Cooperation in Outer Space, Part 2: From Shuttle-Mir to the International Space Station." National Security Archive. The George Washington University. May 7, 2021. (https://nsarchive.gwu.edu/briefing-book/russia-programs/2021-05-07/us-soviet-cooperation-outer-space-part-2)
- Oberg, James. Star-Crossed Orbits: Inside the U.S.-Russian Space Alliance. McGraw-Hill. 2001.
- Wilford, John Noble. "NASA Loses Communication With Mars Observer." The New York Times. August 23, 1993. (https://www.nytimes.com/1993/08/23/us/nasa-loses-communication-with-mars-observer.html)
- Cappiello, Janet L. "Hubble Error Due to Upside-down Measuring Rod." Associated Press. September 14, 1990. (https://apnews.com/article/a080cf57761942b3a6837eb87b088bc5)
- Leary, Warren E. "NASA Is Urged to Push Space Commercialization." The New York Times. February 8, 1997. (https://www.nytimes.com/1997/02/08/us/nasa-is-urged-to-push-space-commercialization.html)
- Bell, Julie. "NASA to License Its Space Simulator Today." The Baltimore Sun. September 14, 2000. (https://www.baltimoresun.com/news/bs-xpm-2000-09-14-0009140148-story.html)
- Burke, Michael. "Medical Research Investment Takes Off for Fisk Johnson." Journal
- Times. January 23, 2002. (https://journaltimes.com/medical-research-investmenttakes-off-for-fisk-johnson/article_09bdfb27-1093-5b2b-8f22-60090a6899f5.html)
- Money, Stewart. "Competition and the Future of the EELV program." The Space Review. December 12, 2011. (https://www.thespacereview.com/article/1990/1)
- Money, Stewart. "Competition and the Future of the EELV program (Part 2)." The Space Review. December 12, 2011. (https://www.thespacereview.com/article/2042/2)
- "Reusable Launch Vehicle Program Fact Sheet." NASA. September 1997. (https://www.hq.nasa.gov/office/pao/History/x-33/rlv_facts.htm)
- Bergin, Chris. "X-33/VentureStar–What Really Happened." NASASpace-Flight.com.

January 4, 2006. (https://www.nasaspaceflight.com/2006/01/x-33venturestar-what-really-happened/)
- Marshall Space Flight Center Press Release. "Small Companies to Study Potential Use of Emerging Launch Systems for Alternative Access to Space Station." SpaceRef. August 24, 2000. (http://www.spaceref.com/news/viewpr.html?pid=2467)
- NASA. "Launch Services Program: Earth's Bridge to Space" Brochure. 2012. (https://www.nasa.gov/sites/default/files/files/LSP_Brochure_508.pdf)
- Dick, Steven J. and Roger D. Launius. Critical Issues in the History of Spaceflight. NASA Publication SP-2006-4702. Government Printing Office. 2006.

03 성공으로 포장한 부끄러운 진실

- NASA Historical Data Book: Volume IV NASA Resources 1969-1978, SP-4012. (https://history.nasa.gov/SP-4012/vol4/contents.html)
- Day, Dwayne A., PhD. "A Historic Meeting on Spaceflight... Background and Analysis."NASA. (https://history.nasa.gov/JFK-Webbconv/pages/backgnd.html)
- John F. Kennedy Presidential Library and Museum Press Release. "JFK Library Releases Recording of President Kennedy Discussing Race to the Moon." May 25, 2011. (https://www.jfklibrary.org/about-us/news-and-press/press-releases/jfk-library-releases-recording-of-president-kennedy-discussing-race-to-the-moon)
- Kennedy, President John F. "Address Before the 18th General Assembly of the United Nations, September 20, 1963." John F. Kennedy Presidential Library and Museum. jfklibrary.org. (https://www.jfklibrary.org/archives/other-resources/john-f-kennedy-speeches/united-nations-19630920)
- "The Moon Decision." Apollo to the Moon Exhibition, Online Text. Smithsonian National Air and Space Museum. (https://airandspace.si.edu/exhibitions/apollo-to-the-moon/online/racing-to-space/moon-decision.cfm) Moonrise Podcast. Hosted by Lillian Cunningham. The Washington Post. 2019.(https://www.washingtonpost.com/graphics/2019/national/podcasts/moonrise-the-origins-of-apollo-11-mission/)
- Straus, Lawrence Guy (editor). "Projecting Favorable Perceptions of Space." Journal of Anthropological Research. The University of Chicago Press Journals. (https://www.journals.uchicago.edu/journals/jar/pr/201020)

- "Margaret Mead: Human Nature and the Power of Culture" Exhibition, Online Text. Library of Congress. (https://www.loc.gov/exhibits/mead/oneworld-learn.html) Dickson, Paul. "A Blow to the Nation." NOVA. (https://www.pbs.org/wgbh/nova/sputnik/nation.html)
- "Declassified CIA Papers Show U.S. Aware in Advance of Sputnik Possibilities." RadioFreeEurope, RadioLiberty. October 5, 2017. (https://www.rferl.org/a/sputnik-cia-papers-anniversary/28774855.html)
- Fortin, Jacey. "When Soviets Launched Sputnik, C.I.A. Was Not Surprised." The New York Times. October 6, 2017. (https://www.nytimes.com/2017/10/06/science/sputnik-launch-cia.html)
- "Inquiry into Satellite and Missile Programs: Hearing Before the Preparedness Investigating Subcommittee of the Committee on Armed Services." United States Senate, Eighty-fifth Congress, first and second sessions. Government Printing Office. 1958.
- Fishman, Charles. "How the First U.S. Satellite Launch Became Something of an International Joke." Fast Company. June 4, 2019. (https://www.fastcompany.com/90358292/how-the-first-u-s-satellite-launch-became-something-of-an-international-joke)
- "Editorial Comment on the Nation's Failure to Launch a Test Satellite." The New York Times. December 8, 1957. (https://timesmachine.nytimes.com/timesmachine/1957/12/08/113410150.html?pageNumber=36)
- Cordiner, Ralph J. "Competitive Private Enterprise in Space." In Peacetime Uses of Outer Space, edited by Simon Ramo. McGraw-Hill Book Company, Inc. 1961.(https://rjacobson.files.wordpress.com/2011/02/cordiner-article-1961.pdf)
- Transcript of President Dwight D. Eisenhower's Farewell Address. 1961. (https://www.ourdocuments.gov/doc.php?flash=false&doc=90&page=transcript) Brown, Archie. The Human Factor: Gorbachev, Reagan, and Thatcher and the End of the Cold War. Oxford University Press. 2020.
- Oreskes, Naomi and Erick M. Conway. Merchants of Doubt: How a Handful of Scientists Obscured the Truth on Issues from Tobacco Smoke to Global Warming. Bloomsbury Press. 2010.
- Tedeschi, Diane. "How Much Did Wernher von Braun Know, and When Did He Know It?" Air & Space Magazine. January 1, 2008. (https://www.airspacemag.com/space/a-amp-s-interview-michael-j-neufeld-23236520/)

• Lehrer, Tom. Lyrics to "Wernher von Braun." Video of song performance: youtube.com/watch?v=QEJ9HrZq7Ro

04 죽음으로 향하는 로켓

• Wilson, Jim (editor). "Shuttle-Mir." NASA. (https://www.nasa.gov/mission_pages/shuttle-mir/)
• Smith, Marcia S. "Space Stations." Congressional Research Brief for Congress. November 17, 2005. (https://sgp.fas.org/crs/space/IB93017.pdf)
• Boudette, Neal E. "Space Buffs Attempt to Make Their Mir Tourist Venture Fly." The Wall Street Journal. June 16, 2000. (https://www.wsj.com/articles/SB961108659834371139)
• Foust, Jeff. "AstroMom and Basstronaut, revisited." The Space Review. November 19, 2007. (https://www.thespacereview.com/article/1003/1)
• Potter, Ned. "Boy Band, Astro Mom Battle for Space Tourist Spot." ABC News. January 7, 2006. (https://abcnews.go.com/WNT/story?id=130417&page=1)
• Columbia Accident Investigation Board. "Report of Columbia Accident Investigation Board, Volume I." NASA. August 6, 2003. (https://www.nasa.gov/columbia/home/CAIB_Vol1.html)
• Sunseri, Gina. "Columbia Shuttle Crew Not Told of Possible Problem With Reentry."
• ABC News. January 31, 2013. (https://abcnews.go.com/Technology/columbia-shuttle-crew-told-problem-reentry/story?id=18366185)
• Pianin, Eric and Kathy Sawyer. "Denial of Shuttle Image Requests Questioned." The Washington Post. April 9, 2003. (https://www.washingtonpost.com/archive/politics/2003/04/09/denial-of-shuttle-image-requests-questioned/80957e7c-92f1-48ae-8272-0dcfbcb57b9d/)
• Rensberger, Boyce and Kathy Sawyer. "Challenger Disaster Blamed on O-Rings, Pressure to Launch." The Washington Post. June 10, 1986. (https://www.washingtonpost.com/archive/politics/1986/06/10/challenger-disaster-blamed-on-o-rings-pressure-to-launch/6b331ca1-f544-4147-8e4e-941b7a7e47ae/)
• Kay, W.D. "Democracy and Super Technologies: The Politics of the Space Shuttle and Space Station Freedom." Science, Technology, and Human Values, Volume 19, No.2. Sage Publications Inc. 1994.

- Airlines for America. "Safety Record of U.S. Air Carriers." Data & Statistics. November 11, 2021. (https://www.airlines.org/dataset/safety-record-of-u-s-air-carriers/)
- "Annual Passengers on All U.S. Scheduled Airline Flights (Domestic & International) and Foreign Airline Flights to and from the United States, 2003-2018." Bureau of Transportation Statistics. (https://www.bts.dot.gov/annual-passengers-all-us-scheduled-airline-flights-domestic-international-and-foreign-airline)
- "Active Duty Military Deaths by Year and Manner, 1980–2010 (As of November 2011)." Defense Casualty Analysis System. Defense Data Manpower Center. (https://dcas.dmdc.osd.mil/dcas/pages/report_by_year_manner.xhtml)
- Ritchie, Erika I. "More US Service Members Die Training Than at War. Can the Pentagon Change That?" Task & Purpose. May 13, 2018. (https://taskandpurpose.com/analysis/military-training-accidents-aviation/)
- U.S. House of Representatives Committee on Science, Space, & Technology Press Release. "GAO Report Finds Failure of Oversight by NASA IG." January 9, 2009. (https://science.house.gov/news/press-releases/gao-report-finds-failure-of-oversight-by-nasa-ig)
- Brinkerhoff, Noel. "Failed NASA Inspector General Finally Resigns." AllGov. April 4, 2009. (http://www.allgov.com/news/appointments-and-resignations/failed-nasa-inspector-general-finally-resigns?news=838529)

05 내부로의 침투

- SpaceNews editor. "Clinton Team Stresses Balance for NASA During Fundraising Event." SpaceNews. June 29, 2004. (https://spacenews.com/clinton-team-stresses-balance-nasa-during-fundraising-event/)
- Foust, Jeff. "The So-so Space Debate." The Space Review. June 2, 2008. (https://www.thespacereview.com/article/1142/1)
- United States Government Accountability Office. "NASA: Agency Has Taken Steps Toward Making Sound Investment Decisions for Ares I But Still Faces Challenging Knowledge Gaps." October 2007. (https://www.gao.gov/assets/gao-08-51.pdf)
- Committee to Review NASA's Exploration Technology Development Program; Aeronautics and Space Engineering Board; Diversion on Engineering and Physical Sciences; National Research Council of the National Academies. A Constrained

Space Exploration Technology Program: A Review of NASA's Exploration Technology Development Program. National Academies Press. 2008.

- Jones, Richard M. "GAO Questions NASA's Management of Constellation Program." FYI: Science Policy News from AIP. American Institute of Physics. October 16, 2009. (https://www.aip.org/fyi/2009/gao-questions-nasa's-management-constellation-program)
- NASA. "Challenges in Completing and Sustaining the International Space Station." Report Number GAO-08-581T. April 24, 2008. (https://www.govinfo.gov/content/pkg/GAOREPORTS-GAO-08-581T/html/GAOREPORTS-GAO-08-581T.htm)
- NASA. "NASA: Constellation Program Cost and Schedule Will Remain Uncertain Until a Sound Business Case Is Established." Report Number GAO-09-844. August 2009. (https://www.gao.gov/assets/a294329.html)
- Davis, Jason. "'Apollo on Steroids': The Rise and Fall of NASA's Constellation Moon Program." The Planetary Society. August 1, 2016. (https://www.planetary.org/articles/20160801-horizon-goal-part-2)
- House Committee on Science, Space, and Technology: Status Report. "Testimony by Norman Augustine Hearing on 'Options and Issues for NASA's Human Space Flight Program: Report of the Review of U.S. Human Space Flight Program.'" SpaceRef. September 15, 2009. (http://www.spaceref.com/news/viewsr.html?pid=32379)
- Rutherford, Emelie. "Dim Outlook for Constellation Program in Augustine Panel's Report." Defense Daily. August 13, 2009. (https://www.defensedaily.com/dim-outlook-for-constellation-program-in-augustine-panels-report/congress/)
- Messier, Doug. "A Look at Cost Overuns and Schedule Delays in Major Space Programs." Parabolic Arc. May 4, 2011. (http://www.parabolicarc.com/2011/05/04/cost-overruns/)
- Klamper, Amy. "Ares 1 Advocates Take on Commercialization Proponents." SpaceNews. November 9, 2009. (https://spacenews.com/ares-1-advocates-take-commercialization-proponents/)
- "NASA Chief Questions Urgency of Global Warming." Morning Edition. NPR. May 31, 2007. (https://www.npr.org/templates/story/story.php?storyId=10571499)
- Block, Robert and Mark K. Matthews and Sentinel Staff Writers. "NASA Chief Griffin Bucks Obama's Transition Team." Orlando Sentinel. December 11, 2008. (https://www.orlandosentinel.com/news/os-xpm-2008-12-11-nasa11-story.html)
- Stover, Dawn. "Obama Clashes with NASA Moon Program." Popular Science. December 12, 2008. (https://www.popsci.com/military-aviation-amp-space/article/2008-12/chicago-

we-have-problem/)

- Kluger, Jeffrey. "Does Obama Want to Ground NASA's Next Moon Mission?" Time. December 11, 2008. (http://content.time.com/time/nation/article/0,8599,1866045,00.html)
- Benen, Steve. "Transition Trouble at NASA." Washington Monthly. December 11, 2008. (https://washingtonmonthly.com/2008/12/11/transition-trouble-at-nasa/)
- Borenstein, Seth. "NASA Chief's Wife: Don't Fire My Husband." NBC News. December 31, 2008. (https://www.nbcnews.com/id/wbna28451925)
- Cowing, Keith. "Major General Jonathan Scott Gration Emerges as Possible Obama Choice for NASA Administrator." SpaceRef. January 13, 2009. (http://www.spaceref.com/news/viewnews.html?id=1316)
- Iannotta, Becky. "Key U.S. Senator Cautions Obama on NASA Pick." Space.com. January 14, 2009. (https://www.space.com/6313-key-senator-cautions-obama-nasa-pick.html)
- U.S. Department of Transportation. "Worldwide Commercial Space Launches." Bureau of Transportation Statistics. (https://www.bts.gov/content/worldwide-commercial-space-launches)
- National Aeronautics and Space Administration. "The Vision for Space Exploration." February 2004. (https://www.nasa.gov/pdf/55583main_vision_space_exploration2.pdf)
- "The Air Mail Act of 1925 (Kelly Act)." Aviation Online Magazine. (http://avstop.com/history/needregulations/act1925.htm)
- Berger, Brian. "SpaceX, Rocketplane Kistler Win NASA COTS Competition." Space.com. August 18, 2006. (https://www.space.com/2768-spacex-rocketplane-kistler-win-nasa-cots-competition.html)
- Whitesides, Loretta Hildago. "NASA Terminates COTS Funds for Rocketplane Kistler." Wired. September 18, 2007. (https://www.wired.com/2007/09/nasa-terminates/)
- SpaceX Press Release. "SpaceX: Support NASA Exploration and COTS Capability D." SpaceRef. February 11, 2009. (http://www.spaceref.com/news/viewpr.html?pid=27552)
- "Commercial Crew & Cargo." NASA. (https://www.nasa.gov/offices/c3po/about/c3po.html)
- Sargent Jr., John F., Coordinator. "Federal Research and Development Funding: FY2010." CRS Report for Congress. Congressional Research Service. January 12, 2010. (https://sgp.fas.org/crs/misc/R40710.pdf)
- Ionnotta, Becky. "Multiple Options Available with Stimulus Money for NASA."

SpaceNews. March 6, 2009. (https://spacenews.com/multiple-options-available-stimulus-money-nasa/)

- Sausser, Brittany. "NASA Uses Stimulus Funding for Commercial Crew Concepts." MIT Technology Review. August 6, 2009. (https://www.technologyreview.com/2009/08/06/211114/nasa-uses-stimulus-funding-for-commercial-crew-concepts/)
- Bolden, Charles F., Interviewed by Sandra Johnson. "NASA Johnson Space Center Oral History Project, Edited Oral History Transcript." January 15, 2004. (https://historycollection.jsc.nasa.gov/JSCHistoryPortal/history/oral_histories/BoldenCF/BoldenCF_1-15-04.htm)
- Review of U.S. Human Spaceflight Plans Committee. "Seeking a Human Spaceflight Program Worth of a Great Nation." October 2009. NASA. (https://www.nasa.gov/pdf/396093main_HSF_Cmte_FinalReport.pdf)
- Bettex, Morgan. "Reporter's Notebook: Where Do We Go from Here?" MIT News. December 16, 2009. (https://news.mit.edu/2009/notebook-augustine-1216)
- NASA Fiscal Year 2011 Budget Estimates. NASA. (https://www.nasa.gov/pdf/420990main_FY_201_%20Budget_Overview_1_Feb_2010.pdf)
- Malik, Tariq. "Obama Budget Scraps NASA Moon Plan for '21st Century Space Program.'"Space.com. February 1, 2010. (https://www.space.com/7849-obama-budget-scraps-nasa-moon-plan-21st-century-space-program.html)
- Sacks, Ethan. "Lost in Space: President Obama's Proposed Budget Scraps NASA's Planned Manned Missions to the Moon." New York Daily News. February 1, 2010. (https://www.nydailynews.com/news/politics/lost-space-president-obama-proposed-budget-scraps-nasa-planned-manned-missions-moon-article-1.196064)
- Jones, Richard M. "Senator Nelson on NASA's FY 2011 Budget Request." FYI: Science Policy News from AIP. American Institute of Physics. February 18, 2010. (https://www.aip.org/fyi/2010/senator-nelson-nasas-fy-2011-budget-request)
- Maliq, Tarik. "NASA Grieves Over Canceled Program." NBC News. February 2, 2010. (https://www.nbcnews.com/id/wbna35209628)
- "Florida Congressional Delegation Letter to President Obama Regarding NASA FY 2011 Budget." US House of Representatives. SpaceRef. March 4, 2010. (http://www.spaceref.com/news/viewsr.html?pid=33634)
- Werner, Debra. "Senators Decry NASA's Change of Plans." SpaceNews. February 25, 2010. (https://spacenews.com/senators-decry-nasas-change-plans/)

• Klamper, Amy. "Garver: Battle Over Obama Plan Imperils NASA Budget Growth." SpaceNews. March 5, 2010. (https://spacenews.com/garver-battle-over-obama-plan-imperils-nasa%E2%80%82budget-growth/)
• Klamper, Amy. "NASA Prepares 'Plan B' for New Space Plan." Space.com. March 4, 2010. (https://www.space.com/8002-nasa-prepares-plan-space-plan.html)
• Chang, Kenneth. "NASA Chief Denies Talk of Averting Obama Plan." The New York Times. March 4, 2010. (https://www.nytimes.com/2010/03/05/science/space/05nasa.html)
• Coats, Michael L., Interviewed by Jennifer Ross-Nazzal. "NASA Johnson Space Center Oral History Project, Edited Oral History Transcript." August 5, 2015. (https://historycollection.jsc.nasa.gov/JSCHistoryPortal/history/oral_histories/CoatsML/CoatsML_8-5-15.htm)
• Lambwright, W. Henry. "Reflections on Leadership and Its Politics: Charles Bolden, NASA Administrator, 2009–2017." Public Administration Review. Syracuse University. July/August 2017.

06 날지 못하는 우주선

• Yeomans, Donald K. "Why Study Asteroids." Solar System Dynamics. April 1998. (https://ssd.jpl.nasa.gov/?why_asteroids)
• Klamper, Amy. "Obama's NASA Overhaul Encounters Continued Congressional Resistance." SpaceNews. April 23, 2010. (https://spacenews.com/obamas-nasa%E2%80%82overhaul-encounters-continued-congressional-resistance/)
• CNN Wire Staff. "Obama Outlines New NASA Strategy for Deep Space Exploration." CNN Politics. April 15, 2010. (http://www.cnn.com/2010/POLITICS/04/15/obama.space/index.html)
• The White House, Office of the Press Secretary. "Remarks by the President on Space Exploration in the 21st Century." John F. Kennedy Space Center, Merritt Island, Florida. April 15, 2010. (https://www.nasa.gov/news/media/trans/obama_ksc_trans.html)
• Chang, Kenneth. "Obama Vows Renewed Space Program." The New York Times. April 15, 2010. (https://www.nytimes.com/2010/04/16/science/space/16nasa.html)
• Malik, Tariq. "Obama Aims to Send Astronauts to an Asteroid, Then to Mars." Space.

com. April 15, 2010. (https://www.space.com/8222-obama-aims-send-astronauts-asteroid-mars.html)

- President Barack Obama tours SpaceX with CEO Elon Musk. Photograph and Caption. The White House Archives. (https://obamawhitehouse.archives.gov/photos-and-video/photos/president-barack-obama-tours-spacex-with-ceo-elon-musk)
- Matthews, Mark K. and Robert Block and Orlando Sentinel. "Obama Unveils NASA 'Vision' in Kennedy Space Center Speech." Orlando Sentinel. April 16, 2010. (https://www.orlandosentinel.com/news/os-xpm-2010-04-16-os-obama-speech-kennedy-space-center-20100415-story.html)
- Moskowitz, Clara. "NASA Should Use Private Spaceships, Say Astronauts." The Christian Science Monitor. July 16, 2010. (https://www.csmonitor.com/Science/2010/0716/NASA-should-use-private-spaceships-say-astronauts)
- Public Law 111–267. 111th Congress. "National Aeronautics and Space Administration Authorization Act of 2010." October 11, 2010. (https://www.congress.gov/111/plaws/publ267/PLAW-111publ267.pdf)
- The National Aeronautics and Space Administration. "National Aeronautics and Space Act of 1958, As Amended." August 25, 2008. (https://history.nasa.gov/spaceact-legishistory.pdf)
- Foust, Jeff. "Utah Members Concerned NASA 'Circumventing the Law' on Heavy Lift." Space Politics. November 19, 2010. (http://www.spacepolitics.com/2010/11/19/utah-members-concerned-nasa-circumventing-the-law-on-heavy-lift/)
- Foust, Jeff. "Senate Carries Out Its Subpoena Threat." Space Politics. July 28, 2011. (http://www.spacepolitics.com/2011/07/28/senate-carries-out-its-subpoena-threat/)
- Klotz, Irene. "NASA Sending Retired Space Shuttles to US Museums." Reuters. April 13, 2011. (https://www.reuters.com/article/uk-space-shuttles/nasa-sending-retired-space-shuttles-to-us-museums-idUSLNE73C02H20110413)
- NASA Content Administrator. "NASA Transfers Enterprise Title to Intrepid Sea, Air & Space Museum in New York City." December 11, 2011. (https://www.nasa.gov/mission_pages/transition/placement/enterprise_transfer.html)
- "Retired Space Shuttle Makes Final Voyage." VOA News. April 16, 2012. (https://www.voanews.com/a/retired-space-shuttle-makes-final-voyage-to-washington-area-museum-147761985/180532.html)
- NASA Content Administrator. "Endeavour's Final Flight Ends." September 21, 2012.

(https://www.nasa.gov/multimedia/imagegallery/endeavour_garver.html)
- Achenbach, Joel. "Final NASA Shuttle Mission Clouded by Rancor." The Washington Post. July 2, 2011. (https://www.washingtonpost.com/national/health-science/us-space-program-approaches-end-of-an-era-what-next/2011/06/29/AGeBAWtH_story.html)
- Booze, Allen, and Hamilton. Executive Summary of Final Report. "Independent Cost Assessment of the Space Launch System, Multi-Purpose Crew Vehicle and 21st Century Ground Systems Programs." (https://www.nasa.gov/pdf/581582main_BAH_Executive_Summary.pdf)
- US Senate Live Webcast. "Space Launch System Design Announced." September 14, 2011. (https://www.youtube.com/watch?v=TVp6uKfR5qE)
- Leone, Dan. "Obama Administration Accused of Sabotaging Space Launch System." Space.com. September 12, 2011. (https://www.space.com/12916-obama-nasa-space-launch-system-budget.html) Luscombe, Richard. "Nasa Shows Off 'Most Powerful Space Rocket in History.'" The Guardian. September 14, 2011. (https://www.theguardian.com/science/2011/sep/14/nasa-space-launch-system)
- Space.com Staff. "Voices: Industry & Analysts Weigh In on NASA's New Rocket." Space.com. September 15, 2011. (https://www.space.com/12959-nasa-space-launch-system-rocket-reactions.html)
- Foust, Jeff. "A Monster Rocket, or Just a Monster?" The Space Review. September 19, 2011. (https://www.thespacereview.com/article/1932/1)
- NASA Press Release. "NASA to Brief Industry on Space Launch System Procurement." September 23, 2011. (https://www.nasa.gov/home/hqnews/2011/sep/HQ_M11-204_MSFC_Indust_Day.html)
- Plait, Phil. "Why NASA Still Can't Put Humans in Space: Congress Is Starving It of Needed Funds." Slate. August 24, 2015. (https://slate.com/technology/2015/08/congress-and-nasa-commercial-crew-program-is-underfunded.html) Obama, Barack. A Promised Land. Crown. 2020.

07 NASA의 암흑물질

- Kelly, Emre. "GAO Takes Aim at NASA's James Webb Space Telescope, Notes Delays and Cost Overruns." Florida Today. January 31, 2020. (https://www.floridatoday.com/story/

tech/science/space/2020/01/31/gao-takes-aim-nasa-james-webb-space-telescope-delays-cost-overruns/4624433002/)

- Moskowitz, Clara. "NASA's Next Mars Rover Still Faces Big Challenges, Audit Reveals." Space.com. June 8, 2011. (https://www.space.com/11903-mars-rover-curiosity-budget-delay-report.html)
- Weiler, Edward J., Interviewed by Sandra Johnson. "NASA Science Mission Directorate Oral History Project, Edited Oral History Transcript." April 4, 2017. (https://historycollection.jsc.nasa.gov/JSCHistoryPortal/history/oral_histories/NASA_HQ/SMD/WeilerEJ/WeilerEJ_4-4-17.htm)
- United States Government Accountability Office. "NASA Needs to Better Assess Contract Termination Liability Risks and Ensure Consistency in Its Practices." Report. July 12, 2011. (https://www.gao.gov/products/gao-11-609r)
- Klamper, Amy. "Obama's NASA Overhaul Encounters Continued Congressional Resistance." SpaceNews. April 23, 2010. (https://spacenews.com/obamas-nasa%E2%80%82overhaul-encounters-continued-congressional-resistance/)
- NASA Advisory Council Recommendation. Industrial Base 2011-02-04 (EC-03). Attached: June 2011 NASA report to Congress, "Effects of the Transition to the Space Launch System on the Solid and Liquid Rocket Motor Industrial Bases." (https://www.nasa.gov/sites/default/files/atoms/files/may2011_industrialbase.pdf)
- Lambwright, W. Henry. "Reflections on Leadership and Its Politics: Charles Bolden, NASA Administrator, 2009–2017." Public Administration Review. Syracuse University. July/August 2017.
- "Charles Bolden, the NASA Administrator and Astronaut in Conversation with Al Jazeera's Imran Garda." Talk to Al Jazeera. Al Jazeera. July 1, 2010. (https://www.aljazeera.com/program/talk-to-al-jazeera/2010/7/1/charles-bolden)
- Moskowitz, Clara. "NASA Chief Says Agency's Goal Is Muslim Outreach, Forgets to Mention Space." The Christian Science Monitor. July 14, 2010. (https://www.csmonitor.com/Science/2010/0714/NASA-chief-says-agency-s-goal-is-Muslim-outreach-forgets-to-mention-space)
- Reuters Staff. "White House Corrects NASA Chief on Muslim Comment." Reuters. July 12, 2010. (https://www.reuters.com/article/us-obama-nasa/white-house-corrects-nasa-chief-on-muslim-comment-idUSTRE66B6MQ20100712)
- Foust, Jeff. "Suborbital Research Enters a Time of Transition." The Space Review. June 10,

2013. (https://www.thespacereview.com/article/2311/1)

- NASA. "OMEGA Project 2009–2012." (https://www.nasa.gov/centers/ames/research/OMEGA/index.html)
- Foust, Jeff. "Former NASA Administrator Reprimanded for Use of Agency Personnel After Departure." SpaceNews. June 12, 2020. (https://spacenews.com/former-nasa-administrator-reprimanded-for-use-of-agency-personnel-after-departure/)

08 로켓맨의 비상

- "Card, Club, Pan Am 'First Moon Flights.'" Pan Am's Club Card for "First Moon Flights." Number 1043, issued by the airline to Jeffrey Gates. Smithsonian National Air and Space Museum. (https://airandspace.si.edu/collection-objects/card-club-pan-am-first-moon-flights/nasm_A20180010000)
- Borcover, Alfred and Travel Editor. "161 Hopefuls Put Up $5,000 Each to Experience an Outof-this-World Trip." Chicago Tribune. January 12, 1986. (https://www.chicagotribune.com/news/ct-xpm-1986-01-12-8601040135-story.html)
- McCray, W. Patrick. The Visioneers: How a Group of Elite Scientists Pursued Space Colonies, Nanotechnologies, and a Limitless Future. Princeton University Press. 2017. (http://assets.press.princeton.edu/chapters/i9822.pdf)
- Fowler, Glenn. "George Koopman Dies in Wreck; Technologist for Space Was 44." The New York Times. July 21, 1989. (https://www.nytimes.com/1989/07/21/obituaries/george-koopman-dies-in-wreck-technologist-for-space-was-44.html)
- Boyle, Alan. "Space Racers Unite in Federation." NBC News. February 8, 2005. (https://www.nbcnews.com/id/wbna6936543)
- Boyle, Alan. "Private-Spaceflight Bill Signed into Law." NBC News. December 8, 2004. (https://www.nbcnews.com/id/wbna6682611)
- "Rocket Man." Forbes. April 17, 2000. (https://www.forbes.com/forbes/2000/0417/6509398a.html?sh=3fe63e906d4b)
- Clark, Stephen. "Beal Aerospace Ceases Work to Build Commercial Rocket." Spaceflight Now. October 24, 2000. (https://spaceflightnow.com/news/n0010/24beal/)
- Chang, Kenneth. "For Space Station, a Pod That Folds Like a Shirt and Inflates Like a Balloon." The New York Times. January 16, 2013. (https://www.nytimes.

com/2013/01/17/science/space/for-nasa-bigelow-aerospaces-balloonlike-module-is-innovative-and-a-bargain-too.html)

- Foust, Jeff. "Bigelow Aerospace Lays Off Entire Workforce." SpaceNews. March 23, 2020. (https://spacenews.com/bigelow-aerospace-lays-off-entire-workforce/)
- Foust, Jeff. "Stratolaunch Founder Paul Allen Dies." SpaceNews. October 15, 2018. (https://spacenews.com/stratolaunch-founder-paul-allen-dies/)
- Abdollah, Tami and Stuart Silverstein. "Test Site Explosion Kills Three." Los Angeles Times. July 27, 2007. (https://www.latimes.com/archives/la-xpm-2007-jul-27-me-explode27-story.html)
- Malik, Tariq. "Deadly SpaceShipTwo Crash Caused by Co-Pilot Error: NTSB." Space.com. July 28, 2015. (https://www.space.com/30073-virgin-galactic-spaceshiptwo-crash-pilot-error.html)
- Malik, Tariq. "Virgin Galactic Goes Public on New York Stock Exchange After Completing Merger." Space.com. October 28, 2019. (https://www.space.com/virgin-galactic-goes-public-nyse-stock-exchange.html)
- Weitering, Hanneke. "Blue Moon: Here's How Blue Origin's New Lunar Lander Works." Space.com. May 10, 2019. (https://www.space.com/blue-origin-blue-moon-lander-explained.html)
- Thomas, Candrea. "Blue Origin Tests Rocket Engine Thrust Chamber." Commercial Space Transportation. NASA. October 15, 2012. (https://www.nasa.gov/exploration/commercial/crew/blue-origin-be3.html)
- Berger, Brian. "SpaceX, Rocketplane Kistler Win NASA COTS Competition." Space.com. August 18, 2006. (https://www.space.com/2768-spacex-rocketplane-kistler-win-nasa-cots-competition.html)
- Chang, Kenneth. "First Private Craft Docks with Space Station." The New York Times. May 25, 2012. (https://www.nytimes.com/2012/05/26/science/space/space-x-capsule-docks-at-space-station.html)
- Killian, Mike. "Government Requests Court Dismiss SpaceX Lawsuit Over Air Force's 36-Rocket Block-Buy Deal With ULA." AmericaSpace. 2014. (https://www.americaspace.com/2014/07/03/government-requests-court-dismiss-spacex-lawsuit-over-air-forces-36-rocket-block-buy-deal-with-ula/)
- Gruss, Mike. "SpaceX, Air Force Settle Lawsuit over ULA Blockbuy." SpaceNews. January 23, 2015. (https://spacenews.com/spacex-air-force-reach-agreement/)

- Berger, Eric. "This Is Probably Why Blue Origin Keeps Protesting NASA's Lunar Lander Award." Ars Technica. August 11, 2021. (https://arstechnica.com/science/2021/08/this-is-probably-why-blue-origin-keeps-protesting-nasas-lunar-lander-award/) "TODAY: SpaceX to Make First Launch Attempt for COTS Demo 1." SpaceRef. December 8, 2010. (http://www.spaceref.com/news/viewpr.html?pid=32213)
- Junod, Tom. "Elon Musk: Triumph of His Will." Esquire. November 15, 2012. (https://www.esquire.com/news-politics/a16681/elon-musk-interview-1212/)
- Sauser, Brittany. "SpaceX Sets Launch for Heavy-Lift Rocket." Technology Review. April 5, 2011. (https://www.technologyreview.com/2011/04/05/195936/spacex-sets-launch-date-for-heavy-lift-rocket/)
- Garver, Lori. "SpaceX Could Save NASA and the Future of Space Exploration." Op-ed. The Hill. February 8, 2018. (https://thehill.com/opinion/technology/372994-spacex-could-save-nasa-and-the-future-of-space-exploration)
- Mwaniki, Andrew. "Countries with the Most Commercial Space Launches." World Atlas. May 16, 2018. (https://www.worldatlas.com/articles/countries-with-the-most-commercial-space-launches.html)

09 변화의 시작

- "The Dawn of the Space Shuttle." Richard Nixon Foundation. January 5, 2017. (https://www.nixonfoundation.org/2017/01/dawn-space-shuttle/)
- Noe, Alva. "Soaking Up Wisdom from Neil DeGrasse Tyson." NPR. January22, 2016. (https://www.npr.org/sections/13.7/2016/01/22/463855900/soaking-up-wisdom-from-neil-degrasse-tyson)
- Tyson, Neil deGrasse. "Neil deGrasse Tyson: The 3 Fears That Drive Us to Accomplish Extraordinary Things." Big Think. July 19, 2013. (https://youtu.be/0CJ8g8w1huc)
- NASA. "Our Missions and Values." (https://www.nasa.gov/careers/our-mission-and-values)
- Coats, Michael L., Interviewed by Jennifer Ross-Nazzal. "NASA Johnson Space Center Oral History Project, Edited Oral History Transcript." August 5, 2015. (https://historycollection.jsc.nasa.gov/JSCHistoryPortal/history/oral_histories/CoatsML/CoatsML_8-5-15.htm)

- "Model, X-33 VentureStar Reusable Launch Vehicle." Transferred from NASA Langley Research Center. Smithsonian National Air & Space Museum. (https://airandspace.si.edu/collection-objects/model-x-33-venturestar-reusable-launch-vehicle/nasm_A20060581000)
- Luypaert, Joris. "The Man Who Killed The X-33 Venturestar." One Stage to Space. June 23, 2018. (https://onestagetospace.com/2018/06/23/the-man-that-killed-the-x-33-venturestar/)
- Oliva, Leandro. "Goodnight Moon: Michael Griffin on the future of NASA." Ars Technica. April 1, 2010. (https://arstechnica.com/science/2010/04/goodnight-moon-michael-griffin-on-the-future-of-nasa/)
- Lambwright, W. Henry. "Reflections on Leadership and Its Politics: Charles Bolden, NASA Administrator, 2009–2017." Public Administration Review. Syracuse University. July/August 2017.
- Ferguson, Sarah. "Launching Starship: Inside Elon Musk's Plan to Perfect the Rocket to Take Humanity to Mars." Foreign Correspondent. ABC (Australian Broadcasting Corporation) News. September 29, 2021. (https://www.abc.net.au/news/2021-09-30/elon-musk-starship-to-get-back-to-the-moon-and-on-to-mars/100498076)
- Ferguson, Sarah. "Destination Mars." Foreign Correspondent. ABC (Australian Broadcasting Corporation) News. September 30, 2021. Updated November 1, 2021. (https://www.abc.net.au/foreign/destination-mars/13565384)
- Statement of VADM Joseph W. Dyer, USN (Retired) Chairman National Aeronautics and Space Administration's Aerospace Safety Advisory Panel before the Committee on Science, Space, and Technology Subcommittee on Space and Aeronautics. U.S. House of Representatives. September 14, 2012. (https://www.hq.nasa.gov/legislative/hearings/2012%20hearings/9-14-2012%20DYER.pdf)
- Regan, Rebecca. "NASA's Commercial Crew Program Refines Its Course." Commercial Space Transportation. NASA. December 21, 2011. (https://www.nasa.gov/exploration/commercial/crew/CCP_strategy.html)
- Plait, Phil. "BREAKING: After Initial Problems, SpaceX Dragon Now Looking Good On Orbit." Slate. March 1, 2013. (https://slate.com/technology/2013/03/spacex-dragon-initial-problems-with-thrusters-now-under-control-mission-to-proceed-soon.html)
- Gustetic, Jennifer L., Victoria Friedensen, Jason L. Kessler, Shanessa Jackson, andJames Parr. "NASA's Asteroid Grand Challenge: Strategy, Results, and Lessons Learned." Space Policy. Volumes 44–45. August 2018. (https://www.sciencedirect.com/science/article/pii/

S0265964617300838)
- NASA. "Asteroid Redirect Mission Crewed Mission (ARCM) Concept Study." Mission Formulation Review. (https://www.nasa.gov/sites/default/files/files/Asteroid-Crewed-Mission-Stich-TAGGED2.pdf)
- NASA Content Administrator. "Asteroid Mission Targeted." April 29, 2013. (https://www.nasa.gov/centers/dryden/news/X-Press/dfrc_budget_2013.html)
- Berger, Eric. "NASA's Asteroid Mission Isn't Dead—Yet." Ars Technica. February 10, 2016. (https://arstechnica.com/science/2016/02/nasas-asteroid-mission-isnt-deadyet/)

10 고질적인 문제

- SpaceNews Staff. "Bolden Urges Work Force to Back NASA's New Direction." SpaceNews. May 3, 2010. (https://spacenews.com/bolden-urges-work-force-back-nasas-new-direction/)
- Straus, Mark. "Majority of Americans Believe It Is Essential That the U.S. Remain a Global Leader in Space." Pew Research Center. June 6, 2018. (https://www.pewresearch.org/science/2018/06/06/majority-of-americans-believe-it-is-essential-that-the-u-s-remain-a-global-leader-in-space/)
- Johnson, Courtney. "How Americans See the Future of Space Exploration, 50 Years After the First Moon Landing." Pew Research Center. July 17, 2019. (https://www.pewresearch.org/fact-tank/2019/07/17/how-americans-see-the-future-of-space-exploration-50-years-after-the-first-moon-landing/)
- Sabin, Sam. "Nearly Half the Public Wants the U.S. to Maintain Its Space Dominance. Appetite for Space Exploration Is a Different Story." Morning Consult. February 25, 2021. (https://morningconsult.com/2021/02/25/space-force-travel-exploration-poll/)
- Chase, Patrick. "NASA, Space Exploration, and American Public Opinion." WestEastSpace. Medium.com. July 14, 2020. (https://medium.com/westeastspace/nasa-space-exploration-and-american-public-opinion-139cbc1c6cce)
- Treat, Jason, Jay Bennett, and Christopher Turner. "How 'The Right Stuff' Has Changed." National Geographic. November 6, 2020. (https://www.nationalgeographic.com/science/graphics/charting-how-nasa-astronaut-demographics-have-changed-over-time)
- Krishna, Swapna. "The Mercury 13: The women who could have been NASA's first female

astronauts." Space.com. July 24, 2020. (https://www.space.com/mercury-13.html)

- Sylvester, Roshanna. "John Glenn and the Sexism of the Early Space Program." Smithsonian Magazine. December 14, 2016. (https://www.smithsonianmag.com/history/even-though-i-am-girl-john-glenns-fan-mail-and-sexism-early-space-program-180961443/)
- Teitel, Amy Shira. "NASA Once Made an Official Ruling on Women and Pantsuits." Discover. February 12, 2019. (https://www.discovermagazine.com/the-sciences /nasa-once-made-an-official-ruling-on-women-and-pantsuits)
- Shetterly, Margot Lee. Hidden Figures: The American Dream and the Untold Story of the Black Women Mathematicians Who Helped Win the Space Race. William Morrow.2016.
- Holt, Nathalia. Rise of the Rocket Girls: The Women Who Propelled Us, from Missiles to the Moon to Mars. Little, Brown and Company. 2016.
- Katsarou, Maria. "Women & the Leadership Labyrinth Howard vs Heidi." Leadership Psychology Institute. (https://www.leadershippsychologyinstitute.com/women-the-leadership-labyrinth-howard-vs-heidi/)
- Ottens, Nick. "Sexism in Star Trek." Forgotten Trek. October 16, 2019. (https://forgottentrek.com/sexism-in-star-trek/)
- Ulster, Laurie. "15 Really Terrible Moments for Women in Star Trek." Screen Rant. August 1, 2016. (https://screenrant.com/terrible-moments-for-women-in-star-trek/)
- Woman in Motion. Internet Movie Database. imdb.com/title/tt4512946/. (https://www.imdb.com/title/tt4512946/)
- Coats, Michael L., Interviewed by Jennifer Ross-Nazzal. "NASA Johnson Space Center Oral History Project, Edited Oral History Transcript." August 5, 2015. (https://historycollection.jsc.nasa.gov/JSCHistoryPortal/history/oral_histories/CoatsML/CoatsML_8-5-15.htm)
- Ride, Dr. Sally K. "Leadership and America's Future in Space: A Report to the Administrator." NASA. August 1987. (https://history.nasa.gov/riderep/main.PDF) Discussion with Alan Ladwig. August 23, 2021.
- Grady, Denise. "American Woman Who Shattered Space Ceiling: Sally Ride, 1951–2012." The New York Times. July 23, 2012. (https://www.nytimes.com/2012/07/24/science/space/sally-ride-trailblazing-astronaut-dies-at-61.html)
- Sherr, Lynn. Sally Ride: America's First Woman in Space. Simon & Schuster. June 3, 2014. Sorkin, Amy Davidson. "The Astronaut Bride." The New Yorker. July 25, 2012.

(https://www.newyorker.com/news/daily-comment/the-astronaut-bride)
- Davenport, Christian, and Rachel Lerman. "Inside Blue Origin: Employees Say Toxic, Dysfunctional 'Bro Culture' Led to Mistrust, Low Morale, and Delays at Jeff Bezos's Space Venture." The Washington Post. October 11, 2021. (https://www.washingtonpost.com/technology/2021/10/11/blue-origin-jeff-bezos-delays-toxic-workplace/)
- Kolhatkar, Sheelah. "The Tech Industry's Gender-Discrimination Problem." The New Yorker. November 13, 2017. (https://www.newyorker.com/magazine/2017/11/20/the-tech-industrys-gender-discrimination-problem)
- Tayeb, Zahra, and Kevin Shalvey. "Former SpaceX Engineer Accuses Company of Racial Discrimination, Denying Its Claims that He Was Fired for Making Inappropriate Facial Expressions." Business Insider. November 14, 2021. (https://www.businessinsider.com/spacex-engineer-alleges-racial-discrimination-harassment-lawsuit-2021-11)
- Ivey, Glen E. "Lori Garver: Not Every Hero at NASA Is an Astronaut." gleneivey.wordpress.com. March 24, 2010. (https://gleneivey.wordpress.com/2010/03/24/lori-garver-not-every-hero-at-nasa-is-an-astronaut/)
- Mackay, Charles. "No Enemies." 1846.
- Sinclair, Upton. Anthology. Murray & Gee. 1947.

11 우주를 유영하는 드래곤

- Berger, Brian. "Outgoing NASA Deputy Reflects on High-profile, Big-money Programs." SpaceNews. September 9, 2013. (https://spacenews.com/37126outgoing-nasa-deputy-reflects-on-high-profile-big-money-programs/)
- Chang, Kenneth. "Scrutinizing SpaceX, NASA Overlooked Some Boeing Software Problems." The New York Times. July 7, 2020. (https://www.nytimes.com/2020/07/07/science/boeing-starliner-nasa.html)
- Davenport, Christian. "No One Thought SpaceX Would Beat Boeing. Elon Musk Proved Them Wrong." The Washington Post. May 21, 2020. (https://www.washingtonpost.com/technology/2020/05/21/spacex-boeing-rivalry-launch/)
- Gohd, Chelsea. "NASA's SpaceX Launch Is Not the Cure for Racial Injustice." Space.com. June 3, 2020. (https://www.space.com/spacex-launch-not-cure-for-racial-injustice.html)
- Heron, Gil Scott. "Whitey on the Moon." Spoken word poem. 1970.

- Email from Kiko Dontchev, SpaceX. July 26, 2018.
- "The Crew Dragon Mission Is a Success for SpaceX and for NASA." The Economist. June 6, 2020. (https://www.economist.com/science-and-technology/2020/06/04/the-crew-dragon-mission-is-a-success-for-spacex-and-for-nasa)
- Wall, Mike. "Trump Hails SpaceX's 1st Astronaut Launch Success for NASA." Space.com. May 30, 2020. (https://www.space.com/trump-hails-spacex-astronaut-launch-demo-2.html)
- Foust, Jeff. "Current and Former NASA Leadership Share Credit for Commercial Crew." SpaceNews. May 26, 2020. (https://spacenews.com/current-and-former-nasa-leadership-share-credit-for-commercial-crew/)
- Erwin, Sandra. "Biden's Defense Nominee Embraces View of Space As a Domain of War." SpaceNews. January 19, 2021. (https://spacenews.com/bidens-defense-nominee-embraces-view-of-space-as-a-domain-of-war/)
- Broad, William J. "How Space Became the Next 'Great Power' Contest Between the U.S. and China." The New York Times. January 24, 2021. Updated May 6, 2021. (https://www.nytimes.com/2021/01/24/us/politics/trump-biden-pentagon-space-missiles-satellite.html)
- Howell, Elizabeth. "Jeff Bezos' Blue Origin Throws Shade at Virgin Galactic Ahead of Richard Branson's Launch." Space.com. July 9, 2021. (https://www.space.com/blue-origin-throws-shade-at-virgin-galactic-ahead-of-launch)
- Hussain, Noor Zainab. "Branson's Virgin Galactic to Sell Space Tickets Starting at $450,000." Reuters. August 5, 2021. (https://www.reuters.com/lifestyle/science/bransons-virgin-galactic-sell-space-flight-tickets-starting-450000-2021-08-05/)
- McFall-Johnsen, Morgan. "Elon Musk Showed Up in Richard Branson's Kitchen at 3 a.m. to Wish Him Luck Flying to the Edge of Space." Business Insider. July 11, 2021. (https://www.businessinsider.com/elon-musk-visited-richard-branson-kitchen-early-launch-day-2021-7)
- Neuman, Scott. "Jeff Bezos and Blue Origin Travel Deeper into Space Than Richard Branson." NPR. July 20, 2021. (https://www.npr.org/2021/07/20/1017945718/jeff-bezos-and-blue-origin-will-try-to-travel-deeper-into-space-than-richard-bra)
- Chang, Kenneth. "SpaceX Inspiration4 Mission: Highlights From Day 2 in Orbit." The New York Times. September 17, 2021. Updated November 9, 2021. (https://www.nytimes.com/live/2021/09/17/science/spacex-inspiration4-tracker)

- Wall, Mike. "SpaceX to Fly 3 More Private Astronaut Missions to Space Station for Axiom Space." Space.com. June 2, 2021. (https://www.space.com/spacex-axiom-deal-more-private-astronaut-missions)
- Johnson Space Center, Status Report. "NASA Commercial LEO Destinations Announcement 80JSC021CLD FINAL." NASA. SpaceRef. July 12, 2021. (http://www.spaceref.com/news/viewsr.html?pid=54956)
- Powell, Corey S. "Jeff Bezos Foresees a Trillion People Living in Millions of Space Colonies. Here's What He's Doing to Get the Ball Rolling." NBC News. May 15, 2019. (https://www.nbcnews.com/mach/science/jeff-bezos-foresees-trillion-people-living-millions-space-colonies-here-ncna1006036)
- Mosher, Dave. "Elon Musk Says SpaceX Is on Track to Launch People to Mars Within 6 Years. Here's the Full Timeline of His Plans to Populate the Red Planet." Business Insider. November 2, 2018. (https://www.businessinsider.com/elon-musk-spacex-mars-plan-timeline-2018-10)
- Papadopoulos, Anna. "The World's Richest People (Top Billionaires, 2021)." CEOWorld Magazine. November 4, 2021. (https://ceoworld.biz/2021/11/04/the-worlds-richest-people-2021/)
- Silverman, Jacob. "The Billionaire Space Race Is a Tragically Wasteful Ego Contest."New Republic. July 9, 2021. (https://newrepublic.com/article/162928/richard-branson-jeff-bezos-space-blue-origin)
- Lepore, Jill. "Elon Musk Is Building a Sci-Fi World, and the Rest of Us Are Trapped in It." Guest Essay, Opinion. The New York Times. November 4, 2021. (https://www.nytimes.com/2021/11/04/opinion/elon-musk-capitalism.html)
- Deggans, Eric. "Elon Musk Takes An Awkward Turn As 'Saturday Night Live' Host." All Things Considered. NPR. May 9, 2021. (https://www.npr.org/2021/05/09/994620764/elon-musk-hosts-snl)
- Swift, Taylor Alison, and Jack Antonoff. "The Man." Lyrics. AZLyrics.com. (https://www.azlyrics.com/lyrics/taylorswift/theman.html)

12 새로운 우주를 위해서

- Noble, Alex. "Jon Stewart Sends Up Billionaire Space Race in Starry Promo for New

Apple Show." The Wrap. July 20, 2021. (https://www.thewrap.com/jon-stewart-jeff-bezos-space-race-apple-tv-show-promo-video/)

- Baxter, William E. "Introduction—Samuel P. Langley: Aviation Pioneer (Part 2)." Smithsonian Libraries. (https://www.sil.si.edu/ondisplay/langley/part_two.htm)
- Office of Science and Technology Policy, The White House. "Statement on National Space Transportation Policy." August 5, 1994. (https://www.globalsecurity.org/space/library/policy/national/launchst.htm)
- NASA Office of Inspector General, Office of Audits. "NASA's Management of the Artemis Missions." Report No. IG-22-003. NASA. November 15, 2021. (https://oig.nasa.gov/docs/IG-22-003.pdf)
- Davenport, Christian. "NASA Watchdog Takes Aim at Boeing's SLS Rocket; It Says Backbone of Trump's Moon Mission Could Cost a Staggering $50 Billion." The Washington Post. March 11, 2020. (https://www.washingtonpost.com/technology/2020/03/10/nasa-boeing-trump-moon-cost/)
- Berger, Eric. "NASA Has Begun a Study of the SLS Rocket's Affordability [Updated]." Ars Technica. March 15, 2021. (https://arstechnica.com/science/2021/03/nasa-has-begun-a-study-of-the-sls-rockets-affordability/)
- Miller, Amanda. "NASA Faces Up to Huge Cost Overruns for Its SLS Heavy Lift Rocket." Room: Space Journal of Asgardia. March 11, 2020. (https://room.eu.com/news/nasa-faces-up-to-huge-cost-overruns-for-its-sls-heavy-lift-rocket)
- Wall, Mike. "'Artemis Is Here:' Vice President Pence Stresses Importance of 2024 Moon Landing." Space.com. November 14, 2019. (https://www.space.com/nasa-artemis-moon-program-mike-pence.html)
- Sheetz, Michael. "Trump Wants NASA to Go to Mars, Not the Moon Like He Declared Weeks Ago." CNBC. June 7, 2019. (https://www.cnbc.com/2019/06/07/trump-wants-nasa-to-go-to-mars-not-the-moon-like-he-declared-weeks-ago.html)
- Grush, Loren. "Trump Repeatedly Asks NASA Administrator Why We Can't Go Straight to Mars." The Verge. July 19, 2019. (https://www.theverge.com/2019/7/19/20701061/president-trump-nasa-administrator-jim-bridenstine-artemis-mars-direct-moon-apollo-11)
- Davenport, Christian. "Trump Pushed for a Moon Landing in 2024. It's Not Going to Happen." The Washington Post. January 13, 2021. (https://www.washingtonpost.com/technology/2021/01/13/trump-nasa-moon-2024/)

- Foust, Jeff. "Changing NASA Requirements Caused Cost and Schedule Problems for Gateway." SpaceNews. November 12, 2020. (https://spacenews.com/changing-nasa-requirements-caused-cost-and-schedule-problems-for-gateway/)
- NASA Office of Inspector General, Office of Audits. "NASA's Development of Next-Generation Spacesuits." Report No. IG-21-025. NASA. August 10, 2021. (https://oig.nasa.gov/docs/IG-21-025.pdf)
- Mahoney, Erin. "NASA Prompts Companies for Artemis Lunar Terrain Vehicle Solutions." NASA. August 31, 2021. (https://www.nasa.gov/feature/nasa-prompts-companies-for-artemis-lunar-terrain-vehicle-solutions)
- Foust, Jeff. "Just off a call . . ." @jeff_foust Tweet. Twitter. May 26, 2020. 2:44 pm. (https://twitter.com/jeff_foust/status/1265353156206231556)
- Rupar, Aaron. "Jen Psaki's Space Force Comment and the Ensuing Controversy, Explained." Vox. February 5, 2021. (https://www.vox.com/2021/2/5/22268047/jen-psaki-space-force)
- Foust, Jeff. "White House Endorses Artemis Program." SpaceNews. February 4, 2021. (https://spacenews.com/white-house-endorses-artemis-program/)
- Berger, Eric. "White House Says Its Supports Artemis Program to Return to the Moon[Updated]." Ars Technica. February 4, 2021. (https://arstechnica.com/science/2021/02/senate-democrats-send-a-strong-signal-of-support-for-artemis-moonprogram/)
- Smith, Marcia. "Biden Administration 'Certainly' Supports Artemis Program." SpacePolicyOnline.com. February 4, 2021. (https://spacepolicyonline.com/news/biden-administration-certainly-supports-artemis-program/)
- Garver, Lori. "New NASA Administrator Should Reject Its Patriarchal and Parochial Past." Op-ed. Scientific American. April 12, 2021. (https://www.scientificamerican.com/article/bill-nelson-isnt-the-best-choice-for-nasa-administrator/)
- Axe, David. "NASA Veterans Baffled by Biden Pick of Bill Nelson to Lead Agency." The Daily Beast. March 19, 2021. (https://www.thedailybeast.com/nasa-veterans-baffled-by-reported-biden-pick-to-lead-agency)
- Feldscher, Jacqueline with Bryan Bender. "Bolden Would Have 'Preferred' to See a Woman Lead NASA." Politico Space. Politico. March 26, 2021. (https://www.politico.com/newsletters/politico-space/2021/03/26/bolden-would-have-preferred-to-see-a-woman-lead-nasa-492250)

- Smith, Marcia. "Nelson Greeted with Accolades at Nomination Hearing." SpacePolicyOnline.com. April 21, 2021. (https://spacepolicyonline.com/news/nelson-greeted-with-accolades-at-nomination-hearing/)
- U.S. Senate Committee on Commerce, Science, & Transportation. "Nomination Hearing to Consider the Presidential Nominations of Bill Nelson to Be National Aeronautics and Space Administration Administrator. . . ." April 21, 2021. (https://www.commerce.senate.gov/2021/4/nomination-hearing)
- Bartels, Meghan. "Biden Proposes $24.7 Billion NASA Budget in 2022 to Support Moon Exploration and More." Space.com. April 9, 2021. (https://www.space.com/biden-nasa-2022-budget-request)
- Gohd, Chelsea. "NASA to Land 1st Person of Color on the Moon with Artemis Program." Space.com. April 9, 2021. (https://www.space.com/nasa-sending-first-person-of-color-to-moon-artemis)
- Sadek, Nicole. "NASA Wants $11 Billion in Infrastructure Bill for Moon Landing." Bloomberg Government. June 15, 2021. (https://about.bgov.com/news/nasa-wants-11-billion-in-infrastructure-bill-for-moon-landing/)
- Foust, Jeff. "Nelson Remains Confident Regarding Funding for Artemis." SpaceNews. October 3, 2021. (https://spacenews.com/nelson-remains-confident-on-nasa-funding-for-artemis/)
- Foust, Jeff. "Revised Budget Reconciliation Package Reduces NASA Infrastructure Funds." SpaceNews. October 29, 2021. (https://spacenews.com/revised-budget-reconciliation-package-reduces-nasa-infrastructure-funds/)
- Davenport, Christian. "Citing China Threat, NASA Says Moon Landing Now Will Come in 2025." The Washington Post. November 9, 2021. (https://www.washingtonpost.com/technology/2021/11/09/nasa-moon-artemis-spacex-china/)
- NASA Office of Inspector General, Office of Audits. "NASA's Management of the Artemis Missions." Report No. IG-22-003. NASA. November 15, 2021. (https://oig.nasa.gov/docs/IG-22-003.pdf)
- Press Release. "As Artemis Moves Forward, NASA Picks SpaceX to Land Next Americans on Moon." Release 21-042. NASA. April 16, 2021. (https://www.nasa.gov/press-release/as-artemis-moves-forward-nasa-picks-spacex-to-land-next-americans-on-moon)
- Shepardson, David. "U.S. Watchdog Rejects Blue Origin Protest Over NASA Lunar Contract." Reuters. July 30, 2021. (https://www.reuters.com/business/aerospace-defense/

us-agency-denies-blue-origin-protest-over-nasa-lunar-lander-contract-2021-07-30/)

- Roulette, Joey. "Jeff Bezos' Blue Origin Sues NASA, Escalating Its Fight for a Moon Lander Contract." The Verge. August 16, 2021. (https://www.theverge.com/2021/8/16/22623022/jeff-bezos-blue-origin-sue-nasa-lawsuit-hls-lunar-lander)
- Roulette, Joey. "Blue Origin Loses Legal Fight Over SpaceX's NASA Moon Contract." The New York Times. November 4, 2021. Updated November 10, 2021. (https://www.nytimes.com/2021/11/04/science/blue-origin-nasa-spacex-moon-contract.html)
- Jewett, Rachel. "Senate Appropriations Directs NASA to Pursue Second HLS With $100M." Via Satellite. October 19, 2021. (https://www.satellitetoday.com/space-exploration/2021/10/19/senate-appropriations-directs-nasa-to-pursue-second-hls-with-100m/)
- Brown, Mike. "Blue Origin New Glenn Specs, Power, and Launch Date for Ambitious Rocket." Inverse. July 23, 2021. (https://www.inverse.com/innovation/blue-origin-new-glenn-specs-power-launch-date-for-ambitious-rocket)
- Bergin, Chris. "Amid Ship 20 Test Success, Starbase Prepares Future Starships." NasaSpaceflight.com. November 14, 2021. (https://www.nasaspaceflight.com/2021/11/ship-20-success-prepares-future-starships/)
- Bender, Maddie. "SpaceX's Starship Could Rocket-Boost Research in Space." Scientific American. September 16, 2021. (https://www.scientificamerican.com/article/spacexs-starship-could-rocket-boost-research-in-space/)
- Ferguson, Sarah. "Destination Mars." Foreign Correspondent. ABC (Australian Broadcasting Corporation) News. September 30, 2021. Updated November 1, 2021. (https://www.abc.net.au/foreign/destination-mars/13565384)
- Gross, Jenny. "Satellite Monitoring of Emissions from Countries and Companies 'Changes Everything,' Al Gore Says." The New York Times. November 3, 2021. Updated November 6, 2021. (https://www.nytimes.com/2021/11/03/climate/al-gore-cop26.html)
- "Climate Change: How Do We Know?" Global Climate Change: Vital Signs of the Planet. NASA. (https://climate.nasa.gov/evidence/)
- Voosen, Paul. "NASA's New Fleet of Satellites Will Offer Insights into the Wild Cards of Climate Change." Science. May 5, 2021. (https://www.science.org/news/2021/05/nasas-new-fleet-satellites-will-offer-insights-wild-cards-climate-change)
- Freedman, Andrew. "Al Gore's Climate TRACE Finds Vast Undercounts of Emissions." Energy & Environment. Axios. September 16, 2021. (https://www.axios.com/global-

carbon-emissions-inventory-surprises-cb7f220a-6dfd-4f88-9349-5c9ffa0817e9.html)

- "'The First Earthrise' Apollo 8 Astronaut Bill Anders Recalls the First Mission to the Moon." The Museum of Flight. December 20, 2008. (https://www.museumofflight.org/News/2267/quotthe-first-earthrisequot-apollo-8-astronaut-bill-anders-recalls-the-first)
- "John F. Kennedy Moon Speech—Rice Stadium." September 12, 1962. (https://er.jsc.nasa.gov/seh/ricetalk.htm)
- Sagan, Carl, "Pale Blue Dot: A Vision of the Human Future in Space," Random House,1994.

에필로그

- Smithberger, Mandy, and William Hartung. "Demilitarizing Our Democracy." TomDispatch. January 28, 2021. (https://tomdispatch.com/demilitarizing-our-democracy/)
- Public Citizen. "If you're spending . . ." @Public_Citizen Tweet. Twitter. January 7, 2021. 1:29 pm. (https://twitter.com/public_citizen/status/1347248913464532992?lang=en)

옮긴이

조동연

1982년 서울 출생으로 육군사관학교 60기로 졸업 및 소위로 임관하였다(2004). 경희대학교 평화복지대학원 아태지역학 석사(2011)와 미국 하버드 대학교 케네디스쿨 공공정책학 석사학위(2016)를 받았다. 미국 메릴랜드 대학교 컬리지 파크 국제개발 및 분쟁관리센터 방문학자(2018), 예일대학교 잭슨국제문제연구소 월드 펠로우(2018), 서경대학교 군사학과 조교수(2021-휴직 중)로 재직했다. 현재 제네바에 위치한 유엔군축연구소 선임연구원(2023-현재)으로 재직 중이다. 저서로는 『빅 픽처 2017』(2016, 공저), 『우주산업의 로켓에 올라타라』(2021), 번역서로는 『해양전략 지침서』, 『미국의 대전략과 단호한 자제』 등이 있다.

김지훈

충남대학교 기계공학과를 졸업하고 동 대학원에서 액체로켓 전공으로 석사학위를 받았다(2003). 이후 한국항공우주연구원 발사체사업단 연구원으로 나로호 상단 로켓 추진 기관 개발, 나로호 발사대 구축 및 나로호 발사 임무를 수행하고, 누리호 개발을 위한 추진기관 설비 프로젝트에 참여했다(2003-2014). 미국 이민 후, 뉴스페이스 스타트업 로켓 회사 파이어플라이에서 알파 로켓 상단 엔진 개발 책임엔지니어, 알파 로켓 사업 부 매니저, 엔진 및 발사체 생산 플래너 및 비즈니스 분석가로 재직했다(2018-2023). 현재는 한화에어로스페이스 미국사업장에서 글로벌 프로그램 매니저로 재직 중이다(2023-현재). 번역서로는 『러시아 우주개척사』가 있다.

중력을 넘어서
새로운 우주시대를 연 로리 가버의 혁신과 성공

초판 1쇄 인쇄 2024년 2월 5일
초판 1쇄 발행 2024년 2월 14일

지은이 로리 가버
옮긴이 조동연, 김지훈
펴낸이 김선식

부사장 김은영
콘텐츠사업본부장 임보윤
기획편집 강대건 **책임마케터** 양지환
콘텐츠사업8팀장 전두현 **콘텐츠사업8팀** 김상영, 강대건, 김민경
마케팅본부장 권장규 **마케팅2팀** 이고은, 배한진, 양지환 **채널2팀** 권오권
미디어홍보본부장 정명찬
브랜드관리팀 안지혜, 오수미, 김은지, 이소영
뉴미디어팀 김민정, 이지은, 홍수경, 서가을, 문윤정, 이예주
크리에이티브팀 임유나, 박지수, 변승주, 김화정, 장세진, 박장미, 박주현
지식교양팀 이수인, 염아라, 석찬미, 김혜원, 백지은
편집관리팀 조세현, 김호주 백설희 **저작권팀** 한승빈, 이슬, 윤제희
재무관리팀 하미선, 윤이경, 김재경, 이보람, 임혜정
인사총무팀 강미숙, 김혜진, 지석배, 황종원
제작관리팀 이소현, 김소영, 김진경, 최완규, 이지우, 박예찬
물류관리팀 김형기, 김선민, 주정훈, 김선진, 한유현, 전태연, 양문현, 이민운
외부스태프 표지·본문 디자인 김종민

펴낸곳 다산북스 **출판등록** 2005년 12월 23일 제313-2005-00277호
주소 경기도 파주시 회동길 490 다산북스 파주사옥 3층
전화 02-702-1724 **팩스** 02-703-2219 **이메일** dasanbooks@dasanbooks.com
홈페이지 www.dasanbooks.com **블로그** blog.naver.com/dasan_books
종이 아이피피 **출력** 민언프린텍 **후가공** 제이오엘엔피 **제본** 다온바인텍

ISBN 979-11-306-4978-8 (03400)